国防科技大学建校70周年系列著作
NATIONAL UNIVERSITY OF DEFENSE TECHNOLOGY

小型无人飞行器卫星/微惯性组合高精度导航方法

王鼎杰　李青松　吴　杰　著

国防科技大学出版社
·长沙·

图书在版编目（CIP）数据

小型无人飞行器卫星/微惯性组合高精度导航方法/王鼎杰，李青松，吴杰著. —长沙：国防科技大学出版社，2023.10
ISBN 978 - 7 - 5673 - 0619 - 6

Ⅰ.①小… Ⅱ.①王… ②李… ③吴… Ⅲ.①无人驾驶飞行器—惯性导航系统—航迹控制 Ⅳ.①V47

中国国家版本馆 CIP 数据核字（2023）第 166784 号

小型无人飞行器卫星/微惯性组合高精度导航方法
XIAOXING WUREN FEIXINGQI WEIXING/WEIGUANXING ZUHE GAOJINGDU DAOHANG FANGFA
王鼎杰 李青松 吴 杰 著

责任编辑：欧 珊
责任校对：胡诗倩
出版发行：国防科技大学出版社 地 址：长沙市开福区德雅路 109 号
邮政编码：410073 电 话：(0731) 87028022
印 制：长沙市精宏印务有限公司 开 本：710×1000 1/16
印 张：22.75 字 数：348 千字
版 次：2023 年 10 月第 1 版 印 次：2023 年 10 月第 1 次
书 号：ISBN 978 - 7 - 5673 - 0619 - 6
定 价：138.00 元

总序
PREFACE

　　国防科技大学从1953年创办的著名"哈军工"一路走来，到今年正好建校70周年，也是习主席亲临学校视察10周年。

　　七十载栉风沐雨，学校初心如炬、使命如磐，始终以强军兴国为己任，奋战在国防和军队现代化建设最前沿，引领我国军事高等教育和国防科技创新发展。坚持为党育人、为国育才、为军铸将，形成了"以工为主、理工军管文结合、加强基础、落实到工"的综合性学科专业体系，培养了一大批高素质新型军事人才。坚持勇攀高峰、攻坚克难、自主创新，突破了一系列关键核心技术，取得了以天河、北斗、高超、激光等为代表的一大批自主创新成果。

　　新时代的十年间，学校更是踔厉奋发、勇毅前行，不负党中央、中央军委和习主席的亲切关怀和殷切期盼，当好新型军事人才培养的领头骨干、高水平科技自立自强的战略力量、国防和军队现代化建设的改革先锋。

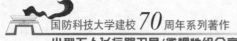

　　值此之年，学校以"为军向战、奋进一流"为主题，策划举办一系列具有时代特征、军校特色的学术活动。为提升学术品位、扩大学术影响，我们面向全校科技人员征集遴选了一批优秀学术著作，拟以"国防科技大学迎接建校 70 周年系列学术著作"名义出版。该系列著作成果来源于国防自主创新一线，是紧跟世界军事科技发展潮流取得的原创性、引领性成果，充分体现了学校应用引导的基础研究与基础支撑的技术创新相结合的科研学术特色，希望能为传播先进文化、推动科技创新、促进合作交流提供支撑和贡献力量。

　　在此，我代表全校师生衷心感谢社会各界人士对学校建设发展的大力支持！期待在世界一流高等教育院校奋斗路上，有您一如既往的关心和帮助！期待在国防和军队现代化建设征程中，与您携手同行、共赴未来！

国防科技大学校长

2023 年 6 月 26 日

前言
FOREWORD

    无人飞行器（Unmanned Aerial Vehicle，UAV）是一种无须机载人员操作、利用空气动力实现持续可控的自主或遥控驾驶、可重复利用、携带有效工作载荷的有动力飞行系统[1-2]。相比有人飞行器，小型无人飞行器在遂行"危险、肮脏、深入、愚钝的"4D（Dangerous，Dirty，Deep，Dull）任务时，具有无可比拟的优势。由于不需要生命保障系统和座舱，无人飞行器设计可最大限度地追求气动、控制效率，实现更高出勤率、更强机动性、更大负载能力、更长续航时间、更低运行成本和人员零伤亡[3-4]。相比大型无人飞行器，小型无人飞行器研发周期短、研制成本低，且多架小型无人飞行器集群组网的整体性能显著优于单架大型无人飞行器[5-7]。作为一项高技术密集的系统工程，小型无人飞行器日益成为国民经济的增长助推器和军事战斗力的效能倍增器。

    高精度、实时自主导航是小型无人飞行器实现自主飞

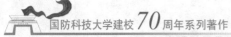

行的核心关键技术。自主飞行意味着无人飞行器从起飞到降落的整个过程无须人员干预，仅依靠自身携带的导航与飞控系统实现自动起飞、航迹点导航和全自动着陆（舰）。随着高性能、低成本微机电系统（Micro-Electro-Mechanical System，MEMS）惯性器件的不断涌现，曾经昂贵、庞大的卫星/惯性组合导航系统发展成低成本、低功耗、微型化的卫星/微惯性组合导航系统，将卫星/惯性组合技术覆盖到过去用不起或用不上的小型无人飞行器领域。卫星/微惯性组合导航系统能够提供连续且可靠的位置、速度、姿态和时间等全维导航信息，赋予飞行器全天候、实时、高精度的自主导航能力，是实现其自主飞行、精密进近着陆（舰）或撞网回收等任务的核心关键技术，也是国内外研究的重点。

目前，适用于小型无人飞行器的机载高精度卫星/微惯性组合导航方法存在大量亟待研究和解决的问题。一方面，高性能、低成本 MEMS 惯性器件测量精度低且噪声特性复杂，给机载 MEMS 惯性导航系统的高精度初始对准和精确惯性导航带来极大挑战。在新的机载应用领域中，传统（准）静态或动态对准方法不仅难以取得满意的导航精度和可靠性，还会引起严重的模型线性化误差问题；且 MEMS 惯性器件噪声特性受到外界温度、载体动态性影响，若不进行有效的噪声抑制或误差建模，会导致 MEMS 惯性导航性能恶化。而六自由度机动的无人飞行导航场景尚缺乏类似在车载或行人导航中的不完全约束（Non-Holonomic Constraints，NHC）、零速修正（Zero Velocity Updates，ZUPTs）和方位静态锁定（Zero Integrated Heading Rate，ZIHR）等附加运动约束，也导致机载条件下 MEMS 惯性导航精度的急剧下降。另一方面，全球导航卫星系统（Global Navigation Satellite System，GNSS）多系统、多频点、多类型观测信息的误差特性变化剧烈且观测维度剧增，也给机载实时卡尔曼滤波信息融合带来新的挑战。在高维异类 GNSS 观测条件下，传统卫星/微惯性组合卡尔曼滤波面临计算协方差与真实协方差不一致、高维测量更新计算实时性差、对观测异常影响抵抗较弱等问题，严重限制了所能达到的真实导航精度。此外，在某些与生命安全密切相关的机载导航应用中，航空用户最为关注的导航完好性问题仍是困扰卫星/微惯性组合导航系统应用于小型无人飞行器全自动着陆（舰）的最大难题，一直未能得到有效解决。目前，基于卫星/惯性组合的高完好性、高精度自主导航是飞行器全自动精密进近着陆（舰）引导技术的一项核心关键技术，也是研究难点。

本书以小型无人飞行器自主飞行和全自动着陆（舰）为研究背景，旨在提升传统卫星/惯性组合的现有导航性能，开展高精度卫星/微惯性组合导航理论、方法和试验研究，相关成果可为高等院校和科研院所等单位的相关技术人员提供参考。全书共 8 章。第 1 章介绍小型无人飞行器自主飞行及其面临的高精度、实时自主导航难题，梳理了微惯性导航和卫星导航方法的研究概况，特别是对卫星/微惯性组合导航的发展现状进行详细综述；第 2 章介绍相关的理论基础知识；第 3 章介绍基于 Allan 方差分析的卫星/微惯性松组合导航精密建模方法，主要解决微惯性器件随机误差精密建模和 GNSS 定位噪声协方差在线估计等问题；第 4 章介绍卫星/微惯性紧组合高精度导航方法，主要解决紧组合框架下 GNSS 多系统/多频点/多类观测量建模不准、高维测量更新计算效率低、观测信息利用率低等问题，旨在改善紧组合导航定位精度和计算实时性；第 5 章介绍基于神经网络辅助微惯性导航的精度增强方法，旨在不添加额外传感器的前提下，利用神经网络技术提升 MEMS 惯性导航精度；第 6 章介绍卫星辅助 MEMS 惯性导航系统空中动基座初始对准方法，提出了一种基于双历元 GNSS 定速辅助 MEMS 惯导空中动态姿态确定方法和大失准角条件下基于扩展容积卡尔曼滤波的空中动态精对准方法，并通过机载飞行试验验证了该空中动态初始对准方法的有效性；第7章介绍组合导航系统原理样机集成及性能验证，开展车载和机载导航试验，验证和评估本书涉及的导航方案；第8章基于卫星/微惯性组合导航在小型无人飞行器上的应用研究成果，对本书主要工作和研究成果进行总结，并对后续研究进行展望。

多年来，作者所在课题组在卫星/惯性组合导航教学和研究工作中获得了多项研究基金与计划资助，包括国家自然科学基金青年基金、军委科技委装备综合研究计划、原总装预研基金、海军装备预研基金、军民融合航空型号项目、国防科技大学自主科研和学校研究生教育教学改革研究课题等。作者在此对支持和资助这些研究基金和计划的国家自然科学基金委员会、中国船舶集团有限公司系统工程研究院、中国航空工业集团沈阳601研究所和国防科技大学科研办公室等有关单位和部门表示感谢。

本书初稿得到了国防科技大学郑伟教授、中山大学侯燕青副教授、空军装备研究院吕汉峰高工和空军工程大学张良副教授的审阅，他们提出了很多宝贵意见。国防科技大学的安雪滢教授和研究生董毅、李朝阳、熊晨耀、陈凯迪、刘浩等参与了本书部分研究工作。在此对以上人员一并表示诚挚的感谢。

本书是作者在小型无人飞行器卫星/微惯性组合导航领域初步的研究结果，由于作者水平有限，书中难免存在不足之处，敬请广大读者批评指正。

作　者

2023 年 3 月

目录 Contents

第 1 章

绪　论

1.1　小型无人飞行器高精度自主导航的机遇与挑战

　　目前，小型无人飞行器执行任务过程依然严重依赖于地面人员遥控或第一视角驾驶飞行[8]。一方面，这导致在可见度较差的恶劣气象条件下（如浓雾、强降雨雪等）无法遂行飞行任务，极大地降低了作业效率；另一方面，这也对无线电通信链路质量和地面人员操作技能提出了较高要求，增加了地面站工作负担。在全天候、多场景高效作业能力都无法保证的情况下，遑论实现无人飞行器的完全自主飞行[9-10]。自主飞行意味着小型无人飞行器从起飞到降落的整个过程不需要人的干预，仅依靠自身携带的导航与飞控系统实现自动起飞、航迹点导航和全自动着陆（舰）。自主飞行的难点在于自主精密进近着陆（舰），而针对不同机型和场地目前已有多种着陆（舰）方法：降落伞回收、气囊着陆回收、撞网回收、空中回收、绳钩回收、气垫回收、起落架滑轮着陆回收、垂直着陆（舰）回收、全自动着陆（舰）回收等[11-13]。其中，全自动着陆（舰）是目前最先进、精确度最高的无人飞行器回收方式，是未来各类无人飞行器着陆（舰）的主要途径，也是国内外研究热点问题[3,11]。全自动着陆（舰）过程要求无人飞行器具有自主导航能力[14]，能够为精密进近或抵达预定拦阻点（线、网）的飞行引导和控制过程提供实时、精确的载体位置、速度和姿态等导航信息。然而，受制于有限载重量和能源供给，小型无人飞行器无法装载传统的高精度自主导航系统（如高精度惯性导航系统、精密进近雷达、天文导航星敏感器等），由此导致的自主导航能力缺陷在很大程度上造成了目前小型无人飞行器自主飞行的技术困难。

近年来，高性能微机电（Micro-Electro-Mechanical System，MEMS）捷联惯性导航系统（Strapdown Inertial Navigation System，SINS）的涌现为增强小型无人飞行器自主导航能力带来了转机。将 MEMS-SINS 直接用于小型无人飞行器自主陆（舰）的导航引导过程，也是一项有意义的设想。MEMS-SINS 是一种基于硅晶片材料的微型、低功耗、低成本传感器集成系统，若能在机载应用中替代传统且笨重的高精度捷联惯性导航系统，则能显著减小机载导航系统的质量和体积，降低系统成本，将宝贵的载重和空间留给更多的有效载荷和装备；同时还能优化新型 MEMS 无人飞行器结构。但是，MEMS 惯性器件复杂且恶劣的噪声特性也给机载条件下的精确导航带来了巨大挑战。首先，MEMS 惯性导航技术目前还存在着空中动态初始对准和高精度惯性导航难题。在机载 MEMS 导航应用中，现有的常规（准）静态或动态初始对准方法会导致较大失准角，从而给系统模型带来严重的线性化误差，影响导航精度和可靠性。其次，车载和行人导航不完全约束（Non-Holonomic Constraints，NHC）、零速修正（Zero Velocity Update，ZUPT）和零积分航向角速率（Zero Integrated Heading Rate，ZIHR）等辅助技术均无法适用于小型无人飞行器应用场景中，从而导致在外测辅助信息缺失的条件下 MEMS 惯性导航精度的急剧下降。最后，MEMS 惯性导航系统噪声特性受到外界温度、载体动态性影响，若不进行有效的噪声抑制或误差建模，会导致惯性导航性能恶化，影响组合导航滤波稳定性，使得滤波器陷入局部最优甚至发散。在新的机载应用领域中，这些实际问题都亟待研究和解决。

目前，除 MEMS 惯性导航系统外，小型无人飞行器适用的导航系统还包括全球导航卫星系统（Global Navigation Satellite System，GNSS）、光学导航系统和卫星/微惯性组合导航系统。这四类系统中，MEMS 惯性导航方案误差随时间不断累积，无法单独使用；基于小型激光雷达（Light Detection and Ranging，LIDAR）系统的光学导航方案，设备价格昂贵、技术复杂、计算量巨大，依然难以满足无人飞行器实时导航需求；GNSS 方案的定位精度高、成本低，但是其姿态确定方法（包括多天线定位测姿和基于"伪姿态"单天线测姿）在小型无人飞行器条件下受到诸多限制，且在 GNSS 拒止环境中定位精度将显著恶化甚至失效；定位精度最高、成本最低、应用方法最为简便的是卫星/微惯性组合导航方案。GNSS 与 MEMS-SINS 融合既能够克服 GNSS 导航实时性和环境敏感性问题，又能够在线标校 MEMS-SINS 以维持惯性导航的短期高精度，还能够提供实时、精确且可靠的时间、位置、速度和姿态等完备导航信息。

得益于 MEMS 惯性器件精度提升和机载中央处理器（Central Processing Unit，CPU）运算能力增强，卫星/微惯性组合导航方法能够用于提升小型无人飞行器自主导航能力。虽然目前基于实时动态精密相对定位（Real-Time Kinematic，RTK）或精密单点定位（Precise Point Positioning，PPP）的组合精度已基本满足自主飞行规定指标，但要真正实现全自动着陆（舰），高精度卫星/微惯性组合导航系统与算法依然存在大量问题需要解决。首先，卫星/微惯性组合通常采用卡尔曼滤波来实现数据融合，但是卡尔曼滤波获得最优解的前提是已知准确的系统和观测模型，以及精确的噪声统计特性。然而，在松组合中，GNSS 定位误差和 MEMS 惯性传感器噪声的统计特性难以精确确定，由此导致计算协方差与真实协方差不一致，导航精度下降。其次，传统紧组合方案仅利用了伪距和多普勒信息，虽然能够克服松组合方案的观测噪声建模问题及少于 4 颗可用卫星时的 SINS 校准问题，但是导航精度依然较低。为提高导航精度，必须利用高精度载波相位测量信息。而载波相位观测值参与定位或组合的根本难题在于整周模糊度的快速可靠求解。目前，RTK 整周模糊度可靠求解受基线长度（≤20 km）限制[15]，而 PPP 受限于收敛时间过长（>30 min）、高精度星历和卫星钟差实时在线获取等困难[16]，两种方

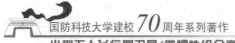
法都无法应用于无区域限制的单站实时导航。如何将载波相位观测信息有效应用于紧组合实时导航是亟待解决的关键问题。最后，航空导航用户最为关注的导航系统完好性问题是困扰卫星/微惯性组合系统应用于小型无人飞行器全自动着陆（舰）的最大难题，一直没能得到有效解决。完好性是指导航系统在不能用于导航服务时及时向用户提出告警的能力，GNSS 完好性和组合导航完好性问题是 GNSS 导航领域的研究难点[17-18]。

因此，本书以小型无人飞行器自主飞行和全自动着陆（舰）为应用背景，为提升传统卫星/惯性组合现有导航性能，开展高精度卫星/微惯性组合导航理论、方法和试验研究。重点研究：（1）卫星/微惯性组合导航随机误差精确建模及估计方法，并提供一种基于 Allan 方差分析建模技术的自适应卫星/微惯性松组合导航方法，进一步提升传统松组合导航算法精度和可靠性。（2）基于载波相位时间差分的卫星/微惯性紧组合导航技术，构建无 GNSS 基站辅助的高性能单站组合系统，提升移动站导航定速和定姿精度，降低定位误差。（3）GNSS 信号缺失条件下神经网络辅助增强 MEMS 惯性导航方法，提升传统方法导航精度。（4）低成本 MEMS-SINS 空中动态初始对准方法，在不引入新传感设备的条件下实现快速精确对准，增强小型无人飞行器快速响应能力。最终，通过车载导航试验初步验证了高精度 GNSS/MEMS-SINS 组合导航方法的正确性和可行性。本书研究工作有望为小型无人飞行器提供一种小型化、高性价比、高精度的实时导航方案，提高小型无人飞行器自主导航能力，为实现无人飞行器全自动着陆（舰）提供理论依据和技术支撑，具有较大工程实用价值。

1.2 卫星/微惯性组合导航技术进展

1.2.1 MEMS 惯性器件研究现状

1.2.1.1 MEMS 惯性导航国内外研究综述

惯性导航系统（Inertial Navigation System，INS）根据惯性敏感器（即加速度计和陀螺仪）测量的载体运动信息递推解算载体在特定坐标系下相对于初始位置、速度和姿态的全维导航信息。显而易见，INS 仅依靠自身敏感器独立完成导航，不与外界产生任何声、光、电联系，正是这种完全自主性优势使得 INS 成为各类载体的核心导航系统[19]。根据惯性器件安装方式，INS 可分为平台惯性导航系统（Gimbaled Inertial Navigation System，GINS）和捷联惯性导航系统。GINS 将惯性敏感器安装于一个相对于惯性空间保持姿态不变的机械平台，而 SINS 直接将惯性敏感器与载体固联安装。前者需要引入精细、复杂的机械机构，增大了系统复杂度、体积和成本，但是带来了系统的高精度和高可靠性优势，且简化了导航算法[20]，目前主要用于战略核潜艇、航空母舰、战略导弹等高精尖系统[21]。后者因避免了复杂机械平台，成本、体积和质量显著减小，且易于维护、替换。捷联惯性导航技术实质上是通过增加导航计算复杂性，用数学平台取代了实际机械平台，从而极大地降低了惯性导航技术应用门槛，促使惯性技术广泛地应用于民用领域。无论是 GINS 还是 SINS，系统导航精度均受惯性器件误差、初始对准误差和力学编排解算误差的影响，这些影响共同导致了惯性导航误差随时间推移产生的累积效应。其中，惯性器件误差是最大的惯性导航误差源，在很大程度上决定了 INS 性能。

国际上通常根据惯性器件精度指标（如零偏稳定性和标度因子精度）对惯性器件及其可能达到的导航性能进行大致等级分类，如表 1.1 所示[22]。表

1.1 同时列出了研制相应级别惯性器件所采用的主流实现技术及其应用领域。由表 1.1 可知,目前 MEMS 惯性器件已经覆盖了从消费级至战略级的广大市场及应用领域。MEMS 惯性器件及 MEMS-SINS 的出现是近 30 年来惯性器件发展过程中最激动人心的里程碑。MEMS 惯性器件以其体积小、质量轻、成本低、功耗低、批量大、可靠性高、维护简单、抗干扰性强等优点,推动了惯性导航系统向低成本、低功耗、微型化方向发展,将惯性导航技术的应用领域拓展到许多过去用不起或用不上惯性器件的领域,如管道检测、步态检测、运动员评估、智能手机、个人导航等[23-28]。

表 1.1 惯性传感器的等级分类及对应的实现技术[22]

等级	性能指标 (零偏稳定性与标度因子精度)	实现技术	应用领域
消费级	$<1\,000(°)/h, <10\times10^{-3}g, 3\%$	CVG,VSG,MEMS	手机,游戏
汽车级	$<100(°)/h, <5\times10^{-3}g, 0.3\%$	CVG,VSG,MEMS	减震装置
工业级	$<30(°)/h, <1\times10^{-3}g,$ 10×10^{-6}	RLG,FOG,CVG,VSG,MEMS	工控系统
战术级	$<10(°)/h, <100\times10^{-6}g,$ 1×10^{-6}	RLG,FOG,CVG,VSG,SA,MEMS	火箭弹制导
高端战术级	$<1(°)/h, <100\times10^{-6}g,$ 100×10^{-9}	RLG,FOG,CVG,VSG,SA,MEMS	平台稳定
导航级	$<0.01(°)/h, <50\times10^{-6}g,$ 10×10^{-9}	RLG,FOG,DTG,CVG,VSG,SA	弹道导弹
战略级	$<0.001(°)/h, <30\times10^{-6}g,$ 1×10^{-9}	RLG,FOG,DTG,CVG,VSG,SA	潜艇

注: CVG—Coriolis Vibratory Gyroscope（哥氏振动陀螺）, VSG—Vibratory Structure Gyroscope（振动结构陀螺）, RLG—Ring Laser Gyroscope（环形激光陀螺）, FOG—Fibre Optics Gyroscope（光纤陀螺）, DTG—Dynamically Tuned Gyroscope（动力调谐陀螺）, SA—Servo Accelerometer（伺服加速度计）, g—重力加速度。

1.2.1.2 国外 MEMS 惯性器件发展现状

MEMS 惯性器件是惯性技术与 MEMS 加工交叉结合的产物,是构建微型惯性导航系统的基础。由半导体工业发展而来的微机械精密加工工艺是研制

MEMS 惯性器件的核心关键技术。MEMS 惯性器件主要分为 MEMS 加速度计和 MEMS 陀螺仪两大类，其中，MEMS 加速度计在目前所有 MEMS 传感器中市场化应用最为成功[29]。MEMS 加速度计在性能上已经能够满足战略级系统的应用需求，已用于空间任务的美国 Northrop Grumman 公司型号为 SiAc™ 的硅微加速度计[30]和德国 LITEF 公司型号为 B－290 的三轴 MEMS 加速度计[31]，精度指标均达到了 $10^{-6}g$ 量级[32]。截至目前，MEMS 摆式加速度计精度为 $20 \times 10^{-6}g \sim 1 \times 10^{-3}g$ 量级[33-34]，MEMS 硅谐振式加速度计（Silicon Oscillating Accelerometer，SOA）测量精度已接近 $10^{-6}g$ 量级[35]，因此 MEMS 加速度计已能满足各类导航用户的精度需求。

相较之下，当前 MEMS 陀螺仪的精度水平是制约微型惯性导航系统性能提升的技术瓶颈。如今，完全实用化的 MEMS 陀螺仪主要是振动陀螺（Vibratory Gyroscope），该类陀螺以硅或石英为加工材料，采用一个受迫谐振元件使基座角速度产生敏感，其工作原理为哥氏效应（Coriolis Effect），检测谐振元件在陀螺基座转动时由哥氏加速度产生的位移即可实现角运动测量[36]。根据设计结构划分，目前主流 MEMS 振动陀螺可分为线振动陀螺（包括音叉类结构和单质量振动结构)[37-41]、振动圆环陀螺[42]和扭摆振动陀螺（包括振动轮式结构[43-44]和蝴蝶式结构[45]）等三种，典型振动结构型式如图 1.1 所示。这三种主流设计结构各有优势，而且在后续研发过程中又相互借鉴。MEMS 陀螺仪在过去 20 年发展过程中精度水平不断提高，使得 MEMS 陀螺仪逐步覆盖了从低精度消费领域（如体感游戏机、智能手机、照相机、虚拟现实头盔等）、汽车领域（辅助导航、运动检测等）到高端战术级、导航应用领域（如制导增程炮弹、作战平台稳定控制、微纳卫星辅助导航等）的广阔市场[46]。

（a）音叉类结构[39]　　（b）振动圆环结构[42]　　（c）振动轮式结构[43]　　（d）蝴蝶式结构[45]

图 1.1　MEMS 振动陀螺典型结构

基于以上三种主流 MEMS 振动陀螺结构，全球各主要研究单位，如 Draper 实验室、加利福尼亚大学洛杉矶分校、卡内基梅隆大学、佐治亚理工学院、密歇根大学、德国 HSG-IMIT 研究所（Hahn-Schickard-Gesellschaft, Institute of Micromachining and Information Technology）和瑞典 Imego 研究所（Institute of Microelectronics in Gothenburg）等，先后开展了大量 MEMS 陀螺仪研制与性能优化工作，并把研究成果推向了商业实用。目前，Bosch、STMicroelectronics 和 Invensense 是世界上最大的消费类惯性测量单元（Inertial Measurement Unit，IMU）生产供货商，致力于研发成本更低、集成度更高、批量更大、性能更好的消费级 MEMS 陀螺仪。与航空航天、军工、自动驾驶、智能机器人等领域相关企业，如美国 Honeywell、诺·格公司（Northrop Grumman Corporation）、ADI（Analog Devices Inc.）、联合科技公司（United Technologies Corporation，UTC）、Silicon Sensing、BEI，以及英国 BAE 和挪威 Sensonor 等，致力于研发高精度 MEMS 陀螺仪，且均已研发出战术级 MEMS 陀螺产品，具体型号及指标如表 1.2 所示，初步打入高精度市场。从现有文献来看，截至 2018 年，国际上还没有研制出导航级 MEMS 陀螺仪产品，但有报道称少数机构（如 Draper、JPL 和 Honeywell）研发的 MEMS 陀螺仪实验室精度突破 0.01（°）/h[47]。

表 1.2　高精度 MEMS 振动陀螺研制进展（截至 2019 年初）

型号	研制机构	结构	零偏不稳定性/ $[(°) \cdot h^{-1}]$, Allan	角度随机游走/ $[(°) \cdot \sqrt{h}^{-1}]$, Allan	尺寸/ cm^3
HG4930	Honeywell（美国）	—	0.25*	0.04*	82
CRS39	Silicon Sensing（美国）	振环式	0.1	0.015	33
M – G370	Epson（日本）	—	0.8	0.06	5.76
SiIMU02	BAE（英国）	振环式	2.5*	0.25**	340
TITAN	UTC（美国）	—	0.5*	0.1**	340
ADIS16495	ADI（美国）	—	0.8*	0.09*	29
STIM – 300	Sensonor（挪威）	扭摆式	0.3	0.15	35

注：*表示统计均方根值（Root-Mean-Square，RMS）、1σ 指标；＊＊表示最大值（max）指标。

由表可知，目前不同国家和不同机构的高精度 MEMS 陀螺仪产品基本都达到了 0.1 ~ 10 (°)/h 的精度水平。某些性能优异的 MEMS 惯性测量单元（如 HG4930）甚至可以实现静基座自对准。从 MEMS 陀螺发展历史来看，这是一项了不起的进步。主流 MEMS 陀螺仪虽然后续还需在提高稳定性和降低噪声等方面继续改进，但在设计上已趋于成熟，基于现有设计及工艺将 MEMS 陀螺做到更高精度水平，已经非常困难[48]。

以上几种 MEMS 振动陀螺只是 MEMS 陀螺仪大家族中很小的一部分。技术成熟、结构原理简单、易于被现有工艺大批量生产的显著优势使得这些 MEMS 陀螺仪被广大商业公司采纳而开始实用化。实际上，目前在研或工程化的 MEMS 陀螺仪还有很多，例如微半球谐振陀螺、静电悬浮微陀螺、磁悬浮微陀螺、动力调谐式微陀螺、MEMS 声表面波微陀螺、MEMS 体声波微陀螺、微光纤陀螺、微流体陀螺和微原子陀螺等[49-50]。例如，美国国防高级研究计划局（Defense Advanced Research Projects Agency，DARPA）于 2010 年启动了具有重大意义的"微型定位、导航与授时技术"（Micro-Technology for Positioning，Navigation and Timing，Micro-PNT）计划，立足于微惯性技术大背景，采用微系统集成技术研发高精度微型定位、导航、授时终端，以满足各类用户在 GNSS 拒止区域、高动态条件下的精密定位、导航和授时需求[51]。该计划在整合现有相关项目的基础上新增 5 个项目，其中就有 2 个项目涉及对高精度 MEMS 陀螺仪的深入研究，即 MRIG（Micro-Scale Rate-Integrating Gyroscope）项目和 TIMU（Single-Chip Timing and Inertial Measurement Unit）项目。高精度微惯性器件是实现 Micro-PNT 的技术前提，在 DARPA 项目资助和市场牵引下，各个惯性技术领域顶尖院校、企业重点开展了微三维谐振陀螺（Micro-3D Resonator Gyroscope，MRG）和微核磁共振陀螺（Nuclear Magnetic Resonance Gyroscope，NMRG）等研发工作。目前，美国诺·格公司作为这两款陀螺的主要研制单位，取得了重大突破。诺·格公司半球谐振陀螺的主要型号 HRG130P 零偏稳定性已优于 0.001 5 (°)/h，角度随机游走小于 0.000 15 (°)/$\sqrt{h}$，并成功应用于商用通信卫星及土星探索项目[52]。基于 HRG130P，诺·格公司正致力于研制微半球谐振陀螺（milli-HRG），已达到零偏稳定性 0.005 (°)/h、

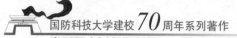
角度随机游走小于 0.000 7 (°)/$\sqrt{h}$ 的性能指标，并将成为诺·格公司今后的核心生产线[53]。基于 Larmor 进动效应的核磁共振陀螺仪的零偏稳定性有望达到 0.000 1 (°)/h，且 2014 年美国诺·格公司研制的核磁共振原理样机（仅硬币大小）成功实现了零偏稳定性 0.01 (°)/h 的精度指标[54]。另外，采用三维 MEMS 工艺制作的微三维谐振陀螺，在多晶硅批量制造微三维半球结构工艺和控制方案中均取得突破，其零偏稳定性有望达到 0.001 (°)/h，但目前依然处于工艺探索阶段，未能形成实用产品[55]。目前，在研的微半球谐振陀螺和微核磁共振陀螺，有望成为世界上第一个芯片级尺寸、导航级精度的 MEMS 陀螺。这些陀螺大都表现出远超市面 MEMS 陀螺产品的优越性能，但是，现阶段复杂、精密的加工要求、结构和电路一体化的设计困难以及昂贵的生产成本使得这些陀螺依然需要开展更加深入的技术攻关和工艺探索。高精度、高性能 MEMS 陀螺仪的设计与研制依然是未来国内外相关院校、研究机构和公司的研究热点[50]。

1.2.1.3 国内 MEMS 惯性器件研究进展

国内 MEMS 惯性器件研究工作始于 20 世纪 90 年代初期，尚处于工艺探索阶段。受制于国内半导体工业与国外的差距，"八五""九五"计划期间，国家先后建立了相关 MEMS 技术国防重点实验室和研发基地，同时引进了一批先进 MEMS 生产设备，为我国 MEMS 领域的技术进步奠定了基础。此后历经"十五"至"十二五"计划的资助与牵引，我国在 MEMS 惯性器件研制领域开展了大量理论研究、试验验证与原理样机试研工作。

目前，我国 MEMS 惯性器件的研究力量主要集中在少数科研院所和高校，包括航天科技、航天科工、航空工业、电子科技、中国科学院上海微系统与信息技术研究所[56]、清华大学[57]、北京大学[58]、上海交通大学[59]、天津大学[56-60]、哈尔滨工程大学[61]、南京理工大学[62-66]、国防科技大学[67-68]等单位。"十一五"计划结束时（2010 年），以上多家单位均掌握了 30 (°)/h 的 MEMS 陀螺工程化技术，部分单位原理样机零偏稳定性实验室指标甚至优于 10 (°)/h[69]。截至 2019 年，根据公开文献或报道可知，南京理工大学苏岩团队研发的 MEMS 谐振加速度计已经实现零偏稳定性 $0.6 \times 10^{-6}g$ 的性能指标,达到国际一流水平[62-63]。同时,该团队研发的 MEMS 振动陀螺零偏不稳定性已优于 0.5 (°)/h[64-66]。国防科技大学吴学忠团队研发的嵌套环 MEMS 碟形谐振陀螺的样机精度实现零偏不稳定性 0.08 (°)/h、角度随机游走 0.012 (°)/$\sqrt{h}$ 的突破,达到了国内领先水平[68]。这些进展表明,国内单位在 MEMS 惯性器件工程化研究上正稳步推进。

另外,新型陀螺仪的微型工程化研究也在逐步推进中。航天科技某所开展的核磁共振陀螺仪研制工作取得了重要进展[70],该所采用 ^{87}Rb 作为极化物质,连续攻克毫米级原子气室制备、原子自旋极化稳定、静磁场闭环等技术难题,实现了 $80\ cm^3$ 小体积、零偏稳定性优于 1 (°)/h 的核磁共振陀螺仪原理样机(图 1.2),为后续开展 MEMS 核磁共振陀螺仪的研究奠定了良好基础。2015 年,电子科技某所研制的半球谐振陀螺仪实现了零偏不稳定性为 $0.001\ 6$ (°)/h、角度随机游走 $0.000\ 4$ (°)/$\sqrt{h}$,与国外同类高精度产品性能水平持平,并顺利完成为期 2 年的空间卫星飞行实验[71],为后续开展微型半球谐振陀螺仪的研究奠定了良好基础。

图 1.2　航天科技某所核磁共振陀螺仪研究进展

总而言之,在高精度 MEMS 惯性器件研发领域,我国目前机遇与挑战并存。从技术研究角度来看,我国在某些技术方面已达到国际先进水平。但是,在半导体工业基础和 MEMS 技术产业化方面,却依然与国际先进水平有一定距离。随着 MEMS 陀螺仪研制工艺、技术的不断升级,导航级微型惯性器件研制逐渐提上日程。这种高性能微惯性器件的核心关键技术不能受制于人,当务之急是充分借鉴和学习各种国外产品及技术,同时推进国内 MEMS 技术产业化进程，独立自主开展 MEMS 器件及系统集成技术研究。

1.2.2　GNSS 定位技术研究现状

随着美国全球定位系统（Global Positioning System，GPS）、俄罗斯格洛纳斯系统（Global Navigation Satellite System，GLONASS）、中国北斗卫星导航系统（BeiDou Navigation Satellite System，BDS）、欧盟伽利略导航卫星系统（GALILEO），以及日本准天顶卫星系统（Quasi-Zenith Satellite System，QZSS）和印度区域导航卫星系统（Indian Regional Navigation Satellite System，IRNSS）等的发展与建设，卫星导航定位进入了多系统、多频点 GNSS 时代。截至2022 年 9 月，各全球导航卫星系统运行状态如表 1.3 所示。多系统、多频点GNSS 的快速发展极大地推动了卫星导航定位技术的进步。

表 1.3　全球导航卫星系统运行状态（截至 2022 年 9 月）

导航系统	卫星类型	信号类型	卫星数量/颗
GPS	Block IIR	L1C/A	7
	Block IIR – M	L1C/A,L2C	7
	Block IIF	L1C/A,L2C,L5	10（+2 故障）
	Block III	L1C/A,L2C,L5	4（+1 故障）
GLONASS	GLONASS – M	G1C,G2C	20（+3 维护）
	GLONASS – K1	G1C,G2C,L3	2（+1 测试）
BDS	GEO		7（+1 测试）
	IGSO	B1,B2,B3	10（+2 测试）
	MEO		27（+2 测试）
GALILEO	IOV		3（+1 故障）
	FOC	E1,E5a,E5b,E6	20（+4 故障）

续表

导航系统	卫星类型	信号类型	卫星数量/颗
QZSS	IGSO	L1C/A,L1C,L1S,L2C,L5,L5S,L6	3（+1 故障）
	GEO	L1C/A,L1C,L1S,L1Sb,L2C,L5,L5S,L6,Sr/Sf	1
IRNSS	IGSO	L5,S	5
	GEO		3

根据代表性的定位解算方法，卫星定位技术的发展大致可以分为以下四个阶段。

第一阶段为 GPS 建设与运行初期（20 世纪 80—90 年代初），受限于数量有限的可用 GPS 卫星和接收机通道个数，这一时期以伪距单点定位技术为代表，旨在实现全球范围内 10 m 精度量级的定位能力。

第二阶段以 GNSS 实时动态精密相对定位为代表性技术，能够实现厘米级（甚至毫米级）高精度定位。得益于实时通信技术、接收机技术和差分协议的不断发展与完善，尤其是以 LAMBDA（Least-squares Ambiguity Decorrelation Adjustment）算法为代表的快速载波相位整周模糊度求解方法的涌现[72-80]，RTK 和网络 RTK 技术得以工程化，实现卫星定位技术发展中的第一次革命。在短基线（<20 km）条件下，基准站与移动站之间测量信息差分处理（站间、星间）能够有效消除卫星轨道误差、大气延迟误差和接收机钟差等共模误差，从而可靠地完成整周模糊度固定，实现高精度相对定位[81]。但是，这些系统性误差的相关性随着基准站与移动站之间基线长度的增加而减弱，难以通过差分有效消除，使整周模糊度难以可靠固定。在中长基线条件下，RTK 模糊度解算困难一直是卫星定位领域内的世界性难题，长期以来未能得到有效解决[82]。随着多系统、多频点 GNSS 的出现与发展，卫星构型和可用星个数的显著改善为这一难题带来了转机，但是又带来了高维整周模糊度解算问题。采用基于 GNSS 多频观测量组合的无几何三频模糊度解算方法（Three-Carrier Ambiguity Resolution，TCAR）和级联模糊度解算（Cascade Integer Resolution，CIR），能够在中长基线条件下以极高计算效率实现高维模

糊度固定，但是固定成功率低于 LAMBDA 算法[83]。文献指出[84-85]，由于高维模糊度条件方差的降序处理缺陷，经典 LAMBDA 球形搜索算法对高维模糊度解算可能失效。同时，待求模糊度维数的激增还会导致 LAMBDA 算法求解效率急剧降低。如何高效求解高维模糊度成为多系统、多频点 GNSS 导航应用的关键问题[86]。目前，高维模糊度解算方法大致可以分为两类：全部模糊度解算方法和部分模糊度解算方法。全部模糊度解算方法旨在研究在高维情况下具有良好计算效率的模糊度降相关方法，主要包括多维高斯整数降相关法、逆整数 Cholesky 分解法[84,87-88] 和 LLL（Lenstra-Lenstra-Lovasz）格基规约算法[86,89-91]，目的是寻求最优的模糊度降相关矩阵，以提高基向量强度，实现基向量最优排序，从而提高球形搜索的解算效率。但是，目前该类算法在高维情况下的解算耗时较长，不能满足 RTK 实时导航需求。部分模糊度解算方法的目标包括缩短高维整周模糊度解算时间和提高中长基线向量精度[92]，主要思路是选取合理的模糊度子集，先固定部分模糊度，后根据条件平差公式映射求解剩余模糊度[93-96]。根据模糊度子集选取原则，部分模糊度解算方法又可分为模型驱动方法和数据驱动方法。模型驱动方法在选取模糊度子集时只使用先验模型信息，未充分利用数据本身信息，并且存在子集过小而难以大幅度提升基线向量精度的缺陷，如成功率门限法（Success Rate Criterion，SRC）[97-98]、高度角/模糊度精度因子（Ambiguity Dilution of Precision，ADOP）/信噪比（Signal to Noise Ratio，SNR）排序法[93]、部分降相关法[99]、超宽巷/宽巷/窄巷分批解算法[83]等。而数据驱动方法选取子集只使用具体数据，缺少理论支持，且计算时间过长，影响导航实时性，如一致性检验法[100]、广义孔估计法[95-96]等。文献[101]提出了一种"模型+数据"驱动的两步成功率门限法，该方法在固定失败率可控的条件下分两步去选择和固定模糊度子集，提升了中长基线向量的可用性，缩短了模糊度收敛时间。

虽然短基线 RTK 高精度定位技术已趋于成熟，但是 RTK 实时性问题长期以来受到忽视，其主要原因在于大多数 RTK 应用场合（零速或低速用户）均容许一定的时延。但是，对于飞行器或无人车自动驾驶等高速用户，实时性是不能回避的关键指标[102]。传统 RTK 定位模型要求移动站的观测数据与基准站播发的观测数据时间同步，然后才能构建观测方程求解对应观测时刻的精确相对位置，这一模型称为同步 RTK（Synchronous RTK，SRTK）。这一过程不可避免地存在站间数据通信延迟和移动站解算耗时，导致移动站输出的 RTK 解算结果滞后于当前实际相对位置，无法满足特定场合的实时性需求。仅仅采用高性能数传电台高数据率播发 GNSS 基准站数据虽然能够缓解实时性问题，但是数传通信时延以及通信不稳定等问题依然存在。针对 RTK 导航实时性问题，有专利[103]提出了采用基准站载波相位预报（Reference Carrier Phase Prediction，RCPP）完成移动站同步定位解算的 RCPP/SRTK 实时定位技术，但是该方案的定位精度受到基准站载波相位时间多项式预报误差、载波相位测量噪声、多路径、粗差以及时延大小等因素限制，只能应用于短时延（10 s 以内）场景，且不能应用于毫秒级钟跳接收机。另有专利[104]提出采用载波相位时间差分定位（Position Difference Over Time，PDOT）方法预报时延期间的移动站位置增量，当移动站接收到最新时刻基准站数据时，则采用滞后的 SRTK 定位结果校正当前时刻的移动站位置。该 PDOT/SRTK 方案最大的问题在于定位误差会随着 PDOT 次数的增加而累积，即移动站 GNSS 数据更新率越高，定位精度越差。为了克服以上两种方案的不足，文献[105]提出了异步 RTK（Asynchronous RTK，ARTK）理论与方法，从模型和算法上解决了基准站数传通信时延问题，保证了动态用户导航实时性。

第三阶段以精密单点定位技术为代表，该技术能够实现单台接收机全球范围内的厘米级（甚至更高）高精度绝对定位，它的出现改变了以往只能用差分模式（如局域差分、广域差分、网络 RTK 等）才能实现高精度定位的情况，为全球范围内单站用户静态或动态高精度定位提供了新的技术支持。现阶段实用 PPP 技术主要以 PPP 浮点解为主，实现静态厘米级、动态分米级定位精度[106]，但精度和可靠性仍然不及精密相对定位[107]。造成这一现状的原因在于 PPP 技术直接采用非差观测方程，无法采用站间差分消除有关误差（尤其是未检校初始相位偏差）的不利影响，导致非差模糊度失去整数特性。为了进一步提高定位精度、改善收敛效率，非差模糊度固定方法（PPP 固定解）应运而生，成为目前国内外的研究热点。文献[108-110]分别采用星间单差

相位小数偏差、整数卫星钟差和钟差去耦模型等方法恢复模糊度整数特性，从而获得 PPP 固定解。文献研究认为[111-112]，以上三类方法等价，且通过实测数据分析得出三种 PPP 固定解定位精度相当的结论；然而，文献[113]基于 S 系统理论分析指出以上方法并不等价，且恢复的整数模糊度本质上仍是双差模糊度。随着多系统、多频点 GNSS 的发展，多系统、多频点 PPP 方法也在不断地改进和拓展，有望缩短 PPP 固定解的首次固定时间、提高 PPP 模糊度固定成功率[114-116]。目前，PPP 方法应用于实时导航的最大困难在于以下两点：（1）精密卫星星历和卫星钟差的在线获取；（2）要实现厘米级定位精度通常需要至少 20 min 甚至更长的首次初始化时间[117-118]。国际上尚未出现基于 PPP 的实时导航系统。

第四阶段以 GNSS 多系统兼容、互操作为代表。近年来，随着精密单点定位技术的发展，实现 GNSS 多系统间的兼容、互操作以及互交换同样引起了卫星导航领域学者的极大关注[119]。传统 GNSS 多系统精密相对定位方法在各自系统内选取参考星，构建双差观测方程，然后联立各系统观测方程求解定位结果，这种多系统定位解算方式称为 GNSS 松组合模型[120]。得益于更多可见星和优化卫星构型，多系统松组合定位能够改善定位性能[121-124]。但是，这种方法无法实现 GNSS 系统间的互操作和互交换。为此，GNSS 紧组合技术应运而生，发展迅猛。文献[125]提出在多系统 GNSS 组合定位时，不同系统选用同一颗参考星，由此构建系统内和系统间的双差观测方程，这种组合定位模型称为 GNSS 紧组合模型。GNSS 紧组合方法减少了参考星个数，增加了额外观测方程，改善了定位模型强度，提高了观测数据信息利用率，能够进一步提升卫星导航的精度、可用性和可靠性，实现了 GNSS 系统间的互操作和互交换[126-129]。目前，多系统、多频点 GNSS 紧组合方法依然面临一系列问题，如系统间差分偏差（Differential Inter-System Bias，DISB）建模及估计、不同 GNSS 非重叠频率间紧组合模型与方法、GNSS 多系统紧组合性能评估等[130]。该技术的发展和完善必将带来新一轮卫星定位技术的革命性发展。

1.2.3　卫星/微惯性组合导航技术研究现状

1.2.3.1　卫星/微惯性组合模式综述

全球导航卫星系统和捷联惯性导航系统具有各自的优势和局限性，而且两者恰好具有天然的互补性。于是，GNSS/INS 组合导航技术应运而生，以实现两者优势互补，为各类用户提供实时、高精度与可靠的位置、速度、姿态及授时等全维导航信息。随着嵌入式计算技术、MEMS 惯性器件和 GNSS 的不断发展，GNSS/INS 组合导航技术得到了越来越广泛的研究和应用。目前，GNSS/INS 组合模式通常可分为三种：松组合（Loose Integration）、紧组合 (Tight Integration) 和深组合（Deep Integration）[131]。

通常，将独立运行的 GNSS 子系统在位置、速度和姿态等定位域内与 INS 的信息融合称为松组合，而将 GNSS 子系统在伪距、多普勒频移、载波相位等测距域内与 INS 的信息融合称为紧组合[81]。松组合的优点为 GNSS 与 INS 相互独立、冗余，且结构简单，便于实现现有系统扩展，因此在工程中应用最广。但是，这种组合模式的融合程度较低，且组合导航有效的前提是可用卫星数不低于 4 颗，极大地限制了组合导航性能。与松组合相比，紧组合系统的融合程度进一步深化，直接利用 GNSS 接收机伪距、多普勒频移或载波相位测量值和卫星星历信息与 INS 子系统进行组合，对 INS 误差和某些 GNSS 系统误差（如接收机钟差、钟差变率等）进行估计和修正。另外，当可用卫星数小于 4 颗时，紧组合依然能够对 INS 进行在线校准。这些优势显著提高了组合导航系统的可用性和精度。但是，紧组合显著增加了接收机计算负担，并且需要对那些不输出 GNSS 原始测量信息的接收机内部进行改动。这两种组合模式实际上均是 GNSS 辅助 INS，对 GNSS 接收机的环路信号跟踪和抗干扰性能均无任何提升。

深组合模式是对 GNSS 接收机内部信号层次进行融合，是 GNSS 与 INS 最深层次的组合方式。国外深组合系统和产品已经广泛应用于各种制导武器，但是学界对深组合的理解存在两种立场[131]。第一种以麻省理工学院和德雷普英雄学院为代表，将采用 GNSS 接收机最原始的相关器输出信息与 INS 组合的向量跟踪架构定义为深组合。第二种以斯坦福大学为代表，将采用 INS 信息对 GNSS 接收机信号跟踪环路进行辅助的组合结构定义为深组合。可见，第一种定义明确且严格，第二种定义则较为宽泛，但两种定义均强调对接收机信号跟踪能力的辅助。因此，GNSS/INS 深组合技术能够有效解决传统 GNSS 接收机环路带宽设计中动态性与抗干扰性的矛盾，通过压缩环路带宽、降低环路噪声，提高 GNSS 跟踪信号的信噪比，并实现 GNSS 信号短暂中断期间的"连续"跟踪。但是，深组合技术涉及对 GNSS 接收机结构的大量改动，实现难度大、成本高，主要用于军事武器系统。需要注意的是，深组合技术并非近年出现的，而是国外已经稳步发展了几十年的高精尖技术（源于 20 世纪 70年代）。目前，以美国为代表的发达国家已经完成对深组合系统结构设计、算法优化和系统性能评估等一系列研究工作，并开始探索军事领域之外的应用潜力[132-133]。而我国在这一领域研究起步较晚（2007 年以后），目前还处于结构设计和仿真验证阶段，仅有少数几家科研院所成功研制出深组合原理样机（如武汉大学、国防科技大学等）。鉴于深组合技术巨大的军事意义，这一领域必然是未来自主研发的重要方向。

本书主要针对松组合和紧组合模式开展研究工作，因此后续主要针对这两种模式下的卫星/微惯性组合导航技术研究现状进行介绍。

1.2.3.2　微惯性导航系统动基座初始对准技术

由载体机动和 MEMS 惯性器件恶劣噪声特性导致的初始对准模型非线性问题是低成本 MEMS-SINS 应用于载体导航时的技术难题之一。一方面，MEMS 惯性器件噪声特性复杂且恶劣，以至于无法实现解析式粗对准，由此造成大失准角误差下的模型非线性问题。低成本 MEMS 惯性器件无法实现解析式粗对准的原因在于：（1）动态条件下无法基于加速度计调平原理确定载体的俯仰角与滚转角；（2）低成本 MEMS 陀螺零偏不稳定性通常在 5（°）/h以上，无法对地球自转角速度［约 15（°）/h］产生有效敏感，也就无法实现方位角的粗对准。另一方面，突然且剧烈的载体机动会引起系统状态量的大幅度变化，由此引发较大的状态估计误差。在这种条件下进行 MEMS-SINS 动态对准，初始对准模型将不再满足离散线性化所需的小失准角假设，存在不可忽视的模型非线性误差，如果不正确处理将会导致卡尔曼滤波性能下降（次优或不稳定），甚至发散。

针对大失准角条件下的模型非线性难题，一类最直接的思路是设计高效、精确的空中动态粗对准算法获取较为精确的模型状态初值，以保证后续精对准过程所需的小失准角线性化条件，从而削弱模型非线性程度，减小线性化误差。该类思路实际上将问题难点转化为 MEMS-SINS 空中动态粗对准算法设计，对空中粗对准精度提出了更加苛刻的要求。目前，在不引入其他姿态敏感器（如星敏感器、磁力计、多天线 GNSS 等）的条件下，SINS 空中动态粗对准主要有三类方法，即滤波方法[134-136]、优化对准迭代方法[137-140]和解析求解方法[141-142]。这些方法利用巧妙的约束条件或估计准则实现了在动基座条件下对 SINS 初始姿态的有效估计。但是，以上方法均存在局限性：滤波方法采用大航向角误差条件下基于游位角三角函数误差状态，会引发粗、精对准阶段的滤波器模型切换问题[135-136]；优化对准迭代方法的计算量大，不利于机载导航计算的实时性[137-138]；基于约束条件的解析求解方法在无人机（Unmanned Aerial Vehicle，UAV）机动或侧滑时难以保证约束假设成立。以上三种方法对于 UAV 机动或侧滑的空中动态粗对准问题均无法保证算法的精度、计算速度和实时性。因此，精确、高效的空中动态粗对准仍然是一项难题。

另一类思路是建立大失准角条件下的 SINS 线性化误差模型[135-136]或非线性滤波模型[134,143-146]，以此减轻精对准过程对粗对准的依赖程度，改善初始对准性能。文献[135-136]使用游位系中游位角三角函数和导航系偏航角三角函数作为系统误差状态，推导了在大航向角误差条件下 SINS 误差状态模型，且方法已分别经过车载和机载试验检验。但是，该方法存在大、小失准角条件下的误差模型切换问题，即当偏航角不确定性达到小角度时必须切换成独立的小偏航角误差模型，增加了算法复杂度。文献[145-146]针对车载低成本

MEMS-SINS 应用场景，采用无迹卡尔曼滤波器（Unscented Kalman Filter，UKF）实现了低成本 MEMS-SINS 动态初始对准。采用 UKF 的好处是无先导变换（Unscented Transform，UT）减少了线性化误差，有效地弥补了扩展卡尔曼滤波（Extended Kalman Filter，EKF）估计精度低、稳定性差的缺陷[147-148]；但是，该方法是否适用于高动态机载场合还有待验证。另外，UKF 缺乏严格的数学推导过程，是根据"对概率分布进行近似要比对非线性函数进行近似容易得多"的直觉认识而提出的算法；UT 在处理高维系统（维度大于 4）时，会出现某些 sigma 点权值为负的问题，极易导致 UKF 滤波过程协方差非正定，引发滤波数值计算不稳定甚至发散[149]。为了解决 UKF 在高维系统中可能出现的数值不稳定及精度退化问题，文献[150]提出了容积卡尔曼滤波（Cubature Kalman Filter，CKF）算法以解决加性噪声下的非线性估计问题。不同于 EKF 线性化系统模型中的状态传递方法，UKF 和 CKF 方法均基于非线性高斯滤波架构，直接对原始状态的非线性模型进行多维积分。相比于 UKF，CKF 根据 Bayesian 理论以及 Spherical-Radial Cubature 规则经严格数学推导而得出，不易发散且计算量较小，缓解了"维度灾难"。该方法一经提出就迅速被用于目标跟踪[151-154]和车辆导航领域[155-156]。同时，实时、可靠的 MEMS-SINS 动态初始对准技术依然是一项重要的研究课题。

1.2.3.3　微惯性测量单元误差建模技术

在 GNSS 中断频繁发生、INS 必须长时间独立导航的场合，导航状态误差将随时间的推移而增长，直到新的 GNSS 修正信息到达为止。因此，较好的 INS 误差建模对提升 GNSS 定位间隔期间的 INS 导航性能至关重要[157]。目前已有大量研究集中于惯导误差建模方法。通过对 INS 力学编排方程的离散线性化[36,158]或直接非线性建模[146]，可以描述 INS 位置、速度和姿态误差随时间变化规律。随机误差建模主要是指惯性传感器扣除标定零偏常量后残余误差的建模，通常由一组随机误差模型描述[157,159-161]。将位置误差、速度误差、姿态误差和随机误差经建模后均放在 INS 误差模型中，用来描述 INS 误差动力学特性。IMU 随机误差是 GNSS/INS 组合导航系统最主要的误差源之一，与惯性器件特性密切相关，是当前的研究热点。在大多数 INS 中，通常采用一阶高斯 – 马尔可夫（Gauss-Markov，GM）过程描述 INS 传感器残余零偏误差[158-159]。如果残余零偏是稳态过程，则可以由自相关函数（Auto-Correlation Function，ACF）完全描述[162]。然而，由有限自相关序列得到的自相关函数的近似精度与序列长度密切相关，故由实验数据精确地确定自相关函数是不现实的。另外，稳态假设在惯性器件噪声中也并不总是成立[157,163]。为改进 INS 传感器误差的随机建模，文献[163-164]采用高阶自回归（Auto-Regressive，AR）建模方法，以获得可观的精度改进。然而，该方法存在以下局限性：一方面，高阶 AR 建模方法带来了"维数灾难"，面临稳定性和计算量难题，实践表明高阶状态方程中不准确的模型参数越多就越容易导致数值计算不稳定，估计效果反而变差，故高阶 AR 方法在实时导航中并不可取；另一方面，作为一种典型、简化的 ARMA（Auto-Regression Moving-Average）模型，该方法同样具有模型敏感性问题（即过度依赖于训练数据）、不适合描述奇功率过程和高阶过程[165]。作为一种广泛使用的时域噪声建模技术，Allan 方差分析技术被成功引入惯性传感器误差分析与建模中[160,166]。文献[167]基于对高精度 INS 的 Allan 方差误差建模实现了亚毫米量级高铁轨道平顺度惯性测量，这一相对测量精度验证了 Allan 方差误差建模方法的有效性。文献[161]通过车载数据验证了基于小波分析和 Allan 方差建模的混合算法对绝对参数估计精度的提升作用。文献[168]通过仿真和实验验证了 RTS（Rauch-Tung-Striebel）平滑与前后向滤波联合的平滑算法有效性，其中惯性误差建模也采用了 Allan 方差分析技术。理论上 Allan 方差分析方法仅在随机噪声频域可分的条件下，能够对多种随机过程进行精确辨识。但是实际 IMU 随机噪声很可能是由频域混叠的多个随机过程复合而成，由此造成随机噪声辨识模型与实际依然不符。因此，基于广义小波矩理论（Generalized Method of Wavelet Moments，GMWM）的惯性器件误差分析和建模技术应运而生[169-171]，目前该方法也在向实用化方向发展。另外，Allan 方差分析方法目前也存在一定局限性，例如 Allan 方差辨识出的多种有色噪声共存条件下的误差建模问题。理论上，若将所有误差因素都进行建模纳入状态方程，卡尔曼滤波的效果最好。但是，基于 Allan 方差估

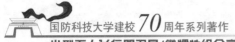
计的陀螺仪、加速度计模型参数存在一定的偏差，且有些误差源转化为状态方程也非常困难（比如$1/f$噪声）。而且建模中考虑的因素越多，状态方程的阶数越高，算法稳定性和计算量问题就越显著，越有可能恶化估计效果。工程实践急需实时可用的多种共存有色噪声建模处理的指导原则。此外，以往文献研究往往过于注重定位精度，对速度和姿态精度也需要开展全面的评估验证。

1.2.3.4　基于载波相位测量信息的高精度卫星/惯性组合导航技术

在 GNSS 及 GNSS/INS 组合的高精度导航领域，必然会用到高精度的载波相位测量值。目前，实用的基于载波相位观测值的卫星/惯性组合导航方法主要包括差分全球导航卫星系统（Differential GNSS，DGNSS）/INS 组合导航方法[172-175]和 PPP 浮点解/INS 组合方法[176-178]；而 PPP 固定解/INS 组合方法尚在研究阶段[179-181]。DGNSS/INS 组合导航的代表性技术是短基线（<20 km）条件下具有厘米级定位精度的 RTK/INS 松或紧组合实时导航技术，主要用于载体精密导航，如精细农业、驾校监考、飞机进近着陆等[102]。PPP 浮点解/INS 松或紧组合方法的位置精度普遍在分米量级，初始收敛时间在几十分钟至数小时之间，其精度和可靠性均不及 DGNSS/INS 组合，但是其不需要基准站辅助的优势为测绘用户带来很大的便利，主要用于任意范围内的长时间测绘任务[16,118]。如何进一步优化和提升已有基于载波相位测量值的 GNSS/INS 组合导航精度和可靠性，是当前导航领域的重要研究内容，包括以下问题。

（1）松组合模式的 GNSS 定位噪声建模及优化问题

RTK 精密相对定位结果和 PPP 精密单点定位结果与 INS 进行松组合时，均面临 GNSS 定位误差建模问题。从卡尔曼滤波测量更新过程来看，良好的外测误差建模保证了对导航状态的修正效果和可靠性，终将使组合导航系统（尤其是 INS）受益。近年来，许多研究者开始重视对 GNSS 定位误差特性的研究，这些研究有益于提升 GNSS/INS 组合导航性能[182-184]。文献[184]采用 Allan 方差分析方法深入分析了 GNSS 多种定位方式［如标准单点定位

（Standard Point Positioning，SPP）、RTK 和 PPP］的定位误差特性，揭示了 GNSS 定位误差的复杂时间相关性。事实上，不可能精确地对 GNSS 定位误差的时间相关性进行建模。因此，时间相关观测误差或者有色量测噪声需要通过改进标准卡尔曼滤波来妥善处理[185-188]。当前解决有色量测噪声的方法主要分为两大类：状态扩展法[187,189]和量测差分法[188,190]。然而，状态扩展法在应对仅含有有色量测噪声情形时会出现误差状态协方差阵奇异等计算问题，同时量测差分法在处理有色噪声和白噪声混合情形时，存在时延和数值计算不稳定问题，且目前这两种方法仍缺乏试验验证。采用自适应卡尔曼滤波技术也能在一定程度上缓解有色量测噪声的影响[191-193]。通过在线估计有色观测噪声协方差，自适应地改善过于乐观或悲观的参数估计造成的不恰当状态修正，提升组合导航精度。然而，采用开窗法的自适应滤波有大量经验参数需要依据不同应用场合进行调节，否则滤波极易不稳定。为保证稳定性和可靠性，文献[194-195]提出了一种自适应抗差估计框架将抗差 M 估计和衰减因子联合起来。抗差自适应估计方法的关键在于先通过抗差 M 估计得到观测量的抗差解，然后通过抗差解和预报值间的差异构造衰减因子。然而，如果不能得到全部状态的稳健抗差解，则无法构造衰减因子。针对这一局限性，文献[176,196]改进了自适应因子构造方式，均取得良好效果。另外，基于 Mahalanobis 范数的新息滤波方法有效抑制了 GNSS 粗差对组合导航的不利影响[197-198]。以上方法只是缓解了定位结果误差建模不准的情况，无法圆满解决 GNSS/INS 组合导航中的复杂量测噪声参数估计难题。

（2）紧组合模式的模糊度快速固定问题

采用 RTK/INS 或 PPP/INS 紧组合方式能够回避以上松组合面临的 GNSS 定位噪声建模困境。这是因为原始 GNSS 测量值可认为是不相关的，且能够根据经验合理确定噪声方差。同时，紧组合将卫星几何构型隐含在观测方程中，更加合理地描述了 GNSS 观测噪声。另外，在 GNSS 可见卫星数低于 4 颗无法定位时，松组合模式将无法修正 INS 误差[199-200]，而紧组合依然可以校准 INS。因此，通常紧组合性能优于松组合，特别是在"城市峡谷"等复杂观测环境下，这种优势更为显著。

采用紧组合模式构建载波相位观测方程时，载波相位模糊度的快速固定成为组合导航的核心问题。GNSS/INS 组合导航模糊度解算主要有两种模式。第一种是将模糊度参数扩展至滤波器中，从而提高模糊度参数浮点解精度，减小模糊度搜索空间，提升组合定位的效率和可靠性。然而，由于多系统多频点 GNSS 模糊度参数众多，该方法急剧地增加了滤波器状态个数，从而带来巨大的计算负担，不利于实时导航处理；另外，由于升星、降星、频繁失锁等引起的可见卫星变化也会导致组合性能降低，因此该方法主要用于测绘领域事后处理[168,179-180,201-202]。第二种是直接基于固定好的模糊度建立组合导航观测方程[203-206]，计算效率高、结构简单、模块化好，适合实时导航场合。但是，该方法受限于现有 GNSS 模糊度固定技术（如 1.2.2 节阐述），或者受限于分散式滤波设计而难以辅助 GNSS 滤波器。另外，以上两种方法均面临高维模糊度快速求解计算负担引发的时延问题，INS 辅助模糊度固定方法仍是目前国内外学界的研究热点。

对于 PPP/INS 紧组合而言，模糊度快速固定问题又有一定的特殊性。传统的浮点解 PPP/INS 组合存在很多缺陷[207-212]：一方面，浮点解 PPP/INS 紧组合需要很长的初始收敛时间（几十分钟甚至数小时）才能达到亚米级位置精度，且很不稳定；另一方面，浮点解无模糊度固定指标，这就使得用户无法获知当前定位精度，从而影响导航可靠性。为了提高定位精度和稳定性，近年兴起的 PPP 模糊度固定技术为固定解 PPP/INS 组合奠定了基础，尤其是与 INS 组合后实现了 20 min 左右的模糊度首次固定时间，且固定后即可到达稳定的厘米级精度水平[179-181]。目前，固定解 PPP/INS 组合导航技术还远未完善，最大挑战在于过长的模糊度首次固定时间和重新收敛时间。另外，精密星历和钟差的在线获取也限制了 PPP/INS 的工程应用。

（3）高精度载波相位时间差分辅助问题

由以上文献调研可知，目前主流的基于载波相位观测值的高精度卫星/惯性组合导航方法面临着"进退两难"的困境：一方面，RTK/INS 组合导航精度很高，却受到 RTK 整周模糊度可靠求解的基线长度限制（<20 km），只能实现小范围局域内的基站辅助实时导航（不考虑网络 RTK 技术）；另一方面，

PPP/INS 组合能够实现无区域限制的单站高精度绝对导航，但受收敛/固定时间过长，高精度星历、卫星钟差产品的在线获取困难和计算量巨大等问题限制，这些因素使得当前 PPP/INS 组合导航丧失了实时性与可靠性。如何实现单站非差模式下的高性能实时导航，成为导航领域最为关心的难题之一。

为了避免非差模式下模糊度固定难题，载波相位时间差分（Time-Differenced Carrier Phase，TDCP）技术应运而生。TDCP 技术起源于载波相位平滑伪距方法[213-214]，利用无模糊度的 TDCP 观测量对伪距进行平滑处理，以削弱伪距测量噪声的影响，提升单站定位精度。在无信号遮挡或不发生周跳的条件下，载波相位整周模糊度将保持常整数特性，因此可以通过历元间差分予以消除[215-218]。采用 TDCP 观测量可以确定单台接收机在一段时间间隔内的精密位置增量，相对定位精度优于厘米量级[219]；由 TDCP 获取载波相位变化率，相应噪声水平显著低于多普勒频移测量值噪声水平[220]，能够用于高精度速度测量[221-223]。文献[224-225] 将 TDCP 观测值用于 GPS/INS 紧组合导航系统，显著提升了定速和定姿精度。文献[226] 利用 TDCP 的高精度定速能力实现了低成本 MEMS 惯导的动态初始对准。然而，高精度 TDCP 测量信息本质上只是一种相对观测量，若仅以 TDCP 作为外测信息修正 INS，则组合导航定位误差必然会随时间的推移而累积[227]。为了抑制 TDCP 引发的位置误差漂移，文献[228] 引入含有绝对位置信息的伪距测量值，巧妙地设计了双速卡尔曼滤波，以权衡 TDCP 测量噪声和伪距测量噪声对定位精度的影响，该方法定位精度显著优于伪距单点定位精度。文献[220] 采用 TDCP 解算的精密位置增量 PDOT 辅助 INS 在线校准，导航位置精度略优于伪距单点定位水平。尽管采用了双速卡尔曼滤波、PDOT 技术，但这些方法最终的定位精度依然与伪距单点定位精度保持在同一量级。为了进一步提高定位精度，文献[151,229-230] 提出了将当前时刻载波相位值与基准时刻的载波相位值（绝对位置已知）做差分，构建改进 TDCP 观测量，该方案有效抑制了传统 TDCP 造成的位置发散现象。但是，该方案在频繁发生 GNSS 遮挡或周跳环境下，依然无法避免位置误差的发散。以上方法大多只关注绝对位置精度的提升，而未对组合后的速度、姿态、相对位置精度进行评价分析。同时，以上方法的 TDCP 公式推导中均有不

甚合理的近似假设。因此，利用 TDCP 技术辅助初始对准、辅助 GNSS 单频小周跳探测和实现亚米级定位精度仍具挑战性。

1.2.3.5　卫星/微惯性组合导航先进滤波技术

在 GNSS 信号缺失的条件下，GNSS/MEMS-SINS 组合导航系统退化为 MEMS-SINS，导航性能将随时间的推移急剧恶化。一种有效的策略是提升测量更新时刻的信息融合精度，以此减小 GNSS 中断起始时刻的 MEMS-SINS 状态误差（类似于初始对准误差）。另一种策略是采用统计学习或人工智能方法，基于有 GNSS 信号时的惯导未建模误差在线学习结果，提供 GNSS 中断时惯导误差预报结果。以上两种策略均需要改进，或研发新的状态估计或滤波技术。为此，近年来众多学者研究了用于 GNSS/MEMS-SINS 组合导航的各类先进滤波技术。

第一类先进滤波技术主要是指各类非线性滤波算法，诸如 UKF[144,231-232]、CKF[233-235]、粒子滤波（Particle Filter，PF）[236-237] 等非线性滤波方法。以上方法用于 GNSS/MEMS-SINS 组合导航，可减少由惯导动力学模型离散线性化所带来的非线性误差，提升机动条件下 GNSS/MEMS-SINS 组合导航精度。与传统 EKF 方法相比，非线性滤波方法计算量巨大，目前还难以实现嵌入式实时解算，因而主要用于事后处理。

第二类先进滤波技术主要是指基于人工智能（Artificial Intelligence，AI）的信息融合方法，如人工神经网络（Artificial Neural Networks，ANN）方法、模糊逻辑和自适应神经模糊推理系统（Adaptive Neuro-Fuzzy Inference System，ANFIS）等。文献[238-242] 提出了基于神经网络的位置更新方案（Position Update Architecture，PUA）和位置速度更新方案（Position and Velocity Update Architecture，PVUA），在 GNSS 信息可用时建立 INS 位置与速度的神经网络经验模型，在 GPS 信号缺失期间将训练好的神经网络模型用于预报载体位置和速度。该类方法要求训练和预报阶段的载体运动特性类似，无法提供 GNSS 中断期间的状态误差及高程估计值，因此可用性非常受限。为了进一步提升 GNSS 中断条件下的组合导航性能，文献[243-244] 提出了基于 $P - \delta P$、$V - \delta V$ 的神经网络方法，该方法建立了载体运动特性与位置误差和速度误差的时间序列经验模型，能够与卡尔曼滤波有效融合，对 GNSS 中断条件下的三维位置和速度估计值进行修正。之后大量文献分别采用不同的神经网络类型和输入及输出结构对 $P-\delta P$、$V-\delta V$ 方法进行了优化和改进，均取得良好的效果[245-250]。近年来，文献[251-253]提出了建立 INS 动态测量与 GNSS 位置增量间映射关系的神经网络方法，以便在 GNSS 缺失期间采用神经网络预报"伪位置"，然后对 INS 进行测量更新。还有文献[195,254-255]提出采用神经网络方法或增强学习方法来自适应估计系统噪声协方差，以获得优化的组合导航性能。目前，基于 AI 的信息融合方法远未实用化，沉重的计算负担和较长的学习时间严重制约了其在嵌入式实时导航系统中的应用。同时，目前所有验证算例均假设 GNSS 完全中断，缺乏 GNSS 信号恶化或卫星颗数较少时的验证分析。另外，最大的局限性可能在于以上方法均要求载体训练与预报时的运动状态基本一致，即泛化能力有限。因此，基于 AI 的信息融合实时算法设计仍是未来一项重点研究内容。

　　第三类先进滤波技术主要是平滑（Smoothing）算法。事后平滑算法不仅能够提升状态估计精度，而且反映了系统所能达到的最优精度。目前该类方法主要用于导航参考基准获取和导航性能事后分析。应用于组合导航领域的事后平滑算法通常属于固定区间平滑，主要包括前后向滤波平滑（Forward-Backward-Smoothing，FBS）[144,258-259]和 RTS 平滑[118,260-261]两类。其中，RTS 平滑过程中无须计算后向估值和协方差，因而具有更高的计算效率。文献[168]提出了一种将 RTS 平滑和前后向滤波平滑融合的最优平滑方法，事后定位精度相对于传统平滑方法提升了约 70%。另外，平滑算法与非线性滤波技术的融合[144,256-257]、平滑算法与神经网络方法的融合[241-242]也是目前的研究热点。

第 2 章

理论基础

　　本章主要介绍一些与飞行器导航相关的核心概念和基础知识，包括坐标与时间系统定义、捷联惯性导航方法的基本理论和 GNSS 导航观测模型。本章是后续章节对卫星/惯性组合导航及误差建模的理论与算法基础。

2.1　坐标与时间系统

　　狭义上讲，导航可以理解为对载体相对于某坐标系的位置、速度和姿态等运动状态的估计。而载体运动通常可分为平动（即质心位置变化）和转动（即姿态变化）。对载体的运动进行定量描述的前提是建立合适的时空参考框架，即坐标系统和时间系统。本节主要介绍本书中涉及的坐标系及其变换、惯性导航常用姿态表示方式，并简要介绍惯性导航和卫星导航的时间系统定义和时间同步方法。

2.1.1 常用坐标系及其转换

本书研究对象是在地球表面附近的小型无人飞行器，主要涉及的坐标系有地心惯性坐标系、地心地固坐标系、当地地理坐标系、载体坐标系、传感器体坐标系和平台坐标系。

2.1.1.1 地心惯性坐标系

惯性坐标系是处丁静止或匀速直线运动状态的参考坐标系，牛顿经典力学定律在其中适用，又称为惯性参照系（Inertial Frame of Reference，IFR）。天文学中通常将相对于恒星静止的参考系称为惯性空间。对于地球表面附近的载体导航定位，通常选用原点 O 在地心处的地心惯性坐标系（Earth Centered Inertial，ECI）或协议惯性坐标系（Conventional Inertial System，CIS），如 J2000.0 惯性坐标系。J2000.0 惯性坐标系是标准历元选取为 2000 年 1 月 1 日 12 时对应的协议天球坐标系，其 OX_i 轴在赤道平面内指向 J2000.0 平春分点，OZ_i 轴垂直于赤道平面，与地球自转轴重合，指向北极。OY_i 轴与 OX_i 轴、OZ_i 轴构成右手系，简记为 i 系，如图 2.1 所示。

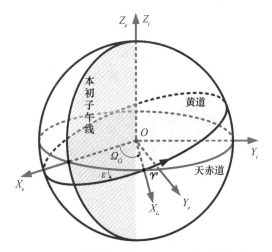

图 2.1　地心惯性坐标系与地心地固坐标系

2.1.1.2 地心地固坐标系

地心地固坐标系（Earth Centered Earth Fixed，ECEF）是固联在地球上、随之一起转动的坐标系，简记为 e 系。该系原点 O 在地心处，OX_e 轴在赤道平面内，指向本初子午线，OZ_e 轴垂直于赤道平面，与地球自转轴重合，指向北极（协议地极）。OY_e 轴与 OX_e 轴、OZ_e 轴构成右手系，如图 2.1 所示。

地球自转角速度约为 $\omega_{ie} = 15.041\,1$（°）/h $= 7.292\,115\,8 \times 10^{-5}$ rad/s，地心地固坐标系相对于地心惯性坐标系，以该角速度绕 OZ_i 轴旋转。该角速度向量在地固系（e 系）下的投影为

$$\boldsymbol{\omega}_{ie}^e = \begin{bmatrix} 0 & 0 & \omega_{ie} \end{bmatrix}^{\mathrm{T}} \tag{2.1}$$

如图 2.1 所示，地固系（e 系）和地心惯性系（i 系）之间的转换关系为

$$\boldsymbol{C}_i^e = \begin{bmatrix} \cos\Omega_G & \sin\Omega_G & 0 \\ -\sin\Omega_G & \cos\Omega_G & 0 \\ 0 & 0 & 1 \end{bmatrix} \tag{2.2}$$

式中，Ω_G 表示平春分点和坐标转换时刻格林尼治天文台所在子午线和赤道交点间的地心角，可近似计算为 $\Omega_G = \omega_{ie}t$，t 为旋转时间。

在地球坐标系中的载体位置向量 $\boldsymbol{r}^e$ 既可以用空间直角坐标（r_x，r_y，r_z）表示，也可以用地球椭球上的大地纬度 φ（Geodetic Latitude）、大地经度 λ（Geodetic Longitude）和大地高程（椭球高）h（Geodetic Height）来表示，如图 2.2 所示。由大地坐标（φ，λ，h）计算空间直角坐标（r_x，r_y，r_z）的转换关系为[262]

$$\boldsymbol{r}^e = \begin{bmatrix} r_x \\ r_y \\ r_z \end{bmatrix} = \begin{bmatrix} (R_N + h)\cos\varphi\cos\lambda \\ (R_N + h)\cos\varphi\sin\lambda \\ [R_N(1 - e^2) + h]\sin\varphi \end{bmatrix} \tag{2.3}$$

式中，e 为地球椭球偏心率（WGS - 84 模型取值为 0.081 819 190 842 5）；$R_N = a/\sqrt{1 - e^2 \sin^2\varphi}$ 为卯酉圈曲率半径，a 为地球椭球长半轴长度（WGS - 84 模型取值为 6 378 137 m）。

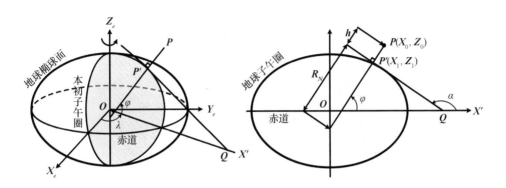

图 2.2　地心地固坐标系的空间直角坐标和大地坐标之间转换

空间直角坐标（r_x，r_y，r_z）和大地坐标（φ，λ，h）之间的转换关系为[262]

$$\boldsymbol{r}^e = \begin{bmatrix} \varphi \\ \lambda \\ h \end{bmatrix} = \begin{bmatrix} \arctan(r_z + R_N e^2 \sin\varphi, \sqrt{r_x^2 + r_y^2}) \\ \arctan(r_y, r_x) \\ \sqrt{r_x^2 + r_y^2 + (r_z + R_N e^2 \sin\varphi)^2} - R_N \end{bmatrix} \tag{2.4}$$

由式（2.4）可知，在由空间直角坐标计算大地纬度 φ 时，需要进行迭代求解。

2.1.1.3　当地地理坐标系

当地地理坐标系（Local Geographic Frame）在文献中也常被称为导航坐标系（Navigation Frame），即 n 系。该坐标系原点位于运动载体质心 O；OX_n 轴沿参考椭球子午圈指向北向（North，N）；OY_n 轴沿参考椭球卯酉圈指向东向（East，E）；OZ_n 轴沿参考椭球外法线指向地向（Downward，D）。在此定义下，导航坐标系也称为北东地（NED）坐标系，如图 2.3 所示。

地固系（e 系）和地理系（n 系）之间的转换关系为[144]

$$\boldsymbol{C}_e^n = \begin{bmatrix} -\sin\varphi\cos\lambda & -\sin\varphi\sin\lambda & \cos\varphi \\ -\sin\lambda & \cos\lambda & 0 \\ -\cos\varphi\cos\lambda & -\cos\varphi\sin\lambda & -\sin\varphi \end{bmatrix} \tag{2.5}$$

根据上述当地地理坐标系定义，可推导出地球自转角速度向量在地理系投影为[19]

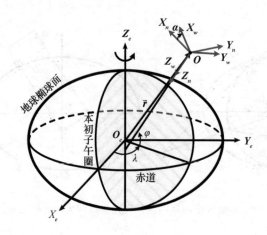

图2.3 当地地理坐标系与地球坐标系之间的转换

$$\boldsymbol{\omega}_{ie}^{n} = \boldsymbol{C}_{e}^{n}\boldsymbol{\omega}_{ie}^{e} = \left[\,\omega_{ie}\cos\varphi \quad 0 \quad -\omega_{ie}\sin\varphi\,\right]^{\mathrm{T}} \tag{2.6}$$

通常，将地理系（n 系）相对于地固系（e 系）的转动角速度称为转移速度（Transport Rate）。转移速度在 n 系的投影向量为 $\boldsymbol{\omega}_{en}^{n}$，其各分量值可以用纬度和经度变化率表示为[19]

$$\boldsymbol{\omega}_{en}^{n} = \left[\,\dot{\lambda}\cos\varphi \quad -\dot{\varphi} \quad -\dot{\lambda}\sin\varphi\,\right]^{\mathrm{T}} \tag{2.7}$$

将纬度变化率 $\dot{\varphi} = v_{\mathrm{N}}/(R_{M}+h)$ 和经度变化率 $\dot{\lambda} = v_{\mathrm{E}}/[(R_{N}+h)\cos\varphi]$ 代入式（2.7），可得

$$\boldsymbol{\omega}_{en}^{n} = \left[\,\frac{v_{\mathrm{E}}}{R_{N}+h} \quad -\frac{v_{\mathrm{N}}}{R_{M}+h} \quad -\frac{v_{\mathrm{E}}\tan\varphi}{R_{N}+h}\,\right]^{\mathrm{T}} \tag{2.8}$$

式中，h 为大地高程；v_{N} 和 v_{E} 分别为载体速度向量的北向分量和东向分量；$R_{M} = a(1-e^{2})/(1-e^{2}\sin^{2}\varphi)^{3/2}$ 为子午圈曲率半径，$R_{N} = a/\sqrt{1-e^{2}\sin^{2}\varphi}$ 为卯酉圈曲率半径，a 为地球椭球长半轴长度，e 为地球椭球偏心率，φ 为载体所在位置的大地纬度。

由式（2.8）可知，当载体在地球表面附近运动时，地理系相对于地固系将不停旋转，以保持地理系 x 轴始终指向北极。然而，当载体在地球极区附近（$\varphi = \pm 90°$）机动时，地理系绕 z 轴的转动角速率 $v_{\mathrm{E}}\tan\varphi/(R_{N}+h)$ 将出现无穷大奇异值。避免这种奇异值的一种常用方法是将 n 系绕其 z 轴旋转一个

游动方位角 α，得到具有全球导航能力的游动方位坐标系[19]。如图 2.3 所示，该游位角 α 的引入使转移速度 z 轴分量始终为零，从而使得游动方位坐标系 x 轴与北向的夹角随载体在地球上的纬度 φ 和经度 λ 变化而变化，满足 $\dot{\alpha} = \dot{\lambda}\sin\varphi$。更多关于游动方位坐标系的定义和推导可参考文献[36,158]。

当地地理坐标系主要用于描述载体姿态，即捷联惯性器件体坐标系（或载体坐标系）相对于地理系的相对角位置关系。关于载体姿态的数学表示与物理解释将在 2.1.2 节讨论。

2.1.1.4　载体坐标系

对于诸如飞机、车辆、舰船等地表附近的运动载体，其载体坐标系（Vehicle Frame）即 v 系直接反映载体的滚转、俯仰和航向变化，其原点 O 为载体质心，OX_v 轴沿载体纵轴指向前方，OZ_v 轴位于载体纵向对称面内且与 OX_v 轴垂直，向下为正，OY_v 轴与其他两轴构成右手直角坐标系，即形成如图 2.4 所示的"前 – 右 – 下"坐标系（Forward-Transversal-Downward，FTD）。此时，载体绕 OX_v 轴转动反映的是其滚转角变化，故常称 OX_v 轴为滚转轴，称 OY_v 轴和 OZ_v 轴分别为俯仰轴和偏航轴。

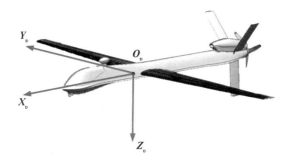

图 2.4　载体坐标系

2.1.1.5　传感器体坐标系

捷联惯性导航中的体坐标系（Body Frame）即 b 系是由惯性器件输出轴（即陀螺仪和加速度计的三个正交敏感轴向）构成的坐标系[263]。该系原点在

惯性测量单元的测量中心，各轴平行于右手正交的惯性器件敏感轴方向。加速度计和陀螺仪各轴向测量数据为相对于惯性系的视加速度和角速度在对应体坐标系轴向上的投影分量[19]。然而，由于绝对的正交装配在物理上无法实现，故传感器体坐标系通常是一个非正交坐标系，因此在系统进入导航解算之前，必须通过惯性导航标定来尽可能减小敏感轴间非正交误差的影响。

在理想情况下，体坐标系应与载体坐标系坐标轴方向保持一致。然而，惯组实际使用过程中的空间或安装限制导致其体坐标系不一定与载体坐标系轴向一致。通常需要事先标定惯组安装矩阵，反映两个坐标系之间的安装欧拉角，尽可能使转换后的惯组体坐标系轴向与载体系相同。本书后续讨论中提到的体坐标系，均指经过安装矩阵转换后与载体系指向一致的体坐标系。

2.1.1.6 平台坐标系

根据当地地理坐标系（n系）定义，以地球表面附近的载体质心为原点，x、y、z轴分别指向该位置点北向、东向和地向，由此构造的坐标系称为真实导航坐标系（真实n系），如图2.5所示。然而，在惯性导航过程中，多种误差源（如惯性器件测量误差、信号处理误差、安装误差、尺寸效应误差、初始对准误差、力学编排模型近似及重力异常等）作用于惯性导航系统，导致惯性导航解算位置$\hat{r}$与载体真实位置r之间、惯性导航解算姿态$\hat{C}_b^n$与载体真实姿态C_b^n之间必然存在误差。以惯性导航计算位置点$\hat{r}$为原点，构造x、y、z轴分别指向北向、东向和地向的地理坐标系称为计算导航坐标系（Computer Frame），即c系，也称为计算n系，如图2.5所示。以惯性导航计算位置点$\hat{r}$为原点、以惯性导航解算姿态$\hat{C}_b^n$构建的数学坐标系，则称为平台坐标系（Platform Frame），即p系，如图2.5所示。顾名思义，根据惯性导航解算位置和姿态构建的平台坐标系，相当于平台惯性导航系统中的惯性平台，也称为数学平台。显然，该数学平台的建立与维持是实现捷联惯性导航解算的关键[262]。

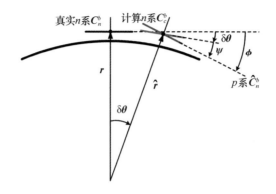

图 2.5 平台坐标系与地理坐标系之间的角度关系示意[144]

由此可知,捷联惯性解算得到 b 系相对于真实 n 系的姿态估计值 $\hat{C}_b^n$ 实际上是 b 系相对于 p 系的姿态转换矩阵 C_b^p,即

$$\hat{C}_b^n = C_b^p = C_n^p C_b^n \tag{2.9}$$

式中,$C_n^p = \hat{C}_b^n C_b^n$ 表示姿态矩阵 $\hat{C}_b^n$ 和 C_b^n 各自所确定的姿态间差异在 p 系的投影。当 C_n^p 描述小角度转动时,如图 2.5 所示,姿态误差可近似表示为从 n 系转到 p 系的旋转向量 ϕ,即

$$C_n^p \approx I - (\phi \times) \tag{2.10}$$

式中,I 为三维单位矩阵;$(\phi \times)$ 表示向量 $\phi = \begin{bmatrix} \phi_x & \phi_y & \phi_z \end{bmatrix}^T$ 对应的反对称矩阵,即

$$(\phi \times) = \begin{bmatrix} 0 & -\phi_z & \phi_y \\ \phi_z & 0 & -\phi_x \\ -\phi_y & \phi_x & 0 \end{bmatrix} \tag{2.11}$$

同理,如图 2.5 所示,在小角度近似条件下,旋转向量 $\delta\theta$ 描述计算 n 系(c 系)与真实 n 系之间的姿态差异,旋转向量 ψ 描述 p 系与计算 n 系(c 系)之间的姿态差异,即

$$C_n^c \approx I - (\delta\theta \times), \quad C_c^p \approx I - (\psi \times) \tag{2.12}$$

式中,$\delta\theta$ 和 ψ 的计算可参考文献[144]。

通常,c 系与真实 n 系之间的姿态差异 $\delta\theta = \begin{bmatrix} \delta\lambda\cos\varphi & -\delta\varphi & -\delta\lambda\sin\varphi \end{bmatrix}^T$,

主要是由地球椭球面上的惯性导航位置误差（相对于地心的角位置误差）引起。而 p 系和 c 系之间的姿态差异 $\boldsymbol{\psi}$ 主要由陀螺零偏引起的惯性导航姿态误差导致，当采用高精度 INS 或 INS 闭环校正时，该姿态差异为小角度，可将其定义为惯性导航系统的姿态误差，对应的误差模型即为经典的 $\boldsymbol{\psi}$ 角误差模型[264]。如果定义 p 系和真实 n 系之间的姿态差异 $\boldsymbol{\phi}$ 为惯性导航系统姿态误差，则对应的误差模型为 $\boldsymbol{\phi}$ 角误差模型[144]。可以证明，两种姿态误差模型是等价的[265]，这是因为

$$C_n^p = C_c^p C_n^c \approx I - (\boldsymbol{\psi} + \delta\boldsymbol{\theta}) \times \qquad (2.13)$$

将式（2.10）代入式（2.13）可得

$$\boldsymbol{\phi} = \boldsymbol{\psi} + \delta\boldsymbol{\theta} \qquad (2.14)$$

由式（2.14）可知，当卫星辅助惯性导航时，较小的导航位置误差将导致角位置误差 $\delta\boldsymbol{\theta}$ 趋于零，此时可认为 $\boldsymbol{\phi}$ 收敛为 $\boldsymbol{\psi}$。本节所涉及的有关欧拉角、旋转向量、方向余弦矩阵的概念与运算将在 2.1.2 节阐述。

2.1.2 常用姿态参数及其转换

姿态参数用来描述一个坐标系轴向相对于另一个坐标系轴向的指向关系。姿态表示的有效方法之一，是描述一组轴系转至与另一组轴系重合时所需的转动[36]。常用的姿态表示方法有欧拉角（Euler Angles）、方向余弦矩阵（Direction Cosine Matrix，DCM）、旋转向量（Rotation Vector）、姿态四元数（Quaternion）、罗德里格斯参数（Rodrigues Parameters，RPs）等。本书主要采用欧拉角、方向余弦矩阵、旋转向量和姿态四元数这四种方式描述载体的姿态运动。本节将简要介绍四种参数的主要特性，更多公式推导及其他细节可参考文献[144,158,266−267]。

2.1.2.1 欧拉角

欧拉角是描述目标坐标系相对于参考坐标系之间姿态的最直观方法。从参考坐标系到目标坐标系的变换，可通过绕已定义坐标轴系的三次连续旋转

实现，这种按转动顺序排列的旋转角度序列，称为欧拉角。当采用欧拉角描述体坐标系（b 系）相对于当地地理坐标系（n 系）的姿态运动时，每次旋转角度均具有明确的物理意义，如图 2.6 所示。

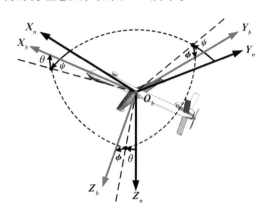

图 2.6　体坐标系与当地地理坐标系间欧拉角示意

惯性导航常采用一种描述 b 系相对于 n 系姿态的"3—2—1 转序"欧拉角：首先绕 n 系 z 轴转动 ψ 角；其次绕过渡坐标系（n 系绕 z 轴转动后形成）y 轴转动 θ 角；最后绕过渡坐标系（n 系绕 z 轴和 y 轴转动后形成）x 轴转动 ϕ 角，最终使 n 系与 b 系重合。可将从 n 系到 b 系的欧拉角表示为 $[\phi\quad\theta\quad\psi]^{\mathrm{T}}$，其中 ψ 为偏航角，θ 为俯仰角（Pitch），ϕ 为滚转角（Roll）。

注意，在使用欧拉角时，三个旋转角的顺序不能改变，即三个欧拉角不具有互换性。另外，当俯仰角 $\theta = \pm 90°$ 时，不能区分滚转角和偏航角，欧拉角变换存在奇异值。正是因为这些问题，姿态计算中很少直接使用欧拉角。

2.1.2.2　方向余弦矩阵

方向余弦矩阵定义为如下 3×3 方阵

$$
C_{A_2}^{A_1} = \begin{bmatrix} u_{A_2x}^{A_1} & u_{A_2y}^{A_1} & u_{A_2z}^{A_1} \end{bmatrix} = \begin{bmatrix} u_{A_1x} \cdot u_{A_2x} & u_{A_1x} \cdot u_{A_2y} & u_{A_1x} \cdot u_{A_2z} \\ u_{A_1y} \cdot u_{A_2x} & u_{A_1y} \cdot u_{A_2y} & u_{A_1y} \cdot u_{A_2z} \\ u_{A_1z} \cdot u_{A_2x} & u_{A_1z} \cdot u_{A_2y} & u_{A_1z} \cdot u_{A_2z} \end{bmatrix}
$$

$$
\qquad\qquad\qquad\qquad (2.15)
$$

$$
= \begin{bmatrix} \cos\mu_{A_1x,A_2x} & \cos\mu_{A_1x,A_2y} & \cos\mu_{A_1x,A_2z} \\ \cos\mu_{A_1y,A_2x} & \cos\mu_{A_1y,A_2y} & \cos\mu_{A_1y,A_2z} \\ \cos\mu_{A_1z,A_2x} & \cos\mu_{A_1z,A_2y} & \cos\mu_{A_1z,A_2z} \end{bmatrix}
$$

式中，u_{A_2i} 表示 A_2 系 i 轴单位向量（$i=x$，y，z），μ_{A_1i,A_2j} 表示 A_1 系 i 轴与 A_2 系 j 轴夹角（$i=x,y,z,j=x,y,z$）；$u_{A_2x}^{A_1}$、$u_{A_2y}^{A_1}$ 和 $u_{A_2z}^{A_1}$ 构成一组单位正交基，分别表示 A_2 系各轴单位向量在 A_1 系的投影向量。显然，转置矩阵 $(C_{A_2}^{A_1})^{\mathrm{T}}$ 的列向量为 A_1 系各轴单位向量在 A_2 系的投影。

由式（2.15）可知，A_2 系绕 z 轴旋转 ψ 角后与 A_1 系重合的过程可以用方向余弦矩阵 $C_{A_2}^{A_1}$ 表示为

$$
C_{A_2}^{A_1} = M_3[\psi] = \begin{bmatrix} \cos\psi & \sin\psi & 0 \\ -\sin\psi & \cos\psi & 0 \\ 0 & 0 & 1 \end{bmatrix} \qquad (2.16)
$$

如图 2.7 所示，向量 r 在 A_2 系坐标表示为 $r^{A_2} = [r\cos\alpha \quad r\sin\alpha \quad z]^{\mathrm{T}}$，在 A_1 系坐标表示为 $r^{A_1} = [r\cos(\alpha-\psi) \quad r\sin(\alpha-\psi) \quad z]^{\mathrm{T}}$，由三角恒等变换可知，$r$ 在两个坐标系的坐标可通过式（2.16）所示的方向余弦矩阵 $C_{A_2}^{A_1}$ 联系起来，即

$$
r^{A_1} = C_{A_2}^{A_1} r^{A_2} = M_3[\psi] r^{A_2}, r^{A_2} = C_{A_1}^{A_2} r^{A_1} = (C_{A_2}^{A_1})^{\mathrm{T}} r^{A_1} \qquad (2.17)
$$

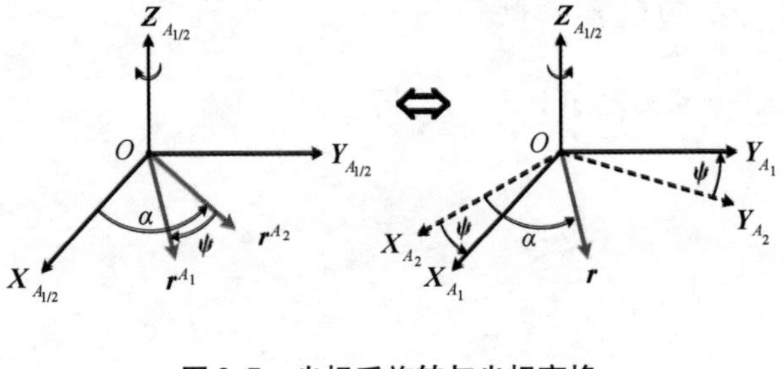

图 2.7　坐标系旋转与坐标变换

因此，方向余弦矩阵不仅可以描述坐标系旋转（即姿态），也可以描述向量的坐标变换，可称为坐标转换矩阵。有趣的是，向量相对于坐标系的旋转与坐标系相对于向量的等角度反向旋转等价，因此对应同一个方向余弦矩阵 $C_{A_2}^{A_1}$。另外，若两个坐标系存在某一个坐标轴重合，则仅需绕重合轴旋转一个角度即可实现两系重合，因此对应的方向余弦矩阵常称为初等变换矩阵或基本转换矩阵。式（2.16）表示绕 z 轴旋转的基本转换矩阵，而绕 x、y 轴旋转的其他两个初等变换矩阵为

$$M_1[\phi] = \begin{bmatrix} 1 & 0 & 0 \\ 0 & \cos\phi & \sin\phi \\ 0 & -\sin\phi & \cos\phi \end{bmatrix}, M_2[\theta] = \begin{bmatrix} \cos\theta & 0 & -\sin\theta \\ 0 & 1 & 0 \\ \sin\theta & 0 & \cos\theta \end{bmatrix} \quad (2.18)$$

利用以上初等变换矩阵，能够推导出载体系相对于地理系的姿态余弦矩阵为

$$C_n^b = M_1[\phi] \cdot M_2[\theta] \cdot M_3[\psi]$$

$$= \begin{bmatrix} \cos\theta\cos\psi & \cos\theta\sin\psi & -\sin\theta \\ \sin\phi\sin\theta\cos\psi - \cos\phi\sin\psi & \sin\phi\sin\theta\sin\psi + \cos\phi\cos\psi & \sin\phi\cos\theta \\ \cos\phi\sin\theta\cos\psi + \sin\phi\sin\psi & \cos\phi\sin\theta\sin\psi - \sin\phi\cos\psi & \cos\phi\cos\theta \end{bmatrix} \quad (2.19)$$

由式（2.17）还可推导出方向余弦矩阵的链式规则

$$C_{A_3}^{A_1} = C_{A_2}^{A_1} C_{A_3}^{A_2} \quad (2.20)$$

2.1.2.3 旋转向量

旋转向量定义为一个特殊的三维向量 $\boldsymbol{\phi} = [\phi_x \quad \phi_y \quad \phi_z]^T$，其单位方向向量 $\boldsymbol{\phi}_0 = \boldsymbol{\phi} / \|\boldsymbol{\phi}\|$ 表示旋转轴方向，而其大小 $\|\boldsymbol{\phi}\|$ 表示绕旋转轴方向的旋转角度。假设 A_1 系与 A_2 系的原点重合，A_1 系绕向量方向 $\boldsymbol{\phi}$ 进行旋转，且旋转角度为该向量的模 $\|\boldsymbol{\phi}\|$，最终与 A_2 系重合，则该旋转向量唯一地定义了 A_2 系相对于 A_1 系的姿态关系 $C_{A_2}^{A_1}$；反之，对于给定的 A_2 系相对于 A_1 系的姿态角，总能找到一个对应的旋转向量 $\boldsymbol{\phi}$，满足[263]

$$C_{A_2}^{A_1} = \left[\boldsymbol{I} + \frac{\sin\|\boldsymbol{\phi}\|}{\|\boldsymbol{\phi}\|}(\boldsymbol{\phi}\times) + \frac{(1-\cos\|\boldsymbol{\phi}\|)}{\|\boldsymbol{\phi}\|^2}(\boldsymbol{\phi}\times)(\boldsymbol{\phi}\times) \right] \quad (2.21)$$

式中，$\boldsymbol{\phi}$ 表示将 A_1 系转至 A_2 系的旋转向量；$(\boldsymbol{\phi}\times)$ 表示向量 $\boldsymbol{\phi}=[\phi_x \quad \phi_y \quad \phi_z]^\mathrm{T}$ 的反对称矩阵。旋转向量 $\boldsymbol{\phi}$ 在 A_1 系和 A_2 系具有相同的投影分量，这是旋转向量的一个特性。因此，式（2.21）中的 $\boldsymbol{\phi}$ 可以是 $\boldsymbol{\phi}^{A_1}$ 或 $\boldsymbol{\phi}^{A_2}$，无须标注上标。

当 $\boldsymbol{\phi}$ 描述小角度旋转时（$\|\boldsymbol{\phi}\|\ll1$），则 $(\sin\|\boldsymbol{\phi}\|)/\|\boldsymbol{\phi}\|\approx1$，忽略二阶以上小量，式（2.21）可简化为

$$\boldsymbol{C}_{A_2}^{A_1}\approx\boldsymbol{I}+(\boldsymbol{\phi}\times) \tag{2.22}$$

2.1.2.4　姿态四元数

姿态四元数是一个由四个元素组成的超复数，用于描述坐标系或向量的一次旋转，可表示为旋转向量的函数[263]

$$\boldsymbol{q}_{A_2}^{A_1}=\begin{bmatrix}\cos(0.5\|\boldsymbol{\phi}\|)\\[2mm]\dfrac{\sin(0.5\|\boldsymbol{\phi}\|)}{0.5\|\boldsymbol{\phi}\|}0.5\boldsymbol{\phi}\end{bmatrix} \tag{2.23}$$

式中，旋转向量 $\boldsymbol{\phi}$ 的定义与式（2.21）相同；$\boldsymbol{q}_{A_2}^{A_1}$ 表示从 A_2 系到 A_1 系的坐标变换。由式（2.23）可知，姿态四元数的模始终为 1。另外，由式（2.23）可推导对应于四元数 $\boldsymbol{q}_{A_2}^{A_1}=[q_1 \quad q_2 \quad q_3 \quad q_4]^\mathrm{T}$（$q_1\neq0$）的等价旋转向量 $\boldsymbol{\phi}$ 为

$$\|0.5\boldsymbol{\phi}\|=\arctan\frac{\sqrt{q_2^2+q_3^2+q_4^2}}{q_1},\ f=\frac{\sin\|0.5\boldsymbol{\phi}\|}{\|\boldsymbol{\phi}\|},$$

$$\boldsymbol{\phi}=\frac{1}{f}[q_2 \quad q_3 \quad q_4]^\mathrm{T} \tag{2.24}$$

若 $q_1=0$，则等价旋转向量为 $\boldsymbol{\phi}=\pi[q_2 \quad q_3 \quad q_4]^\mathrm{T}$。

用四元数 $\boldsymbol{q}_{A_2}^{A_1}$ 表示的向量坐标转换公式为

$$\boldsymbol{V}_q^{A_1}=\boldsymbol{q}_{A_2}^{A_1}\circ\boldsymbol{V}_q^{A_2}\circ(\boldsymbol{q}_{A_2}^{A_1})^*,\ \boldsymbol{V}_q^{A_2}=\boldsymbol{q}_{A_1}^{A_2}\circ\boldsymbol{V}_q^{A_1}\circ(\boldsymbol{q}_{A_1}^{A_2})^*=(\boldsymbol{q}_{A_2}^{A_1})^*\circ\boldsymbol{V}_q^{A_1}\circ\boldsymbol{q}_{A_2}^{A_1}$$

$$\tag{2.25}$$

式中，$\boldsymbol{V}_q^{A_1}=[0 \quad \boldsymbol{v}^{A_1}]^\mathrm{T}$，$\boldsymbol{V}_q^{A_2}=[0 \quad \boldsymbol{v}^{A_2}]^\mathrm{T}$，$\boldsymbol{v}$ 为任意三维向量；符号" $*$ "表示四元数 $\boldsymbol{q}_{A_2}^{A_1}$ 的共轭，即

$$(\boldsymbol{q}_{A_2}^{A_1})^*=\begin{bmatrix}\cos(0.5\|\boldsymbol{\phi}\|)\\[2mm]-\dfrac{\sin(0.5\|\boldsymbol{\phi}\|)}{0.5\|\boldsymbol{\phi}\|}0.5\boldsymbol{\phi}\end{bmatrix} \tag{2.26}$$

符号"。"表示四元数乘法，可表示为如下矩阵形式

$$\boldsymbol{q} \circ \boldsymbol{p} = \begin{bmatrix} q_0 & q_1 & q_2 & q_3 \end{bmatrix}^{\mathrm{T}} \circ \begin{bmatrix} p_0 & p_1 & p_2 & p_3 \end{bmatrix}^{\mathrm{T}}$$

$$= \begin{bmatrix} q_0 & -q_1 & -q_2 & -q_3 \\ q_1 & q_0 & -q_3 & q_2 \\ q_2 & q_3 & q_0 & -q_1 \\ q_3 & -q_2 & q_1 & q_0 \end{bmatrix} \begin{bmatrix} p_0 \\ p_1 \\ p_2 \\ p_3 \end{bmatrix} \triangleq [\overset{+}{\boldsymbol{q}}] \boldsymbol{p}$$

$$= \begin{bmatrix} p_0 & -p_1 & -p_2 & -p_3 \\ p_1 & p_0 & p_3 & -p_2 \\ p_2 & -p_3 & p_0 & p_1 \\ p_3 & p_2 & -p_1 & p_0 \end{bmatrix} \begin{bmatrix} q_0 \\ q_1 \\ q_2 \\ q_3 \end{bmatrix} \triangleq [\overset{-}{\boldsymbol{p}}] \boldsymbol{q} \tag{2.27}$$

由式（2.25）可推导出姿态四元数连乘时的链式规则

$$\boldsymbol{q}_{A_3}^{A_1} = \boldsymbol{q}_{A_2}^{A_1} \boldsymbol{q}_{A_3}^{A_2} \tag{2.28}$$

2.1.3 时间系统

全球导航卫星系统的基础测量值是卫星信号从卫星天线至接收机天线的传播时间，这个时间乘光速即为卫星到接收机的测距信息。只有将传播时间测量误差控制在 3.33 ns 以内，对应测距误差方可实现小于 1 m[81]。由此可见，精确地产生和测量时间信号是 GNSS 实现精密定位的关键。此外，GNSS 和惯性导航系统的测量值之间的时间同步也是实现卫星/惯性组合系统的首要考虑方面。

2.1.3.1 GNSS 时间系统

可重复观测、连续、稳定的周期现象是建立时间系统的基础，常采用的周期现象有天体的自转、公转以及晶体的振荡频率。天文观测和大地测量习惯采用以地球自转为基准的世界时（Universal Time，UT）系统。由于地球自转速度不均匀和极移影响，世界时不是严格均匀的时间系统，存在长期变慢

的趋势。

原子时以氢、铷、铯原子跃迁时辐射或吸收的电磁波频率为基准。对全球多个国家和地区守时中心发布的原子时进行加权平均处理，得到统一的国际原子时（International Atomoc Time，IAT）。IAT 是一种精确且均匀的时间系统。然而，IAT 无法与地球自转相关联，与 UT 的差异逐渐变大，对于某些天文观测应用而言并不直观[81]。

协调世界时（Universal Time Coordinated，UTC）综合了 UT 和 IAT 的优点，其秒长与 IAT 一致，采用跳秒方式维持，与 UT 的时间差小于 0.9 s。UTC 与 IAT 的差异为整数秒，截至 2017 年 1 月 1 日，UTC 比 IAT 慢 37 s。

为了满足时间同步和传递需求，每个 GNSS 系统（GPS、北斗等）都要建立和维持自己的时间系统。以 GPS 为例，其秒长是根据地面和星载原子钟确定的，一般采用周计数和周内秒来描述。GPS 时间以 UTC 的 1980 年 1 月 6 日为起点，此时 GPS 时间和 UTC 时间均落后 IAT 19 s，此后 GPS 时间开始不断重复计数，并保持与 IAT 同步。这样，GPS 时间始终落后 IAT 19 s，即

$$t_{\mathrm{E}} = t_{\mathrm{IAT}} - 19 \tag{2.29}$$

式中，t_{E} 为 GPS 时间；t_{IAT} 为原子时。

对于北斗时间（t_{BDS}），其时间原点选为 2006 年 1 月 1 日，和 IAT 的时间差为

$$t_{\mathrm{BDS}} = t_{\mathrm{IAT}} - 33 \tag{2.30}$$

导航电文中给出了 GPS 时间和 UTC 时间之间转换参数，可以按照下式计算两者之间的总差异量

$$\Delta t_{\mathrm{UTC}} = \Delta t_{\mathrm{LS}} + A_0 + A_1(t_{\mathrm{E}} - t_{\mathrm{ot}}) \tag{2.31}$$

式中，Δt_{LS}、A_0、A_1、t_{ot} 为导航电文播发的参数。得到总差异量 Δt_{UTC} 后，可将 GPS 时间转换为对应的 UTC 时间

$$t_{\mathrm{UTC}} = t_{\mathrm{E}} - \Delta t_{\mathrm{UTC}} \tag{2.32}$$

对于北斗导航卫星系统，也有类似的时间转换参数，这里不再赘述。

2.1.3.2　卫导-惯导时间同步

一般而言，惯性测量单元的内部时钟仅能提供相对时标信息，并且时钟

稳定性显著逊色于 GNSS 原子钟。另外，大多数 GNSS 接收机除了通过串口输出观测数据和绝对时标信息，还会输出秒脉冲（Pulse-Per-Second，PPS）信号来指示每秒的翻转时刻。该 PPS 信号与标准 GNSS 时间的对齐精度优于 $1~\mu\mathrm{s}^{[268]}$。因此，在 GNSS/INS 组合系统中，常以 GNSS 接收机的 PPS 信号为驱动来进行卫导和惯导的时间同步。

根据电气信号的不同，时间同步策略可分为模拟接口实现和数字接口实现[269]。在模拟接口实现中，GNSS 的 PPS 信号用来触发模数转换器（Analog-to-Digital Converter，ADC），将其采样的初始时刻对准至 GNSS 时间，同时 ADC 对 IMU 传感器输出的模拟量进行采样进而实现 GNSS 和 INS 的时间同步。模拟接口实现的优点是在 ADC 中可以实现很精确的时间同步，且能避免卫星/惯性数据融合时的插值操作。然而，不是所有 IMU 都能提供模拟接口，修改现有 IMU 接口来适应和 GNSS 同步的 ADC 采样电路也不是一项简单的任务。在数字接口实现中，INS 输出数字信号，高频率的 CPU 时钟作为共同时间基准，以时钟计数为中介完成对 INS 采样的时间传递。本书采用的 GNSS 和 INS 时间同步方案如图 2.8 所示。当 GNSS 的 PPS 信号到达时，记录 CPU 时钟计数 n_0 和对应的绝对时间标 t_{GNSS}；当 INS 数字信号到达时，由对应的 CPU 时钟计数 n_1 对 INS 的输出信号打上绝对时标 t_{INS}。

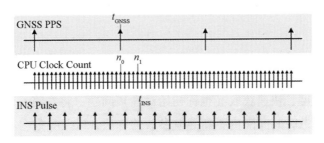

图 2.8　GNSS/INS 时间同步策略示意

在数字接口实现中，GNSS 和 INS 实际上非同步采样数据，即 GNSS 采样时刻并不一定有对应的 INS 采样数据。因此，在卫星/惯性组合导航时，要采用插值的方法来获得对应于 GNSS 时刻的 INS 状态量，如图 2.9 所示。对应于 t_k^{GNSS} 时刻的 INS 数据通过内插 t_k 和 t_{k-1} 时刻的 INS 数据 $\boldsymbol{a}(t_k)$ 和 $\boldsymbol{a}(t_{k-1})$ 获

得，即

$$\boldsymbol{a}(t_k^{\text{GNSS}}) = \boldsymbol{f}_k(t_{k-1}, t_k^{\text{GNSS}}, t_k)\boldsymbol{a}(t_k) + \boldsymbol{f}_{k-1}(t_{k-1}, t_k^{\text{GNSS}}, t_k)\boldsymbol{a}(t_{k-1}) \quad (2.33)$$

式中，$\boldsymbol{a}$ 为 INS 数据向量，包括导航参数、原始测量值以及一些中间变量；$\boldsymbol{f}_{k-1}$ 和 $\boldsymbol{f}_k$ 为相应的相邻 INS 时刻的插值系数向量。

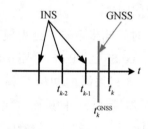

图 2.9　GNSS 和 INS 测量时间异步示意

2.2　捷联惯性导航基本理论

惯性导航本质上是一种航迹推算技术，根据牛顿经典力学定律，基于初始时刻的已知位置、速度和姿态，对载体角速度积分获得姿态，对载体加速度进行坐标转换和积分获得速度，对速度积分获得载体位置，而加速度和角速度的测量依靠惯性器件（即加速度计和陀螺仪）获取。可见，惯性导航是一种相对于初始基准的自主导航方法，完全依靠自身所携的设备独立完成位置、速度和姿态的全维导航，无须与外界发生任何声、光、电联系。关于初始基准的高精度、快速获取（也称初始对准）问题，将在第 6 章阐述。本节主要介绍在离散时间间隔内更新导航参数的算法，以及导航参数更新过程中的系统误差传播方式，即所谓力学（机械）编排和惯性导航误差建模问题。

2.2.1　导航参数微分方程

载体运动分为平动和转动，通常用位置和速度等质点运动参数描述平动，而用姿态参数描述转动。作为捷联惯导力学编排的理论基础，本节将简述载体姿态运动和质心运动的导航微分方程。

2.2.1.1 姿态参数微分方程

根据陀螺测量的载体转动速率对载体姿态进行估计，需要建立载体姿态参数随时间的传递关系。假设体坐标系（b 系）相对于地理系（n 系）的角速度在载体系投影为 $\boldsymbol{\omega}_{nb}^{b}=\begin{bmatrix}\omega_x & \omega_y & \omega_z\end{bmatrix}^{\mathrm{T}}$，欧拉角、方向余弦矩阵、旋转向量和四元数的时间微分方程分别如下所述[263]。

（1）欧拉角微分方程

引入方向余弦矩阵，能够将欧拉角速率 $\begin{bmatrix}\dot{\phi} & \dot{\theta} & \dot{\psi}\end{bmatrix}^{\mathrm{T}}$ 与角速度 $\boldsymbol{\omega}_{nb}^{b}$ 间关系表示为

$$\begin{bmatrix}\omega_x \\ \omega_y \\ \omega_z\end{bmatrix}=\begin{bmatrix}\dot{\phi} \\ 0 \\ 0\end{bmatrix}+\boldsymbol{M}_1[\phi]\begin{bmatrix}0 \\ \dot{\theta} \\ 0\end{bmatrix}+\boldsymbol{M}_1[\phi]\boldsymbol{M}_2[\theta]\begin{bmatrix}0 \\ 0 \\ \dot{\psi}\end{bmatrix} \tag{2.34}$$

式（2.34）经过恒等变换得

$$\begin{bmatrix}\dot{\phi} \\ \dot{\theta} \\ \dot{\psi}\end{bmatrix}=\begin{bmatrix}1 & \sin\phi\tan\theta & \cos\phi\tan\theta \\ 0 & \cos\phi & -\sin\phi \\ 0 & \sin\phi\sec\theta & \cos\phi\sec\theta\end{bmatrix}\begin{bmatrix}\omega_x \\ \omega_y \\ \omega_z\end{bmatrix} \tag{2.35}$$

可见，当俯仰角 $\theta=\pm90°$ 时，不确定的 $\dot{\phi}$ 和 $\dot{\psi}$ 使得滚转角和偏航角存在奇异值。故实际姿态计算很少直接使用欧拉角参数。

（2）方向余弦矩阵微分方程

方向余弦矩阵 $\boldsymbol{C}_b^n$ 随时间的变化率与载体角速度 $\boldsymbol{\omega}_{nb}^{b}$ 之间关系为

$$\dot{\boldsymbol{C}}_b^n=\boldsymbol{C}_b^n(\boldsymbol{\omega}_{nb}^{b}\times)=\boldsymbol{C}_b^n(\boldsymbol{\omega}_{ib}^{b}\times)-(\boldsymbol{\omega}_{in}^{n}\times)\boldsymbol{C}_b^n \tag{2.36}$$

式中，$\boldsymbol{\omega}_{nb}^{b}$ 是 b 系相对于 n 系的角速度向量在 b 系的投影；$\boldsymbol{\omega}_{ib}^{b}$ 是 b 系相对于 i 系的角速度向量在 b 系的投影；$\boldsymbol{\omega}_{in}^{n}$ 是 n 系相对于 i 系的角速度向量在 n 系的投影，三个角速度满足 $\boldsymbol{\omega}_{nb}^{b}=\boldsymbol{\omega}_{ib}^{b}-\boldsymbol{C}_n^b\boldsymbol{\omega}_{in}^{n}$。

（3）旋转向量微分方程

旋转向量 $\boldsymbol{\phi}$ 随时间的变化率可表示为[270]

$$\dot{\boldsymbol{\phi}} = \boldsymbol{\omega}_{ib}^b + \frac{1}{2}\boldsymbol{\phi} \times \boldsymbol{\omega}_{ib}^b + \frac{1}{\|\boldsymbol{\phi}\|^2}\left[1 - \frac{\|\boldsymbol{\phi}\|\sin\|\boldsymbol{\phi}\|}{2(1-\cos\|\boldsymbol{\phi}\|)}\right]\boldsymbol{\phi} \times (\boldsymbol{\phi} \times \boldsymbol{\omega}_{ib}^b)$$

$$(2.37)$$

式中，$\dot{\boldsymbol{\phi}} = \mathrm{d}\boldsymbol{\phi}/\mathrm{d}t$。式（2.37）为 Bortz 方程，公式右边第二项和第三项称为非惯性测量角运动或不可交换旋转向量，是由连续姿态变化过程中旋转轴的持续变化导致的。

（4）四元数微分方程

四元数 $\boldsymbol{q}_b^n$ 随时间变化率为

$$\dot{\boldsymbol{q}}_b^n = \frac{1}{2}\boldsymbol{q}_b^n(\boldsymbol{\omega}_{nb_q}^b\times) = \frac{1}{2}\boldsymbol{q}_b^n(\boldsymbol{\omega}_{ib_q}^b\times) - \frac{1}{2}(\boldsymbol{\omega}_{in_q}^n\times)\boldsymbol{q}_b^n \qquad (2.38)$$

2.2.1.2　质心运动参数微分方程

经典牛顿力学定律给出了载体相对于惯性坐标系的动力学规律。然而，当描述载体相对于非惯性系（如地固系、地理系等）的动力学运动规律时，必须考虑由参考坐标系运动产生的附加外力。

以载体相对于当地地理坐标系的运动为例，其速度微分方程为

$$\dot{\boldsymbol{v}}^n = \boldsymbol{C}_b^n\boldsymbol{f}^b - (2\boldsymbol{\omega}_{ie}^n + \boldsymbol{\omega}_{en}^n) \times \boldsymbol{v}^n + \boldsymbol{g}_l^n \qquad (2.39)$$

式中，$\boldsymbol{v}^n$ 为 INS 速度在 n 系的投影，即 $\boldsymbol{v}^n = [v_N \quad v_E \quad v_D]^T$，$v_N$、$v_E$ 和 v_D 分别表示 n 系北向、东向和地向分量；$\boldsymbol{f}^b$ 为加速度计测量的 b 系相对于 i 系的视加速度（比力）向量在 b 系的投影；$\boldsymbol{g}_l^n$ 为当地重力加速度向量在 n 系的投影；其他符号如前所述。

载体运动位置通常相对于地固系，以大地纬度 φ、经度 λ 和高度 h 的形式表示，该位置微分方程可表述为

$$\begin{cases} \dot{\boldsymbol{C}}_n^e = \boldsymbol{C}_n^e(\boldsymbol{\omega}_{en}^n\times) \\ \dot{h} = -v_D \end{cases} \qquad (2.40)$$

式中，纬度 φ、经度 λ 与 $\boldsymbol{C}_e^n$ 的对应关系如式（2.5）所示。

后续将以方向余弦矩阵、四元数和旋转向量为主要数学工具，推导在当地地理坐标系下的捷联惯导力学编排算法及误差传播方程。

2.2.2　惯性导航力学编排

捷联惯性导航力学编排是指用于从惯性测量信息（即比力和角速度）解算获取导航信息（即载体位置、速度和姿态）的捷联计算方法，也称机械编排[19]。不同参考坐标系的选择，会导致不同形式的力学编排方程，由此对应不同的捷联计算方法。地球表面附近的远距离导航普遍选用当地地理坐标系（n 系）机械编排[158]，即

$$
\begin{cases}
\dot{\boldsymbol{C}}_n^e = \boldsymbol{C}_n^e(\boldsymbol{\omega}_{en}^n \times), \dot{h} = -v_{\mathrm{D}} \\
\dot{\boldsymbol{v}}^n = \boldsymbol{C}_b^n \boldsymbol{f}^b - (2\boldsymbol{\omega}_{ie}^n + \boldsymbol{\omega}_{en}^n) \times \boldsymbol{v}^n + \boldsymbol{g}_l^n \\
\dot{\boldsymbol{C}}_b^n = \boldsymbol{C}_b^n(\boldsymbol{\omega}_{ib}^b \times) - (\boldsymbol{\omega}_{in}^n \times)\boldsymbol{C}_b^n
\end{cases}
\tag{2.41}
$$

注意，连续时间微分方程（2.41）不仅从物理上描述了载体运动，而且其离散化方程提供了一种适用于数字计算机、在离散时间间隔内更新导航参数的解算方式。当地地理坐标系下的捷联惯性导航系统机械编排如图 2.10 所示。

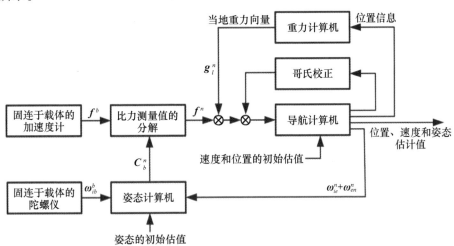

图 2.10　捷联惯性导航系统——地理系机械编排

由图2.10可知，捷联惯性机械编排的主要任务有：（1）姿态更新，对陀螺角速度信息积分、更新载体姿态（即数学平台的构建与维持）；（2）比力投影，由更新的姿态信息将加速度计测量比力投影到实施积分解算的地理坐标系；（3）比力转换，由重力模型和哥氏原理计算，并补偿当地重力项、哥氏效应项，从而获得载体的全加速度；（4）速度更新，对全加速度进行积分获得载体的速度信息；（5）位置更新，对速度进行积分获得载体的位置信息。

捷联惯性导航算法是指机械编排的任务实现过程，本质上是针对式(2.41)的专用高精度数值积分算法。注意，这里的"专用"是指不能直接采用诸如Runge-Kutta方法等通用数值积分算法。因为载体运动中非定轴转动带来的圆锥（Coning）效应、划摇（Sculling）效应和卷轴（Scrolling）效应会显著恶化通用数值积分的精度[263]。下面将简要介绍高精度应用中常用的捷联惯性导航算法。

2.2.2.1 标定修正

捷联惯性导航系统的核心敏感部件是惯性测量单元，通常是由正交安装的3个加速度计和3个陀螺仪组成。加速度计敏感的是载体相对于惯性空间的非引力加速度（也称比力或视加速度）$\tilde{\boldsymbol{f}}_{ib}^{b}$，而陀螺仪用于测量载体相对于惯性空间的转动角速度 $\widetilde{\boldsymbol{\omega}}_{ib}^{b}$，这里的符号"~"表示含误差的测量值。通常，高精度IMU能够提供离散增量形式的惯性测量信息，即速度增量 $\Delta\tilde{\boldsymbol{v}}_{f,k}^{b}$ 和角度增量 $\Delta\tilde{\boldsymbol{\alpha}}_{k}$

$$\Delta\tilde{\boldsymbol{v}}_{f,k}^{b} = \int_{t_{k-1}}^{t_{k}} \tilde{\boldsymbol{f}}_{ib}^{b}\mathrm{d}t \tag{2.42}$$

$$\Delta\tilde{\boldsymbol{\alpha}}_{k} = \int_{t_{k-1}}^{t_{k}} \widetilde{\boldsymbol{\omega}}_{ib}^{b}\mathrm{d}t \tag{2.43}$$

式中，$\Delta\tilde{\boldsymbol{v}}_{f,k}^{b}$ 表示仅由比力（视加速度）时间积分对应的速度增量；$\Delta\tilde{\boldsymbol{\alpha}}_{k}$ 表示由角速度时间积分对应的角度增量，与旋转向量含义不同。

在实际使用中，通常将具有相似输出特性的误差简化为一个模型，则反映IMU真实值与实际输出值关系的简化误差模型为

$$\begin{bmatrix} \tilde{f}_x \\ \tilde{f}_y \\ \tilde{f}_z \end{bmatrix} = \left(\boldsymbol{I} + \begin{bmatrix} s_x^{\mathrm{acc}} & m_{xy}^{\mathrm{acc}} & m_{xy}^{\mathrm{acc}} \\ m_{yx}^{\mathrm{acc}} & s_y^{\mathrm{acc}} & m_{yz}^{\mathrm{acc}} \\ m_{zx}^{\mathrm{acc}} & m_{zy}^{\mathrm{acc}} & s_z^{\mathrm{acc}} \end{bmatrix} \right) \begin{bmatrix} f_x \\ f_y \\ f_z \end{bmatrix} + \begin{bmatrix} b_x^{\mathrm{acc}} \\ b_y^{\mathrm{acc}} \\ b_z^{\mathrm{acc}} \end{bmatrix} + \begin{bmatrix} w_x^{\mathrm{acc}} \\ w_y^{\mathrm{acc}} \\ w_z^{\mathrm{acc}} \end{bmatrix} \tag{2.44}$$

$$\begin{bmatrix} \tilde{\omega}_x \\ \tilde{\omega}_y \\ \tilde{\omega}_z \end{bmatrix} = \left(\boldsymbol{I} + \begin{bmatrix} s_x^{\mathrm{gyr}} & m_{xy}^{\mathrm{gyr}} & m_{xy}^{\mathrm{gyr}} \\ m_{yx}^{\mathrm{gyr}} & s_y^{\mathrm{gyr}} & m_{yz}^{\mathrm{gyr}} \\ m_{zx}^{\mathrm{gyr}} & m_{zy}^{\mathrm{gyr}} & s_z^{\mathrm{gyr}} \end{bmatrix} \right) \begin{bmatrix} \omega_x \\ \omega_y \\ \omega_z \end{bmatrix} + \begin{bmatrix} b_x^{\mathrm{gyr}} \\ b_y^{\mathrm{gyr}} \\ b_z^{\mathrm{gyr}} \end{bmatrix} + \begin{bmatrix} w_x^{\mathrm{gyr}} \\ w_y^{\mathrm{gyr}} \\ w_z^{\mathrm{gyr}} \end{bmatrix} \tag{2.45}$$

式中，$\boldsymbol{I}$ 为三维单位矩阵；s 为比例因子误差；m 为交轴耦合误差；b 为零偏误差；w 为随机噪声；$\tilde{f}$ 和 $\tilde{\omega}$ 为 IMU 实际测量输出，f 和 ω 为真实值。

设 $\boldsymbol{a} = \begin{bmatrix} a_1 & a_2 & a_3 \end{bmatrix}^{\mathrm{T}}$ 和 $\boldsymbol{b} = \begin{bmatrix} b_1 & b_2 & b_3 & b_4 & b_5 & b_6 \end{bmatrix}^{\mathrm{T}}$ 分别为任意 3×1 和 6×1 向量，定义算符 $\Xi(\boldsymbol{a}, \boldsymbol{b})$ 为

$$\Xi(\boldsymbol{a}, \boldsymbol{b}) = \begin{bmatrix} a_1 & b_1 & b_2 \\ b_3 & a_2 & b_4 \\ b_5 & b_6 & a_3 \end{bmatrix} \tag{2.46}$$

以增量形式输出的惯性测量 $\Delta \tilde{\boldsymbol{v}}_f^b$ 和 $\Delta \tilde{\boldsymbol{\alpha}}_k$ 为例，根据实验室标定或在线估计值，可得到标定修正后的速度增量 $\Delta \hat{\boldsymbol{v}}_{f,k}^b$ 和角度增量 $\Delta \hat{\boldsymbol{\alpha}}_k$

$$\begin{aligned} \Delta \hat{\boldsymbol{v}}_{f,k}^b &= (\boldsymbol{I} + \Xi(\boldsymbol{s}_a^0, \boldsymbol{m}_a^0))^{-1} (\Delta \tilde{\boldsymbol{v}}_{f,k}^b - \boldsymbol{b}_a^0 \Delta t_k) \\ &\approx (\boldsymbol{I} - \Xi(\boldsymbol{s}_a^0, \boldsymbol{m}_a^0)) (\Delta \tilde{\boldsymbol{v}}_{f,k}^b - \boldsymbol{b}_a^0 \Delta t_k) \end{aligned} \tag{2.47}$$

$$\begin{aligned} \Delta \hat{\boldsymbol{\alpha}}_k &= (\boldsymbol{I} + \Xi(\boldsymbol{s}_g^0, \boldsymbol{m}_g^0))^{-1} (\Delta \tilde{\boldsymbol{\alpha}}_k - \boldsymbol{b}_g^0 \Delta t_k) \\ &\approx (\boldsymbol{I} - \Xi(\boldsymbol{s}_g^0, \boldsymbol{m}_g^0)) (\Delta \tilde{\boldsymbol{\alpha}}_k - \boldsymbol{b}_g^0 \Delta t_k) \end{aligned} \tag{2.48}$$

式中，符号"^"表示标定修正后的加速度计和陀螺仪的测量值，$\Delta t_k = t_k - t_{k-1}$；$\boldsymbol{b}$、$\boldsymbol{s}$ 和 $\boldsymbol{m}$ 分别表示零偏、比例因子和交轴耦合项，即 $\boldsymbol{b} = \begin{bmatrix} b_x & b_y & b_z \end{bmatrix}^{\mathrm{T}}$、$\boldsymbol{s} = \begin{bmatrix} s_x & s_y & s_z \end{bmatrix}^{\mathrm{T}}$ 和 $\boldsymbol{m} = \begin{bmatrix} m_{xy} & m_{xz} & m_{yx} & m_{yz} & m_{zx} & m_{zy} \end{bmatrix}^{\mathrm{T}}$；上标"0"表示该项为已知量；下标"a"和"g"分别表示加速度计和陀螺仪。注意，速度、位置和姿态更新过程均采用标定修正后的惯性测量值。为表述简洁，后续均省略"^"符号。

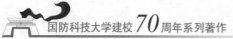

2.2.2.2　速度更新

在 IMU 离散采样间隔内，对当前时刻的速度参数估计称为速度更新。对式（2.41）所示的速度微分方程进行数值积分和离散化处理，可得

$$\boldsymbol{v}_k^n = \boldsymbol{v}_{k-1}^n + \int_{t_{k-1}}^{t_k} \left[\boldsymbol{C}_b^n \boldsymbol{f}^b - (2\boldsymbol{\omega}_{ie}^n + \boldsymbol{\omega}_{en}^n) \times \boldsymbol{v}^n + \boldsymbol{g}_l^n \right] \mathrm{d}t \tag{2.49}$$

式中，$\boldsymbol{v}_{k-1}^n$ 为 t_{k-1} 时刻投影在 n 系中的 INS 解算载体速度；$\boldsymbol{v}_k^n$ 为当前时刻 t_k 的待求载体速度；$\Delta t_k = t_k - t_{k-1}$ 为 IMU 采样时间间隔。式（2.49）可简写为[267]

$$\boldsymbol{v}_k^n = \boldsymbol{v}_{k-1}^n + \Delta \boldsymbol{v}_{f,k}^n + \Delta \boldsymbol{v}_{g/cor,k}^n \tag{2.50}$$

式中，重力/哥氏积分项 $\Delta \boldsymbol{v}_{g/cor,k}^n = \int_{t_{k-1}}^{t_k} \left[\boldsymbol{g}_l^n(t) - (2\boldsymbol{\omega}_{ie}^n(t) + \boldsymbol{\omega}_{en}^n(t)) \times \boldsymbol{v}^n(t) \right] \mathrm{d}t$ 是由重力加速度和哥氏加速度引起的速度增量在 n 系的投影；$\Delta \boldsymbol{v}_{f,k}^n = \int_{t_{k-1}}^{t_k} \boldsymbol{C}_{b(t)}^{n(t)} \boldsymbol{f}^{b(t)} \mathrm{d}t$ 为比力积分项，表示由比力引起的速度增量在 n 系的投影，可采用梯形积分近似写成

$$\Delta \boldsymbol{v}_{f,k}^n \approx \frac{1}{2}(\boldsymbol{I} + \boldsymbol{C}_{n(k-1)}^{n(k)}) \boldsymbol{C}_{b(k-1)}^{n(k-1)} \Delta \boldsymbol{v}_{f,k}^{b(k-1)} \tag{2.51}$$

式中，上标或下标 $b(k)$ 和 $n(k)$ 表示在 t_k 时刻的 b 系和 n 系；引入 $\boldsymbol{\zeta}_k$ 表示 $n(k)$ 系转至 $n(k-1)$ 系的旋转向量，即 $\boldsymbol{C}_{n(k-1)}^{n(k)} = \boldsymbol{I} - (\boldsymbol{\zeta}_k \times)$。该转动向量可近似为

$$\boldsymbol{\zeta}_k = (\boldsymbol{\omega}_{ie}^n + \boldsymbol{\omega}_{en}^n)_{k-1/2} \Delta t_k \tag{2.52}$$

式中，下标 "$k-1/2$" 表示时间间隔 $[t_{k-1}, t_k]$ 内的中间时刻对应值。由式（2.6）和式（2.8）可知，$\boldsymbol{\omega}_{ie}^n$ 和 $\boldsymbol{\omega}_{en}^n$ 是纬度 φ、高度 h、北向速度 v_N 和东向速度 v_E 的函数，故计算 $(\boldsymbol{\omega}_{ie}^n + \boldsymbol{\omega}_{en}^n)_{k-1/2}$ 需要先由 t_{k-1} 时刻预报到 $t_{k-1/2}$ 时刻的位置和速度，即

$$\boldsymbol{C}_{n(k-1/2)}^{e(k-1)} = \boldsymbol{C}_{n(k-1)}^{e(k-1)} \boldsymbol{C}_{n(k-1/2)}^{n(k-1)} \tag{2.53}$$

$$\boldsymbol{C}_{n(k-1/2)}^{e(k-1/2)} = \boldsymbol{C}_{e(k-1)}^{e(k-1/2)} \boldsymbol{C}_{n(k-1/2)}^{e(k-1)} \tag{2.54}$$

$$h_{k-1/2} = h_{k-1} - \frac{v_{D,k-1} \Delta t_k}{2} \tag{2.55}$$

$$\boldsymbol{v}_{k-1/2}^n = \boldsymbol{v}_{k-1}^n + \frac{1}{2}(\Delta\boldsymbol{v}_{f,k-1}^n + \Delta\boldsymbol{v}_{g/cor,k-1}^n) \tag{2.56}$$

式中，$\boldsymbol{C}_n^e = (\boldsymbol{C}_e^n)^{\mathrm{T}}$ 是由纬度 φ 和经度 λ 表示的位置矩阵，如式（2.5）所示；$\boldsymbol{C}_{n(k-1/2)}^{n(k-1)}$ 可表示为 $\boldsymbol{C}_{n(k-1/2)}^{n(k-1)} = \boldsymbol{I} - (\boldsymbol{\zeta}_{k-1/2}\times)$，其中 $n(k-1)$ 系转至 $n(k-1/2)$ 系的旋转向量 $\boldsymbol{\zeta}_{k-1/2}$ 可用 $t_{k-1/2}$ 时刻的角速度 $\boldsymbol{\omega}_{in}^n$ 近似为 $\boldsymbol{\zeta}_{k-1/2} = \frac{1}{2}(\boldsymbol{\omega}_{ie}^n + \boldsymbol{\omega}_{en}^n)_{k-1/2}\Delta t_k$；$\boldsymbol{C}_{e(k-1)}^{e(k-1/2)}$ 可表示为 $\boldsymbol{C}_{e(k-1)}^{e(k-1/2)} = \boldsymbol{I} - (\boldsymbol{\xi}_{k-1/2}\times)$，其中 $e(k-1/2)$ 系转至 $e(k-1)$ 系的旋转向量 $\boldsymbol{\xi}_{k-1/2}$ 可表示为 $\boldsymbol{\xi}_{k-1/2} = \frac{1}{2}\boldsymbol{\omega}_{ie}^e\Delta t_k$；$\Delta\boldsymbol{v}_{f,k-1}^n$ 和 $\Delta\boldsymbol{v}_{g/cor,k-1}^n$ 分别为 t_{k-1} 时刻的比力积分项和重力/哥氏积分项，在当前 t_k 时刻均是已知值。

对于地球表面附近低速应用场景（如车辆、无人飞行器等），权衡导航计算量和导航精度，通常假设在积分区间 $[t_{k-1}, t_k]$ 内角速度和比力随时间线性变化，则可对式（2.51）中另一项 $\Delta\boldsymbol{v}_{f,k}^{b(k-1)} \triangleq \int_{t_{k-1}}^{t_k} \boldsymbol{C}_{b(t)}^{b(k-1)}\boldsymbol{f}^{b(t)}\mathrm{d}t$ 数值积分进行旋转/划摇效应补偿，可得

$$\Delta\boldsymbol{v}_{f,k}^{b(k-1)} \approx \Delta\boldsymbol{v}_{f,k}^b + \frac{1}{2}\Delta\boldsymbol{\alpha}_k \times \Delta\boldsymbol{v}_{f,k}^b + \frac{1}{12}(\Delta\boldsymbol{\alpha}_{k-1}\times\Delta\boldsymbol{v}_{f,k}^b + \Delta\boldsymbol{v}_{f,k-1}^b\times\Delta\boldsymbol{\alpha}_k) \tag{2.57}$$

式中，$\frac{1}{2}\Delta\boldsymbol{\alpha}_k \times \Delta\boldsymbol{v}_{f,k}^b$ 为旋转效应补偿项；$\frac{1}{12}(\Delta\boldsymbol{\alpha}_{k-1}\times\Delta\boldsymbol{v}_{f,k}^b + \Delta\boldsymbol{v}_{f,k-1}^b\times\Delta\boldsymbol{\alpha}_k)$ 为划摇效应补偿项。以上补偿项是针对积分周期 $\Delta t = t_k - t_{k-1}$ 内载体转动轴指向 $\boldsymbol{C}_{b(t)}^{b(k-1)}$ 和视加速度 $\boldsymbol{f}^{b(t)}$ 同时变化导致的不可交换性误差而引入的，具体推导参考文献[263]。

于是，将 $\varphi_{k-1/2}$、$h_{k-1/2}$ 和 $\boldsymbol{v}_{k-1/2}^n$ 代入式（2.6）和式（2.8）可得（$\boldsymbol{\omega}_{ie}^n + \boldsymbol{\omega}_{en}^n)_{k-1/2}$，再根据式（2.52）计算 $\boldsymbol{\zeta}_k$，代入式（2.51）可得

$$\Delta\boldsymbol{v}_{f,k}^n \approx [\boldsymbol{I} - 0.5(\boldsymbol{\zeta}_k\times)]\boldsymbol{C}_{b(k-1)}^{n(k-1)}\Delta\boldsymbol{v}_{f,k}^{b(k-1)} \tag{2.58}$$

另外，式（2.50）中第三项 $\Delta\boldsymbol{v}_{g/cor,k}^n = \int_{t_{k-1}}^{t_k}[\boldsymbol{g}_l^n(t) - (2\boldsymbol{\omega}_{ie}^n(t) + \boldsymbol{\omega}_{en}^n(t))\times\boldsymbol{v}^n(t)]\mathrm{d}t$，通常被积函数在积分区间内变化平缓，该项可简化为

$$\Delta\boldsymbol{v}_{g/cor,k}^n = [\boldsymbol{g}_l^n - (2\boldsymbol{\omega}_{ie}^n + \boldsymbol{\omega}_{en}^n)\times\boldsymbol{v}^n]_{k-1/2}\Delta t_k \tag{2.59}$$

式中，计算 $\left[\boldsymbol{g}_l^n - (2\boldsymbol{\omega}_{ie}^n + \boldsymbol{\omega}_{en}^n) \times \boldsymbol{v}^n\right]_{k-1/2}$ 需要用到由式（2.53）~（2.56）得到的 $t_{k-1/2}$ 时刻的位置预报值（即 $\varphi_{k-1/2}$、$\lambda_{k-1/2}$ 和 $h_{k-1/2}$）和速度预报值 $\boldsymbol{v}_{k-1/2}^n$。

至此，惯性导航速度参数实现了一个采样周期内从 t_{k-1} 时刻到 t_k 时刻的更新。

2.2.2.3　位置更新

直接对载体速度积分获取位置更新的高精度算法形式上较为复杂，被命名为"卷轴算法"，其构造机制与上一节速度更新的划摇算法类似，具体可参考文献[263,266]。简洁起见，采用纬度 φ、经度 λ 和大地高度 h 组成的大地坐标 $\boldsymbol{r}^e = \begin{bmatrix} \varphi & \lambda & h \end{bmatrix}^{\mathrm{T}}$ 表示位置。本节主要采用位置四元数更新方法来完成对纬度和经度的更新，直接对地向速度积分来完成对高度的更新。位置四元数 $\boldsymbol{q}_e^n$ 本质上与位置方向余弦矩阵 $\boldsymbol{C}_e^n$ 等价，两者可相互转换，本书后续推导中将主要采用四元数形式。对应式（2.5）所示 $\boldsymbol{C}_e^n$ 的位置四元数 $\boldsymbol{q}_e^n$ 可写为

$$\boldsymbol{q}_e^n = \begin{bmatrix} \cos\left(-\dfrac{\pi}{4} - \dfrac{\varphi}{2}\right)\cos\dfrac{\lambda}{2} \\[2ex] \sin\left(-\dfrac{\pi}{4} - \dfrac{\varphi}{2}\right)\sin\dfrac{\lambda}{2} \\[2ex] -\sin\left(-\dfrac{\pi}{4} - \dfrac{\varphi}{2}\right)\cos\dfrac{\lambda}{2} \\[2ex] -\cos\left(-\dfrac{\pi}{4} - \dfrac{\varphi}{2}\right)\sin\dfrac{\lambda}{2} \end{bmatrix} \tag{2.60}$$

根据四元数乘法的链式规则式（2.28），可得

$$\boldsymbol{q}_{n(k)}^{e(k)} = \boldsymbol{q}_{e(k-1)}^{e(k)} \circ \boldsymbol{q}_{n(k-1)}^{e(k-1)} \circ \boldsymbol{q}_{n(k)}^{n(k-1)} \tag{2.61}$$

式（2.61）将从 t_{k-1} 时刻到 t_k 时刻的姿态变化分解为 n 系旋转 $\boldsymbol{q}_{n(k)}^{n(k-1)}$ 和 e 系旋转 $\boldsymbol{q}_{e(k-1)}^{e(k)}$。其中 $n(k-1)$ 系至 $n(k)$ 系的旋转可表示为旋转向量 $\boldsymbol{\zeta}_k$，可用 $t_{k-1/2}$ 时刻角速度 $\boldsymbol{\omega}_{in}^n$ 近似为 $\boldsymbol{\zeta}_k = (\boldsymbol{\omega}_{ie}^n + \boldsymbol{\omega}_{en}^n)_{k-1/2}\Delta t_k$，这里计算 $(\boldsymbol{\omega}_{ie}^n + \boldsymbol{\omega}_{en}^n)_{k-1/2}$ 仍采用式（2.53）~（2.55）外推法预报的中间时刻位置 $\varphi_{k-1/2}$、$\lambda_{k-1/2}$ 和 $h_{k-1/2}$，而采用内插法估计中间时刻速度 $\boldsymbol{v}_{k-1/2}^n = 0.5(\boldsymbol{v}_{k-1}^n + \boldsymbol{v}_k^n)$；而 $e(k)$ 系至 $e(k-1)$ 系的旋转可表示为 $\boldsymbol{\xi}_k = \boldsymbol{\omega}_{ie}^e \Delta t_k$。故四元数 $\boldsymbol{q}_{n(k)}^{n(k-1)}$ 和 $\boldsymbol{q}_{e(k-1)}^{e(k)}$ 可写为

$$q_{n(k)}^{n(k-1)} = \begin{bmatrix} \cos \| 0.5\boldsymbol{\zeta}_k \| \\ \dfrac{\sin \| 0.5\boldsymbol{\zeta}_k \|}{\| 0.5\boldsymbol{\zeta}_k \|} 0.5\boldsymbol{\zeta}_k \end{bmatrix} \tag{2.62}$$

$$q_{e(k-1)}^{e(k)} = \begin{bmatrix} \cos \| 0.5\boldsymbol{\xi}_k \| \\ -\dfrac{\sin \| 0.5\boldsymbol{\xi}_k \|}{\| 0.5\boldsymbol{\xi}_k \|} 0.5\boldsymbol{\xi}_k \end{bmatrix} \tag{2.63}$$

根据式（2.60），即可由计算的位置四元数 $q_{n(k)}^{e(k)}$ 提取出 t_k 时刻的纬度 φ_k 和经度 λ_k。而 t_k 时刻的高度更新值则采用对地向速度积分获得，可写为

$$h_k = h_{k-1} - v_{\mathrm{D}, k-1/2} \Delta t_k \tag{2.64}$$

2.2.2.4 姿态更新

用姿态四元数 q_b^n 表示 b 系与 n 系之间姿态关系，其姿态更新算法为

$$q_{b(k)}^{n(k-1)} = q_{b(k-1)}^{n(k-1)} \circ q_{b(k)}^{b(k-1)} \tag{2.65}$$

$$q_{b(k)}^{n(k)} = q_{n(k-1)}^{n(k)} \circ q_{b(k)}^{n(k-1)} \tag{2.66}$$

式中，b 系旋转对应的姿态四元数 $q_{b(k)}^{b(k-1)}$ 可写为

$$q_{b(k)}^{b(k-1)} = \begin{bmatrix} \cos \| 0.5\boldsymbol{\phi}_k \| \\ \dfrac{\sin \| 0.5\boldsymbol{\phi}_k \|}{\| 0.5\boldsymbol{\phi}_k \|} 0.5\boldsymbol{\phi}_k \end{bmatrix} \tag{2.67}$$

式中，$\boldsymbol{\phi}_k$ 为从 t_{k-1} 时刻 b 系转至 t_k 时刻 b 系所对应的旋转向量。根据幂级数展开和仿真分析[263]，式（2.37）所示的旋转向量微分方程（Bortz 方程）可二阶近似为

$$\dot{\boldsymbol{\phi}} \approx \boldsymbol{\omega}_{ib}^b + \frac{1}{2}\boldsymbol{\phi} \times \boldsymbol{\omega}_{ib}^b + \frac{1}{12}\boldsymbol{\phi} \times (\boldsymbol{\phi} \times \boldsymbol{\omega}_{ib}^b) \approx \boldsymbol{\omega}_{ib}^b + \frac{1}{2}\Delta\boldsymbol{\alpha}_k \times \boldsymbol{\omega}_{ib}^b \tag{2.68}$$

式中，$\Delta\boldsymbol{\alpha}_k = \displaystyle\int_{t_{k-1}}^{t} \boldsymbol{\omega}_{ib}^b \mathrm{d}t$。根据比力和角速度双子样假设，式（2.68）在 $[t_{k-1}, t_k]$ 内的积分可写为

$$\boldsymbol{\phi}_k = \int_{t_{k-1}}^{t_k} \left(\boldsymbol{\omega}_{ib}^b + \frac{1}{2}\Delta\boldsymbol{\alpha}_k \times \boldsymbol{\omega}_{ib}^b \right) \mathrm{d}t \approx \Delta\boldsymbol{\alpha}_k + \frac{1}{12}\Delta\boldsymbol{\alpha}_{k-1} \times \Delta\boldsymbol{\alpha}_k \tag{2.69}$$

式中，$\dfrac{1}{12}\Delta\boldsymbol{\alpha}_{k-1} \times \Delta\boldsymbol{\alpha}_k$ 为二阶圆锥误差补偿项，$\Delta\boldsymbol{\alpha}_{k-1}$ 和 $\Delta\boldsymbol{\alpha}_k$ 对应标定修正后

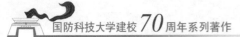

的陀螺测量角度增量，参见式（2.48）。

n 系旋转对应的姿态四元数 $\boldsymbol{q}_{n(k-1)}^{n(k)}$ 可写为

$$\boldsymbol{q}_{n(k-1)}^{n(k)} = \begin{bmatrix} \cos\|0.5\boldsymbol{\zeta}_k\| \\ -\dfrac{\sin\|0.5\boldsymbol{\zeta}_k\|}{\|0.5\boldsymbol{\zeta}_k\|}0.5\boldsymbol{\zeta}_k \end{bmatrix} \tag{2.70}$$

式中，$\boldsymbol{\zeta}_k = (\boldsymbol{\omega}_{ie}^n + \boldsymbol{\omega}_{en}^n)_{k-1/2} \cdot \Delta t_k$ 表示从 t_k 时刻 n 系转至 t_{k-1} 时刻 n 系所对应的旋转向量，如式（2.52）所示。注意，由于速度和位置更新均已完成，这里可直接采用内插法获得中间时刻的纬度、经度、高度和速度，重新计算 $\boldsymbol{\zeta}_k$，位置内插如下[144]

$$\boldsymbol{q}_{\delta\theta} = (\boldsymbol{q}_{n(k-1)}^{e(k-1)})^{-1} \circ \boldsymbol{q}_{n(k)}^{e(k)} \tag{2.71}$$

$$\boldsymbol{q}_{n(k-1/2)}^{e(k-1/2)} = \boldsymbol{q}_{n(k-1)}^{e(k-1)} \circ \boldsymbol{q}_{0.5\delta\theta} \tag{2.72}$$

$$h_{k-1/2} = (h_k + h_{k-1})/2 \tag{2.73}$$

式中，$\boldsymbol{q}_{\delta\theta}$ 表示从 t_{k-1} 时刻到 t_k 时刻的位置变化，对应的旋转向量为 $\delta\boldsymbol{\theta}$，可由式（2.24）得到；$\boldsymbol{q}_{0.5\delta\theta}$ 是对应旋转向量为 $0.5\delta\boldsymbol{\theta}$ 的位置变化四元数，可由式（2.23）计算。

文献[263]指出，数值计算误差的存在会使四元数 $\boldsymbol{q}_b^n$ 逐渐丧失归一化特性，即四元数 $\boldsymbol{q}_b^n$ 的模不再严格等于 1。此时，需对四元数做归一化处理，可得

$$e_q = \frac{1}{2}[(\boldsymbol{q}_b^n)^{\mathrm{T}}\boldsymbol{q}_b^n - 1] \tag{2.74}$$

$$\boldsymbol{q}_b^n = (1 - e_q)\boldsymbol{q}_b^n \tag{2.75}$$

式中，e_q 为四元数归一化误差。

2.2.2.5 重力计算模型

在捷联解算速度的更新过程中，需要准确计算当地重力向量 $\boldsymbol{g}_l^n$，这就需要地球重力场模型。目前，几乎所有的惯性导航计算中所用模型都是正常重力模型[271]。由于正常重力向量方向正好沿椭球面法线，因此地理坐标系中的当地重力向量仅有 z 轴分量，即 $\boldsymbol{g}_l^n = \begin{bmatrix} 0 & 0 & \gamma_z \end{bmatrix}^{\mathrm{T}}$，当地重力向量计算也就可以简化为一个标量计算问题。地球椭球面上任意一点处正常重力的严密计算

公式（即 Somigliana 模型）为

$$\gamma_0 = \frac{a\gamma_e \cos^2\varphi + b\gamma_p \sin^2\varphi}{(a^2 \cos^2\varphi + b^2 \sin^2\varphi)^{\frac{1}{2}}} \tag{2.76}$$

式中，φ 为该点的大地纬度；a 为地球椭球长半轴长度，b 为椭球短半轴长度，γ_e 和 γ_p 分别为赤道和极点上的正常重力值，以上四个参数取值取决于所采用的参考椭球模型。

式（2.76）虽然是严格公式，但是不适于实时导航计算，而且不能计算椭球面外任一点的正常重力值。为此，需要引入与大地高度有关的影响项，并将其展开为便于计算机数值计算的级数形式

$$\gamma_h = a_1(1 + a_2 \sin^2\varphi + a_3 \sin^4\varphi) + (a_4 + a_5 \sin^2\varphi)h + a_6 h^2 \tag{2.77}$$

式（2.77）即为地球椭球附近任一点处（φ，λ，h）正常重力的计算公式，其中系数 a_1，a_2，$\cdots$，a_6 同样取决于所用参考椭球模型。对应于 WGS - 84 坐标系所用椭球模型的正常重力计算公式为

$$\gamma_h = 9.780\,326\,771\,4 \times (1 + 0.005\,270\,94 \sin^2\varphi + 0.000\,023\,271\,8 \sin^4\varphi) -$$
$$0.308\,6 \times 10^{-5}h \tag{2.78}$$

实际上，上述 Somigliana 模型计算的重力只是对真实重力的近似表示，两者之间的差异称为重力误差（或扰动引力）。重力误差可以分为两部分，即垂线偏差 $[-\gamma_h\xi \quad -\gamma_h\eta]^{\mathrm{T}}$ 和重力异常 $\delta\gamma_h$[272]。垂线偏差是由地球上一点的垂线方向与参考椭球上的垂线方向不一致引起的，而重力异常是由地球内部物质密度分布不均匀而引起的重力变化。需要注意的是，不同于低成本 MEMS 惯性器件，高精度惯性导航系统必须采用更精确的基于球谐函数展开式的重力模型[273-274]，或对扰动引力进行随机建模[227,275]，以克服重力误差给导航带来的不利影响。

2.2.3　惯性导航误差状态方程

由 2.2.2 节惯性导航解算过程可知，受限于初始导航状态误差、惯性传感器误差、重力模型误差和计算误差，惯性导航机械编排得到的导航参数必

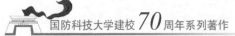

然会出现偏差。通过对状态方程（2.41）施加微扰，可推导出一组微分方程来描述惯性导航误差随时间的变化。这组微分方程称为惯性导航误差状态方程，其推导方法是扰动分析法。常用惯性导航误差模型主要有基于 $\boldsymbol{\phi}$ 角和基于 $\boldsymbol{\psi}$ 角的两种误差模型（图2.5），且这两种模型本质上等价[265]。本书采用基于 $\boldsymbol{\phi}$ 角的误差模型，该模型将惯性导航参数在真实 n 系（真 n 系）附近进行一阶泰勒级数展开，由此推导基于小扰动假设的 n 系惯性导航误差状态方程。

2.2.3.1 扰动分析误差定义

为分析 SINS 导航误差的传播规律，需对式（2.41）和式（2.78）进行扰动分析。假设在导航参数 $\boldsymbol{\omega}_{ib}^b$、$\boldsymbol{f}^b$、$\boldsymbol{r}^e$、$\boldsymbol{v}^n$ 和 $\boldsymbol{C}_b^n$ 的真值附近存在微小扰动量 $\delta\boldsymbol{\omega}_{ib}^b$、$\delta\boldsymbol{f}^b$、$\delta\boldsymbol{r}^e$、$\delta\boldsymbol{v}^n$ 和 $\boldsymbol{\phi}$，扰动后的上述导航参数分别记为 $\hat{\boldsymbol{\omega}}_{ib}^b$、$\hat{\boldsymbol{f}}^b$、$\hat{\boldsymbol{r}}^e$、$\hat{\boldsymbol{v}}^n$ 和 $\hat{\boldsymbol{C}}_b^n$，则

$$\begin{cases} \delta\boldsymbol{\omega}_{ib}^b = \hat{\boldsymbol{\omega}}_{ib}^b - \boldsymbol{\omega}_{ib}^b \\ \delta\boldsymbol{f}^b = \hat{\boldsymbol{f}}^b - \boldsymbol{f}^b \\ \delta\boldsymbol{r}^e = \hat{\boldsymbol{r}}^e - \boldsymbol{r}^e \\ \delta\boldsymbol{v}^n = \hat{\boldsymbol{v}}^n - \boldsymbol{v}^n \\ [\boldsymbol{\phi} \times] = \boldsymbol{I} - \boldsymbol{C}_b^n \boldsymbol{C}_n^b \end{cases} \tag{2.79}$$

式中，符号"δ"表示变量误差；$\delta\boldsymbol{\omega}_{ib}^b$ 和 $\delta\boldsymbol{f}^b$ 分别表示陀螺仪角速度输出和加速度计比力输出的误差向量；$\delta\boldsymbol{r}^e = \begin{bmatrix} \delta\varphi & \delta\lambda & \delta h \end{bmatrix}^T$ 分别表示纬度、经度和高度方向的位置误差；$\delta\boldsymbol{v}^n = \begin{bmatrix} \delta v_N & \delta v_E & \delta v_D \end{bmatrix}^T$ 分别表示北向、东向和地向速度误差；姿态角误差 $\boldsymbol{\phi} = \begin{bmatrix} \phi_{roll} & \phi_{pitch} & \phi_{yaw} \end{bmatrix}^T$ 定义为从真实 n 系转至 p 系的三个欧拉角，其中 ϕ_{roll} 和 ϕ_{pitch} 表示水平误差或倾斜误差，ϕ_{yaw} 表示垂直失准角误差，以上失准角仅在小角度时可近似表示为滚转、俯仰和偏航的欧拉角误差[19]。

由于 $\boldsymbol{g}_l^n$、$\boldsymbol{\omega}_{ie}^n$ 和 $\boldsymbol{\omega}_{en}^n$ 等中间变量的计算与载体的位置和速度紧密相关，因此上述基本导航参数的扰动会相应地造成含有偏差的中间变量 $\hat{\boldsymbol{g}}_l^n$、$\hat{\boldsymbol{\omega}}_{ie}^n$ 和 $\hat{\boldsymbol{\omega}}_{en}^n$，即中间变量的扰动误差定义如下

$$\begin{cases} \delta \boldsymbol{g}_l^n = \hat{\boldsymbol{g}}_l^n - \boldsymbol{g}_l^n \\ \delta \boldsymbol{\omega}_{ie}^n = \hat{\boldsymbol{\omega}}_{ie}^n - \boldsymbol{\omega}_{ie}^n \\ \delta \boldsymbol{\omega}_{en}^n = \hat{\boldsymbol{\omega}}_{en}^n - \boldsymbol{\omega}_{en}^n \end{cases} \tag{2.80}$$

式中，$\delta \boldsymbol{g}_l^n$ 表示重力模型计算误差；$\delta \boldsymbol{\omega}_{ie}^n$ 表示地球自转角速度向量在 n 系的投影误差；$\delta \boldsymbol{\omega}_{en}^n$ 表示转移速度向量在 n 系的投影误差。

对式（2.77）进行扰动分析，在略去二阶及以上扰动量后可得

$$\delta \boldsymbol{g}_l^n = \boldsymbol{G}(\boldsymbol{r}^e) \delta \boldsymbol{r}^e$$

$$= \begin{bmatrix} 0 & 0 & 0 \\ 0 & 0 & 0 \\ (\kappa_1 + \kappa_2 h + \kappa_3 \sin^2\varphi)\sin 2\varphi & 0 & \kappa_4 + \kappa_5 \sin^2\varphi + \kappa_6 h \end{bmatrix} \begin{bmatrix} \delta\varphi \\ \delta\lambda \\ \delta h \end{bmatrix}$$

$$\tag{2.81}$$

式中，$\boldsymbol{G}(\boldsymbol{r}^e)$ 是以大地位置 $\boldsymbol{r}^e$ 为自变量的矩阵函数，系数 κ_1，κ_2，$\cdots$，κ_6 可由式（2.77）中系数 a_1，a_2，$\cdots$，a_6 计算得到，即

$$\kappa_1 = a_1 a_2, \kappa_2 = a_5, \kappa_3 = 2a_1 a_3, \kappa_4 = a_4, \kappa_5 = a_5, \kappa_6 = 2a_1 a_6 \tag{2.82}$$

根据 WGS - 84 坐标系所用椭球模型系数可知，$\kappa_1 = 0.051\ 551\ 515\ 6$，$\kappa_3 = 0.000\ 455\ 211\ 6$，$\kappa_2 = \kappa_4 = \kappa_5 = 0$ 和 $\kappa_6 = 0.617\ 2 \times 10^{-5}$。式（2.81）表明，重力模型计算误差 $\delta \boldsymbol{g}_l^n$ 仅与 INS 的位置误差有关。

对式（2.6）和式（2.8）进行扰动分析，可得

$$\delta \boldsymbol{\omega}_{ie}^n = \boldsymbol{\Omega}(\boldsymbol{r}^e) \delta \boldsymbol{r}^e = \begin{bmatrix} -\omega_{ie}\sin\varphi & 0 & 0 \\ 0 & 0 & 0 \\ -\omega_{ie}\cos\varphi & 0 & 0 \end{bmatrix} \begin{bmatrix} \delta\varphi \\ \delta\lambda \\ \delta h \end{bmatrix} \tag{2.83}$$

$$\delta \boldsymbol{\omega}_{en}^n = \boldsymbol{T}_r(\boldsymbol{r}^e) \delta \boldsymbol{r}^e + \boldsymbol{T}_v(\boldsymbol{v}^n) \delta \boldsymbol{v}^n \tag{2.84}$$

式中，$\boldsymbol{\Omega}(\boldsymbol{r}^e)$ 和 $\boldsymbol{T}_r(\boldsymbol{r}^e)$ 是以大地位置 $\boldsymbol{r}^e$ 为自变量的矩阵函数；$\boldsymbol{T}_v(\boldsymbol{v}^n)$ 是以 n 系速度 $\boldsymbol{v}^n$ 为自变量的矩阵函数。式（2.83）和式（2.84）表明，$\delta \boldsymbol{\omega}_{ie}^n$ 与纬度误差有关，$\delta \boldsymbol{\omega}_{en}^n$ 与 INS 位置误差和速度误差均有关。

因此，中间变量的误差均可以表示为式（2.79）所示基本误差量的函数。

2.2.3.2 姿态误差微分方程

在小失准角条件下，由式（2.79）中姿态误差定义式 $[\boldsymbol{\phi} \times] = \boldsymbol{I} - \hat{\boldsymbol{C}}_b^n \boldsymbol{C}_n^b$ 可知

$$\hat{\boldsymbol{C}}_b^n = \boldsymbol{C}_b^p = \boldsymbol{C}_n^p \boldsymbol{C}_b^n = [\boldsymbol{I} - (\boldsymbol{\phi} \times)] \boldsymbol{C}_b^n \tag{2.85}$$

对式（2.85）两边同时关于时间求导可得

$$\dot{\boldsymbol{C}}_b^n = -(\dot{\boldsymbol{\phi}} \times) \boldsymbol{C}_b^n + [\boldsymbol{I} - (\boldsymbol{\phi} \times)] \dot{\boldsymbol{C}}_b^n \tag{2.86}$$

结合式（2.36）可知

$$\dot{\hat{\boldsymbol{C}}}_b^n = \hat{\boldsymbol{C}}_b^n (\hat{\boldsymbol{\omega}}_{ib}^b \times) - (\hat{\boldsymbol{\omega}}_{in}^n \times) \hat{\boldsymbol{C}}_b^n \tag{2.87}$$

将式（2.36）和式（2.87）代入式（2.86），整理后可得

$$(\dot{\boldsymbol{\phi}} \times) = -[\boldsymbol{I} - (\boldsymbol{\phi} \times)] \boldsymbol{C}_b^n [(\hat{\boldsymbol{\omega}}_{ib}^b - \boldsymbol{\omega}_{ib}^b) \times] \boldsymbol{C}_n^b + [(\hat{\boldsymbol{\omega}}_{in}^n - \boldsymbol{\omega}_{in}^n) \times] - \\ (\hat{\boldsymbol{\omega}}_{in}^n \times)(\boldsymbol{\phi} \times) + (\boldsymbol{\phi} \times)(\boldsymbol{\omega}_{in}^n \times) \tag{2.88}$$

将 $\delta\boldsymbol{\omega}_{ib}^b = \hat{\boldsymbol{\omega}}_{ib}^b - \boldsymbol{\omega}_{ib}^b$ 和 $\delta\boldsymbol{\omega}_{in}^n = \hat{\boldsymbol{\omega}}_{in}^n - \boldsymbol{\omega}_{in}^n$ 代入式（2.88），并忽略二阶小量可得

$$(\dot{\boldsymbol{\phi}} \times) \approx (\boldsymbol{\phi} \times)(\boldsymbol{\omega}_{in}^n \times) - (\boldsymbol{\omega}_{in}^n \times)(\boldsymbol{\phi} \times) + (\delta\boldsymbol{\omega}_{in}^n \times) - \boldsymbol{C}_b^n (\delta\boldsymbol{\omega}_{ib}^b \times) \boldsymbol{C}_n^b \tag{2.89}$$

式（2.89）写成向量形式为

$$\dot{\boldsymbol{\phi}} = -\boldsymbol{\omega}_{in}^n \times \boldsymbol{\phi} + \delta\boldsymbol{\omega}_{in}^n - \boldsymbol{C}_b^n \delta\boldsymbol{\omega}_{ib}^b \tag{2.90}$$

式中，$\boldsymbol{\omega}_{in}^n = \boldsymbol{\omega}_{ie}^n + \boldsymbol{\omega}_{en}^n$ 表示 n 系相对于 i 系的角速度在 n 系的投影，且 $\delta\boldsymbol{\omega}_{in}^n = \delta\boldsymbol{\omega}_{ie}^n + \delta\boldsymbol{\omega}_{en}^n$。将 $\boldsymbol{\phi} = [\phi_{\text{roll}} \quad \phi_{\text{pitch}} \quad \phi_{\text{yaw}}]^T$ 各分量展开，所得标量形式的姿态角误差状态方程为

$$\dot{\phi}_{\text{roll}} = -\omega_{ie}\sin\varphi\,\delta\varphi - \frac{v_{\text{E}}}{(R_{\text{N}} + h)^2}\delta h + \frac{1}{R_{\text{N}} + h}\delta v_{\text{E}} - \\ \left(\omega_{ie}\sin\varphi + \frac{v_{\text{E}}\tan\varphi}{R_{\text{N}} + h}\right)\phi_{\text{pitch}} + \frac{v_{\text{N}}}{R_{\text{M}} + h}\phi_{\text{yaw}} - \delta\omega_{ib,\text{N}}^n \tag{2.91}$$

$$\dot{\phi}_{\text{pitch}} = \frac{v_{\text{N}}}{(R_{\text{M}} + h)^2}\delta h - \frac{1}{R_{\text{M}} + h}\delta v_{\text{N}} + \left(\omega_{ie}\sin\varphi + \frac{v_{\text{E}}\tan\varphi}{R_{\text{N}} + h}\right)\phi_{\text{roll}} + \\ \left(\omega_{ie}\cos\varphi + \frac{v_{\text{E}}}{R_{\text{N}} + h}\right)\phi_{\text{yaw}} - \delta\omega_{ib,\text{E}}^n \tag{2.92}$$

$$\dot{\phi}_{yaw} = -\left(\omega_{ie}\cos\varphi + \frac{v_E \sec^2\varphi}{R_N + h}\right)\delta\varphi + \frac{v_E \tan\varphi}{(R_N + h)^2}\delta h - \frac{\tan\varphi}{R_N + h}\delta v_E -$$

$$\frac{v_N}{R_M + h}\phi_{roll} - \left(\omega_{ie}\cos\varphi + \frac{v_E}{R_N + h}\right)\phi_{pitch} - \delta\omega_{ib,D}^n$$

$$(2.93)$$

2.2.3.3 速度误差微分方程

对式（2.41）中 n 系速度微分方程进行扰动分析，可推出相应的速度误差状态方程。将速度误差定义式 $\delta v^n = \hat{v}^n - v^n$ 两边同时关于时间求导可得

$$\delta\dot{v}^n = \dot{\hat{v}}^n - \dot{v}^n$$

$$= \hat{C}_b^n \hat{f}^b - C_b^n f^b - (2\hat{\omega}_{ie}^n + \hat{\omega}_{en}^n) \times \hat{v}^n + (2\omega_{ie}^n + \omega_{en}^n) \times v^n + \hat{g}_l^n - g_l^n$$

$$(2.94)$$

将式（2.79）和式（2.80）代入式（2.94）中，展开并忽略二阶误差项，可得

$$\delta\dot{v}^n \approx (C_b^n f^b) \times \phi + C_b^n \delta f^b - (2\omega_{ie}^n + \omega_{en}^n) \times \delta v^n - (2\delta\omega_{ie}^n + \delta\omega_{en}^n) \times v^n + \delta g_l^n$$

$$(2.95)$$

将式（2.6）、式（2.8）、式（2.81）、式（2.83）和式（2.84）代入式（2.95）中，并展开 δv^n 各分量 $\delta v^n = [\,\delta v_N \quad \delta v_E \quad \delta v_D\,]^T$，所得标量形式的 n 系速度误差状态方程为

$$\delta\dot{v}_N = -\left(2v_E\omega_{ie}\cos\varphi + \frac{v_E^2 \sec^2\varphi}{R_N + h}\right)\delta\varphi + \left[\frac{v_E^2 \tan\varphi}{(R_N + h)^2} - \frac{v_N v_D}{(R_M + h)^2}\right]\delta h + \frac{v_D}{R_M + h}\delta v_N -$$

$$\left(2\omega_{ie}\sin\varphi + \frac{2v_E\tan\varphi}{R_N + h}\right)\delta v_E + \frac{v_N}{R_M + h}\delta v_D - f_D\phi_{pitch} + f_E\phi_{yaw} + \delta f_N$$

$$(2.96)$$

$$\delta \dot{\boldsymbol{v}}_{\mathrm{E}} = \left(-2v_{\mathrm{D}}\omega_{ie}\sin\varphi + 2v_{\mathrm{N}}\omega_{ie}\cos\varphi + \frac{v_{\mathrm{N}}v_{\mathrm{E}}\sec^2\varphi}{R_{\mathrm{N}}+h} \right)\delta\varphi - \frac{v_{\mathrm{E}}v_{\mathrm{D}}+v_{\mathrm{N}}v_{\mathrm{E}}\tan\varphi}{(R_{\mathrm{N}}+h)^2}\delta h +$$

$$\left(2\omega_{ie}\sin\varphi + \frac{v_{\mathrm{E}}\tan\varphi}{R_{\mathrm{N}}+h} \right)\delta v_{\mathrm{N}} + \frac{v_{\mathrm{D}}+v_{\mathrm{N}}\tan\varphi}{R_{\mathrm{N}}+h}\delta v_{\mathrm{E}} + \left(2\omega_{ie}\cos\varphi + \frac{v_{\mathrm{E}}}{R_{\mathrm{N}}+h} \right)\delta v_{\mathrm{D}} +$$

$$f_{\mathrm{D}}\boldsymbol{\phi}_{\mathrm{roll}} - f_{\mathrm{N}}\boldsymbol{\phi}_{\mathrm{yaw}} + \delta f_{\mathrm{E}}$$

$$(2.97)$$

$$\delta \dot{\boldsymbol{v}}_{\mathrm{D}} = [2v_{\mathrm{E}}\omega_{ie}\sin\varphi + (\kappa_1 + \kappa_2 h + \kappa_3 \sin^2\varphi)\sin2\varphi]\delta\varphi - f_{\mathrm{E}}\boldsymbol{\phi}_{\mathrm{roll}} + f_{\mathrm{N}}\boldsymbol{\phi}_{\mathrm{pitch}} + \delta f_{\mathrm{D}} +$$

$$\left[\frac{v_{\mathrm{E}}^2}{(R_{\mathrm{N}}+h)^2} + \frac{v_{\mathrm{N}}^2}{(R_{\mathrm{M}}+h)^2} + \kappa_4 + \kappa_5 \sin^2\varphi + \kappa_6 h \right]\delta h - \frac{2v_{\mathrm{N}}}{R_{\mathrm{M}}+h}\delta v_{\mathrm{N}} -$$

$$\left(2\omega_{ie}\cos\varphi + \frac{2v_{\mathrm{E}}}{R_{\mathrm{N}}+h} \right)\delta v_{\mathrm{E}}$$

$$(2.98)$$

式中，$\boldsymbol{f}^n = \boldsymbol{C}_b^n \boldsymbol{f}^b$ 表示比力在 n 系的投影，即 $\boldsymbol{f}^n = \begin{bmatrix} f_{\mathrm{N}} & f_{\mathrm{E}} & f_{\mathrm{D}} \end{bmatrix}^{\mathrm{T}}$。这里重力向量误差 $\delta \boldsymbol{g}_l^n$ 仅考虑了正常重力模型的计算扰动，但在高精度应用中通常将重力误差（以垂线偏差 $\begin{bmatrix} -\gamma_h\xi & -\gamma_h\eta \end{bmatrix}^{\mathrm{T}}$ 和重力异常 $\delta\gamma_h$ 表示）建模为高斯 - 马尔可夫过程[227,275]。另外，若忽略哥氏项误差和重力误差，则速度误差方程可简化为 $\delta \dot{\boldsymbol{v}}^n \approx (\boldsymbol{C}_b^n \boldsymbol{f}^b) \times \boldsymbol{\phi} + \boldsymbol{C}_b^n \delta \boldsymbol{f}^b$。可见，速度误差主要是比力 $\boldsymbol{f}^n$、姿态误差 $\boldsymbol{\phi}$ 以及加速度计比力测量误差 $\delta \boldsymbol{f}^b$ 的函数。但是，这种简化会给实际应用带来不可忽视的误差效应，工程中应尽量避免。

2.2.3.4　位置误差微分方程

由地固系位置微分方程 $\dot{\varphi} = \dfrac{v_{\mathrm{N}}}{R_{\mathrm{M}}+h}$，$\dot{\lambda} = \dfrac{v_{\mathrm{E}}}{(R_{\mathrm{N}}+h)\cos\varphi}$，$\dot{h} = -v_{\mathrm{D}}$ 可知，含有扰动的位置 $\hat{\boldsymbol{r}}^e = \begin{bmatrix} \hat{\varphi} & \hat{\lambda} & \hat{h} \end{bmatrix}^{\mathrm{T}}$ 满足

$$\dot{\hat{\varphi}} = \frac{\hat{v}_{\mathrm{N}}}{R_{\mathrm{M}}+\hat{h}}, \dot{\hat{\lambda}} = \frac{\hat{v}_{\mathrm{E}}}{(R_{\mathrm{N}}+\hat{h})\cos\hat{\varphi}}, \dot{\hat{h}} = -\hat{v}_{\mathrm{D}} \qquad (2.99)$$

根据式（2.79）中位置误差定义 $\delta \boldsymbol{r}^e = \hat{\boldsymbol{r}}^e - \boldsymbol{r}^e$ 可知

$$\dot{\delta\varphi} = -\frac{v_N}{(R_M + h)^2}\delta h + \frac{1}{R_M + h}\delta v_N \tag{2.100}$$

$$\dot{\delta\lambda} = -\frac{v_E \sin\varphi}{(R_N + h)\cos^2\varphi}\delta\varphi - \frac{v_E}{(R_N + h)^2\cos\varphi}\delta h + \frac{1}{(R_N + h)\cos\varphi}\delta v_E \tag{2.101}$$

$$\dot{\delta h} = -\delta v_D \tag{2.102}$$

由此，得到了式（2.91）~（2.93）、式（2.96）~（2.98）和式（2.100）~（2.102）所示的惯性导航误差微分方程（也称惯性导航误差传播模型），该方程可以直接用来分析惯性导航误差传播，并用于设计组合导航卡尔曼滤波器。由式（2.91）~（2.93）表示的姿态误差状态方程除与位置、速度和姿态误差有关外，还与陀螺角速度测量误差 $\delta\boldsymbol{\omega}_{ib}^b$ 有关。由式（2.96）~（2.98）表示的速度误差方程除与位置、速度和姿态误差有关外，还与加速度计比力测量误差 $\delta\boldsymbol{f}^b$ 有关。这两项随机误差表示标定修正后的惯性器件残余误差。第 3 章将阐述该项随机误差建模问题。

2.2.3.5 状态空间形式的误差微分方程

上述惯性导航位置、速度和姿态误差微分方程可以整理成如下状态空间形式

$$\dot{\boldsymbol{x}} = \boldsymbol{F}\boldsymbol{x} + \boldsymbol{G}\boldsymbol{u} \tag{2.103}$$

式中，$\boldsymbol{x}$ 表示 t 时刻状态向量；$\boldsymbol{F}$ 表示系统动态矩阵；$\boldsymbol{G}$ 表示系统噪声驱动矩阵；$\boldsymbol{u}$ 为系统激励白噪声，该系统噪声对应的协方差阵为 $E[\boldsymbol{u}(t) \cdot \boldsymbol{u}^T(\tau)] = \boldsymbol{Q}_t\delta(t-\tau)$，$\delta(\cdot)$ 表示狄拉克函数。以上符号分别定义为

$$\boldsymbol{x} = \begin{bmatrix} \delta\varphi & \delta\lambda & \delta h & \delta v_N & \delta v_E & \delta v_D & \phi_{roll} & \phi_{pitch} & \phi_{yaw} \end{bmatrix}^T \tag{2.104}$$

$$\boldsymbol{u} = \begin{bmatrix} \delta\boldsymbol{\omega}_{ib,x}^n & \delta\boldsymbol{\omega}_{ib,y}^n & \delta\boldsymbol{\omega}_{ib,z}^n & \delta f_x^b & \delta f_y^b & \delta f_z^b \end{bmatrix}^T \tag{2.105}$$

$$\boldsymbol{F} = \begin{bmatrix} \boldsymbol{F}_{11} & \boldsymbol{F}_{12} & \boldsymbol{0}_{3\times3} \\ \boldsymbol{F}_{21} & \boldsymbol{F}_{22} & \boldsymbol{F}_{23} \\ \boldsymbol{F}_{31} & \boldsymbol{F}_{32} & \boldsymbol{F}_{33} \end{bmatrix}, \boldsymbol{G} = \begin{bmatrix} \boldsymbol{0}_{3\times3} & \boldsymbol{0}_{3\times3} \\ \boldsymbol{0}_{3\times3} & \boldsymbol{C}_b^n \\ -\boldsymbol{C}_b^n & \boldsymbol{0}_{3\times3} \end{bmatrix} \tag{2.106}$$

$$F_{11} = \begin{bmatrix} 0 & 0 & \dfrac{-v_{N}}{(R_{M}+h)^2} \\[3mm] \dfrac{-v_{E}\sin\varphi}{(R_{N}+h)\cos^2\varphi} & 0 & \dfrac{-v_{E}}{(R_{N}+h)^2\cos\varphi} \\[3mm] 0 & 0 & 0 \end{bmatrix}, F_{23} = \begin{bmatrix} 0 & -f_{D} & f_{E} \\ f_{D} & 0 & -f_{N} \\ -f_{E} & f_{N} & 0 \end{bmatrix}$$

$$(2.107)$$

$$F_{21} = \begin{bmatrix} -2v_{E}\omega_{ie}\cos\varphi - \dfrac{v_{E}^2 \sec^2\varphi}{R_{N}+h} & 0 & \dfrac{v_{E}^2\tan\varphi}{(R_{N}+h)^2} - \dfrac{v_{N}v_{D}}{(R_{M}+h)^2} \\[3mm] \left(\begin{array}{c} -2v_{D}\omega_{ie}\sin\varphi + 2v_{N}\omega_{ie}\cos\varphi + \\[2mm] \dfrac{v_{N}v_{E}\sec^2\varphi}{R_{N}+h} \end{array} \right) & 0 & -\dfrac{v_{E}v_{D}+v_{N}v_{E}\tan\varphi}{(R_{N}+h)^2} \\[3mm] \left(\begin{array}{c} 2v_{E}\omega_{ie}\sin\varphi + \\[2mm] (\kappa_1+\kappa_2 h+\kappa_3\sin^2\varphi)\sin2\varphi \end{array} \right) & 0 & \left(\begin{array}{c} \dfrac{v_{E}^2}{(R_{N}+h)^2} + \dfrac{v_{N}^2}{(R_{M}+h)^2} + \\[2mm] \kappa_4+\kappa_5\sin^2\varphi+\kappa_6 h \end{array} \right) \end{bmatrix}$$

$$(2.108)$$

$$F_{22} = \begin{bmatrix} \dfrac{v_{D}}{R_{M}+h} & -\left(2\omega_{ie}\sin\varphi + \dfrac{2v_{E}\tan\varphi}{R_{N}+h}\right) & \dfrac{v_{N}}{R_{M}+h} \\[3mm] 2\omega_{ie}\sin\varphi + \dfrac{v_{E}\tan\varphi}{R_{N}+h} & \dfrac{v_{D}+v_{N}\tan\varphi}{R_{N}+h} & 2\omega_{ie}\cos\varphi + \dfrac{v_{E}}{R_{N}+h} \\[3mm] -\dfrac{2v_{N}}{R_{M}+h} & -\left(2\omega_{ie}\cos\varphi + \dfrac{2v_{E}}{R_{N}+h}\right) & 0 \end{bmatrix}$$

$$(2.109)$$

$$F_{12} = \begin{bmatrix} \dfrac{1}{R_{M}+h} & 0 & 0 \\[3mm] 0 & \dfrac{1}{(R_{N}+h)\cos\varphi} & 0 \\[3mm] 0 & 0 & -1 \end{bmatrix}, F_{32} = \begin{bmatrix} 0 & \dfrac{1}{R_{N}+h} & 0 \\[3mm] -\dfrac{1}{R_{M}+h} & 0 & 0 \\[3mm] 0 & -\dfrac{\tan\varphi}{R_{N}+h} & 0 \end{bmatrix}$$

$$(2.110)$$

$$\boldsymbol{F}_{31} = \begin{bmatrix} -\omega_{ie}\sin\varphi & 0 & -\dfrac{v_{\mathrm{E}}}{(R_{\mathrm{N}}+h)^2} \\[3mm] 0 & 0 & \dfrac{v_{\mathrm{N}}}{(R_{\mathrm{M}}+h)^2} \\[3mm] -\left(\omega_{ie}\cos\varphi + \dfrac{v_{\mathrm{E}}\sec^2\varphi}{R_{\mathrm{N}}+h}\right) & 0 & \dfrac{v_{\mathrm{E}}\tan\varphi}{(R_{\mathrm{N}}+h)^2} \end{bmatrix} \quad (2.111)$$

$$\boldsymbol{F}_{33} = \begin{bmatrix} 0 & -\left(\omega_{ie}\sin\varphi + \dfrac{v_{\mathrm{E}}\tan\varphi}{R_{\mathrm{N}}+h}\right) & \dfrac{v_{\mathrm{N}}}{R_{\mathrm{M}}+h} \\[3mm] \omega_{ie}\sin\varphi + \dfrac{v_{\mathrm{E}}\tan\varphi}{R_{\mathrm{N}}+h} & 0 & \omega_{ie}\cos\varphi + \dfrac{v_{\mathrm{E}}}{R_{\mathrm{N}}+h} \\[3mm] -\dfrac{v_{\mathrm{N}}}{R_{\mathrm{M}}+h} & -\left(\omega_{ie}\cos\varphi + \dfrac{v_{\mathrm{E}}}{R_{\mathrm{N}}+h}\right) & 0 \end{bmatrix}$$

$$(2.112)$$

对于某些实际问题，以上基于微扰的线性化模型并不适用，即二阶及以上误差项不能忽略，此时必须采用非线性误差模型[144]。例如，当载体处于高动态、强机动或惯导长时间独立工作时，较大的导航状态不确定性会导致线性化条件难以成立，出现较大模型偏差。第 6 章将详述大失准角条件下惯导误差建模及对准问题。

2.3　GNSS 基本观测模型

GNSS 观测模型主要描述各种观测量（即伪距、载波相位、多普勒频移测量值）和接收机待估导航参数（即位置和速度）之间的函数关系。本节建立GNSS 观测方程，分析测量值中的各种误差源及其特性，并简述处理这些误差源的差分和组合技术所需的数学模型。

2.3.1 GNSS 基本观测量

GNSS 接收机跟踪每颗卫星会产生伪距、载波相位和多普勒频移（或伪距变率）等三种观测量。其中，伪距和载波相位观测量反映卫星和接收机之间几何距离，可用于求解接收机位置参数；多普勒频移测量值则反映卫星与接收机之间相对运动产生的几何距离变化率，可用来求解接收机速度。

相比于伪距，载波相位对距离测量的分辨率更为精细，如图 2.11 所示。一个测距码（C/A 码）的码片长度约为 300 m，码相位跟踪环路的测量精度仅为米级；载波一周约为 19 cm，而载波相位跟踪环路的测量精度一般优于 1/4 周，最高可达毫米级[276]。因此，载波相位观测量是实现 GNSS 精密定位的关键，也是本书的重点关注对象。本节对此不进行详细推导，直接给出伪距、载波相位和多普勒频移测量的观测方程，包括函数模型和随机模型。函数模型主要描述观测量和待估参数以及各种误差源之间的确定性关系，随机模型反映观测量的统计特性。

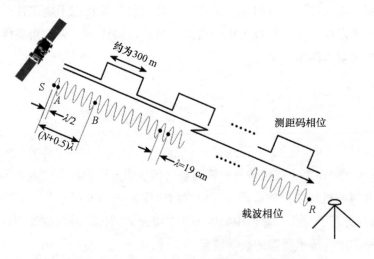

图 2.11 伪距和载波相位测量分辨率示意

2.3.1.1　函数模型

卫导接收机 u 观测到第 n 颗 GNSS 卫星在频率 f 上的伪距 $\rho_{uf}^{(n)}$、载波相位 $\Phi_{uf}^{(n)}$ 和多普勒频移测量值 $\dot{\rho}_{uf}^{(n)}$ 的函数模型为

$$\rho_{uf}^{(n)} = r_u^{(n)} + I_{uf}^{(n)} + T_u^{(n)} + c(\delta t_u - \delta t_f^{(n)}) + \varepsilon_{u,\rho f}^{(n)} \tag{2.113}$$

$$\Phi_{uf}^{(n)} = r_u^{(n)} - I_{uf}^{(n)} + T_u^{(n)} + c(\delta t_u - \delta t_f^{(n)}) + \lambda_f N_{uf}^{(n)} + \varepsilon_{u,\varphi f}^{(n)} \tag{2.114}$$

$$\dot{\rho}_{uf}^{(n)} = \dot{r}_u^{(n)} + \dot{I}_{uf}^{(n)} + \dot{T}_u^{(n)} + \delta f_u - \delta f_f^{(n)} + \varepsilon_{u,\dot{\rho} f}^{(n)} \tag{2.115}$$

式中，几何距离 $r_u^{(n)}$ 表示 GNSS 信号发射时刻第 n 颗卫星的位置与 GNSS 信号接收时刻待求位置之间的直线距离；$I_{uf}^{(n)}$ 和 $T_u^{(n)}$ 分别表示对应于第 n 颗卫星的电离层和对流层延时，可通过双频组合测量或数学模型估算，可视为已知量；$\delta t_f^{(n)}$ 表示对应第 n 颗卫星 f 频点上的时钟钟差，可由 GNSS 导航电文获得；δt_u 表示未知接收机钟差；$N_{uf}^{(n)}$ 表示对应第 n 颗卫星 f 频点上包含初始相位的整周模糊度参数；c 表示光速，即 $c = 299\,792\,458$ m/s；λ_f 为 f 频点载波对应的波长；该测量时刻第 n 颗卫星的载波相位测量值 $\Phi_{uf}^{(n)}$ 以米（m）为单位，反映的是接收机复制载波信号相位与接收机接收到的卫星载波信号相位之间的差异，其他文献中也会表示成以周（cycle）为单位的 $\varphi_{uf}^{(n)}$，即 $\Phi_{uf}^{(n)} \triangleq \lambda_f \varphi_{uf}^{(n)}$；$\dot{\rho}_{uf}^{(n)}$ 为反映卫星与接收机之间相对运动速度的伪距变化率，通常是通过卫星接收机多普勒频移测量值 $f_{df}^{(n)}$ 来获得，即 $\dot{\rho}_{uf}^{(n)} = -\lambda_f f_{df}^{(n)}$；$\delta f_u$ 表示未知的接收机钟差变率（或钟漂）；$\delta f_f^{(n)}$ 表示对应于第 n 颗卫星 f 频点的卫星时钟钟漂，可由 GNSS 导航电文获得；$\varepsilon_{u,\rho f}^{(n)}$、$\varepsilon_{u,\varphi f}^{(n)}$ 和 $\varepsilon_{u,\dot{\rho} f}^{(n)}$ 分别表示对应第 n 颗卫星的伪距、载波相位和伪距变率的测量随机误差。在多普勒频移观测方程中，符号"·"代表对应参数对时间的导数。

式(2.113)~(2.115)称为 GNSS 非定位模型或者无几何（Geometry-Free，GF）模型，接收机位置和速度参数隐含在非线性项几何距离 $r_u^{(n)}$ 中。无几何模型常用来进行模糊度求解、周跳探测与修复，以及完好性监测等计算过程。对式(2.113)~(2.115)进行线性化得到观测量与位置、速度参数之间的函数关系，称为 GNSS 定位模型或者有几何（Geometry-Based，GB）模型。几何距

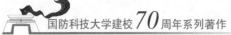

离及其变化率可表示为

$$
\begin{cases}
r_u^{(n)} = \| \boldsymbol{r}^{(n)} - \boldsymbol{r}_u \| \\
\dot{r}_u^{(n)} = \dfrac{(\boldsymbol{r}^{(n)} - \boldsymbol{r}_u)^{\mathrm{T}}}{\| \boldsymbol{r}^{(n)} - \boldsymbol{r}_u \|} \cdot (\boldsymbol{v}^{(n)} - \boldsymbol{v}_u) = (\boldsymbol{u}_u^{(n)})^{\mathrm{T}} \cdot (\boldsymbol{v}^{(n)} - \boldsymbol{v}_u)
\end{cases}
\tag{2.116}
$$

式中，$\boldsymbol{r}^{(n)}$ 和 $\boldsymbol{v}^{(n)}$ 为第 n 颗卫星的位置和速度向量；$\boldsymbol{r}_u$ 和 $\boldsymbol{v}_u$ 为接收机 GNSS 天线相位中心处的位置和速度向量；$\boldsymbol{u}_u^{(n)}$ 为第 n 颗卫星在 GNSS 天线处的单位观测向量。可以看出，几何距离变化率 $\dot{r}_u^{(n)}$ 与接收机速度 $\boldsymbol{v}_u$ 是线性关系，则有几何的多普勒频移观测模型为

$$
\dot{\rho}_{u,f}^{(n)} = (\boldsymbol{u}_u^{(n)})^{\mathrm{T}} \cdot (\boldsymbol{v}^{(n)} - \boldsymbol{v}_u) + \dot{I}_{u,f}^{(n)} + \dot{T}_u^{(n)} + \delta f_u - \delta f_f^{(n)} + \varepsilon_{u,\dot{\rho},f}^{(n)} \tag{2.117}
$$

对 $r_u^{(n)}$ 进行线性化可得到有几何的伪距和载波相位模型，将 $r_u^{(n)}$ 在近似卫星位置 $\boldsymbol{r}^{(n),0}$ 和接收机位置 $\boldsymbol{r}_{u,0}$ 处进行泰勒展开，可得

$$
r_u^{(n)} = r_u^{(n),0} + (\boldsymbol{u}_u^{(n)})^{\mathrm{T}} \cdot \delta \boldsymbol{r}^{(n)} - (\boldsymbol{u}_u^{(n),0})^{\mathrm{T}} \cdot \delta \boldsymbol{r}_u \tag{2.118}
$$

式中，$r_u^{(n),0} = \| \boldsymbol{r}^{(n),0} - \boldsymbol{r}_{u,0} \|$ 为采用近似位置计算得到的几何距离；单位向量 $\boldsymbol{u}_u^{(n),0}$ 为采用近似位置计算得到的视线向量，即 $\boldsymbol{u}_u^{(n),0} = (\boldsymbol{r}^{(n)} - \boldsymbol{r}_{u,0})^{\mathrm{T}} / \| \boldsymbol{r}^{(n),0} - \boldsymbol{r}_{u,0} \|$。当卫星定位结果收敛后，可认为 $\boldsymbol{u}_u^{(n)} = \boldsymbol{u}_u^{(n),0}$。将式（2.118）代入式（2.113）和式（2.114），并联立式（2.117），所得 GNSS 有几何模型为

$$
\delta \rho_{u,f}^{(n)} = (\boldsymbol{u}_u^{(n)})^{\mathrm{T}} \cdot \delta \boldsymbol{r}^{(n)} - (\boldsymbol{u}_u^{(n)})^{\mathrm{T}} \cdot \delta \boldsymbol{r}_u + I_{u,f}^{(n)} + T_u^{(n)} + c(\delta t_u - \delta t_f^{(n)}) + \varepsilon_{u,\rho,f}^{(n)}
$$

$$
\tag{2.119}
$$

$$
\delta \Phi_{u,f}^{(n)} = (\boldsymbol{u}_u^{(n)})^{\mathrm{T}} \cdot \delta \boldsymbol{r}^{(n)} - (\boldsymbol{u}_u^{(n)})^{\mathrm{T}} \cdot \delta \boldsymbol{r}_u - I_{u,f}^{(n)} + T_u^{(n)} + c(\delta t_u - \delta t_f^{(n)}) + \lambda_f N_{u,f}^{(n)} + \varepsilon_{u,\varphi,f}^{(n)}
$$

$$
\tag{2.120}
$$

$$
\dot{\rho}_{u,f}^{(n)} = (\boldsymbol{u}_u^{(n)})^{\mathrm{T}} \cdot (\boldsymbol{v}^{(n)} - \boldsymbol{v}_u) + \dot{I}_{u,f}^{(n)} + \dot{T}_u^{(n)} + \delta f_u - \delta f_f^{(n)} + \varepsilon_{u,\dot{\rho},f}^{(n)} \tag{2.121}
$$

式中，$\delta \rho_{u,f}^{(n)} = \rho_{u,f}^{(n)} - r_u^{(n),0}$；$\delta \Phi_{u,f}^{(n)} = \Phi_{u,f}^{(n)} - r_u^{(n),0}$。基于以上模型，在对一些误差源进行补偿和处理后，可采用诸如单点定位（包括精密单点定位和标准单点定位）或差分定位等模型，求解 GNSS 导航接收机的位置和速度参数。

2.3.1.2　随机模型

随机模型主要描述观测量的统计特性。以伪距为例，对观测量噪声作如下假设：（1）各频点信号精度保持一致，如式（2.122）所示；（2）各频点

间测量噪声不相关，如式（2.123）所示；（3）测量噪声时间上不相关，如式（2.124）所示。对载波相位和多普勒频移测量值作相同假设，并记对应的标准差分别为 σ_φ 和 $\sigma_{\dot\rho}$。

$$E\left\{\varepsilon_{u,\rho,f}^{(n)}\cdot\varepsilon_{u,\rho,f}^{(n)}\right\}=\sigma_\rho^2 \qquad (2.122)$$

$$E\left\{\varepsilon_{u,\rho,f_1}^{(n)}\cdot\varepsilon_{u,\rho,f_2}^{(n)}\right\}=0 \qquad (2.123)$$

$$E\left\{\varepsilon_{u,\rho,f}^{(n)}(t_1)\cdot\varepsilon_{u,\rho,f}^{(n)}(t_2)\right\}=0 \qquad (2.124)$$

受大气传输延迟和多路径效应等因素影响，通常认为低仰角的卫星信号衰减严重，导致观测量精度偏低。故载波相位和伪距测量的标准差一般采用仰角加权模型来考虑其影响，可表示为

$$\sigma_{\rho/\varphi}^2\left(\alpha_u^{(n)}\right)=k_\alpha\cdot\sigma_{\rho/\phi}^2 \qquad (2.125)$$

式中，$\sigma_{\rho/\phi}^2$ 为天顶方向伪距 ρ 或载波相位 ϕ 的方差；k_α 为与卫星仰角 $\alpha_u^{(n)}$ 相关的权系数，常采用指数模型或正弦模型等两种形式[277-278]

$$k_\alpha=\begin{cases}1+a\cdot\exp\left(\alpha_u^{(n)}/\alpha_0\right) & \text{（指数模型）}\\ 1+a/\sin\left(\alpha_u^{(n)}\right) & \text{（正弦模型）}\end{cases} \qquad (2.126)$$

式中，a 为模型参数；$\alpha_u^{(n)}$ 为接收机 u 到第 n 颗卫星的仰角；α_0 为参考仰角。文献表明采用两种统计模型获得的最终定位精度水平相当[82]。

在 GNSS 数据预处理时，需要采用一定模型（见2.3.2节和2.3.3节）对式（2.119）~（2.121）中各项误差源进行校正和补偿，补偿后的残余误差要通过随机建模考虑其影响。因此，综合考虑各项误差残差影响的伪距和载波相位观测值的方差为

$$\sigma_{\rho/\phi}^2\left(\alpha_u^{(n)}\right)=F^S\cdot k_\alpha\cdot\sigma_{\rho/\phi}^2+\sigma_{eph}^2+\sigma_{ion}^2+\sigma_{trop}^2+\sigma_{bias}^2 \qquad (2.127)$$

式中，F^S 为和卫星系统有关的误差放大因子（当选用 GPS、GALILEO、BDS 和 QZSS 观测值时，$F^S=1.0$；当选用 GLONASS 观测值时，$F^S=1.5$；当选用 SBAS 观测值时，$F^S=3.0$）；σ_{eph}、σ_{ion}、σ_{trop} 分别为星历误差、电离层延迟和对流层延迟改正模型误差的标准差；σ_{bias} 为码/相位偏差的标准差。

2.3.2　GNSS 测量误差源

卫星信号在空间的传播过程如图2.12所示，则式（2.119）~（2.121）中

各种误差源可以分为三类[81]：

（1）卫星端相关误差，主要包括星历误差和卫星钟差；

（2）大气传播误差，卫星信号在大气传播过程中产生的电离层和对流层延迟；

（3）与接收机及环境相关误差，主要包括受环境影响的多径效应及测量噪声。

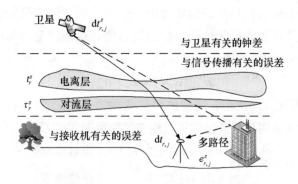

图 2.12　GNSS 观测中的误差源

对于导航和定位而言，式（2.119）~（2.121）中的接收机位置误差和钟差、速度和钟差变率、模糊度参数一般作为待估参数。其余误差源需要根据一定的方法或者经验模型进行补偿，下面简要介绍这些误差源的特性。

2.3.2.1　卫星星历误差和钟差

卫星星历误差来源于控制段对导航卫星的位置预报误差，卫星钟差来源于振荡器噪声的累积效应。在实时导航中，卫星天线中心位置根据广播星历中的轨道参数计算，卫星钟差则由广播星历播发的参数采用二项式模型计算。卫星星历和钟差参数是由 GNSS 控制段基于分布在多地的监测站观测数据综合处理而获得。采用广播星历参数计算卫星位置和钟差后，残余误差主要取决于控制段轨道和钟差建模的质量、卫星和控制段时钟的稳定性、控制段 GNSS 监测网络的规模大小。

通常将卫星星历和钟差的综合影响用空间信号距离误差 *SISRE*（Signal-In-

Space Range Error）来表征。GPS 星座 2011 年的平均 *SISRE* 为 0.9 m。进一步地，卫星时钟技术的进步使得新的 BLOCK IIR/IIR – M 卫星、BLOCK IIF 卫星的平均 *SISRE* 分别降至 0.5 m 和 0.3 m。GLONASS 星座 2016 年的平均 *SISRE* 为 1.6 m。我国北斗卫星星座 2018 年的平均 *SISRE* 优于 1.0 m（即 B1I≤1.0 m、B1C≤0.6 m、B2a≤0.6 m、B3I≤1.0 m）。对于实时用户，控制段也会对 *SISRE* 的均方根值进行保守估计，得到的参数称为用户距离精度 *URA*（User Range Accuracy）。对于 σ_{eph}，一般可根据广播星历播发的 *URA* 索引参数查表得到。

2.3.2.2 电离层延迟

卫星发射的电磁波信号穿过大气到达用户 GNSS 接收机时，依次会经过电离层（50 ~ 1 000 km）和对流层（50 km 以下），信号传播速度和方向会发生改变，这种现象称为"折射"。电离层是包含带电粒子的色散介质，对不同频率的电磁波造成的延迟不同，且导致同一频点的伪距和载波相位传播速率不同，最终使得电离层延迟在伪距和载波相位测量值中大小相等、方向相反。电磁波信号的电离层延迟理论计算公式为

$$I_{uf}^{(n)} = \frac{40.3 TEC}{f^2} \tag{2.128}$$

式中，*TEC* 代表总电子含量（Total Electronic Content），其大小等于底面积 1 m^2 的贯穿电离层的柱状体内含有的自由电子总数；f 为电磁波信号的频率。

假设电离层为环绕地球的一层薄壳，其上均匀分布电子，如图 2.13 所示。图中，h_I 代表电离层的平均高度（300 ~ 400 km），IP 是电离层穿刺点（Ionospheric Pierce Point），z 表示卫星高度角（即天顶角），R_E 为地球的半径。考虑到低仰角卫星信号穿越电离层距离变长，*TEC* 可以由垂直方向的总电子含量 *VTEC*（Vertical Total Electronic Content）乘倾斜因子获得，进而伪距的电离层延迟可以描述为

$$I_{uf}^{(n)} = \frac{1}{\cos z'} \frac{40.3 VTEC}{f^2} \tag{2.129}$$

式中，$1/\cos z'$ 为倾斜因子。根据正弦定理，可得接收机处天顶角 z 和 IP 处天

顶角 z' 存在如下关系

$$\frac{\sin z}{R_\mathrm{E} + h_\mathrm{I}} = \frac{\sin z'}{R_\mathrm{E}} \tag{2.130}$$

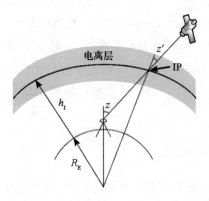

图 2.13　电离层薄壳模型

由此可得与天顶角 z 有关的倾斜因子为

$$m_\mathrm{I}(z) = \frac{1}{\sqrt{1 - \left(\dfrac{R_\mathrm{E}}{R_\mathrm{E} + h_\mathrm{I}} \sin z\right)^2}} \tag{2.131}$$

根据式（2.129）和式（2.131），可得仰角为 α 的卫星信号电离层延迟为

$$I_{u,f}^{(n)}(\alpha) = m_\mathrm{I}\left(\frac{\pi}{2} - \alpha\right) \cdot I_z \tag{2.132}$$

式中，I_z 为天顶方向的电离层延迟。考虑到电离层延迟的频率相关性，可得同一颗卫星 f_i 频点上的电离层延迟为

$$I_{u,f}^{(n)}(\alpha) = \frac{f^2}{f_i^2} \cdot m_\mathrm{I}\left(\frac{\pi}{2} - \alpha\right) \cdot I_z \tag{2.133}$$

目前，电离层校正模型主要包括电离层广播模型（Klobuchar 模型）、精密电离层改正产品（*TEC* 格网文件）、电离层估计模型、电离层加权模型和双频电离层组合模型（参见 2.3.3.2 节）等。

2.3.2.3　对流层延迟

对流层为地球大气层较低的部分，充满中性原子和分子，是非色散性介质，也称为中性大气。因此，对流层延迟的大小和方向与电磁波信号频率无关，且伪距和载波相位测量的对流层延迟相同。

对流层延迟一般分为干分量和湿分量。干分量主要取决于气压，约占 90%；湿分量则与水汽相关，较难预测。对流层延迟一般可通过经验模型校正，常用的 Saastamoinen 模型将对流层延迟建模为温度、气压、湿度以及高度的函数，即[279]

$$\begin{cases} T_{z,d} = 0.002\ 277 \times (1 + 0.002\ 6\cos 2\phi + 0.000\ 28H) \cdot P \\ T_{z,w} = 0.002\ 277 \times \left(\dfrac{1\ 255}{T} + 0.05\right) \cdot e \end{cases} \quad (2.134)$$

式中，$T_{z,d}$ 和 $T_{z,w}$ 分别为天顶方向的对流层延迟干分量和湿分量；T 为温度；P 为总压强；e 为水汽部分压强；ϕ 和 H 分别为接收机所在纬度和高度。上述大气参数 T、P 和 e 可通过标准大气模型进行计算，即

$$\begin{cases} P = 1\ 013.25 \times (1 - 2.255\ 7 \times 10^{-5} \times H)^{5.256\ 8} \\ T = 15 - 6.5 \times 10^{-3} \times H + 273.15 \\ e = 6.108 \times \exp\left(\dfrac{17.15T - 4\ 684}{T - 38.45}\right) \times \dfrac{h_{rel}}{100} \end{cases} \quad (2.135)$$

在获得天顶方向的干分量和湿分量后，信号传播路径上的对流层总延迟可表示为以下通用形式

$$T_u^{(n)} = m_d(\alpha) \cdot T_{z,d} + m_w(\alpha) \cdot T_{z,w} \quad (2.136)$$

式中，$m_d(\alpha)$ 和 $m_w(\alpha)$ 分别为干分量和湿分量的映射函数。

鉴于对流层中的水汽变化剧烈、难以精确建模，在 GNSS 精密定位（PPP 或者中长基线 RTK）中，一般对干分量采用经验模型校正，而将湿分量天顶延迟作为未知数进行估计，称为对流层估计模型。对于精度要求不高的单点定位，对流层延迟的干分量和湿分量均采用经验模型校正即可。

2.3.2.4　多路径和测量噪声

多路径误差来源于导航接收机收到的来自天线周围物体和地面的反射信号。这些反射信号到达天线会有一定的时延、衰减以及相移，其效果取决于反射物的特性以及卫星、反射物和天线之间的相对几何。实际上，接收机跟

踪的是直射信号和其多路反射信号的叠加。一般而言，伪距多路径误差为 1 ～ 5 m，载波相位多路径误差为 1 ～ 5 cm。多路径误差与天线周围环境紧密相关。对于静态基准站，一般可选取较开阔的环境，硬件上采用抗多路径天线来抑制多路径误差的影响；对于移动用户站，由于环境变化较快，多路径误差难以建模，且目前也缺乏有效的多路径抑制算法。为此，本书暂不考虑对多路径误差的处理，仅在算法层面探讨并处理由多路径影响所带来的观测故障（如粗差、周跳等）。

测量噪声来源于接收机、射频线缆和天线等硬件设备的热噪声，一般可认为是白噪声。对于高端测绘接收机，载波相位测量噪声水平为毫米级，伪距测量噪声水平为分米级[280]。最新研究表明，GPS 的 L5 频点或者新系统（欧盟 GALILEO 和中国北斗）的接收机测量噪声水平要优于 GPS 的 L1 和 L2 频点[281-282]。测量噪声无法消除，在 GNSS 数据处理中需通过随机建模进行描述（参见 2.3.1.2 节）。

用户设备误差 UEE（User Equipment Error）用来描述与接收机和环境有关的误差项的综合影响。UEE 和 $SISRE$ 的综合影响称为用户等效测距误差 $UERE$（User Equivalent Range Error），即

$$UERE = \sqrt{SISRE^2 + UEE^2} \qquad (2.137)$$

表 2.1 列出了各误差源对 $UERE$ 贡献的典型值[118]。

表 2.1　各误差源对 $UERE$ 贡献的典型值

误差源	$1\sigma/m$
SISRE	
广播星历	0.2 ～ 1.0
广播钟差	0.3 ～ 1.9
UEE	
未建模电离层延迟	0 ～ 5
未建模对流层延迟	0.2

续表

误差源	$1\sigma/m$
多路径	$0.2 \sim 1$
接收机噪声	$0.1 \sim 1$
UERE	$0.5 \sim 6$

2.3.3 差分与组合

对于式（2.119）~（2.121）中的各种误差源，除采用经验模型和 GNSS 监测站提供的改正产品进行补偿外，还可根据误差本身特性（如时空相关性、频率相关性等），采用差分或者组合技术来消除或者削弱特定误差源的影响。其中，差分是指利用多个接收机或者多颗卫星的观测数据进行作差运算，组合是指利用单个接收机的多个频点的观测数据进行线性组合。

2.3.3.1 差分模型

（1）站间差分

如图 2.14 所示，基准站 b 和移动用户站 u 对第 n 颗卫星进行同步观测，定义站间差分算子为

$$(\cdot)_{ub} = (\cdot)_u - (\cdot)_b \tag{2.138}$$

伪距和载波相位的无几何站间差分观测方程为

$$\rho_{ub,f}^{(n)} = r_{ub}^{(n)} + I_{ub,f}^{(n)} + T_{ub}^{(n)} + c \cdot \delta t_{ub} + \varepsilon_{ub,\rho,f}^{(n)} \tag{2.139}$$

$$\Phi_{ub,f}^{(n)} = r_{ub}^{(n)} - I_{ub,f}^{(n)} + T_{ub}^{(n)} + c \cdot \delta t_{ub} + \lambda_f N_{ub,f}^{(n)} + \varepsilon_{ub,\phi,f}^{(n)} \tag{2.140}$$

相应的有几何站间差分观测方程为

$$\delta\rho_{ub,f}^{(n)} = -(\boldsymbol{u}_u^{(n)})^{\mathrm{T}} \cdot \delta\boldsymbol{r}_{ub} + I_{ub,f}^{(n)} + T_{ub}^{(n)} + c \cdot \delta t_{ub} + \varepsilon_{ub,\rho,f}^{(n)} \tag{2.141}$$

$$\delta\Phi_{ub,f}^{(n)} = -(\boldsymbol{u}_u^{(n)})^{\mathrm{T}} \cdot \delta\boldsymbol{r}_{ub} - I_{ub,f}^{(n)} + T_{ub}^{(n)} + c \cdot \delta t_{ub} + \lambda_f N_{ub,f}^{(n)} + \varepsilon_{ub,\phi,f}^{(n)} \tag{2.142}$$

式中，$\delta\boldsymbol{r}_{ub}$ 为基线向量增量。一般地，基线长度 $\| \boldsymbol{r}_{ub} \|$ 远小于接收机与卫星之间的距离，故上式推导过程中认为基准站与移动用户站的视线向量平行，即 $\boldsymbol{u}_u^{(n)} \approx \boldsymbol{u}_b^{(n)}$。可以看出，站间差分消除了与卫星有关的卫星钟差和星历误差项，

且有几何模型未知数变为相对位置参数。另外，式（2.141）和式（2.142）保留了电离层延迟站间差分项 $I_{ub,f}^{(n)}$ 和对流层延迟站间差分项 $T_{ub}^{(n)}$。对于短基线相对定位，信号传播路径上的大气延迟相关性较强，站间差分可以在很大程度上削弱其影响。对于中长基线的情形，由于基准站和移动用户站上空电离层的电子含量和对流层中的大气参数存在显著差异，定位模型必须考虑大气延迟误差项。

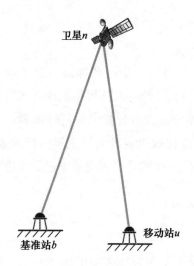

图 2.14　站间差分示意

（2）星间差分

类似于站间差分，星间差分为将同一观测站对不同卫星的观测量进行差分，如图 2.15 所示，定义星间差分算子为

$$(\ \cdot\ )^{(nr)} = (\ \cdot\ )^{(n)} - (\ \cdot\ )^{(r)} \tag{2.143}$$

伪距和载波相位的无几何星间差分观测方程为

$$\rho_{u,f}^{(nr)} = r_u^{(nr)} + I_{u,f}^{(nr)} + T_u^{(nr)} - c \cdot \delta t_f^{(nr)} + \varepsilon_{u,\rho,f}^{(nr)} \tag{2.144}$$

$$\Phi_{u,f}^{(nr)} = r_u^{(nr)} - I_{u,f}^{(nr)} + T_u^{(nr)} - c \cdot \delta t_f^{(nr)} + \lambda_f N_{u,f}^{(nr)} + \varepsilon_{u,\phi,f}^{(nr)} \tag{2.145}$$

线性化后的有几何星间差分观测方程为

$$\delta\rho_{u,f}^{(nr)} = (\boldsymbol{u}_u^{(r)})^{\mathrm{T}} \cdot \delta\boldsymbol{r}^{(r)} - (\boldsymbol{u}_u^{(n)})^{\mathrm{T}} \cdot \delta\boldsymbol{r}^{(n)} - (\boldsymbol{u}_u^{(nr)})^{\mathrm{T}} \cdot \delta\boldsymbol{r}_u + I_{u,f}^{(nr)}$$
$$+ T_u^{(nr)} - c \cdot \delta t_f^{(nr)} + \varepsilon_{u,\rho,f}^{(nr)} \tag{2.146}$$

$$\delta \Phi_{u,f}^{(nr)} = (\boldsymbol{u}_u^{(n)})^{\mathrm{T}} \cdot \delta \boldsymbol{r}^{(n)} - (\boldsymbol{u}_u^{(r)})^{\mathrm{T}} \cdot \delta \boldsymbol{r}^{(r)} - (\boldsymbol{u}_u^{(nr)})^{\mathrm{T}} \cdot \delta \boldsymbol{r}_u - I_{u,f}^{(nr)} + T_u^{(nr)} -$$

$$c \cdot \delta t_f^{(nr)} + \lambda_f N_{u,f}^{(nr)} + \varepsilon_{u,\phi,f}^{(nr)} \tag{2.147}$$

可以看出，星间差分消去了与接收机相关的钟差项。

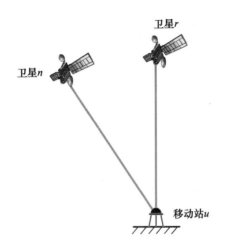

图 2.15　星间差分示意

（3）时间差分

站间差分在短基线情形下可以极大地削弱空间相关的误差项（如大气传播延迟），而时间差分可以消除一些时间相关的误差项，如图 2.16 所示。定义时间差分算子为

$$\Delta(\cdot) = (\cdot)(t_i) - (\cdot)(t_{i-1}) \tag{2.148}$$

时间差分后的伪距和载波相位无几何观测方程为

$$\Delta \rho_{u,f}^{(n)} = \Delta r_u^{(n)} + \Delta I_{u,f}^{(n)} + \Delta T_u^{(n)} + c(\Delta \delta t_u - \Delta \delta t_f^{(n)}) + \Delta \varepsilon_{u,\rho,f}^{(n)} \tag{2.149}$$

$$\Delta \Phi_{u,f}^{(n)} = \Delta r_u^{(n)} - \Delta I_{u,f}^{(n)} + \Delta T_u^{(n)} + c(\Delta \delta t_u - \Delta \delta t_f^{(n)}) + \Delta \varepsilon_{u,\phi,f}^{(n)} \tag{2.150}$$

相应的有几何的观测方程为

$$\delta \Delta \rho_{u,f}^{(n)} = \Delta[(\boldsymbol{u}_u^{(n)})^{\mathrm{T}} \cdot \delta \boldsymbol{r}^{(n)}] - \Delta[(\boldsymbol{u}_u^{(n)})^{\mathrm{T}} \cdot \delta \boldsymbol{r}_u] + \Delta I_{u,f}^{(n)} + \Delta T_u^{(n)} +$$

$$c(\Delta \delta t_u - \Delta \delta t_f^{(n)}) + \Delta \varepsilon_{u,\rho,f}^{(n)} \tag{2.151}$$

$$\delta\Delta\Phi_{u,f}^{(n)} = \Delta\left[\left(u_u^{(n)}\right)^{\mathrm{T}}\cdot\delta r^{(n)}\right] - \Delta\left[\left(u_u^{(n)}\right)^{\mathrm{T}}\cdot\delta r_u\right] - \Delta I_{u,f}^{(n)} + \Delta T_u^{(n)} +$$

$$c\left(\Delta\delta t_u - \Delta\delta t_f^{(n)}\right) + \Delta\varepsilon_{u,\phi,f}^{(n)}$$

$$(2.152)$$

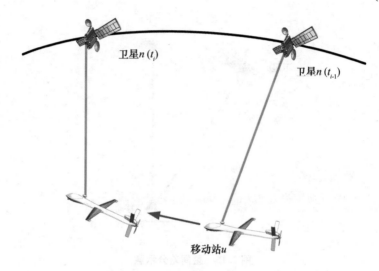

图 2.16   时间差分示意

可以看出，在没有周跳的条件下，时间差分可以消除与时间无关的模糊度参数项。当前后历元的时间差 $\Delta t = t_i - t_{i-1}$ 较小时，可认为时间差分后的大气延迟项 $\Delta I_{u,f}^{(n)}$ 和 $\Delta T_u^{(n)}$ 得到极大削弱。

在实际 GNSS 定位算法中，上述三种差分模式通常组合起来使用。例如，星间 – 站间双差观测方程是 RTK 精密相对定位的基本模型，星间 – 时间双差观测方程可用来求解精密位置增量或平均速度，而星间 – 站间 – 时间三差观测方程可用来进行载波相位测量值的周跳探测。

2.3.3.2   组合模型

令式（2.113）中的频率无关项记为

$$P_{u,\mathrm{FI}}^{(n)} = r_u^{(n)} + T_u^{(n)} + c\left(\delta t_u - \delta t_f^{(n)}\right) \qquad (2.153)$$

将式（2.153）代入式（2.113）和式（2.114）后，伪距和载波相位观

测方程可简写为

$$\rho_{u,f}^{(n)} = P_{u,\mathrm{FI}}^{(n)} + I_{u,f}^{(n)} + \varepsilon_{u,\rho,f}^{(n)} \qquad (2.154)$$

$$\Phi_{u,f}^{(n)} = P_{u,\mathrm{FI}}^{(n)} - I_{u,f}^{(n)} + \lambda_f N_{u,f}^{(n)} + \varepsilon_{u,\varphi,f}^{(n)} \qquad (2.155)$$

单站 N 个频点伪距和载波相位的线性组合的一般通式为

$$\begin{aligned}
o_{u,c}^{(n)} &= \sum_{f=1}^{N} (\alpha_f \Phi_{u,f}^{(n)} + \beta_f \rho_{u,f}^{(n)}) \\
&= \left[\sum_{f=1}^{N} (\alpha_f + \beta_f) \right] P_{u,\mathrm{FI}}^{(n)} - \left[\sum_{j=1}^{N} (\alpha_f - \beta_f) I_{u,f}^{(n)} \right] + \qquad (2.156) \\
&\quad \sum_{f=1}^{N} \alpha_f \lambda_f N_{u,f}^{(n)} + \sum_{f=1}^{N} (\alpha_f \varepsilon_{u,\rho,f}^{(n)} + \beta_f \varepsilon_{u,\varphi,f}^{(n)})
\end{aligned}$$

式中，$o_{u,c}^{(n)}$ 为组合观测量；α_f 和 β_f 分别为 f 频点载波相位和伪距观测量的系数。

假定各个频点观测量互不相关，同一颗卫星的伪距和载波相位互不相关，根据误差传播规律，可推导得到组合观测量标准差为

$$\sigma_c = \sqrt{\sum_{f=1}^{N} (\alpha_f^2 \sigma_{\phi,f}^2 + \beta_f^2 \sigma_{\rho,f}^2)} \qquad (2.157)$$

式中，$\sigma_{\phi,f}$ 和 $\sigma_{\rho,f}$ 分别为第 f 个频点载波相位和伪距的标准差。

通过适当选择 α_f 和 β_f 的值，可保留、削弱或完全消除式（2.156）中的某些项。因此，系数 α_f 和 β_f 选取的总体目标是使得组合观测值 $o_{u,c}^{(n)}$ 具有几何无关、电离层无关、长波长和低噪等有助于求解模糊度和提高定位精度的优良特性。

（1）宽/窄巷组合

将以周为单位的双频载波相位值作差，即可获得宽巷组合观测量

$$\varphi_{u,\mathrm{WL}}^{(n)} = \varphi_{u,1}^{(n)} - \varphi_{u,2}^{(n)} = \frac{\Phi_{u,1}^{(n)}}{\lambda_1} - \frac{\Phi_{u,2}^{(n)}}{\lambda_2} \qquad (2.158)$$

此时，宽巷模糊度为 $N_{u,\mathrm{WL}}^{(n)} = N_{u,1}^{(n)} - N_{u,2}^{(n)}$，宽巷波长为 $c/(f_1 - f_2)$。

类似地，将以周为单位的双频载波相位值求和，即可得到窄巷组合观测量

$$\varphi_{u,\mathrm{NL}}^{(n)} = \varphi_{u,1}^{(n)} + \varphi_{u,2}^{(n)} = \frac{\Phi_{u,1}^{(n)}}{\lambda_1} + \frac{\Phi_{u,2}^{(n)}}{\lambda_2} \qquad (2.159)$$

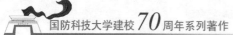
此时，窄巷模糊度为 $N_{u,\mathrm{NL}}^{(n)} = N_{u,1}^{(n)} + N_{u,2}^{(n)}$，窄巷波长为 $c/(f_1+f_2)$。

随着各导航卫星系统三频信号的发展，可选用比较接近的频率信号组成宽巷观测值，获得超宽巷组合。超宽巷和宽巷观测值波长较长，广泛应用于三频模糊度求解算法（Three-Carrier Ambiguity Resolution，TCAR）和级联模糊度求解算法（Cascade Integer Resolution，CIR）。表 2.2 列出了 GPS 和 BDS 三个频点宽巷和窄巷组合观测量的波长。

表 2.2 GPS 和 BDS 三个频点宽巷和窄巷波长

GPS	L1	L2	L5
L1 （1 575. 420 MHz）	—	0. 86	0. 75
L2 （1 227. 600 MHz）	0. 107	—	5. 86
L5 （1 176. 450 MHz）	0. 109	0. 125	—
BDS	**B1**	**B2**	**B3**
B1 （1 561. 098 MHz）	—	1. 02	0. 85
B2 （1 268. 520 MHz）	0. 106	—	4. 88
B3 （1 207. 140 MHz）	0. 108	0. 121	—

注：右上三角带下划线的为宽巷波长，左下三角为窄巷波长，单位为 m。

（2）MW 组合和 GF 组合

MW（Melbourne-Wübbena）组合和 GF（Geometry-Free）组合观测方程为

$$\begin{cases} N_{u,\mathrm{WL}}^{(n)} = N_{u,1}^{(n)} - N_{u,2}^{(n)} = \left(\dfrac{\Phi_{u,1}^{(n)}}{\lambda_1} - \dfrac{\Phi_{u,2}^{(n)}}{\lambda_2} \right) - \dfrac{f_1 - f_2}{f_1 + f_2} \left(\dfrac{\rho_{u,1}^{(n)}}{\lambda_1} + \dfrac{\rho_{u,2}^{(n)}}{\lambda_2} \right) \\ \Phi_{\mathrm{GF}} = \Phi_{u,1}^{(n)} - \Phi_{u,2}^{(n)} = \lambda_1 N_{u,1}^{(n)} - \lambda_2 N_{u,2}^{(n)} - \left(1 - \dfrac{f_1^2}{f_2^2} \right) I_{u,1}^{(n)} \end{cases}$$

(2.160)

可见，MW 组合消去了几何距离、接收机钟差、卫星钟差、大气传播延迟等误差影响，仅与宽巷模糊度、伪距和载波相位测量噪声有关；GF 组合消除了几何距离、接收机钟差、卫星钟差和对流层延迟等误差影响，只与双频模糊度和电离层延迟误差有关。在 GNSS 精密定位中，通常联合采用 MW 组合和 GF 组合进行载波相位周跳探测，称之为 TurboEdit 方法。考虑到伪距噪声较大，MW 组合观测量适合用于探测较大的周跳。而载波相位噪声较小，则基于纯相位观测量的 GF 组合在相邻历元电离层变化平稳的条件下，可以探测小周跳。

（3）IF 组合

根据电离层延迟大小与电磁波频率平方成反比的特性，可选择适当系数，采用双频观测值消除电离层延迟的影响。令组合通式（2.156）中的频率无关项系数为 1，与电离层延迟项系数为 0，可得无电离层延迟（Ionosphere-Free，IF）的伪距和载波相位组合观测量为

$$\rho_{u,\mathrm{IF}}^{(n)} = \frac{f_1^2}{f_1^2-f_2^2}\rho_{u,1}^{(n)} - \frac{f_2^2}{f_1^2-f_2^2}\rho_{u,2}^{(n)} \tag{2.161}$$

$$\varPhi_{u,\mathrm{IF}}^{(n)} = \frac{f_1^2}{f_1^2-f_2^2}\varPhi_{u,1}^{(n)} - \frac{f_2^2}{f_1^2-f_2^2}\varPhi_{u,2}^{(n)} \tag{2.162}$$

式中，$\rho_{u,\mathrm{IF}}^{(n)}$ 和 $\varPhi_{u,\mathrm{IF}}^{(n)}$ 分别为无电离层延迟的伪距和载波相位组合。虽然 IF 组合消除了电离层延迟误差的影响，但是增大了测量噪声标准差（约为 3 倍）。

2.4 本章小结

本章总结了卫星/惯性组合导航的基本模型。首先，简单介绍了时间和空间系统，主要包括惯性导航和卫星导航常用坐标系、姿态参数及其转换关系、GNSS 系统时间，以及 GNSS/INS 时间同步方法。其次，以当地地理坐标系 SINS 导航方程为例，重点阐述了 n 系捷联惯性导航力学编排和误差传播方程，给出了 SINS 导航的系统模型。最后，建立了 GNSS 观测模型，重点阐述了影响 GNSS 定位的主要误差源和差分、组合技术。本章是后续惯性导航及误差建模、卫星/惯性组合导航及相对定位的理论基础。

第 3 章

卫星/微惯性松组合导航精密建模方法

近年来，高性能、低成本 MEMS 惯性器件的涌现，极大地延伸了惯性导航的应用领域，使得曾经昂贵的卫星/惯性松组合导航能够以合理的、可接受的成本实现[19]。目前，基于 MEMS 惯性导航系统和 GNSS 的松组合系统已经成功且广泛地应用于诸多导航、测绘领域。然而，传统的卫星/惯性松组合导航在实时应用中仍然存在诸多局限性。一方面，在特定应用场合（例如城市峡谷、隧道、树木遮挡处等）可能频繁发生的 GNSS 定位中断，使仅依靠具有恶劣噪声特性的 MEMS 惯性传感器的独立导航误差随中断时间急剧增大，损害组合导航精度[157,253]。另一方面，传统的卫星/惯性松组合常用的扩展卡尔曼滤波器（Extended Kalman Filter，EKF）假设系统动力学噪声和观测噪声均为参数精确已知的白噪声[36,159]。然而，惯性器件噪声是时间相关的有色噪声[157]，GNSS 定位定速噪声通常也与时间或空间相关[184]，且特性复杂，与卫星构型、信号质量、外界环境有关。简单将这两项误差当作白噪声处理会导致卡尔曼滤波输出计算协方差矩阵与实际噪声特性不相符，严重时甚至会造成显著的模型误差[194]，极大地限制了卫星/惯性松组合导航所能达到的导航精度。针对这一困境，一些研究者建议适当放大动力学噪声矩阵 Q 或观测噪

声矩阵 $\boldsymbol{R}$，以参数调节方式来解决这种不一致性所引发的部分问题[36]，但是这种方法仅仅是一种简单折中，依然无法完全解决以上两种噪声协方差与真实协方差不一致的问题。

在诸如车载、机载导航等实时应用场景中，为了实现卫星/惯性松组合导航系统的最优信息融合，必须对惯性导航误差和 GNSS 定位定速误差进行尽可能合理且准确的建模。针对这一随机误差建模难题，本章提出一种基于 Allan 方差分析建模技术的自适应 GNSS/INS 松组合导航方法，旨在提升传统导航算法的精度和可靠性。

3.1　基于 Allan 方差分析的惯性器件
随机误差建模方法

在第 2 章中，通过对捷联惯性力学编排的离散线性化获得了式（2.103）所示的误差传播模型。受随机扰动 $\boldsymbol{u} = [\,\delta\boldsymbol{\omega}_{ib}^{b} \quad \delta\boldsymbol{f}^{b}\,]^{\mathrm{T}}$（即陀螺仪和加速度计残余随机误差）影响，式（2.103）中系统输入、输出、参数和状态都不再是确定性的，而表现为随机变量或随机过程，这种带有不确定性的随机系统，对应的数学模型是随机微分方程[283-284]。随机系统的状态估计依赖于正确描述该随机过程的数学模型，这就要求对随机扰动 $\boldsymbol{u}$ 的统计特性进行良好建模或近似。

通常，惯性传感器误差与惯性器件本身特性密切相关，需要通过实验数据来构造其误差模型。本节首先简单介绍传统惯性器件随机误差的时域建模方法；其次重点阐述一种基于 Allan 方差分析的随机误差辨识与建模方法；最后以 MEMS 惯性器件的随机建模过程为例，分析并指出传统时域方法的局限性，并以导航试验中的滑行误差（Coasting Error）为指标，考核不同随机误差建模方法的优劣，验证基于 Allan 方差分析建模方法的有效性和优越性。

3.1.1 惯性器件随机误差时域建模方法

MEMS 惯性传感器的实际测量输出均不可避免地存在误差，现有文献中定义了 20 多种不同类型的误差[267]，如零偏（Bias）、比例因子误差（Scale Factor Error）、交轴耦合误差（Cross-Coupling Error）或轴间失准误差（Nonorthogonality）、g 相关零偏（g-dependent Bias）、比例因子非线性度（Nonlinearity）、振动导致误差（Vibration Rectification Error，VRE）等[36]。以上误差通常由常值项、随温度变化项、逐次启动项和工作期间变化项这四种成分构成，可以分为确定性误差（Deterministic Error）和随机误差（Stochastic Error）两大类。确定性误差可以通过实验室标定（常值项）、热标定（随温度变化项）等手段进行校正补偿。随机误差是指通过标定对确定性误差补偿后的残余惯性导航误差项，需要采用随机误差建模方法对其进行描述。实际上，随机误差是真正决定惯性导航系统精度、影响组合导航系统设计的关键因素[36]。加速度计和陀螺仪输出量经过 IMU 常值标定修正后，剩余的误差源通常有常值误差修正后的残余误差、逐次启动项误差和工作期间变化项误差，可表示为

$$\begin{cases} \delta \boldsymbol{f}^b = \boldsymbol{b}_a + \Xi(\boldsymbol{s}_a, \boldsymbol{m}_a)\boldsymbol{f}^b + \boldsymbol{w}_a \\ \delta \boldsymbol{\omega}_{ib}^b = \boldsymbol{b}_g + \Xi(\boldsymbol{s}_g, \boldsymbol{m}_g)\boldsymbol{\omega}_{ib}^b + \boldsymbol{w}_g \end{cases} \tag{3.1}$$

式中，$\delta \boldsymbol{f}^b$ 与 $\delta \boldsymbol{\omega}_{ib}^b$ 分别为加速度计和陀螺仪残余随机误差；$\boldsymbol{b}_a$ 与 $\boldsymbol{b}_g$ 分别为加速度计和陀螺仪残余零偏误差；符号"Ξ"定义参见式（2.46），表示比例因子残余误差 $\boldsymbol{s}$ 和交轴耦合残余误差 $\boldsymbol{m}$ 的组合；$\boldsymbol{w}_a$ 和 $\boldsymbol{w}_g$ 分别表示加速度计和陀螺仪残余随机误差中的白噪声成分。

在低成本 MEMS 惯性应用中，惯性器件残余误差主要是加速度计和陀螺仪零偏误差。通过对零偏残余误差进行随机误差建模，并将其增广到系统状态量中，从而实现惯性器件残余零偏误差的在线估计[285]。随机误差建模方法目前主要分为频域方法和时域方法两大类[165]。频域建模方法需要利用噪声功率谱密度（Power Spectral Density，PSD）估计传递函数，对非系统分析领域

学者而言，这一方法既不直观也不易理解[160]。本节主要介绍常用的时域建模方法，包括自相关函数法（Auto-Correlation Function，ACF）和自回归滑动平均法（Auto-Regressive Moving-Average，ARMA），并对时域建模涉及的小波去噪方法进行简单介绍。

3.1.1.1　基于自相关函数的随机建模方法

自相关函数与功率谱密度函数是一对傅里叶变换对，故这种方法与频域方法是对偶的。假设某一轴向的惯性传感器残余零偏误差 $\{b_t\}$ 是平稳随机过程，则该随机过程特性可由自相关函数完整描述

$$\bar{A}_\tau = mean\Big[\int_{t=-\infty}^{\infty} b_t \cdot b_{t+\tau}\mathrm{d}t\Big] \tag{3.2}$$

式中，$\bar{A}_\tau$ 为残余零偏的自相关函数；t 为任意采样时刻；τ 为延迟时间。惯性器件通常输出离散时间信号，则定义自相关序列（Auto-Correlation Sequence，ACS）为

$$\bar{A}_m = mean\Big[\sum_{k=-\infty}^{\infty} b_k \cdot b_{k+m}\Big] \tag{3.3}$$

式中，$\bar{A}_m$ 为总体自相关序列，$m \in \mathbf{Z}$。在实际计算自相关序列时，一般基于数据长度为 N 的有限个数据点计算得到自相关序列，称为样本自相关序列

$$\bar{A}_m = \frac{1}{N-m}\sum_{k=1}^{N-m} b_k \cdot b_{k+m} \tag{3.4}$$

工程上常用一阶高斯－马尔可夫过程描述惯性器件的零偏误差。它是一种典型平稳过程，符合大多数物理过程[157]。一阶高斯－马尔可夫过程的自相关函数具有指数衰减形式，如图 3.1 所示。

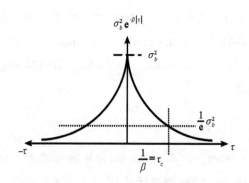

图 3.1　一阶高斯－马尔可夫过程的自相关函数

$$\bar{A}_\tau = \sigma_b^2 \mathrm{e}^{-\beta|\tau|} \tag{3.5}$$

式中，σ_b^2 为过程均方差；β 为 τ_c 的倒数（$\beta = 1/\tau_c$）；τ_c 为过程相关时间（$\tau = \tau_c$ 时，$\bar{A}_\tau = \dfrac{\sigma_b^2}{\mathrm{e}}$）。参数 β 通过拟合实际惯性器件测量输出的自相关函数来获取。

采用拟合自相关函数确定的一阶高斯－马尔可夫模型描述惯性器件零偏误差，其随机微分方程可写为[264]

$$\dot{b}_t = \frac{1}{\tau_c} b_t + w_t \tag{3.6}$$

式中，零偏误差 b_t 表示一阶高斯－马尔可夫过程，由过程均方差 σ_b^2 和相关时间 τ_c 两个参数决定；w_t 表示零均值驱动白噪声，其方差强度为 $\dfrac{2\sigma_b^2}{\tau_c}$。式（3.6）的离散化形式为

$$b_k = \mathrm{e}^{-\Delta t_k / \tau_c} b_{k-1} + w_{k-1} \tag{3.7}$$

式中，Δt_k 为惯性器件的采样时间间隔；w_{k-1} 表示离散系统等效激励白噪声，其均值为零，方差为 $\sigma_b^2 \left(1 - \mathrm{e}^{2\Delta t_k / \tau_c}\right)$。

本书试验采用 Sensonor 公司型号为 STIM－300 的惯性测量单元。为了检验采用基于自相关函数确定的一阶高斯－马尔可夫模型是否合理，下面对静态条件下采集的约 8 h 惯性测量数据进行自相关分析。在处理 IMU 原始静态测量数据之前，必须先消除各传感器输出数据的非零均值，再采用小波去噪

技术滤除高频噪声，以最小化传感器输出中的非相关噪声。在此基础上，计算各传感器轴向输出的自相关函数，并绘制相应的自相关函数曲线，如图 3.2 所示。

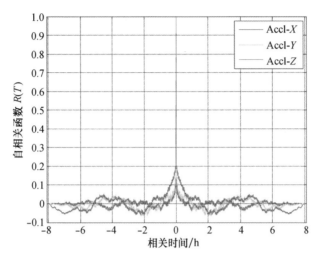

（a）加速度计输出的自相关曲线

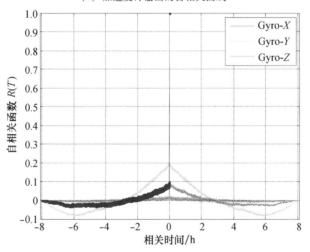

（b）陀螺仪输出的自相关曲线

图 3.2　MEMS 惯性器件静态测量计算自相关函数

显然，与图 3.1 所示的理论曲线相比，图 3.2 所示的自相关曲线出现围绕零值的振荡现象（即高阶项效应[157]）。这是因为 MEMS 惯性器件噪声由更多复杂噪声类型构成，而一阶高斯－马尔可夫模型仅仅粗略描述了这种复杂结构。另外，由于采用有限长度实测数据的自相关序列只能近似计算自相关函数，且参数 τ_c 会随着数据长度的变化而变化，根据上述计算所得的自相关函数难以准确确定一阶高斯－马尔可夫过程参数，因此，基于自相关函数的随机建模方法并不能够准确描述 MEMS 惯性器件残余零偏误差的特性。

3.1.1.2　基于自回归滑动平均模型的随机建模方法

为克服自相关函数方法建模不准难题[157,161-164]，自回归滑动平均模型被引入惯性器件随机误差建模过程。对于一般的各态遍历、平稳、零均值时间序列 $\{x_t\}$（$t = 1, 2, \cdots, N$），可以根据序列相关性将其表示为一个白噪声激励的线性时不变系统，即分解为白噪声的线性组合[286]，得到如下形式的随机差分方程

$$x_t = \varphi_1 x_{t-1} + \cdots + \varphi_n x_{t-n} + w_t + \theta_1 w_{t-1} + \cdots + \theta_m w_{t-m}$$
$$= \sum_{k=1}^{n} \varphi_k x_{t-k} + \sum_{k=0}^{m} \theta_k w_{t-k} \tag{3.8}$$

式中，φ_k 为序列的自回归系数；θ_k 为序列的滑动平均系数。式（3.8）表明，t 时刻的观测值 x_t 与 n 个历史时刻的观测值 x_{t-1}，x_{t-2}，$\cdots$，x_{t-n} 和当前时刻的白噪声 w_t，以及 m 个时刻的白噪声 w_{t-1}，w_{t-2}，$\cdots$，w_{t-m} 存在相关性。式（3.8）称为自回归滑动平均模型，简称 ARMA（n, m）模型。当 $n = 0$，即式（3.8）不包含 $\sum_{k=1}^{n} \varphi_k x_{t-k}$ 项时，ARMA 模型退化为滑动平均（MA）模型；当 $m = 0$，即式（3.8）不包含 $\sum_{k=1}^{m} \theta_k w_{t-k}$ 项时，ARMA 模型退化为自回归（AR）模型。关于 ARMA 模型的时域和频域特性分析详见文献[287]。

所谓 ARMA 建模，就是对所观测到的时间序列拟合出合适的 ARMA（n, m）模型，其一般流程如图 3.3 所示。建模内容主要包括数据平稳性检验、模型识别、模型参数估计和模型适用性检验等。

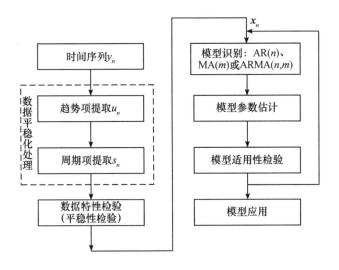

图 3.3 时间序列的 *ARMA* 建模流程

（1）数据平稳化处理

在大多数情况下，实际观测序列都可以分解为三部分的叠加

$$y_n = u_n + s_n + x_n \tag{3.9}$$

式中，u_n 表示确定性趋势项成分，通常用多项式或指数函数来描述；s_n 表示周期性变化项成分；x_n 表示平稳时间序列，是需要进行 ARMA 建模的随机误差成分。可见，在获取惯性器件原始测量数据之后，首要工作是估计并提取可能存在的趋势项 $\hat{u}_n$ 和周期项 $\hat{s}_n$，再对残差序列 $y_n - \hat{u}_n - \hat{s}_n$ 进行平稳性检验。只有当该残差序列满足平稳性条件，才能对其进行 ARMA 建模；否则继续平稳化处理。

趋势项提取主要有两种思路：一种思路是用多项式或指数函数逼近趋势项，另一种思路是通过序列内部相邻数据的一次或 d 次差分消除趋势项。前者称为带 ARMA 噪声的线性自回归滑动平均建模方法（Regression ARMA，RARMA）[287]，后者称为自回归积分滑动平均建模方法（Auto-Regressive Integrated Moving-Average，ARIMA）。两种思路得到的去趋势项残差序列均为零均值平稳 ARMA 过程。

周期项提取方法与趋势项类似，可按照拟合周期函数逼近周期项方法和

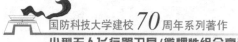
周期性差分方法两种思路进行。

数据平稳性检验的基本思路是，确定序列是否具有常值、均值和方差，并判断其自协方差是否仅与时间间隔有关而不依赖于时间。常用的检验方法有时序图检验、自相关图检验、逆序检验[287]和单位根检验（也称扩展迪基－富勒检验，Augmented Dickey-Fuller Test）等。

（2）模型识别

模型识别主要采用 Box-Jenkins 识别法[287-288]，即根据时间序列的自相关函数和偏相关函数的截尾或拖尾特性，来决定所用模型。如果时间序列自相关函数出现 m 阶截尾特性，则对其拟合 MA（m）模型；如果偏相关函数出现 n 阶截尾特性，则拟合 AR（n）模型；如果自相关和偏相关函数同时出现拖尾性，则搜索 n 和 m 确定合适的 ARMA（n，m）模型。另外，也可直接采用程序化动态数据系统（Dynamic Data System，DDS）建模策略，即 ARMA（$2n$，$2n-1$）方案，具体过程可参考文献[287-288]。

（3）模型参数估计

对时间序列进行平稳化处理、模型识别、初步阶数确定后，需利用已知数据对选定模型参数进行估计。AR 模型的参数估计方法有最小二乘法、Yule-Walker 方法、Ulrych-Clayton 方法、Burg 方法等。而 ARMA 模型参数估计过程是非线性回归过程，因此比 AR 模型参数估计要复杂，常用的方法分为时序理论估计、优化理论估计和控制理论估计三类。具体算法实现可参考相关文献[287]。

（4）模型适用性检验

通常，高阶 ARMA 模型的拟合残差小于低阶模型。但是，较高的模型阶次意味着较多的模型参数，导致模型估计更易吸收外界误差干扰，增大计算误差。因此，需要设计综合考虑拟合精度和模型阶次两方面影响的合理准则，确定较为合适的 ARMA 模型阶次。然而，目前还没有完全成熟的准则[287]。当前，模型适用性检验准则可分为白噪声检验准则、残差平方和检验准则、赤池弘治信息准则（Akaike Information Criterion，AIC）和特殊用途准则四大类。目前应用最广的是赤池弘治信息准则，即

$$AIC(n) = \ln\sigma_a^2 + \frac{2n}{N} \tag{3.10}$$

式中，N 为观测数据个数；n 为 ARMA 或 AR 建模阶数；σ_a^2 为模型残差方差。$AIC(n)$ 是模型阶次 n 的函数，当阶次 n 增大时，拟合精度 $\ln\sigma_a^2$ 减小，两者之和 $AIC(n)$ 较好地权衡了拟合精度与模型阶次。故适用模型阶次可选取 $AIC(n)$ 最小时对应的阶次 $\hat{n}$，即 $\hat{n} = \arg\min\limits_{n \in \mathbf{Z}} \{\ln\sigma_a^2 + 2n/N\}$。需要指出，理论上 AIC 确定的模型阶次并非真值的一致估计，且实际中 AIC 定阶往往偏高。

以上 ARMA 建模过程对于 AR 和 MA 建模均适用，AR 和 MA 建模仅是 ARMA 建模的最简单情况。

针对图 3.2 所示的高阶项效应，文献[157,161-164]建议采用高阶 AR 模型对惯性器件残余零偏误差进行建模。不同于一阶高斯 – 马尔可夫模型，高阶 AR (n) 模型（$x_t = \sum\limits_{k=1}^{n} \varphi_k x_{t-k} + \theta_0 w_t$）引入了更多的模型参数，因而具有更好的建模灵活性。采用 Burg 法对平稳化处理后的残余零偏序列进行最小二乘参数估计，即可得到 AR 模型参数 φ_1，φ_2，$\cdots$，φ_k 和 θ_0 的最优估计值。为了选取适合的 AR 模型阶次，首先拟合不同阶次的 AR 模型，并计算各阶次对应的标准化预报残差方差

$$PE(n) = Res(n) \cdot \prod_{m=1}^{n} \frac{N - m + 2}{N - m} \tag{3.11}$$

式中，$Res(n)$ 表示由 N 个观测数据计算得到的预报残差方差。适合的模型阶次应对应最小且稳定的预报残差方差。采用 Burg 法确定 1 ~ 10 阶 AR 模型参数，并计算对应 $PE(n)$，如图 3.4 所示。可以看出，随着模型阶次升高，当 $n > 2$ 时，模型预报残差方差变化极为平缓。由此可知，AR（1）模型能够对 STIM – 300 的加速度计和陀螺仪残余零偏进行较为精确的建模。表 3.1 列出了 STIM – 300 各惯性器件的 AR（1）、AR（2）和 AR（3）模型，考虑到滤波稳定性和计算量，不再计算更高阶次 AR 模型。

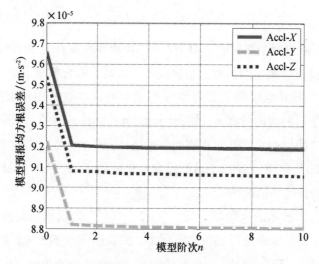

（a）加速度计 AR 模型的精度与阶次关系

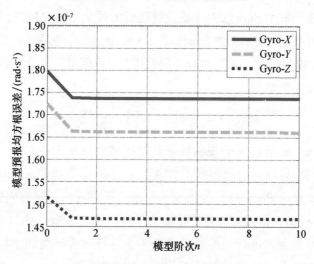

（b）陀螺仪 AR 模型的精度与阶次关系

图 3.4　STIM – 300 MEMS – IMU 各轴向惯性传感器 AR 模型参数估计

表 3.1　STIM – 300 各惯性器件 AR 模型参数

	φ_1	φ_2	φ_3	$\theta_0^2/\ (\mathrm{m\cdot s^{-2}})^2$
	– 0.999 7			$2.443\ 1\times10^{-9}$
Accl-X	– 1.993 9	0.994 5		$2.656\ 3\times10^{-11}$
	– 2.537 8	2.085 0	– 0.546 9	$1.861\ 8\times10^{-11}$
	– 0.999 7			$2.111\ 3\times10^{-9}$
Accl-Y	– 1.993 9	0.994 6		$2.291\ 4\times10^{-11}$
	– 2.540 3	2.089 9	– 0.549 3	$1.599\ 9\times10^{-11}$
	– 0.999 7			$2.406\ 7\times10^{-9}$
Accl-Z	– 1.993 9	0.994 5		$2.629\ 0\times10^{-11}$
	– 2.541 1	2.091 6	– 0.550 2	$1.833\ 1\times10^{-11}$
	φ_1	φ_2	φ_3	$\theta_0^2/\ (\mathrm{rad\cdot s^{-1}})^2$
	– 0.999 5			$3.880\ 3\times10^{-12}$
Gyro-X	– 1.993 6	0.994 6		$4.172\ 0\times10^{-14}$
	– 2.524 8	2.059 3	– 0.534 1	$2.982\ 1\times10^{-14}$
	– 0.999 6			$3.778\ 9\times10^{-12}$
Gyro-Y	– 1.993 7	0.994 5		$4.154\ 7\times10^{-14}$
	– 2.532 2	2.074 2	– 0.541 6	$2.936\ 2\times10^{-14}$
	– 0.999 5			$3.257\ 9\times10^{-12}$
Gyro-Z	– 1.993 6	0.994 5		$3.542\ 0\times10^{-14}$
	– 2.528 3	2.066 3	– 0.537 6	$2.518\ 4\times10^{-14}$

　　需要注意的是，INS 随机误差建模需要增加卡尔曼滤波器状态维数，而 IMU 通常由 6 个惯性器件（3 个加速度计和 3 个陀螺仪）组成，每个惯性器件误差模型阶次的增加，将导致后续卡尔曼滤波器误差状态维数的六倍激增，随之而来的计算负担将损害导航实时性。另外，采用高阶 AR 模型可能使卡尔曼滤波器面临失稳问题。因此，实际中确定 AR 模型适用阶次时，需在精度、实时性和稳定性之间进行权衡。

综上，ARMA 建模（尤其是 AR 建模）的优点是建模简单，易于理解，从数据本身相关性出发；但是模型对参数敏感，且不适于处理奇功率谱过程、高阶过程或大动态范围过程[165]。另外，在实际导航计算中，高阶模型不利于实时计算和滤波稳定性。因此，这种方法在卫星/惯性组合实时导航应用中存在局限性。

3.1.1.3　基于小波变换多分辨率分析的去噪方法

通常，MEMS 惯性器件噪声由多个不同的随机过程混合而成，可以分为高频成分和低频成分。高频噪声成分表现出白噪声特性，而低频成分表现出相关噪声特性。低频相关噪声建模可以采用如前所述的自相关函数法和 ARMA 建模法，而高频成分则必须通过去噪或降噪技术予以抑制或隔离，才能提升 MEMS 惯性器件噪声建模效果。

小波去噪（Wavelet De-noising，WD）的理论基础是小波变换（Wavelet Transform，WT）。与用于处理非平稳信号的短时傅里叶变换（Short-Time Fourier Transform，STFT）类似，小波变换通过引入大小可变的小波窗口对信号加窗后进行分析，克服了 STFT 存在的频域分辨率不高难题。基于 Heisenberg 不确定性原理，小波变换对信号的不同频率成分采用不同的分辨率进行分析，这一过程称为多分辨率分析（Multi-Resolution Analysis，MRA）。MRA 方法的最大优势在于其时频局域化特性，这是因为小波变换能够在高频段使用较窄的时间窗口而提供高时间分辨率（低频率分辨率），在低频段使用较宽的时间窗口而提供低时间分辨率（高频率分辨率）。因此，小波变换特别适用于高频成分持续较短、低频成分持续较长的实际信号[289]。

对于离散时间信号 $\{x(n)\}$，其离散小波变换（Discrete Wavelet Transform，DWT）$S_{j,k}^{\psi}$ 定义为[157]

$$S_{j,k}^{\psi} = \frac{1}{\sqrt{2^j}} \sum_n x(n) \cdot \Psi(n \cdot 2^{-j} - k) \tag{3.12}$$

式中，j 和 k 为整数；Ψ 为由小波函数构成的一组正交基。式（3.12）表明，离散时间小波变换 $S_{j,k}^{\psi}$ 可以表示为信号 $x(n)$ 在一组由母小波经伸缩 2^{-j} 和平移 k 后得到的基函数组上的投影构成的序列。为了保证良好的信号重构能力，小波函数必须满足零均值且双向急剧衰减为零的条件。满足上述两个条件的小波函数实际上等价于带通滤波器。

因此，信号 x_n 的离散时间小波变换相当于一系列的互补滤波器和下采样（Sub-sampling）运算。在小波术语中，信号的低频成分称为"逼近部分（Approximation Part）"，而高频成分称为"细节部分（Details Part）"，分别简记为 A 和 D。设信号采样率为 f_s，当对 $x(n)$ 施加离散时间小波变换时，$x(n)$ 同时通过一个低通滤波器 $h_0(n)$ 和高通滤波器 $h_1(n)$（注意这两个滤波器由小波函数决定），随即对两个滤波器的输出数据进行下采样，这一过程称为子带编码（Sub-band Coding）。为了获得更好的频率分辨率，需要对低通滤波器 $h_0(n)$ 输出的下采样数据重复进行该子带编码过程，完成小波多层级分解，整个过程称为小波多分辨率分析或小波多层分解，如图 3.5 所示。在完成图 3.5 所示的多分辨率分析后，信号 $x(n)$ 的频谱被分解成具有不同分辨率的不同频率子带，如图 3.6 所示。因此，信号可以表示为

$$Signal = A_k + D_k + D_{k-1} + \cdots + D_1 \tag{3.13}$$

式中，k 表示小波分解层级数目（Levels of Decomposition，LOD）。信号最重要的小波系数是逼近部分（A_k），承载着信号的主要信息；而细节部分（D_k）在大多数情形下是高频噪声成分。小波去噪技术就是利用离散小波变换施加的多层级分解过程，按照特定阈值准则剔除某些小波系数，然后对剩余小波系数取逆离散小波变换（Inverse DWT，IDWT）实现信号重构，从而滤除原始信号中的高频噪声。

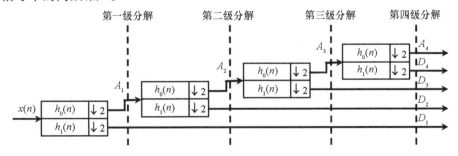

图 3.5　离散小波变换多分辨率分析的 4 层分解过程示意

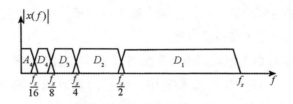

图 3.6　离散小波变换 4 层分解后的信号频带分布

对于 IMU 静态采集数据而言，其离散时间小波变换的逼近部分 A_k 主要包括与地球重力、地球自转角速度有关的频率分量和长期性（低频）误差，而细节部分 D_k，D_{k-1}，$\cdots$，D_1 则主要包括高频噪声和其他干扰因素。用小波去噪方法处理此类数据，第一步需要根据信号频谱信息确定分解层级数目。本书惯性器件采样频率为 $f_s = 125$ Hz，在理想滤波条件下，第一层分解之后，$0 \sim 31.25$ Hz 范围内的频谱信息反映在逼近系数（A_1）中，而 $31.25 \sim 62.5$ Hz 范围内的频谱信息反映在细节系数（D_1）中；依次递推可知，k 层分解之后，小波去噪输出数据（A_k）的频谱被限制在 $f_s / (2 \times 2^k)$。考虑到残余零偏的低频特性，这里采用 4 阶 Daubechies 函数作为小波函数进行 6 层分解，基于 Stein 无偏风险估计（Stein's Unbiased Risk Estimate，SURE）的软阈值方法实现对惯性器件静态原始测量信息的小波去噪。各轴向惯性器件去噪前后的结果类似，在此仅以 X 轴向加速度计和陀螺仪为例，如图 3.7 所示。由图可知，

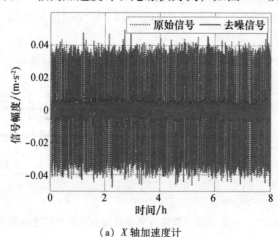

（a）X 轴加速度计

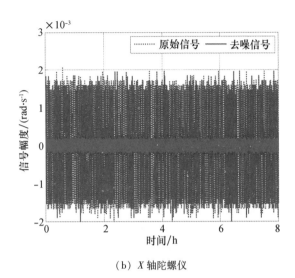

（b）X 轴陀螺仪

图 3.7　STIM－300 MEMS-IMU 原始测量数据的小波去噪结果

小波去噪有效抑制了高频不相关噪声的影响，残余的低频误差可用前述自相关函数模型或 ARMA 模型进行描述。

3.1.2　基于 Allan 方差分析的惯性器件随机噪声时域建模方法

Allan 方差是一种时域分析数据噪声特性的方法，由 David Allan 于 1966 年研究铯原子钟频率稳定性时首次提出。此后 Allan 方差分析技术逐步发展起来并被用于其他系统（包括惯性器件）的随机特性分析[160]。Allan 方差分析技术已经作为一种对诸如量化噪声、白噪声、零偏不稳定性、随机游走、速率斜坡、马尔可夫噪声和正弦噪声等随机过程进行辨识和建模的方法而被广泛接受[165-166]。

3.1.2.1　Allan 方差分析方法

Allan 方差的定义和解释可参考文献[165]。对于一个具有 N 个采样点、采样时间间隔为 τ_0 的数据集 $\{y_1, y_2, \cdots, y_N\}$，其 Allan 方差分析流程可描述

如下[290]：

（1）对整个数据集合以相关时间 $\tau = \tau_0$ 进行分簇，每簇含有 N 个采样点；

（2）计算每个簇的均值；

（3）计算每两个相邻簇之间均值的差值；

（4）计算这些差值平方和的均值并除以 2，这一数值称为对应相关时间（Cluster Time）τ 的 Allan 方差（σ^2），表示在时间尺度为 τ 时的信号不稳定性；

（5）以相关时间 $\tau = k\tau_0$ 进行分簇，每簇含有 k 个采样点，k 从 2 开始递增至不超过 $N/2$ 的整数，对应的相关时间从小到大变化，依次计算对应相关时间的 Allan 方差，得到不同时间尺度 τ 时的信号不稳定性指标；

（6）绘制 Allan 方差的双对数图，用于直观分析误差特性；

（7）通过最小二乘辨识方法对误差特性参数进行估计，实现对误差的随机建模。

为了避免利用 Allan 方差计算值估计随机误差强度时出现负值，建议采用基于非负约束的最优迭代辨识算法[290]。

标准 Allan 方差计算公式为

$$\sigma^2(\tau) = \frac{1}{2(N_C - 1)} \cdot \sum_{i=1}^{N_C-1} (\bar{y}_{i+1} - \bar{y}_i)^2 \tag{3.14}$$

式中，N_C 为对应相关时间 τ 的簇总数；$\bar{y}_i$ 为此时第 i 簇的均值；$\sigma^2(\tau)$ 为对应相关时间 τ 的 Allan 方差。典型 Allan 标准差双对数曲线如图 3.8 所示。IEEE 标准指出[165]，不同噪声类型能够根据双对数图上特定时间区域内的曲线斜率

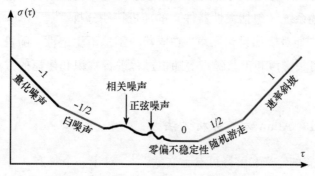

图 3.8　典型 Allan 标准差双对数曲线[165]

辨别，并确定其强度。相较式（3.14），采用完全交叠式 Allan 方差计算公式具有更高的可信度[291]。

针对特定相关时间 τ 的 Allan 方差计算精度受到采样序列长度 N 和簇长度 k 的影响[165,290]。当 $\tau = k\tau_0$ 时，对应 $\sigma(\tau)$ 的相对精度 $\varepsilon(k)$ 为

$$\varepsilon(k) = \frac{1}{\sqrt{2(\frac{N}{k}-1)}} \qquad (3.15)$$

式（3.15）表明，数据采集长度 N 一定时，相关时间 τ 越小（即簇长度越短），$\sigma(\tau)$ 估计的相对精度越高。反之，欲使对应特定相关时间 τ 的 Allan 方差 $\sigma(\tau)$ 估计的相对精度提高，须增大数据采集长度 N。为使重点关注的最大相关时间 $\tau_{max} = k_{max}\tau_0$ 对应的 Allan 标准差 $\sigma(\tau_{max})$ 的估计相对精度不低于所能容忍的最低值 ε_{min}，则最小采样数据量 N_{min} 应满足

$$N_{min} \geq k_{max} \times (1 + \frac{1}{2\varepsilon_{min}^2}) \qquad (3.16)$$

经验表明，在大多数情形下，惯导系统 Allan 方差分析通常主要考虑五种典型随机误差：量化噪声（Quantization Noise，QN）、白噪声（White Noise，WN）、零偏不稳定性（Bias Instability，BI）、随机游走（Random Walk，RW）和速率斜坡（Rate Ramp，RR），其相关参数关系列于表3.2。

（1）量化噪声：在双对数曲线中，其 Allan 标准差表现为 -1 斜率的直线，$\tau = \sqrt{3}$ 时对应的 Allan 标准差数值即为量化噪声强度。

（2）白噪声：在双对数曲线中，其 Allan 标准差表现为 -1/2 斜率的直线，$\tau = 1$ 时对应的 Allan 标准差数值即为白噪声强度。

（3）零偏不稳定性：在双对数曲线中，其 Allan 标准差表现为 0 斜率的直线，对应的 Allan 标准差数值即为零偏不稳定性强度。

（4）随机游走：在双对数曲线中，其 Allan 标准差表现为 1/2 斜率的直线，$\tau = 3$ 时对应的 Allan 标准差数值即为随机游走强度。

（5）速率斜坡：在双对数曲线中，其 Allan 标准差表现为 1 斜率的直线，$\tau = \sqrt{2}$ 时对应的 Allan 标准差数值即为速率斜坡强度。

表 3.2　五种典型的随机误差及其相关参数

噪声类型	噪声强度	Allan 方差	功率谱密度
量化噪声	Q	$\sigma_Q^2(\tau) = \dfrac{3Q^2}{\tau^2}$	$S_Q(f) = (2\pi f)^2 Q^2 \tau$
白噪声	N	$\sigma_N^2(\tau) = \dfrac{N^2}{\tau}$	$S_N(f) = N^2$
零偏不稳定性	B	$\sigma_B^2(\tau) = \dfrac{2\ln 2}{\pi} B^2$	$S_B(f) = \dfrac{B^2}{2\pi f}$
随机游走	K	$\sigma_K^2(\tau) = \dfrac{K^2 \tau}{3}$	$S_K(f) = \dfrac{K^2}{(2\pi f)^2}$
速率斜坡	R	$\sigma_R^2(\tau) = \dfrac{R^2 \tau^2}{2}$	$S_R(f) = \dfrac{R^2}{(2\pi f)^3}$

3.1.2.2　基于 Allan 方差分析的随机噪声建模方法

在 MEMS 惯性导航中，系统误差和随机误差同时作为状态量包含在惯导误差模型中，用来描述惯导误差的动力学特性。通过对惯导力学编排方程离散线性化可得系统的误差方程，如式（2.90）、式（2.95）、式（2.100）、式（2.101）和式（2.102）所示，简写为

$$\begin{cases} \delta \dot{\boldsymbol{r}}^n = -\boldsymbol{\omega}_{en}^n \times \delta \boldsymbol{r}^n + \delta \boldsymbol{v}^n \\ \delta \dot{\boldsymbol{v}}^n = (\boldsymbol{C}_b^n \boldsymbol{f}^b) \times \boldsymbol{\phi} - (2\boldsymbol{\omega}_{ie}^n + \boldsymbol{\omega}_{en}^n) \times \delta \boldsymbol{v}^n - \\ \qquad (2\delta\boldsymbol{\omega}_{ie}^n + \delta\boldsymbol{\omega}_{en}^n) \times \boldsymbol{v}^n + \delta \boldsymbol{g}_l^n + \boldsymbol{C}_b^n \delta \boldsymbol{f}^b \\ \dot{\boldsymbol{\phi}} = -\boldsymbol{\omega}_{in}^n \times \boldsymbol{\phi} + \delta\boldsymbol{\omega}_{in}^n - \boldsymbol{C}_b^n \delta\boldsymbol{\omega}_{ib}^b \end{cases} \tag{3.17}$$

式中，$\delta\boldsymbol{\omega}_{ib}^b$ 和 $\delta\boldsymbol{f}^b$ 分别表示陀螺仪与加速度计的残余零偏，根据 Allan 方差分析结果可表示为

$$\begin{cases} \delta\boldsymbol{\omega}_{ib}^b = \delta\boldsymbol{\omega}_Q^b + \delta\boldsymbol{\omega}_N^b + \delta\boldsymbol{\omega}_{\text{colored}}^b = \delta\boldsymbol{\omega}_Q^b + \delta\boldsymbol{\omega}_N^b + \delta\boldsymbol{\omega}_B^b + \delta\boldsymbol{\omega}_K^b + \delta\boldsymbol{\omega}_R^b \\ \delta\boldsymbol{f}^b = \delta\boldsymbol{f}_Q^b + \delta\boldsymbol{f}_N^b + \delta\boldsymbol{f}_{\text{colored}}^b = \delta\boldsymbol{f}_Q^b + \delta\boldsymbol{f}_N^b + \delta\boldsymbol{f}_B^b + \delta\boldsymbol{f}_K^b + \delta\boldsymbol{f}_R^b \end{cases} \tag{3.18}$$

式中，$\delta\boldsymbol{\omega}_Q^b$ 和 $\delta\boldsymbol{f}_Q^b$ 分别表示等效的角速度和加速度的量化噪声向量；$\delta\boldsymbol{\omega}_N^b$ 和

δf_N^b 分别表示角速度和加速度的白噪声向量；$\delta \omega_B^b$ 和 δf_B^b 分别表示角速度和加速度的零偏不稳定性噪声向量；$\delta \omega_K^b$ 和 δf_K^b 分别表示角速度和加速度的随机游走噪声向量；$\delta \omega_R^b$ 和 δf_R^b 分别表示角速度和加速度的速率斜坡噪声向量；将零偏不稳定性、随机游走和速率斜坡三种噪声成分统称为有色噪声，$\delta \omega_{\text{colored}}^b$ 为角速度有色噪声，$\delta f_{\text{colored}}^b$ 为加速度有色噪声。在五种噪声中，白噪声可直接作为卡尔曼滤波器的系统驱动噪声；量化噪声需要通过状态变换方法转化为白噪声形式；而其他三种噪声须根据谱分解定理解算成型滤波器传递函数对应的随机微分方程[166]。

1. 量化噪声转化

定义 δv_Q^b 和 $\delta \alpha_Q^b$ 分别为速度量化噪声和角度量化噪声，与加速度量化噪声 δf_Q^b 和角速度量化噪声 $\delta \omega_Q^b$ 之间满足

$$\begin{cases} \delta \omega_Q^b = \delta \dot{\alpha}_Q^b \\ \delta f_Q^b = \delta \dot{v}_Q^b \end{cases} \tag{3.19}$$

通过修改 INS 误差方程，使用 δv_Q^b 和 $\delta \alpha_Q^b$ 分别代替原方程中的 δf_Q^b 和 $\delta \omega_Q^b$，从而将原有量化噪声转化为误差方程的驱动白噪声[166]。定义如下新的速度误差向量和姿态误差向量

$$\begin{cases} \delta \hat{v}^n = \delta v^n - C_b^n \delta v_Q^b \\ \hat{\phi} = \phi - C_b^n \delta \alpha_Q^b \end{cases} \tag{3.20}$$

将式（3.20）代入式（3.17）可得

$$\begin{cases} \delta \dot{r}^n = -\omega_{en}^n \times \delta r^n + \delta \hat{v}^n + \underline{C_b^n \delta v_Q^b} \\ \delta \dot{\hat{v}}^n = (C_{ib}^n f^b) \times \hat{\phi} - (2\omega_{ie}^n + \omega_{en}^n) \times \delta \hat{v}^n + \delta g_l^n + C_b^n \delta f_{\text{colored}}^b + \\ \qquad \underline{\{C_b^n \delta f_N^b + (f^n \times C_b^n) \delta \alpha_Q^b - [C_b^n(\omega_{ib}^b \times) + (\omega_{ie}^n \times) C_b^n] \delta v_Q^b\}} \\ \dot{\hat{\phi}} = -\omega_{in}^n \times \hat{\phi} + \delta \omega_{in}^n - C_b^n \delta \omega_{\text{colored}}^b - \underline{[C_b^n(\omega_{ib}^b \times) \delta \alpha_Q^b + C_b^n \delta \omega_N^b]} \end{cases}$$

$$\tag{3.21}$$

相比于原方程，式（3.21）中的等效驱动白噪声（下划线所示项）得到

增强。假设 $\delta\boldsymbol{\omega}_N^b$ 和 $\delta\boldsymbol{f}_N^b$ 功率谱密度分别为 $S_\omega^N(f)$ 和 $S_a^N(f)$，$\delta\boldsymbol{v}_Q^b$ 和 $\delta\boldsymbol{\alpha}_Q^b$ 功率谱密度为 $S_v^Q(f)$ 和 $S_\alpha^Q(f)$，则

$$\begin{cases} S_a^N(f) = N_a^2, S_\omega^N(f) = N_\omega^2 \\ S_v^Q(f) = Q_v^2 T, S_\alpha^Q(f) = Q_\alpha^2 T \end{cases} \tag{3.22}$$

式中，N_a^2 和 N_ω^2 为 Allan 方差分析确定的白噪声强度参数；Q_v^2 和 Q_α^2 为 Allan 方差分析确定的量化噪声强度参数；T 为 IMU 采样间隔。根据白噪声功率谱合成定理即可求出 $\delta\boldsymbol{\omega}_N^b$ 和 $\delta\boldsymbol{f}_N^b$、$\delta\boldsymbol{v}_Q^b$ 和 $\delta\boldsymbol{\alpha}_Q^b$ 的增广驱动噪声功率谱，从而确定卡尔曼滤波器的增广驱动噪声矩阵[162]。

由上述推导过程可知，此处给出的传感器量化噪声处理方法，实际上对卡尔曼滤波系统方程没有影响，只是增强了滤波过程中所用到的过程噪声协方差矩阵。

2. 有色噪声随机建模

推导有色噪声的随机微分方程的基本思路是，从有色噪声的功率谱密度函数出发，根据谱分解定理（Spectral Factorization）求解出有色噪声的成型滤波器（Shaping Filter）的传递函数，最后根据成型滤波器的传递函数导出有色噪声的随机微分方程[162]。

（1）零偏不稳定性

将频率 f 转换为圆频率 $\omega = 2\pi f$，则零偏不稳定性功率谱密度函数为

$$S_B(\omega) = \frac{B^2}{\omega} \tag{3.23}$$

由谱分解定理可知，其成型滤波器的传递函数为无理函数

$$G_B(j\omega) = \frac{B}{\sqrt{j\omega}} \tag{3.24}$$

故零偏不稳定性的功率谱是无理谱，需要对此无理传递函数做有理近似。考虑到零偏不稳定性的低频特性，文献[165]指出可使用如下有理近似传递函数

$$\hat{G}_B(j\omega) = \frac{\beta B}{\beta + j\omega} \tag{3.25}$$

根据傅里叶逆变换，零偏不稳定性的近似随机微分方程为

$$\dot{d}_B(t) + \beta d_B(t) = \beta B u(t) \tag{3.26}$$

式中，$u(t)$ 为单位高斯白噪声；β 为相关时间的倒数，β 和 B 均可通过 Allan 方差分析得到。式（3.26）恰好是一个标准的一阶高斯 – 马尔可夫过程，其时间常数和方差分别为 $1/\beta$ 和 $\beta B^2/2$。

（2）随机游走

由表 3.2 可知，以圆频率表示的随机游走的功率谱密度函数可表示为

$$S_K(\omega) = \frac{K^2}{\omega^2} \tag{3.27}$$

由谱分解定理可知，其成型滤波器的传递函数为有理函数，其功率谱是有理谱。此时，直接根据有理传递函数获得随机游走的微分方程为

$$\dot{d}_K(t) = K u(t) \tag{3.28}$$

（3）速率斜坡

与零偏不稳定性的随机微分方程推导类似，速率斜坡的功率谱是无理谱。文献[166]指出可使用如下有理近似传递函数

$$\dot{G}_R(j\omega) = \frac{R}{-\omega^2 + j\sqrt{2}\omega_0\omega + \omega_0^2} \tag{3.29}$$

速率斜坡的近似随机微分方程为

$$\ddot{d}_R(t) + \sqrt{2}\omega_0 \dot{d}_R(t) + \omega_0^2 d_R(t) = R u(t) \tag{3.30}$$

式中，ω_0 为固有频率参数，ω_0 和 R 均可通过 Allan 方差分析得到。式（3.30）恰好是一个二阶高斯 – 马尔可夫过程。

3.1.2.3　随机误差模型选用原则讨论

实际陀螺和加速度计的 Allan 方差分析可能给出多种误差源。理论上，若将所有误差因素都进行建模并纳入状态方程，卡尔曼滤波效果最好。但是，基于 Allan 方差估计的陀螺仪、加速度计模型参数存在一定偏差，且有些误差源转化为状态方程非常困难（比如 $1/f$ 噪声）。这些不可避免的建模误差均可能造成理论上的最优滤波失效，即考虑全部器件误差的模型方法可能与只考虑主要误差项的方法精度相当。另外，建模中考虑的因素越多，误差状态方程阶数越高，滤波计算量将急剧增大。一方面，这影响了导航解算的实时性，

严重时甚至导致算法无法实时实现；另一方面，实践表明，高阶状态方程中不准确的模型参数越多，越容易导致数值计算的不稳定，估计效果反而变差[161]。

综上，在微惯性及组合导航中卡尔曼滤波器状态扩展的原则在于实时性和精度的权衡，即尽可能实时地实现高精度导航。一般应尽量对加速度计、陀螺仪的随机误差建模进行简化处理，只考虑其主要误差项。

在五大主要噪声类型中，速率斜坡更像是一种确定性的误差，而非随机误差。这是因为速率斜坡常常是由系统误差（比如环境温度的缓慢变化）引起，通过严格的环境控制或引入补偿机制可以显著降低此类误差[286]。另外，量化噪声可以通过数学变换转化为白噪声。鉴于本书重点考察惯性器件的随机误差建模，因此本节重点研究白噪声、零偏不稳定性和随机游走对最终组合精度的影响。具体而言，本节主要考虑基于 Allan 方差建模的"白噪声 + 零偏不稳定性"模型和"白噪声 + 零偏不稳定性 + 随机游走"模型，通过实际导航性能比较，对工程中必须考虑的惯导噪声类型和滤波器状态选择等实际问题进行探讨。

3.1.3 微惯性器件随机误差分析实例

本节首先对本书所用 MEMS 惯性器件进行 Allan 方差分析，以获得描述惯性器件残余零偏误差的随机微分方程。然后基于一组车载试验数据评估采用各种随机误差建模方法的导航精度，以此验证基于 Allan 方差分析的随机误差建模方法的优越性。

3.1.3.1 MEMS 惯性器件 Allan 方差分析

MEMS 惯性器件约 8 h 静态数据的 Allan 方差分析结果如图 3.9 和图 3.10 所示。可以看出，加速度计和陀螺仪都存在斜率接近 $-1/2$、0 和 $1/2$ 的直线趋势段，表明两种 MEMS 惯性器件均含有白噪声（N）、零偏不稳定性（B）和随机游走（K）等噪声项。具体而言，当相关时间小于 10 s 时，主要噪声

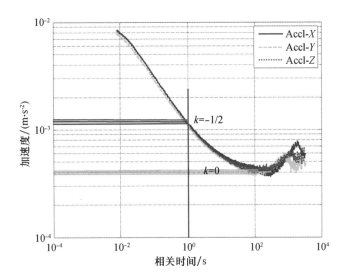

图 3.9   MEMS 加速度计静态输出 Allan 方差曲线 （STIM – 300，125 Hz）

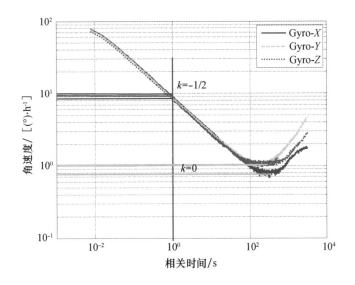

图 3.10   MEMS 陀螺仪静态输出 Allan 方差曲线 （STIM – 300，125 Hz）

项表现为白噪声；当相关时间为 100 s 左右时，主要噪声项表现为零偏不稳定性；而对于大于 2 000 s 的长相关时间，主要噪声项表现为随机游走。由式

（3.15）可知，对相应噪声系数 N、B 和 K 估计精度，分别为 0.34%、4.82% 和 15.56%，这种估计不确定性解释了文献中提到的"滤波参数调谐"问题[292]。采用基于非负约束最优迭代的辨识算法[290]对主要噪声系数进行最优估计，参数辨识结果如表 3.3 所示。

表 3.3　STIM - 300 IMU 各轴向惯性传感器随机误差参数估计

加速度计	$Q/(\mathrm{m}\cdot\mathrm{s}^{-1})$	$N/(\mathrm{m}\cdot\mathrm{s}^{-3/2})$	$B/(\mathrm{m}\cdot\mathrm{s}^{-2})$	$K/(\mathrm{m}\cdot\mathrm{s}^{-5/2})$	$R/(\mathrm{m}\cdot\mathrm{s}^{-3})$
X 轴	0	$1.168\ 1\times10^{-3}$	$6.157\ 0\times10^{-4}$	$1.863\ 8\times10^{-5}$	0
Y 轴	0	$1.034\ 2\times10^{-3}$	$6.300\ 6\times10^{-4}$	$1.066\ 7\times10^{-5}$	0
Z 轴	0	$1.099\ 8\times10^{-3}$	$6.258\ 3\times10^{-4}$	$1.586\ 6\times10^{-5}$	0
陀螺仪	$Q/(°)$	$N/$ $[(°)\cdot\mathrm{h}^{-1}\cdot\mathrm{s}^{1/2}]$	$B/$ $[(°)\cdot\mathrm{h}^{-1}]$	$K/$ $[(°)\cdot\mathrm{h}^{-1}\cdot\mathrm{s}^{-1/2}]$	$R/$ $[(°)\cdot\mathrm{h}^{-1}\cdot\mathrm{s}^{-1}]$
X 轴	0	9.279 6	0.247 6	0.055 8	$3.753\ 3\times10^{-3}$
Y 轴	0	8.934 0	0.790 1	0.072 5	$1.796\ 6\times10^{-3}$
Z 轴	0	8.198 7	1.106 0	0.052 5	$9.543\ 5\times10^{-4}$

通过以上分析，本书主要考虑两种可能的随机误差模型

$$\begin{cases} \delta\boldsymbol{\omega}_{ib}^{b} = \delta\boldsymbol{\omega}_{N}^{b} + \delta\boldsymbol{\omega}_{B}^{b} \\ \delta\boldsymbol{f}^{b} = \delta\boldsymbol{f}_{N}^{b} + \delta\boldsymbol{f}_{B}^{b} \end{cases} \tag{3.31}$$

$$\begin{cases} \delta\boldsymbol{\omega}_{ib}^{b} = \delta\boldsymbol{\omega}_{N}^{b} + \delta\boldsymbol{\omega}_{B}^{b} + \delta\boldsymbol{\omega}_{K}^{b} \\ \delta\boldsymbol{f}^{b} = \delta\boldsymbol{f}_{N}^{b} + \delta\boldsymbol{f}_{B}^{b} + \delta\boldsymbol{f}_{K}^{b} \end{cases} \tag{3.32}$$

式（3.31）将惯性器件的残余零偏表示为白噪声和零偏不稳定性之和；而式（3.32）将残余零偏表示为白噪声、零偏不稳定性和随机游走之和。将式（3.31）和式（3.32）引入原有误差状态方程，得到扩展后的系统滤波状态分别为

$$\boldsymbol{x} = \begin{bmatrix} \delta\boldsymbol{r}^{e} & \delta\boldsymbol{v}^{n} & \boldsymbol{\phi} & \delta\boldsymbol{\omega}_{B}^{b} & \delta\boldsymbol{f}_{B}^{b} \end{bmatrix}^{\mathrm{T}} \tag{3.33}$$

$$\boldsymbol{x} = \begin{bmatrix} \delta\boldsymbol{r}^{e} & \delta\boldsymbol{v}^{n} & \boldsymbol{\phi} & \delta\boldsymbol{\omega}_{B}^{b} & \delta\boldsymbol{f}_{B}^{b} & \delta\boldsymbol{\omega}_{K}^{b} & \delta\boldsymbol{f}_{K}^{b} \end{bmatrix}^{\mathrm{T}} \tag{3.34}$$

对应的误差状态维数分别增至 15 和 21，因此本书将这两种 MEMS 误差状

态模型分别简称为"AV15"和"AV21"。后面将基于一组车载试验数据，以最终惯性导航精度为指标验证基于 Allan 方差分析建模方法的优越性。

3.1.3.2 基于 MEMS 惯性导航精度评估随机建模方法

文献研究表明，基于自相关函数的随机建模灵活性和精度均低于 ARMA 建模方法[157,164]。另外，从理论分析可知，自相关函数法是 Allan 方差分析建模方法的近似特例。因此，本节将分别采用 AR、AV15 和 AV21 模型为各轴向惯性传感器进行误差建模，并重点比较各建模方法对应的最终惯性导航精度，用于验证所提随机建模方法的有效性。

为评估低成本 MEMS 惯性导航精度，本节基于 RTK/MEMS-SINS 松组合，采用第 7 章中武汉车载试验采集的动态数据，在 GNSS 辅助 MEMS 组合导航 500 s 后（滤波收敛），每隔 60 s 人为引入持续 60 s 的 GNSS 中断，以考察惯性外推 60 s 的导航精度。

图 3.11 中 22 个尖峰部分展示了对应 22 个 60 s GNSS 中断时段、不同随机误差建模方法的惯性导航误差，最大误差指标如表 3.4 所示。显而易见，当发生较长（如 60 s）GNSS 中断时，Allan 方差分析建模方法展示出优越的

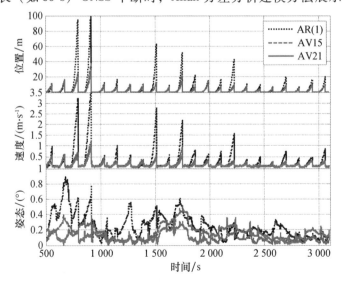

图 3.11　GNSS 中断 60 s 条件下三种不同随机误差模型的导航误差对比

导航性能，其定位、定速和定姿精度显著提升。相较于文献中倡导的 AR 建模方法[157,164]，AV15 建模方法整体上将定位、定速和定姿精度分别提升了约 65.07%、67.41% 和 42.32%；而 AV21 建模方法整体上将定位、定速和定姿精度分别提升了约 72.95%、74.90% 和 48.60%。因此，在大多数情况下，基于 Allan 方差分析的建模方法要显著优于 AR 建模方法。另外，这里未采用高阶 AR 模型的原因是，诸如 AR（2）和 AR（3）的高阶模型在滤波后期将出现较为严重的计算发散问题（数值不稳定）[161]。

表 3.4　三种不同随机误差建模方法对应的 60 s 惯性导航最大误差比较

随机误差建模方法	最大位置误差/m	最大速度误差/ $(m \cdot s^{-1})$	最大姿态误差/ $(°)$
AR（1）	108.356 6	3.737 7	0.895 1
AV15	37.854 1	1.218 0	0.516 3
AV21	29.313 9	0.938 0	0.460 1

对比 AV15 方法与 AV21 方法，在 GNSS 连续中断 60 s 的条件下，AV21 方法将最大定位、定速和定姿误差从 AV15 方法的 38 m、1.22 m/s 和 0.52°减少至 29 m、0.94 m/s 和 0.46°，导航精度相对提升了约 24%、23% 和 12%。因此，采用 AV21 方法的整体导航性能在一定程度上优于 AV15 方法。然而，与 Allan 方差建模方法相对于 AR 建模方法的导航精度提升效果相比，AV21 方法相对于 AV15 方法的提升效果有限。一方面，Allan 方差本身也存在估计不准确的问题（长相关时间对应较低的估计精度）；另一方面，误差项越多，对应扩展状态维数越大，不利于实时滤波解算的数值稳定性。从工程实用的观点来看，AV21 方法因为扩展的状态建模仅带来导航精度的少量提升，却严重影响了导航解算的实时性与稳定性，由此在工程上可以折中地认定，采用 AV15 更加有利。

综上所述，基于 Allan 方差分析的建模方法要显著优于 AR 建模方法；同时在 Allan 方差分析建模方法内，一般应尽量对加速度计、陀螺仪建模进行简化处理，只考虑其中便于处理的主要误差项。从随机微分方程形式来看，AV15 本质上恰好是一个高斯－马尔可夫模型，相当于对传统基于自相关函数确定的高斯－马尔可夫模型参数（即 β 和 σ_b^2）进行了较为准确的估计，避免了高阶矩效应导致的错误估计[157,161]。这也从一定程度上反映了高斯－马尔可夫模型在工程实用中的有效性。

3.2 卫星/微惯性松组合导航观测建模及误差分析

卫星/微惯性松组合结构及算法流程如图 3.12 所示。惯性导航子系统对惯性传感器测量数据进行积分运算后获得一个平滑且以低频噪声为主的用户位置、速度和姿态信息[293]，而 GNSS 接收机输出噪声却呈高频特性，因此两个子系统的信息非常适合采用互补型滤波器（如卡尔曼滤波）整合到一起，并将状态差异反馈给 MEMS-SINS，以修正惯性导航状态并校准质量较差的惯性传感器。可以看出，这种组合方式的核心是惯性导航子系统，故可称为 GNSS 辅助的 INS 系统。松组合导航系统动力学模型即惯性导航误差状态模型，详见 2.2 节。为实现基于卡尔曼滤波的信息融合，本节主要建立松组合导航观测模型，并探讨在观测模型实现过程中的相关工程细节问题，如时间同步、观测延迟、GNSS 定位精度指标等。

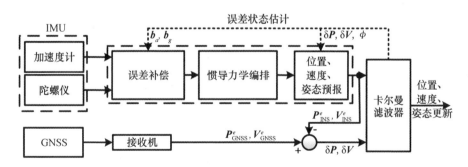

图 3.12 GNSS/MEMS-SINS 松组合结构及算法流程

3.2.1 松组合导航基本观测模型

无论 GNSS 接收机是采用绝对定位，还是精密相对定位，其定位解算给出的是天线相位中心位置坐标 $\tilde{r}^e_{\text{GNSS}}$，而机械编排给出的是 IMU 中心位置 $\hat{r}^e_{\text{INS}}$，两者在空间上不重合，如图 3.13 所示。假设 r^e_{GNSS} 和 r^e_{INS} 均表示无误差的位置向量（有误差的估计量表示为 $\hat{r}_{\text{GNSS}}$ 和 $\hat{r}_{\text{INS}}$），满足如下几何关系

$$r^e_{\text{GNSS}} = r^e_{\text{INS}} + D_R^{-1} C_b^n \ell^b \tag{3.35}$$

$$D_R^{-1} = \text{diag}\left(\left[\frac{1}{R_{\text{M}} + h} \quad \frac{1}{(R_{\text{N}} + h)\cos\varphi} \quad -1 \right]^{\text{T}} \right) \tag{3.36}$$

式中，ℓ^b 表示由 IMU 测量中心指向 GNSS 天线相位中心之间的杆臂向量在 b 系内的投影，可通过全站仪等精密测量手段事先测定；C_b^n 表示惯导体系相对于当地地理坐标系的相对指向关系（姿态）；对角阵 D_R^{-1} 为从当地地理坐标系到地固系的转换矩阵。

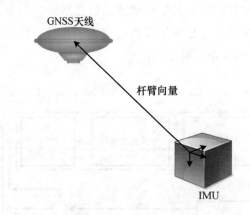

GNSS天线

杆臂向量

IMU

图 3.13　从 IMU 中心位置至 GNSS 天线相位中心位置的杆臂向量示意

位置观测向量 z_r 表示为 INS 预报位置 $\hat{r}^e_{\text{GNSS}}$ 与 GNSS 解算位置 $\tilde{r}^e_{\text{GNSS}}$ 之差

$$z_r = \hat{\boldsymbol{r}}^e_{\text{GNSS}} - \tilde{\boldsymbol{r}}^e_{\text{GNSS}}$$

$$= \hat{\boldsymbol{r}}^e_{\text{INS}} + \hat{\boldsymbol{D}}^{-1}_R \hat{\boldsymbol{C}}^n_b \ell^b - \tilde{\boldsymbol{r}}^e_{\text{GNSS}}$$

$$\approx \boldsymbol{r}^e_{\text{INS}} + \delta\boldsymbol{r}^e + \hat{\boldsymbol{D}}^{-1}_R [\boldsymbol{I} - (\boldsymbol{\phi}\times)] \boldsymbol{C}^n_b \ell^b - \tilde{\boldsymbol{r}}^e_{\text{GNSS}} \tag{3.37}$$

$$= \delta\boldsymbol{r}^e + \boldsymbol{D}^{-1}_R (\boldsymbol{C}^n_b \ell^b \times) \boldsymbol{\phi} + \boldsymbol{e}_r$$

式中，$\boldsymbol{e}_r$ 为 GNSS 定位误差，工程上常简化处理为白噪声序列。式（3.37）即为卫星/惯性松组合的位置观测方程。

GNSS 多普勒测速可提供载体三维瞬时速度观测值 $\hat{\boldsymbol{v}}^n_{\text{GNSS}}$。考虑到杆臂效应，对式（3.35）两边关于时间求导，可获得 INS 速度 $\boldsymbol{v}^n_{\text{INS}}$ 与 GNSS 天线相位中心速度 $\boldsymbol{v}^n_{\text{GNSS}}$ 之间关系的理论公式

$$\boldsymbol{v}^n_{\text{GNSS}} = \boldsymbol{v}^n_{\text{INS}} - (\boldsymbol{\omega}^n_{in} \times) \boldsymbol{C}^n_b \ell^b - \boldsymbol{C}^n_b (\ell^b \times) \boldsymbol{\omega}^b_{ib} \tag{3.38}$$

速度观测向量 z_v 表示为 INS 预报速度 $\hat{\boldsymbol{v}}^n_{\text{GNSS}}$ 与 GNSS 解算速度 $\tilde{\boldsymbol{v}}^n_{\text{GNSS}}$ 之差，即

$$\boldsymbol{z}_v = \hat{\boldsymbol{v}}^n_{\text{GNSS}} - \tilde{\boldsymbol{v}}^n_{\text{GNSS}}$$

$$= \hat{\boldsymbol{v}}^n_{\text{INS}} - (\hat{\boldsymbol{\omega}}^n_{in} \times) \hat{\boldsymbol{C}}^n_b \ell^b - \hat{\boldsymbol{C}}^n_b (\ell^b \times) \hat{\boldsymbol{\omega}}^b_{ib} - \tilde{\boldsymbol{v}}^n_{\text{GNSS}}$$

$$\approx \boldsymbol{v}^n_{\text{INS}} + \delta\boldsymbol{v}^n - (\hat{\boldsymbol{\omega}}^n_{in} \times)[\boldsymbol{I} - (\boldsymbol{\phi}\times)] \boldsymbol{C}^n_b \ell^b -$$

$$[\boldsymbol{I} - (\boldsymbol{\phi}\times)] \boldsymbol{C}^n_b (\ell^b \times)(\boldsymbol{\omega}^b_{ib} + \delta\boldsymbol{\omega}^b_{ib}) - \tilde{\boldsymbol{v}}^n_{\text{GNSS}}$$

$$\approx \delta\boldsymbol{v}^n - [(\hat{\boldsymbol{\omega}}^n_{in} \times)(\boldsymbol{C}^n_b \ell^b) + \boldsymbol{C}^n_b (\ell^b \times) \boldsymbol{\omega}^b_{ib}] \times \boldsymbol{\phi} - \boldsymbol{C}^n_b (\ell^b \times) \delta\boldsymbol{\omega}^b_{ib} + \boldsymbol{e}_v$$

$$\tag{3.39}$$

式中，$\boldsymbol{e}_v$ 为 GNSS 定速误差，工程上常简化为白噪声序列。式（3.39）即为卫星/惯性松组合的速度观测方程。将式（3.37）与式（3.39）联立，所得卫星/惯性松组合的基本观测方程为

$$\boldsymbol{z}_L = \boldsymbol{H}_L \boldsymbol{x} + \boldsymbol{e}_L \tag{3.40}$$

式中，增广 INS 误差状态 $\boldsymbol{x}$ 的定义参见式（3.33）；$\boldsymbol{z}_L = (\boldsymbol{z}^T_r, \boldsymbol{z}^T_v)^T$ 为量测向量；$\boldsymbol{H}_L$ 为观测设计矩阵，如式（3.41）所示；$\boldsymbol{e}_L = (\boldsymbol{e}^T_r, \boldsymbol{e}^T_v)^T$ 为量测噪声向量，与定位和定速值对应的误差方差（量测噪声协方差）矩阵表示为 $E[\boldsymbol{e}_L(t) \cdot \boldsymbol{e}^T_L(\tau)] = \boldsymbol{R}_t \delta(t - \tau)$。工程经验表明，在开阔条件下，GNSS 伪距单点定位精度为几米至几十米，多普勒定速精度为分米每秒量级，RTK 精密

相对定位精度为厘米级[15]。观测设计矩阵为

$$H_L = \begin{pmatrix} I_{3\times3} & 0_{3\times3} & D_R^{-1}(C_b^n\ell^b)\times & 0_{3\times3} & 0_{3\times3} \\ 0_{3\times3} & I_{3\times3} & -[(\omega_{in}^n\times)(C_b^n\ell^b)+C_b^n(\ell^b\times\omega_{ib}^b)]\times & -C_b^n(\ell^b\times) & 0_{3\times3} \end{pmatrix}$$

$$(3.41)$$

由以上建模过程可知,松组合看似不必对 GNSS 接收机内部做任何改动,能直接将 GNSS 输出位置、速度与 INS 子系统进行组合,便于扩展任一原有子系统。然而,实际上,必须考虑接收机内部定位、定速解算所采用的算法类型。如果 GNSS 导航解算是基于某种滤波(卡尔曼滤波)或采用载波相位平滑的伪距测量,则接收机输出的位置、速度噪声是时间相关的,从而妨碍组合导航卡尔曼滤波器的状态估计,并造成级联滤波组合结构的不稳定性问题[36]。如果 GNSS 导航解算是基于无载波平滑伪距测量的单历元最小二乘方法,虽然对应的定位、定速参数噪声会显著增大,但是不存在此类级联滤波不稳定性问题。因此,要获得较好的松组合性能,建议采用单历元最小二乘作为接收机内部导航解算方法。

另外,接收机本身并不一定对外提供 GNSS 定位、定速参数误差(协)方差值,并且 GNSS 导航参数协方差通常变化复杂,与卫星时变的几何构型、信号测量质量(与天线周围环境有关)密切相关。因此对于松组合,通常只能根据工程经验值进行保守设计或在线估计。松组合必须在可用卫星颗数不低于 4 颗时才能生效,如果只跟踪到较少卫星(小于 4 颗),则 GNSS 数据不能对 INS 进行在线校准,极大地限制了在少星情况下的组合导航精度。这也是紧组合相对于松组合的显著优势,将在第 4 章阐述。

3.2.2 组合导航观测模型的实时实现

GNSS/INS 松组合通常采用卡尔曼滤波算法来完成数据融合。为了直接在数字计算机上实现算法,需要将式(2.103)和式(3.40)所示的连续时间系统转换为等价的离散时间系统,这一步骤通常称为离散线性化。

设离散线性系统 k 时刻系统状态 x_k 受白噪声序列 u_{k-1} 驱动,经过离散线

性化后的系统状态方程及量测方程表示为

$$x_k = \boldsymbol{\Phi}_{k,k-1} x_{k-1} + \boldsymbol{\Gamma}_{k-1} u_{k-1} \tag{3.42}$$

$$z_k = H_k x_k + e_k \tag{3.43}$$

式中，x_k 表示 k 时刻的系统误差状态向量；$\boldsymbol{\Phi}_{k,k-1}$ 表示从 $k-1$ 时刻到 k 时刻的状态转移矩阵；$\boldsymbol{\Gamma}_{k-1}$ 表示系统噪声驱动矩阵；z_k 表示 k 时刻的量测向量；H_k 为 k 时刻的测量矩阵；系统噪声向量 u_k 和量测噪声向量 e_k 是互不相关的零均值白噪声，即

$$\begin{cases} u_k \sim N(\mathbf{0}, \boldsymbol{Q}_k) \\ e_k \sim N(\mathbf{0}, \boldsymbol{R}_k) \\ E[u_k \cdot e_k^{\mathrm{T}}] = \mathbf{0} \end{cases} \tag{3.44}$$

式中，$\boldsymbol{Q}_k$ 为系统状态噪声方差阵，$\boldsymbol{R}_k$ 为量测噪声方差阵。在一个滤波周期内，卡尔曼滤波分为时间更新和测量更新两个过程。

时间更新过程根据系统动力学方程，由上一时刻的系统状态 x_{k-1}^+ 及协方差阵 $\boldsymbol{P}_{k-1}^+$ 预报当前时刻的系统状态 x_k^- 及协方差阵 $\boldsymbol{P}_k^-$，也称一步预测[294]，可表示为

$$x_k^- = \boldsymbol{\Phi}_{k,k-1} x_{k-1}^+ \tag{3.45}$$

$$\boldsymbol{P}_k^- = \boldsymbol{\Phi}_{k,k-1} \boldsymbol{P}_{k-1}^+ \boldsymbol{\Phi}_{k,k-1}^{\mathrm{T}} + \boldsymbol{\Gamma}_{k-1} \boldsymbol{Q}_{k-1} \boldsymbol{\Gamma}_{k-1}^{\mathrm{T}} \tag{3.46}$$

测量更新过程根据一步预测信息和外测信息，先计算滤波增益矩阵 $\boldsymbol{K}_k$，然后更新当前时刻的系统状态 x_k^+ 和协方差阵 $\boldsymbol{P}_k^+$。为保证协方差矩阵在数值计算过程中的对称正定性，工程中通常采用 Joseph 形式的测量更新公式，即

$$\boldsymbol{K}_k = \boldsymbol{P}_k^- H_k^{\mathrm{T}} (H_k \boldsymbol{P}_k^- H_k^{\mathrm{T}} + \boldsymbol{R}_k)^{-1} \tag{3.47}$$

$$x_k^+ = x_k^- + \boldsymbol{K}_k (z_k - H_k x_k^-) \tag{3.48}$$

$$\boldsymbol{P}_k^+ = (\boldsymbol{I} - \boldsymbol{K}_k H_k) \boldsymbol{P}_k^- (\boldsymbol{I} - \boldsymbol{K}_k H_k)^{\mathrm{T}} + \boldsymbol{K}_k \boldsymbol{R}_k \boldsymbol{K}_k^{\mathrm{T}} \tag{3.49}$$

式（3.45）～（3.49）为离散型卡尔曼滤波公式，在给定初值 x_0^+ 和 $\boldsymbol{P}_0^+$ 的条件下，即可在线实时递推计算当前 k 时刻的状态最优估计值 x_k^+ 和协方差矩阵 $\boldsymbol{P}_k^+$。

然而，具体到 GNSS/INS 组合导航算法实现，上述滤波计算过程存在一定的局限性。一方面，实际中 GNSS 与 INS 采用不同的时间和频率基准，导致

GNSS 测量值与 INS 测量值发生在不同时刻，产生时间同步（Time Synchronization）问题。另一方面，在 GNSS 差分（Differential GNSS，DGNSS）或精密相对定位模式下，移动站解算的定位、定速结果会滞后于 INS 测量，这种现象称为量测延迟。针对时间同步和量测延迟这两个松组合实时导航不能回避的工程实现问题，可参考文献[295-296]。

3.2.2.1 卫星与惯性时间同步方法

3.2.1 节的杆臂效应修正保证了 GNSS 接收机与 INS 测量信息的空间一致性。本节主要解决 GNSS 与 INS 测量之间的时间一致性问题。如果不考虑 GNSS 与 INS 两个系统测量信息间的时间偏差，而直接将不同时间点上获取的导航信息滤波融合，必然会引发导航误差，从而无法满足特定高精度场合的应用需求。

GNSS 与 INS 测量数据时间异步现象如图 2.9 所示，其原因主要有两种[297-298]：

（1）时间基准不一致。GNSS 和 INS 两个独立的系统对应各自不同的计时基准。相对于 GNSS 星载原子钟，INS 内部晶振的频率稳定性及温度稳定性较差，易发生漂移。这就导致通常 1 Hz 数据更新率的 GNSS 在整秒时刻进行采样测量时，高数据更新率（100 Hz 甚至更高）的 INS 并不能保证同时存在采样数据。

（2）电路时延。主要指 GNSS 和 INS 数据的输出时延，具体表现在 GNSS 接收机和 INS 内部的测量/采样/模数转换时延、串口时延和信号处理时延等。

因此，在实时导航中，必须对上述 GNSS 测量和 IMU 测量时间异步现象进行修正。假设 GNSS 测量和 IMU 测量分别发生在 t_k^{GNSS} 和 t_k 这两个不同时刻，如图 2.9 所示，则在 GNSS 测量时刻 t_k^{GNSS} 进行测量更新时，必须首先实现 INS 测量和 GNSS 测量的精确时间同步。因此，根据式（3.37）和式（3.39）构造组合导航观测量 z_k 时，需利用与 t_k^{GNSS} 时刻邻近的两个 INS 测量时刻（即 t_k 和 t_{k-1}）的惯性导航信息内插 t_k^{GNSS} 时刻的 INS 位置 $\hat{r}_{\text{INS}}^e(t_k^{\text{GNSS}})$、速度 $\hat{v}_{\text{INS}}^n(t_k^{\text{GNSS}})$、姿态 $\hat{C}_b^n(t_k^{\text{GNSS}})$、角速度 $\hat{\omega}_{ib}^b(t_k^{\text{GNSS}})$ 和 $\hat{\omega}_{in}^n(t_k^{\text{GNSS}})$。通常，可利用线性插值公式

内插 GNSS 测量时刻的 INS 预报导航信息，即

$$\hat{\boldsymbol{r}}_{\mathrm{INS}}^{e}(t_k^{\mathrm{GNSS}}) = \frac{t_k - t_k^{\mathrm{GNSS}}}{t_k - t_{k-1}} \hat{\boldsymbol{r}}_{\mathrm{INS}}^{e}(t_{k-1}) + \frac{t_k^{\mathrm{GNSS}} - t_{k-1}}{t_k - t_{k-1}} \hat{\boldsymbol{r}}_{\mathrm{INS}}^{e}(t_k) \tag{3.50}$$

$$\hat{\boldsymbol{v}}_{\mathrm{INS}}^{n}(t_k^{\mathrm{GNSS}}) = \frac{t_k - t_k^{\mathrm{GNSS}}}{t_k - t_{k-1}} \hat{\boldsymbol{v}}_{\mathrm{INS}}^{n}(t_{k-1}) + \frac{t_k^{\mathrm{GNSS}} - t_{k-1}}{t_k - t_{k-1}} \hat{\boldsymbol{v}}_{\mathrm{INS}}^{n}(t_k) \tag{3.51}$$

$$\hat{\boldsymbol{\omega}}_{ib}^{b}(t_k^{\mathrm{GNSS}}) = \frac{t_k - t_k^{\mathrm{GNSS}}}{t_k - t_{k-1}} \hat{\boldsymbol{\omega}}_{ib}^{b}(t_{k-1}) + \frac{t_k^{\mathrm{GNSS}} - t_{k-1}}{t_k - t_{k-1}} \hat{\boldsymbol{\omega}}_{ib}^{b}(t_k) \tag{3.52}$$

$$\hat{\boldsymbol{\omega}}_{in}^{n}(t_k^{\mathrm{GNSS}}) = \frac{t_k - t_k^{\mathrm{GNSS}}}{t_k - t_{k-1}} \hat{\boldsymbol{\omega}}_{in}^{n}(t_{k-1}) + \frac{t_k^{\mathrm{GNSS}} - t_{k-1}}{t_k - t_{k-1}} \hat{\boldsymbol{\omega}}_{in}^{n}(t_k) \tag{3.53}$$

设 t_{k-1} 和 t_k 时刻的惯导预报姿态四元数分别为 $\hat{\boldsymbol{q}}_b^n(t_{k-1})$ 和 $\hat{\boldsymbol{q}}_b^n(t_k)$，根据四元数的球面线性插值公式可得

$$\begin{cases} \hat{\boldsymbol{q}}_b^n(t_k^{\mathrm{GNSS}}) = \dfrac{\sin(1-t)\alpha}{\sin\alpha}\hat{\boldsymbol{q}}_b^n(t_{k-1}) + \dfrac{\sin t\alpha}{\sin\alpha}\hat{\boldsymbol{q}}_b^n(t_k) \\[2mm] \alpha = \arccos(\hat{\boldsymbol{q}}_b^n(t_{k-1}) \cdot \hat{\boldsymbol{q}}_b^n(t_k)), t = \dfrac{t_k^{\mathrm{GNSS}} - t_{k-1}}{t_k - t_{k-1}} \end{cases} \tag{3.54}$$

将 t_k^{GNSS} 时刻的 INS 姿态四元数 $\hat{\boldsymbol{q}}_b^n(t_k^{\mathrm{GNSS}}) = \begin{bmatrix} q_1 & q_2 & q_3 & q_4 \end{bmatrix}^{\mathrm{T}}$ 转化为

$$\hat{\boldsymbol{C}}_b^n(t_k^{\mathrm{GNSS}}) = \begin{bmatrix} q_1^2 + q_2^2 - q_3^2 - q_4^2 & 2(q_2q_3 - q_1q_4) & 2(q_2q_4 + q_1q_3) \\ 2(q_2q_3 + q_1q_4) & q_1^2 - q_2^2 + q_3^2 - q_4^2 & 2(q_3q_4 - q_1q_2) \\ 2(q_2q_4 - q_1q_3) & 2(q_3q_4 + q_1q_2) & q_1^2 - q_2^2 - q_3^2 + q_4^2 \end{bmatrix} \tag{3.55}$$

对于高动态、大机动等应用场合，则需要采用高阶内插方法（如拉格朗日插值公式等），具体可参考文献[159]。

3.2.2.2 卫星观测延迟处理方法

实时导航过程还会出现 GNSS 定位、定速结果滞后于 INS 解算结果的现象，称为量测延迟[299]。如图 3.14 所示，t_k 时刻 GNSS 和 INS 输出导航参数对应的时间标签分别为 t_m 和 t_k，GNSS 数据时间标签相对于 INS 时间标签的滞后时长为 τ，即 $t_k = t_m + \tau$。这里已采用上一节的插值方法将 GNSS 与 INS 时间标签严格同步。

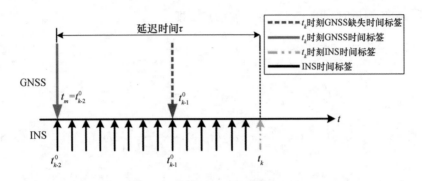

图 3.14　GNSS 量测延迟的时间标签关系示意

造成 GNSS 量测延迟的主要原因有[36]：

（1）导航系统本身的数据滞后问题。导航系统的导航参数输出时刻可能滞后于其传感器的测量时刻。通常，不同类型导航系统会表现出不同的数据滞后。相比于实时高速响应的 INS，在某些恶劣的解算条件下（如卫星构型较差、电离层活跃、多系统高维模糊度解算等），GNSS 的数据滞后较为严重。

（2）通信时延。差分 GNSS 模式下基准站和移动站之间也可能存在数据通信链路延迟（如数传电台、3G 通信网络等），且移动站接收机本身 GNSS 定位解算也会占据一定的计算时间。

（3）卡尔曼滤波处理时延。缓存区数据存取、卡尔曼滤波测量更新、量测延迟补偿等滤波处理环节均会引入导航时延。

处理 GNSS 量测延迟的基本思路是：将高速响应的 INS 测量结果及导航输出缓存下来，一旦组合导航处理器从 GNSS 模块接收到导航输出，则从缓存区中匹配相同时间标签的 INS 导航信息，并形成卡尔曼滤波同步观测量。相同时间标签的匹配过程需要对存储的 INS 历史数据进行插值，如式（3.50）~（3.55）所示。具体到闭环校正式 GNSS/INS 组合导航，系统误差状态及其协方差传播关系由 INS 测量数据来建立，以保证组合导航状态估计的实时性。在观测模型中，当前接收到的 t_m 时刻 GNSS 量测数据与当前 t_k 时刻状态之间的关系可以通过从 t_k 至 t_m 的状态转移矩阵联系起来，即

$$H_k = H_m \Phi_{m,k} \qquad (3.56)$$

基于存储区和状态转移矩阵计算，该卡尔曼滤波延迟补偿方法可以在一

定程度上缓解由通信链路引发的量测延迟问题，具体算法实现可参考文献[295]。但是，随着延迟时间增大，INS 预报误差状态精度会显著降低，从而对当前时刻的导航状态估计造成恶劣影响。因此，上述量测延迟补偿算法对组合导航硬件和软件的实现提出了一定要求，以减少计算耗时，保证组合导航实时性。硬件上，建议选用高速存储器和高性能计算芯片，以减少数据读写延迟和计算延迟；软件上，合理设计算法模型，降低滤波器维数，并权衡设计 GNSS 和 INS 的采样周期，在不损失精度的前提下减少计算量。另外，在一些高完好性应用场合，较长时间的通信链路延迟还需要先对量测信息进行多历元故障检验，以决定是否接受这些观测数据[36]。

3.2.3　GNSS 定位误差分析

在松组合观测模型中，需要考虑 GNSS 定位误差 e_r 和定速误差 e_v 的影响，工程上通常将它们假设为均值为零、方差已知的白噪声序列。本节以 GNSS 定位误差为例，重点分析 GNSS 定位误差特性，以验证上述白噪声假设是否合理，为后续改进方法提供理论指导。

3.2.3.1　方差分析

GNSS 绝对定位是基于三角定位原理、利用 GNSS 信号中的伪距测量实现的。对于第 n 颗 GNSS 卫星，其伪距测量模型如式（2.113）所示，单个频点上的伪距观测方程可简写为

$$\rho^{(n)} = r_u^{(n)} + I^{(n)} + T^{(n)} + c(\delta t_u - \delta t^{(n)}) + \varepsilon_\rho^{(n)} \tag{3.57}$$

式中，各符号物理意义可参见 2.3.1.1 节。将上式中的已知量全部移到等式左边，所得第 n 颗卫星误差校正后的伪距观测量 $\tilde{\rho}^{(n)}$ 为

$$\tilde{\rho}^{(n)} = \rho^{(n)} + c\delta\hat{t}^{(n)} - \hat{I}^{(n)} - \hat{T}^{(n)} \tag{3.58}$$

式中，$\rho^{(n)}$ 为未修正伪距测量值；$c\delta\hat{t}^{(n)}$、$\hat{I}^{(n)}$ 和 $\hat{T}^{(n)}$ 分别为由 GNSS 导航电文获得的卫星钟差改正数、电离层延迟和对流层延迟改正数；$n = 1, 2, \cdots, m$，其中 m 为可用卫星颗数。由此可知，未知数仅剩 4 个分量，即 GNSS 接收机天

线相位中心位置 r_{GNSS} 和接收机钟差 $c\delta t_u$。由几何关系可知

$$
\begin{cases}
\tilde{\rho}_{\text{GNSS}}^{(1)} = \sqrt{(r^{(1)} - r_{\text{GNSS}})^{\text{T}}(r^{(1)} - r_{\text{GNSS}})} + c\delta t_u + e_{\rho}^{(1)} \\
\tilde{\rho}_{\text{GNSS}}^{(2)} = \sqrt{(r^{(2)} - r_{\text{GNSS}})^{\text{T}}(r^{(2)} - r_{\text{GNSS}})} + c\delta t_u + e_{\rho}^{(2)} \\
\qquad\qquad\qquad\vdots \\
\tilde{\rho}_{\text{GNSS}}^{(m)} = \sqrt{(r^{(m)} - r_{\text{GNSS}})^{\text{T}}(r^{(m)} - r_{\text{GNSS}})} + c\delta t_u + e_{\rho}^{(m)}
\end{cases}
\tag{3.59}
$$

由上式可知，GNSS 伪距单点定位是一个迭代最小二乘求解非线性方程组的过程。方程组有 4 个未知数，故 GNSS 能够实现独立定位的必要条件是可用卫星颗数 m 不小于 4。考虑式（3.59）中测量误差项 $e_{\rho}^{(m)}$ 对 GNSS 最小二乘定位解的精度影响为

$$
(e_x, e_y, e_z, e_{c\delta t_u})^{\text{T}} = (G^{\text{T}}G)^{-1}G^{\text{T}}e_{\rho}
\tag{3.60}
$$

式中，e_x、e_y、e_z 和 $e_{c\delta t_u}$ 为伪距测量误差 $e_{\rho} = (e_{\rho}^{(1)}, e_{\rho}^{(2)}, \cdots, e_{\rho}^{(m)})^{\text{T}}$ 引起的定位、定时误差；雅克比矩阵 G 只与各颗卫星相对于用户的几何位置有关，即

$$
G = \begin{pmatrix} -u^{(1)} & 1 \\ -u^{(2)} & 1 \\ \vdots & \vdots \\ -u^{(m)} & 1 \end{pmatrix}, u^{(n)} = \frac{-(r^{(n)} - r_{\text{GNSS}})}{\| r^{(n)} - r_{\text{GNSS}} \|}
\tag{3.61}
$$

式中，$u^{(n)}$ 为视线向量（Line-of-Sight，LOS）。通常假设各个卫星的伪距测量误差均呈正态分布 $e_{\rho}^{(n)} \sim N(0, \sigma_{\text{URE}}^2)$，且互不相关，则 GNSS 定位误差的协方差为

$$
\text{Cov}\left(\begin{bmatrix} e_x \\ e_y \\ e_z \\ e_{c\delta t_u} \end{bmatrix}\right) = E((G^{\text{T}}G)^{-1}G^{\text{T}}e_{\rho}((G^{\text{T}}G)^{-1}G^{\text{T}}e_{\rho})^{\text{T}})
\tag{3.62}
$$

$$
= (G^{\text{T}}G)^{-1}G^{\text{T}}E(e_{\rho}e_{\rho}^{\text{T}})G(G^{\text{T}}G)^{-1}
$$

$$
= (G^{\text{T}}G)^{-1}\sigma_{\text{URE}}^2
$$

式（3.62）表明，定位误差协方差是由权重系数 $(G^{\text{T}}G)^{-1}$ 放大测量方差

σ^2_{URE} 后的结果。由此可见，传统松组合在 GNSS 定位成功时（大于 4 颗可见星），依然存在两个无法避免的噪声建模困难：

（1）城市环境中时变的卫星几何分布。地形、建筑物、树木等遮挡导致可见卫星个数及其相对于用户的几何分布发生剧烈变化，其变化可以用几何精度因子（Geometric Dilution of Precision，GDOP），即 $trace\ (\boldsymbol{G}^{\mathrm{T}}\boldsymbol{G})^{-1}$ 描述。在星数较少、构型较差时，几何精度因子远大于 1，定位误差协方差急剧增大。

（2）城市环境中多路径等影响导致的 GNSS 测量粗差。用户测距误差方差 σ^2_{URE} 可用于综合评价卫星信号测量误差，与卫星星历和钟差模型误差的方差、大气传播延迟校正误差方差、接收机和多路径有关的测量误差方差、卫星信号强弱、信噪比、卫星仰角高低等有关。

因此，不能简单将 GNSS 定位误差 $\boldsymbol{e}_r$ 和定速误差 $\boldsymbol{e}_v$ 简化为方差恒定且已知的白噪声。下一节将在松组合架构内尝试解决以上两个噪声建模问题，第 4 章将在紧组合架构内解决上述问题。

3.2.3.2 Allan 方差分析

Allan 方差分析方法是一种典型的时域噪声分析技术，其应用不仅限于对惯性传感器误差的分析、辨识与建模[160,166]，更被扩展至 GNSS 定位误差等测绘数据分析[184]、GNSS/INS 组合导航不同时间尺度的相对精度分析[300]等。

本节将采用 Allan 方差分析技术，对静态基准站 GNSS 定位结果的噪声特性进行分析。这里主要分析数据更新率为 1 Hz 条件下 GNSS 伪距单点定位（SPP）和 RTK 精密相对定位两种模式的 24 h 静态采集数据。多频 GNSS 接收机（型号：司南 M600）天线安装位置精确已知，基线长度小于 10 m，如图 3.15 所示。为了减少多路径影响，GNSS 天线均放置在反射信号可忽略的良好环境中，且高度角低于 15° 的卫星信号均被剔除。静态数据分析的优势在于：（1）能够获取高精度参照真值；（2）能够反映除多路径误差外的大部分 GNSS 导航定位误差源。

图3.15　GNSS 接收机超短基线场

图 3.16 展示了沿参考基准站"北—东—地"向 24 h 精密相对定位（RTK，·1 Hz）结果的定位误差。图 3.16（a）为定位水平散布，其中三角形点表示参考真值点，蓝色虚线圆圈半径表示一倍标准差（水平为 1.58 mm，垂直为 4.14 mm）。图 3.16（b）表示 RTK 定位三维位置误差随时间的变化曲线，可以看出定位误差会随可用卫星数和卫星构型（GDOP 值）而显著变化。该组误差数据的 Allan 方差分析结果如图 3.17 所示，沿北、东和地三个方向的 Allan 方差曲线具有相似的形状，且地向分量明显高于水平误差分量（即北向和东向），表明 GNSS 水平定位精度优于垂直方向。

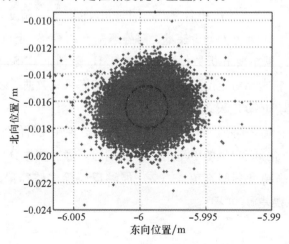

（a）RTK 定位水平散布

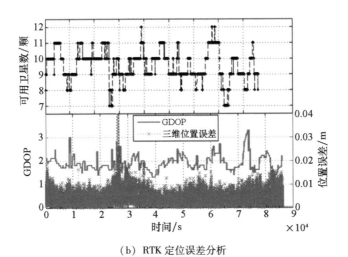

（b）RTK 定位误差分析

图 3.16   静态基准站 RTK 定位结果及误差分析

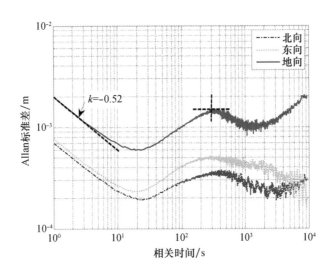

图 3.17   RTK 定位结果的 Allan 方差分析

以 Allan 方差垂向分量为例，斜率 $k = -0.52$ 的虚线经过 Allan 方差曲线上 $T = 1$ s 对应点，其值为 2.0 mm，表明强度为 2.0 mm/$\sqrt{\text{Hz}}$ 的白噪声是相关时间低于 10 s 条件下的主要误差项。在后续长相关时间（$T > 100$ s）区域，

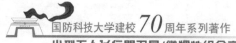

高斯－马尔可夫噪声项成为主要噪声源，如图 3.17 中虚十字线处所示。

对于 10 m 短基线 GNSS 精密相对定位，主要 GNSS 测量误差源（如卫星钟差、星历误差、电离层时延等）均能够通过双差予以消除，而接收机噪声和残余对流层时延等误差源并不能完全消除。文献研究表明[184]，不大于 1 Hz 采样率的接收机测量噪声可视为白噪声，而残余对流层时延误差特性则表现出存在较长的相关时间。于是，图 3.17 所示的短相关时间区域内白噪声可认为受接收机测量噪声影响，而长相关时间的高斯－马尔可夫噪声很可能是由残余对流层时延导致。

图 3.18 展示了沿参考基准站"北—东—地"向 24 h 伪距单点定位结果（SPP，1 Hz）的定位误差。图 3.18（a）为定位点水平散布，其中三角形点表示参考真值点，蓝色虚线圆圈半径表示一倍标准差（水平为 1.74 m，垂直为 3.42 m）。图 3.18（b）表示 SPP 定位三维位置误差随时间的变化曲线，可以看出定位误差会随可用卫星数和卫星构型（GDOP 值）而显著变化。该组误差数据的 Allan 方差分析结果如图 3.19 所示，沿北、东和地三个方向的 Allan 方差曲线具有相似的形状，且地向分量明显高于水平误差分量（即北向和东向），表明 SPP 水平定位精度优于垂直方向。

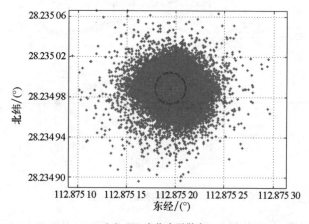

（a）SPP 定位水平散布

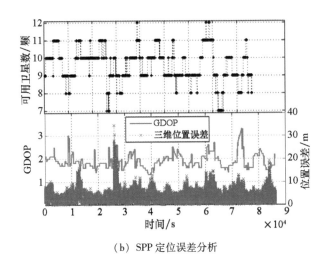

（b）SPP 定位误差分析

图 3.18 静态基准站 SPP 定位结果及误差分析

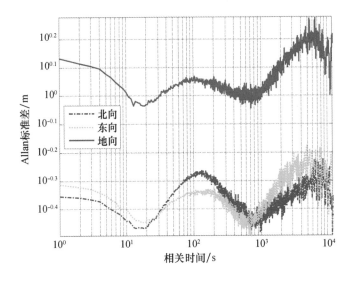

图 3.19 SPP 定位结果的 Allan 方差分析

同样以 Allan 方差垂向分量分析为例，斜率为 − 0.30 的虚线经过 Allan 方差曲线上 $T=1$ s 对应点，其值为 1.36 m，表明强度为 1.36 mm/$\sqrt{Hz}$的白噪声是相关时间低于 10 s 条件下的主要误差项。白噪声 Allan 方差曲线理论斜率应

为 -0.5，其实际计算值 -0.3 与理论值之间的差异可认为是受曲线右边相邻长期误差项的影响所致[184]。在后续长相关时间（$T > 100$ s）区域，高斯-马尔可夫噪声项成为主要噪声源。受残余对流层延时、接收机测量噪声和多路径噪声影响，SPP 定位噪声并不呈现假设的白噪声特性。

以上结果均基于静态定位分析，在实际动态定位中还需考虑与环境相关的多路径噪声影响。可见，若将 GNSS 位置、速度测量值误差建模简化为白噪声，则与实际噪声误差特性不一致。在系统建模和滤波参数调节时，必须注意这一事实。

3.3 基于新息序列方差匹配的抗差自适应滤波方法

工程实现中通常假设量测噪声为白噪声，且根据经验对协方差赋予常值。然而，这种简化处理会带来两方面问题。第一，简化的白噪声处理会导致与实际噪声特性不一致，由此限制 GNSS/INS 组合所能达到的导航精度。第二，在城市环境中，建筑物等遮挡、反射会对卫星构型和测量误差造成不利影响，由此使 GNSS 伪距单点、RTK 定位和多普勒定速精度均有所恶化，甚至出现严重偏离的"野值"。为了克服伪距观测异常和未知量测噪声的不良影响，本节从伪距粗差探测与剔除、量测方差匹配等两方面对传统方法进行改进。

3.3.1 惯性辅助卫星定位质量控制方法

本节主要针对 GNSS 伪距单点定位进行质量控制。载波相位测量值作为一种精度达到毫米量级的测量信息，其差分定位精度主要依赖于周跳探测和模糊度正确性检验。通常，在模糊度正确固定的条件下，RTK 能够保证厘米级动态定位精度。相较之下，伪距测量值非常粗糙，其码相位测量精度一般在几米左右，且多路径效应对伪距测量值的影响也远大于对载波相位测量值的影响，最终导致 GNSS 伪距定位受测量粗差的影响更为显著[81]。因此，本节基于新息滤波的抗粗差方法主要用于 GNSS 伪距定位、多普勒定速与 INS 的组合情形。对于载波相位，主要通过周跳探测和模糊度正确性检验保证其定位解质量。

3.3.1.1 惯性辅助卫星定位粗差探测方法

在滤波模型和统计参数均正确的条件下，卡尔曼滤波稳定后，其新息序列 $\{v_k = z_k - H_k x_k^-\}$ 满足如下条件

$$E[v_k] = 0, \forall k$$
$$E\{v_k v_j^T\} = C_k \delta_{kj}, C_k = H_k P_k^- H_k^T + R_k \tag{3.63}$$

式中，δ_{kj} 为克罗内克（Kronecker）函数。因此，可以构造检验统计量进行假设检验，进而探测建模误差。事实上，假设检验目的是检查实际观测量是否与假设模型相符，即以 $v_k \sim N(0, C_k)$ 为原假设（Null Hypothesis）。检验统计量被用来作为模型误差的评判指标，这里检验统计量采用从测量值 z_k 至其预测均值 $H_k x_k^-$ 的 Mahalanobis 距离平方[197]

$$\gamma_k = M_k^2 = v_k C_k^{-1} v_k^T \tag{3.64}$$

式中，$M_k = \sqrt{(z_k - H_k x_k^-)^T C_k^{-1} (z_k - H_k x_k^-)}$ 为 Mahalanobis 距离。如果新息序列 v_k 满足原假设，则构造的检验统计量 γ_k 应满足自由度为 m 的卡方分布 $\chi^2(m)$。在显著性水平为 α 的条件下（通常取很小的值，如 0.01%），当服从卡方分布的统计量在一次试验中的计算值 $\tilde{\gamma}_k$ 大于对应卡方分布的 α 分位点 $\chi_\alpha^2(m)$，则拒绝原假设，表明该测量数据不满足原假设模型，即探测到"野值"。换言之，上述过程可以表述为 γ_k 大于 $\chi_\alpha^2(m)$ 的概率应为 α，即

$$Pr\{\gamma_k > \chi_\alpha^2(m)\} = \alpha \tag{3.65}$$

式中，$Pr(\cdot)$ 表示随机事件发生的概率。式（3.65）表明，检验统计量 γ_k 大于 $\chi_\alpha^2(m)$ 的随机事件属于小概率事件。假如实际统计得到的 $\tilde{\gamma}_k$ 大于 $\chi_\alpha^2(m)$，则有理由拒绝原假设，判定测量数据不满足假定模型，即出现测量粗差。

新息序列包含动力学模型误差和测量误差两方面信息，而基于新息序列

的异常探测实际上是无法区分的。故上述测量粗差探测方法隐含着一个基本假设，即模型参数估计不存在异常扰动。对于 GNSS/INS 组合导航系统而言，这通常是成立的。INS 实时跟踪载体机动，消除了常速度（Constant Velocity，CV）模型、常加速度（Constant Acceleration，CA）模型或 Singer 模型中普遍存在的不可预知的模型扰动问题；且系统噪声由 INS 内部机理决定，噪声参数相对比较稳定，事先可较为精确地测试标定或建模。但是，GNSS 测量噪声主要受外部环境影响，容易发生剧烈变化，存在一定的不可预知性。前已述及，基于 Allan 方差能够对 MEMS 惯性器件噪声精确建模，从而有效提升 INS 的导航精度，即动力学模型精度。在此基础上，通过对 GNSS 伪距定位结果进行如上粗差探测，可消除伪距单点定位粗差对组合导航的不利影响。

3.3.1.2　基于方差匹配的抗差滤波方法

在探测到 SPP 定位、定速粗差之后，可以根据方差匹配原则对计算协方差进行适当缩放，以抵御此类粗差的影响。常用的方法是通过 $\tilde{\gamma}_k$ 和 $\chi_\alpha^2(m)$ 来构建加权因子 λ_k，设计抗差滤波器。

当系统未探测到粗差，即检验统计量 $\tilde{\gamma}_k$ 小于 $\chi_\alpha^2(m)$ 时，仍按照标准卡尔曼滤波方式；否则，需要引入加权因子 λ_k 对计算的新息协方差矩阵进行放大，以保证滤波不受观测异常影响，即

$$\overline{C}_k = \lambda_k C_k \tag{3.66}$$

式中，C_k 为不考虑观测粗差时的理论新息方差矩阵；$\overline{C}_k$ 为出现观测粗差时的实际新息方差矩阵。采用新息加权因子要使放大后的理论新息协方差与实际新息协方差相匹配，即

$$\tilde{\gamma}_k = v_k \overline{C}_k^{-1} v_k^{\mathrm{T}} = \chi_\alpha^2(m) \tag{3.67}$$

由此可得加权因子的解析形式

$$\lambda_k = \begin{cases} 1 & \tilde{\gamma}_k \leqslant \chi_\alpha^2(m) \\ \dfrac{\tilde{\gamma}_k}{\chi_\alpha^2(m)} & \tilde{\gamma}_k > \chi_\alpha^2(m) \end{cases} \tag{3.68}$$

该解析形式避免了文献[197]所述的迭代求解过程。将该加权因子直接用于

测量更新增益矩阵计算中，可得

$$\boldsymbol{K}_k = \boldsymbol{P}_k^- \boldsymbol{H}_k^{\mathrm{T}} \overline{\boldsymbol{C}}_k^{-1} = \boldsymbol{P}_k^- \boldsymbol{H}_k^{\mathrm{T}} \lambda_k^{-1} \overline{\boldsymbol{C}}_k^{-1} \qquad (3.69)$$

由式（3.69）可知，在出现观测粗差时，该自适应新息加权因子 $\lambda_k > 1$，减小了增益矩阵，从而削弱了观测量对状态估计修正过程中所占的权重，抑制了粗差对滤波的不利影响。

3.3.2 观测噪声方差解耦自适应估计方法

理论上，只有在状态空间模型的结构参数和噪声统计参数都准确已知的条件下，卡尔曼滤波才能获得最优状态估计。然而，根据 GNSS 定位误差的方差分析和 Allan 方差分析结果可知，GNSS 定位误差是复杂的有色噪声，很难用确定的模型精确描述其相关性[188]。因此，若将 GNSS 位置、速度测量值的误差建模简化处理为白噪声，会导致模型噪声参数与实际噪声特性不一致，使卡尔曼滤波精度降低，严重时甚至引起滤波发散，由此限制了 GNSS/INS 组合所能达到的导航精度。

为了抵御卫星构型、残余对流层延迟等因素引起的噪声协方差变化（即观测模型建模不准确问题），在3.3.1 节质量控制的基础上，本节提出了一种基于 Allan 方差的改进自适应卡尔曼滤波方法，以期提升组合导航的潜在精度。

3.3.2.1 传统自适应卡尔曼滤波估计方法

传统自适应卡尔曼滤波估计方法主要分为两类：多模型自适应估计（Multiple-Model-based Adaptive Estimation，MMAE）方法[301]和新息自适应估计（Innovation-based Adaptive Estimation，IAE）方法[191-192]。MMAE 方法需要处理一组并行工作且对应不同噪声协方差矩阵的卡尔曼滤波器组，根据与观测数据误差特性的一致性对输出结果加权，因而计算量巨大，通常用于目标跟踪或事后处理场合。IAE 方法则更适用于实时导航领域，该方法需要根据新息序列特性，在线估计系统噪声均值参数 q_k 及协方差矩阵 $\boldsymbol{Q}_k$ 或观测噪声

均值参数 r_k 及协方差矩阵 R_k

$$x_k^- = \boldsymbol{\Phi}_{k,k-1} x_{k-1}^+ + \boldsymbol{\Gamma}_{k-1} \hat{q}_{k-1} \tag{3.70}$$

$$P_k^- = \boldsymbol{\Phi}_{k,k-1} P_{k-1}^+ \boldsymbol{\Phi}_{k,k-1}^{\mathrm{T}} + \boldsymbol{\Gamma}_{k-1} \hat{Q}_{k-1} \boldsymbol{\Gamma}_{k-1}^{\mathrm{T}} \tag{3.71}$$

$$\hat{r}_k = \left(1 - \frac{1}{k}\right) \hat{r}_{k-1} + \frac{1}{k} (z_k - H_k x_k^-) \tag{3.72}$$

$$\hat{v}_k = z_k - H_k x_k^- - \hat{r}_k \tag{3.73}$$

$$\hat{R}_k = \left(1 - \frac{1}{k}\right) \hat{R}_{k-1} + \frac{1}{k} (\hat{v}_k \hat{v}_k^{\mathrm{T}} - H_k P_k^- H_k^{\mathrm{T}}) \tag{3.74}$$

$$K_k = P_k^- H_k^{\mathrm{T}} (H_k P_k^- H_k^{\mathrm{T}} + \hat{R}_{k-1})^{-1} \tag{3.75}$$

$$x_k^+ = x_k^- + K_k \hat{v}_k \tag{3.76}$$

$$P_k^+ = (I - K_k H_k) P_k^- (I - K_k H_k)^{\mathrm{T}} + K_k \hat{R}_{k-1} K_k^{\mathrm{T}} \tag{3.77}$$

$$\hat{q}_k = \left(1 - \frac{1}{k}\right) \hat{q}_{k-1} + \frac{1}{k} (x_k^+ - \boldsymbol{\Phi}_{k,k-1} x_{k-1}^+) \tag{3.78}$$

$$\hat{Q}_k = \left(1 - \frac{1}{k}\right) \hat{Q}_{k-1} + \frac{1}{k} (K_k \hat{v}_k \hat{v}_k^{\mathrm{T}} K_k^{\mathrm{T}} + P_k^+ - \boldsymbol{\Phi}_{k,k-1} P_{k-1}^+ \boldsymbol{\Phi}_{k,k-1}^{\mathrm{T}}) \tag{3.79}$$

式（3.70）~（3.79）构成了噪声参数为未知常值时的 Sage-Husa 自适应卡尔曼滤波。

以上推导过程直接在时域上进行，可以看出，在推导量测噪声均值 r_k 时，要求 q_{k-1} 准确已知且（$k-1$）时刻的状态预报值 x_k^- 无偏；在估计量测噪声协方差矩阵 R_k 时，要求 r_k 准确已知；在估计系统噪声均值 q_k 时，要求 r_k 准确已知且 k 时刻的状态估计值 x_k^+ 无偏；在估计系统噪声协方差矩阵 Q_k 时，要求 q_k 准确已知。实质上，这一推导过程隐含着卡尔曼滤波状态估计与噪声参数估计之间的相互耦合性，而这种耦合效应容易造成滤波器的不稳定（甚至存在发散风险）。另外，自适应算法是否有效与随机系统的结构参数有关，通常系统未知噪声参数越多，滤波越容易发散。

3.3.2.2　基于 Allan 方差的解耦自适应滤波方法

一种克服上述滤波不稳定性问题的思路是只对量测噪声做自适应处理。这是因为，在多数情况下，系统噪声由系统内部机理决定，噪声参数相对比较稳定，应尽量事先精确测试和建模。然而，量测噪声主要由外部环境造成，容易发生变化，还存在一定的不可预知性。前已述及，采用 Allan 方差分析方法能够对系统噪声统计参数进行较为准确的建模。在 3.3.1 节 SPP 定位、定速解质量控制的基础上，本节尝试基于 Allan 方差对量测噪声参数进行重新估计建模，以提升组合滤波的潜在精度。

文献表明[165]，Allan 方差与原始数据集合中噪声项的功率谱相关，满足

$$\sigma_y^2(\tau) = 4\int_0^\infty S_y(f)\frac{\sin^4(\pi f\tau)}{(\pi f\tau)^2}df \tag{3.80}$$

式中，$S_y(f)$ 为随机过程的功率谱密度函数。式（3.80）表明，Allan 方差与通过传递函数为 $\sin^4(x)/(x)^2$ 滤波器后的总噪声功率成正比，而这一特殊传递函数正是计算 Allan 方差过程所产生的[165]。因此，Allan 方差计算的实质是一个带通滤波器，取样时间 τ 决定了带通滤波器通带的宽度和位置，τ 值越大，通带宽度越小，且通带位置越集中于低频段。通过调整 τ 值大小即可分割出不同的频率成分。

从频域上分析，系统状态是激励白噪声的累加（或积分），其对应的高频段分量不断衰减，使系统噪声传播至量测更新时主要表现为低频噪声 w_k；而量测白噪声 e_k 直接作用于量测输出 $z_k = w_k + e_k$，依然表现为宽带噪声。因此，通过对量测输出进行频带分割，就能分离出量测噪声参数 $\hat{R}_k = E[e_k e_k^T]$。由于 Allan 方差计算等价于带通滤波器，可以滤除部分低频噪声，对于宽频白噪声（常值功率谱的连续时间白噪声），当相关时间 τ 相同时，经典方差与 Allan 方差是相等的[286]，因此，Allan 方差为估计量测噪声方差参数提供了一种可行途径。

为简化分析，这里认为量测噪声向量的各个分量之间不相关，实际应用中也常做类似处理。对量测向量的每一个分量进行 Allan 方差计算，一般只需计算取样间隔为最短时间 τ 的 Allan 方差，等效于分析高频噪声分量频谱。将 Allan 方差的估计公式（3.14）改写为向量递推形式

$$\hat{R}_k = \frac{1}{2(k-1)} \cdot \sum_{i=2}^{k} (y_i - y_{i-1})^2$$

$$= \frac{1}{2(k-1)} \Big[\sum_{i=2}^{k-1} (y_i - y_{i-1})^2 + (y_k - y_{k-1})^2 \Big] \qquad (3.81)$$

$$= \frac{k-2}{k-1} \Big[\frac{1}{2(k-2)} \sum_{i=2}^{k-1} (y_i - y_{i-1})^2 \Big] + \frac{1}{2(k-1)} (y_k - y_{k-1})^2$$

$$= \Big(1 - \frac{1}{k-1} \Big) \hat{R}_{k-1} + \frac{1}{2(k-1)} (y_k - y_{k-1})^2$$

式中, $k = 2, 3, 4, \cdots$; 初始值 $\hat{R}_0$ 为特定模式下定位精度典型值。由此实现基于 Allan 方差的量测噪声方差自适应算法。相对于传统 IAE 算法,该算法滤波器稳定性更好,这是因为量测噪声方差的估计过程与卡尔曼滤波过程完全相互独立,因而能有效降低卡尔曼滤波发散的风险。

3.3.3　基于新息序列方差匹配的抗差自适应滤波方法试验分析

将质量控制和量测方差自适应估计两部分结合起来,就构成了基于新息序列方差匹配的抗差自适应滤波方法。本节将用实际车载试验对这一方法进行验证。试验采用教研室自主研发的组合导航系统原理样机,使用 Sensonor 公司型号为 STIM‐300 的 MEMS‐IMU 和 Novatel 公司的 GNSS 天线,关于试验设备及条件的详细参数参见第 7 章。根据 3.1 节分析结果,以 AV15 模型进行 MEMS 惯性误差建模,分别基于 RTK 和 SPP 两种量测模式,考察基于 Allan 方差的抗差自适应卡尔曼滤波方案对传统方法的精度提升效果。

(1) RTK 辅助情形

前已提及,RTK 精密相对定位解的质量主要通过周跳探测和模糊度正确性检验保证,因此可直接采用基于 Allan 方差量测噪声协方差自适应估计方法,这里简称为基于 Allan 方差的自适应卡尔曼滤波方法 (AV-based Adaptive Kalman Filter, AV-based AKF)。

图 3.20 展示了 RTK 连续定位模式下,分别采用标准 KF 和 AV-based AKF

两种滤波方法的组合导航位置、速度和姿态估计误差，其中红色实线对应基于 Allan 方差建模的 AKF 方法，蓝色虚线对应传统的卡尔曼滤波方法。对于定位和定姿误差，红线基本位于蓝线以下，表明基于 Allan 方差建模的 AKF 方法能够显著减小定位、定姿误差。

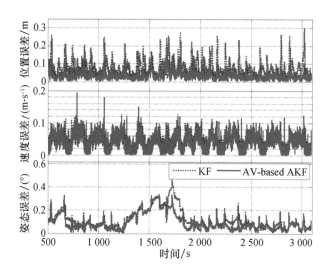

图 3.20　RTK 辅助下分别采用 KF 和 AV-based AKF 的组合导航误差比较

表 3.5 比较了两种方法的均方根误差，基于 Allan 方差自适应滤波方法将定位均方根误差从 0.089 1 m 缩小至 0.047 0 m，定位精度整体上提升了约47.25%；定姿均方根误差从 0.138 3°缩小至 0.116 9°，定姿精度整体上提升了约 15.47%；定速精度稍有提升，约 7.11%。这一精度提升来源于对 RTK定位、定速噪声协方差的自适应在线估计，由此证明本节所提方法的有效性。这一结论在 1 Hz 的 RTK 定位模式下的车载试验算例中得到了验证，同时也适用于下面将要讲述的伪距单点定位、多普勒定速辅助场合。

表 3.5　基于两种 KF 方法的 RTK/MEMS-SINS 组合导航均方根误差对比

导航方法	位置均方根误差/m	速度均方根误差/(m·s⁻¹)	姿态均方根误差/(°)
KF	0.089 1	0.050 6	0.138 3
AV-based AKF	0.047 0	0.047 0	0.116 9

（2）SPP 辅助情形

同样采用 AV15 惯导误差模型，采用伪距单点定位和多普勒定速结果，进行 SPP/MEMS-SINS 组合导航解算。前已提及，SPP 伪距单点定位解受粗差影响严重，如果不对其定位、定速粗差进行处理，会对随后的 KF 组合造成恶劣影响，甚至引起滤波发散。因此，试验中首先采用质量控制算法进行抗差处理，简称为抗差卡尔曼滤波（RKF）。在剔除 SPP 定位、定速粗差的条件下，基于 Allan 方差自适应估计量测噪声协方差的方法简称为基于 Allan 方差的抗差自适应卡尔曼滤波方法（AV-based Adaptively Robust Kalman Filter，AV-based ARKF）。

图 3.21 展示了 SPP 连续定位、定速模式下，采用标准 KF、RKF 和 AV-based ARKF 三种滤波方法的组合导航位置、速度和姿态估计误差，其中红色实线对应基于 Allan 方差的 ARKF 方法，蓝色点线对应 RKF 方法，而黑色虚线对应标准 KF 方法。由图 3.21 可知，标准 KF 方法对外测粗差非常敏感，其组合导航定位、定速结果也出现"野值"；而采用 RKF 方法后，组合导航不再受到"野值"影响，保证了滤波的稳定性和可靠性；进一步，AV-based ARKF 方法能够显著减小定位和定速误差。

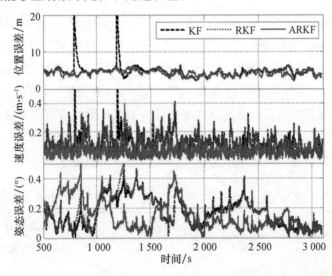

图 3.21　SPP 辅助下分别采用 KF、RKF 和 AV-based ARKF 的组合导航误差比较

表 3.6 比较了这三种方法的均方根误差，RKF 方法在定位和定速均方根误差上从 5.185 2 m、0.146 5 m/s 分别缩小至 4.566 5 m、0.138 7 m/s，整体上提升了 11.93% 和 5.32%，精度略有提升；定姿精度基本不变。另外，根据高精度 POS 基准数据，可获得 SPP 定位、定速误差，如图 3.22 所示，其中红色星号标识对应的历元时刻为实时导航探测到的粗差时刻，可见对应时刻均存在定位"野值"或定速"野值"。

表 3.6 基于三种 KF 方法的 SPP/MEMS-SINS 组合导航均方根误差对比

导航方法	位置均方根误差/m	速度均方根误差/(m·s⁻¹)	姿态均方根误差/(°)
KF	5.185 2	0.146 5	0.213 1
RKF	4.566 5	0.138 7	0.219 7
AV-based ARKF	4.249 7	0.064 5	0.173 5

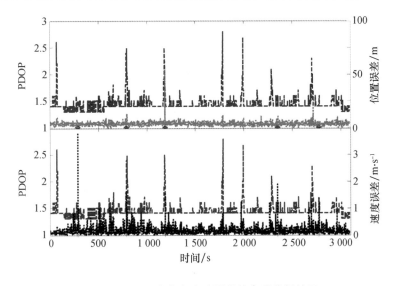

图 3.22 SPP 定位和定速误差的事后分析结果

在图 3.21 中，对于定位、定速和定姿误差，红色实线基本位于蓝色点线和黑色虚线以下，表明基于 Allan 方差的 ARKF 方法能够进一步显著减小定位、定速和定姿误差。对比表 3.6 中的均方根误差，AV-based ARKF 方法在

定位、定速和定姿均方根误差上分别从 5.185 2 m、0.146 5 m/s、0.213 1°缩小至 4.249 7 m、0.064 5 m/s、0.173 5°，精度整体上分别提升 18.04%、55.97% 和 18.58%，进一步提升了传统组合方案精度。

在 SPP 模式下，以上这一精度提升来源于对 SPP 定位、定速的粗差剔除及其噪声协方差自适应在线估计，由此证明采用本节所提方法对于提升 SPP/MEMS-SINS 组合导航精度的有效性。这一结论同样在 1 Hz 的伪距单点定位、多普勒定速辅助 MEMS 惯导松组合算例中得到验证。

3.4 本章小结

本章研究了 MEMS 惯性导航技术及 GNSS/MEMS 松组合导航技术中的一些基础问题，包括惯性器件随机误差精确建模、GNSS 单历元解算结果噪声建模、抗差自适应组合导航等，主要研究内容及结论如下。

（1）针对 MEMS 惯性器件恶劣且复杂的随机误差特性，研究了一种基于 Allan 方差分析技术的微惯性器件随机误差精确建模方法。对实际 MEMS 惯性测量单元的随机建模结果表明，相比于传统 AR 建模方法，在一次车载试验持续 60 s 纯惯性导航中，采用 Allan 方差随机建模方法能够从整体上提升定位、定速和定姿精度，分别提升了约 72.95%、74.90% 和 48.60%。

（2）在 GNSS 定位误差方差分析的基础上，通过对 24 h GNSS 静态定位结果的 Allan 方差分析，揭示了 GNSS 定位、定速误差的复杂相关特性，指出了松组合导航中将 GNSS 量测噪声简化为白噪声的局限性。

（3）针对 GNSS 伪距单点定位和多普勒定速不可避免的粗差问题，研究了一种基于卡尔曼滤波新息序列方差匹配的粗差探测与抑制方法，保证了组合导航滤波的稳定性和可靠性。SPP/MEMS-SINS 组合导航车载试验结果表明，该方法能够有效抑制 GNSS 定位、定速粗差对组合导航的不利影响，通过剔除"野值"实现组合导航的定位与定速精度分别提升了约 11.93% 和 5.32%。

（4）针对粗差剔除后的 GNSS 定位、定速噪声的复杂相关特性，提出了一种基于 Allan 方差的量测噪声协方差自适应估计方法，在一定程度上缓解了 GNSS 量测噪声的简化模型与实际噪声特性不一致问题。RTK/MEMS-SINS 组合导航车载试验结果表明，该方法将定位、定姿均方根误差分别从 0.089 1 m、0.138 3°缩小至 0.047 0 m、0.116 9°，整体上分别提升了约 47.25% 和 15.47%。

（5）针对复杂环境下 SPP/MEMS-SINS 松组合导航问题，提出了一种基于新息序列方差匹配的抗差自适应组合导航方法。该方法将基于新息序列的粗差探测与抑制、基于 Allan 方差的量测噪声自适应估计这两种方法结合起来，既保证了组合导航结果的可靠性，也进一步提升了组合导航精度。车载试验结果表明，相对于传统卡尔曼滤波方法，该方法对组合导航的定位、定速和定姿精度分别提升了 18.04%、55.97% 和 18.58%。

第4章

卫星/微惯性紧组合高精度导航方法

围绕卫星/微惯性松组合导航架构，第 3 章采用 Allan 方差分析技术有效解决了微惯导误差精确建模问题，并采用基于新息的抗差自适应滤波方法缓解了观测噪声模型不一致问题。然而，上述方法依然无法准确描述卫星定位、定速误差随几何构型的变化及其复杂相关性。为解决组合导航观测精确建模问题，本章直接从 GNSS 测量信号出发，研究基于伪距、多普勒频移和载波相位等测距域内的卫星/微惯性紧组合导航方法，提升卫星测量信息利用率，并改善组合导航观测建模质量。

围绕卫星/微惯性紧组合导航架构，本章首先研究基于伪距和多普勒频移测量的传统紧组合模式，对比分析接收机钟差和钟差变率（即钟漂）建模策略的优劣，并解释紧组合相对于松组合的性能优势。为了提升不依赖于基准站的单站实时导航精度，重点研究采用时间差分将高精度载波相位测量信息引入组合导航系统的方法。针对实际中不可避免的载波相位周跳和卫星测量粗差，本章将研究惯性辅助周跳探测方法，以剔除周跳对组合导航的不良影响。与此同时，随着多系统、多频点 GNSS 的不断发展完善，组合导航接收机在每一观测时刻能接收到多个 GNSS 系统的多颗卫星、多个频点上的原始观测信息，由此造成了严重的组合导航高维测量更新计算负担，且这一问题对现有嵌入式实时导航系统算力形成严峻挑战。针对多系统、多频点 GNSS 的高维观测量滤波测量更新计算效率低的问题，本章也研究兼顾导航精度和计算效率的抗差序贯估计方法和信息滤波方法，以满足组合导航的高精度、实时性和可靠性要求。

4.1 基于伪距、多普勒频移测量值的卫星/惯性紧组合导航建模方法

除测量模型之外，紧组合与松组合的框架是相同的。对于组合导航所用卡尔曼滤波器，GNSS 导航解算得到的位置、速度信息直接作为松组合架构的输入；而在紧组合架构中，GNSS 原始观测信息（诸如伪距、多普勒频移、载波相位测量值）则直接输入卡尔曼滤波器。另外，紧组合系统动力学模型中的状态可能不同于松组合。因为如果直接采用伪距和多普勒频移信息建立观测方程，则紧组合的误差状态必须考虑与 GNSS 测量相关的误差项（如接收机钟差、钟差变率等）。图 4.1 展示了紧组合架构，其与松组合架构的区别主要在于红色虚线框中的信号处理流程。另外，若采用 GNSS 观测量星间差分构

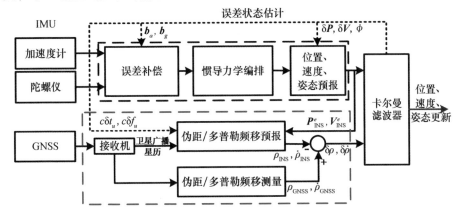

图 4.1　GNSS/MEMS-SINS 紧组合架构

建组合导航观测方程，则黑色点线所示的误差状态估计闭环反馈中的接收机钟差误差项 $c\delta t_u$ 和钟漂误差项 $c\delta f_u$ 是不需要的。本节主要建立传统紧组合导航的系统模型和观测模型，对比分析误差状态中接收机钟差、钟漂建模策略的优劣，并探讨紧组合的性能优势及一些可能存在的问题。

4.1.1 卫星/惯性紧组合导航模型

下面分别建立紧组合导航系统模型和观测模型，根据对接收机钟差和钟漂误差建模策略的不同，将推导两种不同形式的系统模型和观测模型。

4.1.1.1 紧组合系统模型

在紧组合系统模型中，GNSS 和 SINS 误差状态之间是没有相互影响的，仅通过观测模型联系起来。本节建立的卫星/微惯性紧组合导航系统动力学模型如下

$$\dot{x} = \begin{pmatrix} \dot{x}_{\mathrm{SINS}} \\ \dot{x}_{\mathrm{GNSS}} \end{pmatrix} = \begin{pmatrix} F_{\mathrm{SINS}} & 0 \\ 0 & F_{\mathrm{GNSS}} \end{pmatrix} \begin{pmatrix} x_{\mathrm{SINS}} \\ x_{\mathrm{GNSS}} \end{pmatrix} + \begin{pmatrix} w_{\mathrm{SINS}} \\ w_{\mathrm{GNSS}} \end{pmatrix} \tag{4.1}$$

式中，惯性导航系统误差状态向量表示为 $x_{\mathrm{SINS}} = (\delta r^e, \ \delta v^n, \ \phi, \ \delta \omega_B^b, \ \delta f_B^b)^{\mathrm{T}}$；GNSS 相关误差状态向量表示为 $x_{\mathrm{GNSS}} = [\delta(c\delta t_u), \ \delta(c\delta f_u)]^{\mathrm{T}}$；$F_{\mathrm{SINS}}$ 和 F_{GNSS} 为对应的状态转移矩阵；w_{SINS} 和 w_{GNSS} 为过程噪声向量，对应协方差矩阵为 Q_{SINS} 和 Q_{GNSS}。根据第 3 章 ϕ 角误差模型和基于 Allan 方差分析的随机误差模型，可得 SINS 误差状态向量的显性数学关系，如式（3.21）、式（3.26）和式（3.31）所示。

若直接采用伪距和多普勒频移测量值参与紧组合，组合导航误差状态还需考虑卫星相关误差状态，即接收机钟差 $c\delta t_u$ 和钟漂 $c\delta f_u$，可采用如下模型[302]

$$\begin{cases} \delta(c\dot{\delta}t_u) = \delta(c\delta f_u) + \eta_{\mathrm{offset}} \\ \delta(c\dot{\delta}f_u) = \eta_{\mathrm{drift}} \end{cases} \tag{4.2}$$

式中，η_{offset} 为谱密度是 $q_{\mathrm{offset}} = c^2 \cdot h_0/2$ 的接收机钟差（Clock Offset）驱动噪

声；η_{drift} 为谱密度是 $q_{\text{drift}} = c^2 \cdot 2\pi^2 \cdot h_{-2}$ 的接收机钟差变率（Clock Drift）驱动噪声；h_0 和 h_{-2} 为描述接收机钟差特性的 Allan 方差参数，对于温补石英晶振（Temperature Compensated X'tal Oscillator，TCXO），其典型值分别为 2.0×10^{-19} s 和 2.0×10^{-20} Hz[302]。

然而，若引入参考星，采用星间差分伪距和多普勒频移测量值参与紧组合，则能够消除接收机钟差项，从而无须使用 GNSS 误差项增广卡尔曼滤波器误差状态，简化了紧组合系统动力学方程。需要注意的是，星间单差会导致 GNSS 测量随机噪声均方差增加为原测量噪声的 $\sqrt{2}$ 倍。

由此，本节构建了两种紧组合系统模型。一种是需要直接估计接收机钟差和钟漂误差项的卫星/惯性紧组合模型，对应卡尔曼滤波器误差状态维数为 17，简记为"直接紧组合方案"。另一种是基于卫星测量星间差分值的卫星/惯性紧组合模型，对应卡尔曼滤波器误差状态维数为 15，简记为"单差紧组合方案"。下面分别构建对应于两种系统模型的组合导航观测模型。

4.1.1.2 紧组合观测模型

第 n 颗 GNSS 卫星的伪距与多普勒频移测量模型联立如下

$$\rho^{(n)} = r_u^{(n)} + I^{(n)} + T^{(n)} + c(\delta t_u - \delta t^{(n)}) + \varepsilon_\rho^{(n)} \tag{4.3}$$

$$\dot{\rho}^{(n)} = \dot{r}_u^{(n)} + \dot{I}^{(n)} + \dot{T}^{(n)} + \delta f_u - \delta f^{(n)} + \varepsilon_{\dot{\rho}}^{(n)} \tag{4.4}$$

式中，$\dot{\rho}^{(n)}$ 为反映卫星与载体之间相对运动速度的伪距变化率；$\dot{r}_u^{(n)}$ 表示第 n 颗卫星与 GNSS 天线相位中心之间的几何距离变化率，满足 $\dot{r}_u^{(n)} = (\boldsymbol{v}^{(n)} - \boldsymbol{v}_{\text{GNSS}}) \cdot \boldsymbol{u}^{(n)}$，其中 $\boldsymbol{v}_{\text{GNSS}}$ 表示待求的载体 GNSS 天线相位中心处运动速度，$\boldsymbol{u}^{(n)} = -(\boldsymbol{r}^{(n)} - \boldsymbol{r}_{\text{GNSS}}) / \|\boldsymbol{r}^{(n)} - \boldsymbol{r}_{\text{GNSS}}\|$ 代表第 n 颗卫星在 GNSS 天线处的单位观测向量；δf_u 表示未知的接收机钟差变率（或钟漂）；$\delta f^{(n)}$ 表示对应于第 n 颗卫星的卫星时钟钟漂，可由 GNSS 导航电文获得；$\dot{I}^{(n)}$ 和 $\dot{T}^{(n)}$ 分别表示对应于第 n 颗卫星的电离层、对流层的大气传播延迟变化率，通常为很小值，可忽略不计，或者认为多普勒频移测量随机误差已经包含了 $\dot{I}^{(n)}$ 和 $\dot{T}^{(n)}$ 的影响；其余符号含义参见式（2.113）和式（2.115）。

通过卫星广播星历信息，可获得 GNSS 天线相位中心处经误差校正后的

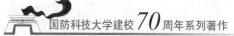
GNSS伪距测量值$\tilde{\rho}_{GNSS}^{(n)}$和多普勒测量值$\tilde{\dot{\rho}}_{GNSS}^{(n)}$

$$\begin{cases} \tilde{\rho}_{GNSS}^{(n)} = \rho^{(n)} + c\delta t^{(n)} - I^{(n)} - T^{(n)} \\ \tilde{\dot{\rho}}_{GNSS}^{(n)} = \dot{\rho}^{(n)} + \delta f^{(n)} \end{cases} \qquad (4.5)$$

式中，$\tilde{\rho}_{GNSS}^{(n)}$和$\tilde{\dot{\rho}}_{GNSS}^{(n)}$分别表示修正后 GNSS 伪距和多普勒频移测量值；$c\delta t^{(n)}$、$\delta f^{(n)}$、$I^{(n)}$和$T^{(n)}$分别为由 GNSS 导航电文获得的卫星钟差改正数、卫星钟差变率改正数、电离层延迟和对流层延迟改正数；$n = 1，2，\cdots，m$（m 表示可用卫星颗数）。

由 MEMS-SINS 预报的伪距测量值$\hat{\rho}_{SINS}^{(n)}$和多普勒频移测量值$\hat{\dot{\rho}}_{SINS}^{(n)}$为

$$\begin{cases} \hat{\rho}_{SINS}^{(n)} = \sqrt{(\boldsymbol{r}^{(n)} - \hat{\boldsymbol{r}}_{GNSS})^{T}(\boldsymbol{r}^{(n)} - \hat{\boldsymbol{r}}_{GNSS})} + c\delta t_{u} \\ \hat{\dot{\rho}}_{SINS}^{(n)} = (\boldsymbol{v}^{(n)} - \hat{\boldsymbol{v}}_{GNSS})\boldsymbol{u}^{(n)} + c\delta f_{u} \end{cases} \qquad (4.6)$$

式中，$\hat{\boldsymbol{r}}_{GNSS}$和$\hat{\boldsymbol{v}}_{GNSS}$为 MEMS-SINS 预报的 GNSS 信号接收时刻 GNSS 天线相位中心处位置和速度，通常需要根据式（3.35）和式（3.38）进行杆臂补偿。由此推导紧组合导航观测模型。

（1）基于伪距和多普勒频移观测的紧组合观测模型

若直接采用上述误差校正后的伪距和多普勒频移测量值作为观测量，组合导航观测量z_{T1}由 GNSS 伪距和多普勒频移测量值与 MEMS-SINS 预报值之差构成，即

$$z_{T1} = \begin{pmatrix} \boldsymbol{z}_{\rho} \\ \boldsymbol{z}_{\dot{\rho}} \end{pmatrix} = \begin{pmatrix} (\hat{\rho}_{SINS}^{(1)} - \tilde{\rho}_{GNSS}^{(1)}, \hat{\rho}_{SINS}^{(2)} - \tilde{\rho}_{GNSS}^{(2)}, \cdots, \hat{\rho}_{SINS}^{(m)} - \tilde{\rho}_{GNSS}^{(m)})^{T} \\ (\hat{\dot{\rho}}_{SINS}^{(1)} - \tilde{\dot{\rho}}_{GNSS}^{(1)}, \hat{\dot{\rho}}_{SINS}^{(2)} - \tilde{\dot{\rho}}_{GNSS}^{(2)}, \cdots, \hat{\dot{\rho}}_{SINS}^{(m)} - \tilde{\dot{\rho}}_{GNSS}^{(m)})^{T} \end{pmatrix} \qquad (4.7)$$

对式（4.6）做一阶泰勒展开，可得线性化方程

$$\begin{cases} \hat{\rho}_{SINS}^{(n)} - \tilde{\rho}_{GNSS}^{(n)} = -\boldsymbol{u}^{(n)} \cdot \delta \boldsymbol{r}^{e} - \boldsymbol{u}^{(n)} \cdot \boldsymbol{C}_{n}^{e}(\boldsymbol{C}_{b}^{n}\boldsymbol{\ell}^{b} \times)\boldsymbol{\phi} + \delta(c\delta t_{u}) + e_{\rho}^{(n)} \\ \hat{\dot{\rho}}_{SINS}^{(n)} - \tilde{\dot{\rho}}_{GNSS}^{(n)} = -\boldsymbol{u}^{(n)} \cdot \boldsymbol{C}_{n}^{e}\delta \boldsymbol{v}^{n} + \boldsymbol{u}^{(n)} \cdot \boldsymbol{C}_{n}^{e}[(\boldsymbol{\omega}_{in}^{n} \times)(\boldsymbol{C}_{b}^{n}\boldsymbol{\ell}^{b} \times) + \boldsymbol{C}_{b}^{n}(\boldsymbol{\ell}^{b} \times \boldsymbol{\omega}_{ib}^{b}) \times]\boldsymbol{\phi} + \\ \qquad \boldsymbol{u}^{(n)} \cdot \boldsymbol{C}_{n}^{e}\boldsymbol{C}_{b}^{n}(\boldsymbol{\ell}^{b} \times)\delta \boldsymbol{\omega}_{B}^{b} + \delta(c\delta f_{u}) + e_{\dot{\rho}}^{(n)} \end{cases}$$

$$\qquad (4.8)$$

观测方程通常具有如下典型形式

$$z_{T1} = H_{T1} \cdot x + e_{T1} \qquad (4.9)$$

式中，$e_{T1} = (e_\rho^{(1)} \quad \cdots \quad e_\rho^{(m)} \quad e_{\dot\rho}^{(1)} \quad \cdots \quad e_{\dot\rho}^{(m)})^{\mathrm{T}}$ 为对应于伪距和多普勒频移的观测噪声；观测设计矩阵 H_{T1} 为

$$H_{T1} = \begin{pmatrix} -u^{(1)} & 0_{1\times3} & -u^{(1)} \cdot C_n^e(C_b^n \ell^b \times) & 0_{1\times3} & 0_{1\times3} & 1 & 0 \\ \vdots & \vdots & \vdots & \vdots & \vdots & \vdots & \vdots \\ -u^{(m)} & 0_{1\times3} & -u^{(m)} \cdot C_n^e(C_b^n \ell^b \times) & 0_{1\times3} & 0_{1\times3} & 0 & 1 \\ 0_{1\times3} & -u^{(1)} \cdot C_n^e & u^{(1)} \cdot C_n^n \begin{bmatrix} (\omega_{in}^n \times)(C_b^n \ell^b \times) \\ + C_b^n(\ell^b \times \omega_{ib}^b) \times \end{bmatrix} & u^{(1)} \cdot C_b^e(\ell^b \times) & 0_{1\times3} & 1 & 0 \\ \vdots & \vdots & \vdots & \vdots & \vdots & \vdots & \vdots \\ 0_{1\times3} & -u^{(m)} \cdot C_n^e & u^{(m)} \cdot C_n^n \begin{bmatrix} (\omega_{in}^n \times)(C_b^n \ell^b \times) \\ + C_b^n(\ell^b \times \omega_{ib}^b) \times \end{bmatrix} & u^{(m)} \cdot C_b^e(\ell^b \times) & 0_{1\times3} & 0 & 1 \end{pmatrix}$$

$$(4.10)$$

式（4.9）和式（4.10）即为"直接紧组合方案"的卫星/惯性紧组合观测模型。

（2）基于星间差分伪距和多普勒频移观测的紧组合观测模型

若引入参考卫星 j，根据式（4.3）~（4.5），将卫星 i 的伪距 $\tilde\rho_{\mathrm{GNSS}}^{(i)}$ 和多普勒频移 $\tilde{\dot\rho}_{\mathrm{GNSS}}^{(i)}$ 分别与卫星 j 的伪距 $\tilde\rho_{\mathrm{GNSS}}^{(j)}$ 和多普勒频移 $\tilde{\dot\rho}_{\mathrm{GNSS}}^{(j)}$ 作差，可得伪距和多普勒频移的星间差分测量值 $\tilde\rho_{\mathrm{GNSS}}^{(ij)}$ 和 $\tilde{\dot\rho}_{\mathrm{GNSS}}^{(ij)}$

$$\begin{cases} \tilde\rho_{\mathrm{GNSS}}^{(ij)} = \tilde\rho_{\mathrm{GNSS}}^{(i)} - \tilde\rho_{\mathrm{GNSS}}^{(j)} = r_u^{(i)} - r_u^{(j)} + \varepsilon_\rho^{(ij)} \\ \tilde{\dot\rho}_{\mathrm{GNSS}}^{(ij)} = \tilde{\dot\rho}_{\mathrm{GNSS}}^{(i)} - \tilde{\dot\rho}_{\mathrm{GNSS}}^{(j)} = \dot r_u^{(i)} - \dot r_u^{(j)} + \varepsilon_{\dot\rho}^{(ij)} \end{cases} \qquad (4.11)$$

由此可见，星间差分消除了接收机钟差 $c\delta t_u$ 和接收机钟差变率 δf_u，测量随机噪声 $\varepsilon_\rho^{(ij)} = \varepsilon_\rho^{(i)} - \varepsilon_\rho^{(j)}$ 和 $\varepsilon_{\dot\rho}^{(ij)} = \varepsilon_{\dot\rho}^{(i)} - \varepsilon_{\dot\rho}^{(j)}$ 协方差分别增加为原测量噪声 $\varepsilon_\rho^{(i)}$ 和 $\varepsilon_{\dot\rho}^{(i)}$ 的 $\sqrt{2}$ 倍。通常，为了确保星间差分的精确性，应选择高仰角卫星作为参考星。

若直接采用上述星间差分的伪距和多普勒频移测量值作为观测量，则组合导航观测量 z_{T2} 由 GNSS 星间差分伪距、多普勒频移测量值与 MEMS-SINS 预报星间差分值之差构成，即

$$z_{T2} = \begin{pmatrix} z_\rho^r \\ z_{\dot\rho}^r \end{pmatrix} = \begin{pmatrix} (\hat{\rho}_{\text{SINS}}^{(1r)} - \tilde{\rho}_{\text{GNSS}}^{(1r)}, \hat{\rho}_{\text{SINS}}^{(2r)} - \tilde{\rho}_{\text{GNSS}}^{(2r)}, \cdots, \hat{\rho}_{\text{SINS}}^{(mr)} - \tilde{\rho}_{\text{GNSS}}^{(mr)})^{\mathrm{T}} \\ (\hat{\dot\rho}_{\text{SINS}}^{(1r)} - \tilde{\dot\rho}_{\text{GNSS}}^{(1r)}, \hat{\dot\rho}_{\text{SINS}}^{(2r)} - \tilde{\dot\rho}_{\text{GNSS}}^{(2r)}, \cdots, \hat{\dot\rho}_{\text{SINS}}^{(mr)} - \tilde{\dot\rho}_{\text{GNSS}}^{(mr)})^{\mathrm{T}} \end{pmatrix} \qquad (4.12)$$

式中，上标"r"表示以第 r 颗卫星为参考星。由 MEMS-SINS 预报的星间差分伪距测量值 $\hat{\rho}_{\text{SINS}}^{(nr)}$ 和星间差分多普勒频移测量值 $\hat{\dot\rho}_{\text{SINS}}^{(nr)}$ 为

$$\begin{cases} \hat{\rho}_{\text{SINS}}^{(nr)} = \sqrt{(\boldsymbol{r}^{(n)} - \hat{\boldsymbol{r}}_{\text{GNSS}})^{\mathrm{T}}(\boldsymbol{r}^{(n)} - \hat{\boldsymbol{r}}_{\text{GNSS}})} - \sqrt{(\boldsymbol{r}^{(r)} - \hat{\boldsymbol{r}}_{\text{GNSS}})^{\mathrm{T}}(\boldsymbol{r}^{(r)} - \hat{\boldsymbol{r}}_{\text{GNSS}})} \\ \hat{\dot\rho}_{\text{SINS}}^{(nr)} = (\boldsymbol{v}^{(n)} - \hat{\boldsymbol{v}}_{\text{GNSS}})\boldsymbol{u}^{(n)} - (\boldsymbol{v}^{(r)} - \hat{\boldsymbol{v}}_{\text{GNSS}})\boldsymbol{u}^{(r)} \end{cases}$$

$$(4.13)$$

对式（4.14）做一阶泰勒展开，可得线性化组合导航观测方程

$$\begin{cases} \hat{\rho}_{\text{SINS}}^{(nr)} - \tilde{\rho}_{\text{GNSS}}^{(nr)} = -(\boldsymbol{u}^{(n)} - \boldsymbol{u}^{(r)}) \cdot \delta\boldsymbol{r}^e - (\boldsymbol{u}^{(n)} - \boldsymbol{u}^{(r)}) \cdot \boldsymbol{C}_n^e(\boldsymbol{C}_b^n\boldsymbol{\ell}^b \times)\boldsymbol{\phi} + e_\rho^{(nr)} \\ \hat{\dot\rho}_{\text{SINS}}^{(nr)} - \tilde{\dot\rho}_{\text{GNSS}}^{(nr)} = -(\boldsymbol{u}^{(n)} - \boldsymbol{u}^{(r)}) \cdot \boldsymbol{C}_n^e\delta\boldsymbol{v}^n + (\boldsymbol{u}^{(n)} - \boldsymbol{u}^{(r)}) \cdot \boldsymbol{C}_n^e\boldsymbol{C}_b^n(\boldsymbol{\ell}^b \times)\delta\boldsymbol{\omega}_B^b + \\ \qquad (\boldsymbol{u}^{(n)} - \boldsymbol{u}^{(r)}) \cdot \boldsymbol{C}_n^e[(\boldsymbol{\omega}_{in}^n \times)(\boldsymbol{C}_b^n\boldsymbol{\ell}^b \times) + \boldsymbol{C}_b^n(\boldsymbol{\ell}^b \times \boldsymbol{\omega}_{ib}^b) \times]\boldsymbol{\phi} + e_{\dot\rho}^{(nr)} \end{cases}$$

$$(4.14)$$

观测方程通常具有如下典型形式

$$z_{T2} = \boldsymbol{H}_{T2} \cdot \boldsymbol{x} + \boldsymbol{e}_{T2} \qquad (4.15)$$

式中，$\boldsymbol{e}_{T2} = [e_\rho^{(1r)} \quad \cdots \quad e_\rho^{(mr)} \quad e_{\dot\rho}^{(1r)} \quad \cdots \quad e_{\dot\rho}^{(mr)}]^{\mathrm{T}}$ 为对应于星间差分伪距和多普勒频移的观测噪声；观测设计矩阵 $\boldsymbol{H}_{T2}$ 为

$$\boldsymbol{H}_{T2} = \begin{pmatrix} -(\boldsymbol{u}^{(1)} - \boldsymbol{u}^{(r)}) & \boldsymbol{0}_{1\times3} & -(\boldsymbol{u}^{(1)} - \boldsymbol{u}^{(r)}) \cdot \boldsymbol{C}_n^e[\boldsymbol{C}_b^n\boldsymbol{\ell}^b \times] & \boldsymbol{0}_{1\times3} & \boldsymbol{0}_{1\times3} \\ \vdots & \vdots & \vdots & \vdots & \vdots \\ -(\boldsymbol{u}^{(m)} - \boldsymbol{u}^{(r)}) & \boldsymbol{0}_{1\times3} & -(\boldsymbol{u}^{(m)} - \boldsymbol{u}^{(r)}) \cdot \boldsymbol{C}_n^e[\boldsymbol{C}_b^n\boldsymbol{\ell}^b \times] & \boldsymbol{0}_{1\times3} & \boldsymbol{0}_{1\times3} \\ \boldsymbol{0}_{1\times3} & -(\boldsymbol{u}^{(1)} - \boldsymbol{u}^{(r)}) \cdot \boldsymbol{C}_n^e & (\boldsymbol{u}^{(1)} - \boldsymbol{u}^{(r)}) \cdot \boldsymbol{C}_n^e \begin{bmatrix} (\boldsymbol{\omega}_{in}^n \times)(\boldsymbol{C}_b^n\boldsymbol{\ell}^b \times) \\ + \boldsymbol{C}_b^n(\boldsymbol{\ell}^b \times \boldsymbol{\omega}_{ib}^b) \times \end{bmatrix} & (\boldsymbol{u}^{(1)} - \boldsymbol{u}^{(r)}) \cdot \boldsymbol{C}_b^e(\boldsymbol{\ell}^b \times) & \boldsymbol{0}_{1\times3} \\ \vdots & \vdots & \vdots & \vdots & \vdots \\ \boldsymbol{0}_{1\times3} & -(\boldsymbol{u}^{(m)} - \boldsymbol{u}^{(r)}) \cdot \boldsymbol{C}_n^e & (\boldsymbol{u}^{(m)} - \boldsymbol{u}^{(r)}) \cdot \boldsymbol{C}_n^e \begin{bmatrix} (\boldsymbol{\omega}_{in}^n \times)(\boldsymbol{C}_b^n\boldsymbol{\ell}^b \times) \\ + \boldsymbol{C}_b^n(\boldsymbol{\ell}^b \times \boldsymbol{\omega}_{ib}^b) \times \end{bmatrix} & (\boldsymbol{u}^{(m)} - \boldsymbol{u}^{(r)}) \cdot \boldsymbol{C}_b^e(\boldsymbol{\ell}^b \times) & \boldsymbol{0}_{1\times3} \end{pmatrix}$$

$$(4.16)$$

式（4.15）和式（4.16）即为"单差紧组合方案"的卫星/惯性紧组合观测模型。

4.1.2　卫星/惯性紧组合导航的优势及问题分析

上述两种紧组合方案的观测设计矩阵 $\boldsymbol{H}_T$ 均反映了各颗卫星相对于载体的几何构型的影响。另外，相比于松组合的 GNSS 定位、定速结果，紧组合模式不同时刻的 GNSS 测量值之间可认为存在较低的相关性，由此能够更加精确地对测量噪声进行随机建模，从而更加准确地调节增益，改善 SINS 误差的统计可观性。这是紧组合相对于松组合的第一个优势。第二个优势在于，即使在卫星颗数小于 4 颗时，紧组合依然能够对惯性导航进行在线校准；而松组合此时因 GNSS 无法定位，仅能依赖纯惯导外推，从而出现误差发散。因此，这两大优势使得 GNSS/MEMS-SINS 紧组合具有比松组合系统更好的精度水平。

需要注意的是，虽然星间差分方案消除了接收机钟差和钟漂误差项的影响，但是该方案放大了卫星测量随机噪声强度。而直接紧组合方案的卫星测量噪声强度虽然较低，但是其组合导航效果依赖于对接收机钟差和钟漂误差项的准确建模。因此，需要根据实际车载试验导航效果来评估这两种方案的优劣。试验仍然采用教研室自主研发的 MEMS 组合导航原理样机，关于试验设备参数及试验条件设置可参考本书第 7 章。下面将比较基于伪距单点定位和多普勒定速的 SPP/MEMS-SINS 松组合和两种基于伪距、多普勒频移 GNSS/MEMS-SINS 紧组合方法的性能差异。

（1）松组合与紧组合的导航性能对比

对于同样一段时长约为 1 h 的车载动态数据，分别采用松组合（Loose Combination，LC）导航方法和紧组合（Tight Combination，TC）导航方法进行处理。与事后参考基准（高精度 POS 提供）比对，可得每一时刻对应的三维导航误差如图 4.2 所示。在图 4.2 中，蓝色虚线对应基于 SPP 的松组合导航方法，黑色点线对应基于伪距和多普勒频移测量的直接紧组合导航方法，红色实线对应基于星间差分伪距和多普勒频移测量的单差紧组合导航方法。可以看出，在大多数时间段内，两种紧组合方法的位置、速度和姿态估计精度均优于松组合结果，且单差紧组合导航状态估计精度优于直接紧组合结果。

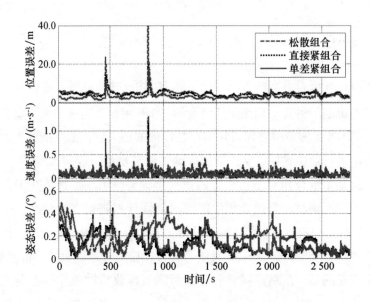

图 4.2　松组合与紧组合车载试验导航误差比较

不同方法对应的三维位置、速度和姿态误差均方根如表 4.1 所示。相比于传统松组合方法，直接紧组合方法在定位、定速和定姿均方根误差上分别从 5.185 2 m、0.146 5 m/s 和 0.213 1°缩小至 4.565 7 m、0.077 1 m/s 和 0.148 6°，精度整体上分别提升了约 11.95%、47.37% 和 30.27%；而单差紧组合方法将定位、定速和定姿均方根误差分别缩小至 3.045 3 m、0.078 0 m/s 和 0.150 9°，精度整体上分别提升了约 41.27%、46.76% 和 29.19%。

表 4.1　松组合与紧组合的三维导航误差均方根值比较

导航方法	位置误差均方根/m	速度误差均方根/(m·s⁻¹)	姿态误差均方根/(°)
松组合	5.185 2	0.146 5	0.213 1
直接紧组合	4.565 7	0.077 1	0.148 6
单差紧组合	3.045 3	0.078 0	0.150 9

另外，不论是紧组合还是松组合，均会在相同时刻出现类似的定位、定速"野值"。这些组合定位、定速"野值"的出现，可能是由可用卫星颗数、

卫星高度角、卫星构型、多路径或粗差等多因素导致。如果对此类粗差不加处理，会给实际导航应用带来巨大风险，故有必要将类似于第 3 章抗差方法引入紧组合方法中。

（2）紧组合中伪距和多普勒频移测量抗粗差后的导航性能对比

基于 Mahalanobis 距离构造粗差探测检验统计量，同时采用基于方差匹配的抗差滤波方法，如式（3.67）～（3.69）所示。由于紧组合方法是在测量域内抗差，故式（3.67）～（3.69）中的观测设计矩阵 H_k 应采用紧组合的观测设计矩阵 H_T。对于同一段 1 h 车载动态数据，采用松组合导航抗差滤波方法和紧组合导航抗差滤波方法进行处理，得到的三维导航误差如图 4.3 所示。在图 4.3 中，蓝色虚线对应松组合导航的抗差滤波方法，黑色点线对应直接紧组合导航的抗差滤波方法，红色实线对应单差紧组合导航的抗差滤波方法。无论是松组合方法，还是紧组合方法，在引入了抗差卡尔曼滤波方法以后，组合导航结果均不再受"野值"影响，保证了滤波的稳定性和可靠性。更重要的是，对比图 4.2 和图 4.3 可知，试验结果表明两种紧组合方案的位置、速度和姿态精度均优于松组合结果。这是因为两种紧组合观测模型能够将城市环境中时变的 GDOP 隐含于观测方程，从而解决了松组合中难以克服的观

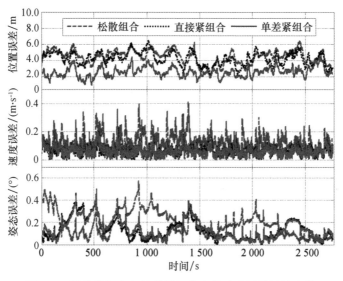

图 4.3　抗差松组合与抗差紧组合车载试验导航误差比较

测方差时变问题，提升了组合导航精度。

以上三种抗差方法对应的三维位置、速度和姿态误差均方根如表4.2所示。相比于松组合导航抗差滤波方法，抗差直接紧组合方法在定位、定速和定姿均方根误差上分别从4.5665 m、0.1387 m/s、0.21977°缩小至4.3491 m、0.0619 m/s、0.1606°，精度整体上分别提升了约4.76%、55.37%和26.90%；而抗差单差紧组合方法将定位、定速和定姿均方根误差分别缩小至2.6375 m、0.0674 m/s和0.1628°，精度整体上分别提升了约42.24%、51.41%和25.90%。相较于抗差直接紧组合方法，基于抗差卡尔曼滤波的单差紧组合方法进一步提升了定位精度，同时定速、定姿精度基本维持不变。由此可见，单差紧组合方法性能优于直接紧组合方法。这可能是因为直接采用温补晶振经验模型对接收机钟差、钟漂误差项建模并不准确。在这种情形下，通过星间差分消除接收机钟差、钟漂误差项，虽然会放大卫星观测随机误差，但能够取得较好的组合导航性能。故本书后续紧组合基本架构将采用基于卫星测量星间差分的单差紧组合模型。

表4.2 抗差松组合与抗差紧组合的三维导航误差均方根值比较

导航方法	位置误差均方根/m	速度误差均方根/(m·s^{-1})	姿态误差均方根/(°)
抗差松组合	4.5665	0.1387	0.2197
抗差直接紧组合	4.3491	0.0619	0.1606
抗差单差紧组合	2.6375	0.0674	0.1628

（3）提升卫星/惯性组合导航精度的方法讨论

本节重点阐述了基于伪距和多普勒频移测量的卫星/惯性紧组合架构，且试验结果验证了紧组合相对于松组合的导航性能优势。为实现无基准站的全球、全天时导航，这里主要采用伪距和多普勒频移信息进行紧组合。相应地，组合导航系统也仅能达到伪距单点定位的米级定位精度。不同于粗糙的伪距测量，载波相位测量信息是一种高精度的观测量，能够用于实现静态毫米量级、动态厘米量级的高精度定位。

必须认识到，使用GNSS载波相位进行定位的核心问题是整周模糊度的正确求解。目前，短基线 RTK（＜20 km）在基准站辅助下，通过差分可以有效消除测量值中的公共误差部分，并采用 LAMBDA 算法固定模糊度[81]。新兴的PPP 固定解技术能够利用精密星历和卫星钟差产品，基于单台接收机获取的伪距和载波相位观测值，实现无基站辅助条件下的整周模糊度求解[227,303]。然而，RTK 定位依赖于基准站辅助，且中长基线条件下多维模糊度求解问题依然未能得到妥善解决[101,304]，故无法构建全球范围内无区域限制的高精度单站绝对导航系统。而 PPP 固定解通常需要很长收敛时间（约30 min）才能获得厘米级定位结果，且通常情况下实时获取精密星历和钟差产品是极其困难的，这导致 PPP 在实时动态导航应用中严重受限。

通过对 SPP、RTK 和 PPP 的阐述可以看出：SPP 与 MEMS-SINS 组合导航具有良好的可靠性和实时性，适用于单站绝对导航定位，然而精度较低；虽然 RTK、PPP 固定解与 MEMS-SINS 组合导航精度很高，但是，RTK 整周模糊度可靠求解受基线长度限制，只能局限在小范围区域（＜20 km）实现可靠的基站辅助实时导航；PPP 固定解受过长收敛时间和高精度星历、钟差数据通信传输等限制，目前也无法应用于无区域限制的单站实时导航。因此，在卫星/惯性组合导航中存在着一对基本矛盾：高精度的组合系统可靠性和实时性较差，而可靠性和实时性较好的组合系统精度较低[227]。

为了进一步提升紧组合导航精度，必须充分利用高精度载波相位测量信息。然而，高精度载波相位测量值的引入又会面临如上这一基本矛盾。解决这一矛盾的一种巧妙方法是采用载波相位时间差分技术构造载波相位时间差分 TDCP 观测量，对 MEMS-SINS 误差进行在线校准，从而提升组合导航精度[151,228,230]。该方法的优势在于，将高精度的载波相位观测量引入组合导航系统以提升导航性能；与此同时，基于不发生周跳时的整周模糊度保持不变假设，通过载波相位时间差分消去了未知的整周模糊度，从而避免了由整周模糊度解算时间过长、固定失败甚至固定错误所带来的导航实时性和精度下降风险。本章后续节将重点研究如何将载波相位时间差分信息融入 MEMS-SINS 组合导航中，以提升现有导航精度。

4.2 载波相位时间差分建模及误差分析

4.1 节所述紧组合仅采用伪距和多普勒频移两种 GNSS 观测量，具备不需要基准站即可实现全球、全天候实时导航的优势，然而精度较低。为进一步提升组合导航精度，本节将推导载波相位时间差分观测方程，分析载波相位时间差分观测误差，并由此导出基于载波相位时间差分测量值的精密位置增量 PDOT 解算方法。这一部分是后续组合导航观测建模的理论基础。

4.2.1 载波相位时间差分观测方程推导

GNSS 能够提供三类观测量：伪距、多普勒频移和载波相位。伪距和多普勒频移的观测方程如式（4.3）和式（4.4）所示，而单频载波相位观测方程简写为

$$
\begin{aligned}
\Phi^{(n)}(t) &= \lambda\varphi^{(n)}(t) \\
&= r_u^{(n)}(t) - I_t^{(n)} + T_t^{(n)} + c[\delta t_u(t) - \delta t^{(n)}(t-\tau^{(n)})] + \lambda N^{(n)} + \varepsilon_\phi^{(n)}
\end{aligned}
$$

$$(4.17)$$

式中，t 表示测量信号接收时刻，即 GNSS 观测时刻；几何距离 $r_u^{(n)}(t) = \| r^{(n)}(t-\tau^{(n)}) - r_u(t) \|$ 表示第 n 颗 GNSS 卫星在信号发射时刻 $t-\tau^{(n)}$ 时位置（已知量）与接收机在 GNSS 信号接收时刻 t 时的位置（未知量）之间直线距离，其中 $\tau^{(n)}$ 表示第 n 颗卫星信号传播时间；$I_t^{(n)}$ 和 $T_t^{(n)}$ 分别表示对应于 t 时刻第 n 颗卫星的电离层和对流层延迟，注意这里电离层延迟与伪距观测方程式（4.3）中对应项的符号相反（即电离层的码相位与载波相位反向特性）；未知整数 $N^{(n)}$ 为整周模糊度，在无卫星信号遮挡或不发生周跳条件下，整周模糊度将保持常数。可见，载波相位（或积分多普勒）物理意义在于精确描述了卫星和接收机之间的距离变化量。需要指出，无论是基于频率锁定（Frequency Locked Loop，FLL），还是相位锁定（Phase Locking Loop，PLL）

的载波跟踪环路，当其对信号失锁又重锁时，N 通常都会跳变。另外，整周模糊度固定是基于载波相位测量值的高精度定位方法的核心问题。

通常，在单站模式下实时、准确求解整周模糊度是极其困难的。然而，假如载波相位不发生周跳，则通过相邻两个历元载波相位观测值差分，可以消去式（4.17）中的未知整数 N，并构造高精度、无模糊度的载波相位时间差分观测值，由此巧妙避免了整周模糊度固定的难题。对于相邻两个 GNSS 测量历元 t_{k-1} 和 t_k，载波相位测量值、卫星位置及接收机位置之间的几何关系如图 4.4 所示，其中 $\boldsymbol{\Phi}$ 表示载波相位观测值，$\Delta \boldsymbol{r}$ 表示载体在时间 $[t_{k-1}, t_k]$ 内位移向量。根据时间差分算子 Δ 的定义可得，相邻 t_{k-1} 和 t_k 测量时刻构造 TDCP 观测值为

$$
\begin{aligned}
\Delta \boldsymbol{\Phi}^{(n)} &= \boldsymbol{\Phi}^{(n)}(t_k) - \boldsymbol{\Phi}^{(n)}(t_{k-1}) \\
&= \Delta r_u^{(n)} - \Delta I^{(n)} + \Delta T^{(n)} + c(\Delta \delta t_u - \Delta \delta t^{(n)}) + \Delta \varepsilon_\varphi^{(n)}
\end{aligned} \tag{4.18}
$$

式中，时间差分算子"Δ"消去了整周模糊度 N。$\Delta r_u^{(n)} = r_u^{(n)}(t_k) - r_u^{(n)}(t_{k-1})$ 表示在时间 $[t_{k-1}, t_k]$ 内接收机天线相位中心到第 n 颗卫星的距离变化量；$\Delta \delta t_u$ 表示 t_k 和 t_{k-1} 时刻对应的接收机钟差之差；测量随机误差 $\Delta \varepsilon_\phi^{(n)} = \varepsilon_\phi^{(n)}(t_k) - \varepsilon_\phi^{(n)}(t_{k-1})$ 表明时间差分将载波相位测量随机误差协方差放大 $\sqrt{2}$ 倍。考虑到每一测量历元电离层延迟 $I^{(n)}$ 由双频测量进行补偿，对流层延迟 $T^{(n)}$ 由 Saastamoninen 模型进行修正，卫星钟差 $\delta t^{(n)}$ 可由导航电文进行补偿，则 $\Delta I^{(n)}$、$\Delta T^{(n)}$ 和 $\Delta \delta t^{(n)}$ 均可视为已知量而移至式（4.18）左边，由此构造新的观测量及观测方程

$$
\begin{aligned}
\Delta \tilde{\boldsymbol{\Phi}}^{(n)} &= \Delta \boldsymbol{\Phi}^{(n)} + \Delta I^{(n)} - \Delta T^{(n)} + c\Delta \delta t^{(n)} \\
&= \Delta r_u^{(n)} + c\Delta \delta t_u + \Delta \varepsilon_\varphi^{(n)}
\end{aligned} \tag{4.19}
$$

式中，$\Delta r_u^{(n)}$ 表示时间 $[t_{k-1}, t_k]$ 内星-站距离变化量，可写成向量形式

$$
\begin{aligned}
\Delta r_u^{(n)} &= r_u^{(n)}(t_k) - r_u^{(n)}(t_{k-1}) \\
&= [\boldsymbol{r}^{(n)}(t_k - \tau_k^{(n)}) - \boldsymbol{r}_u(t_k)]^{\mathrm{T}} \boldsymbol{u}^{(n)}(t_k) - \\
&\quad [\boldsymbol{r}^{(n)}(t_{k-1} - \tau_{k-1}^{(n)}) - \boldsymbol{r}_u(t_{k-1})]^{\mathrm{T}} \boldsymbol{u}^{(n)}(t_{k-1})
\end{aligned} \tag{4.20}
$$

式中，$\boldsymbol{r}^{(n)}(t_{k-1} - \tau_{k-1}^{(n)})$ 和 $\boldsymbol{r}^{(n)}(t_k - \tau_k^{(n)})$ 分别表示第 n 颗卫星在 e 系中信号发

射时刻 $(t_{k-1}-\tau_{k-1}^{(n)})$ 和 $(t_k-\tau_k^{(n)})$ 的位置向量；$\boldsymbol{r}_u(t_{k-1})$ 和 $\boldsymbol{r}_u(t_k)$ 分别表示接收机天线相位中心在 e 系中信号接收时刻 t_{k-1} 和 t_k 的位置向量；$\boldsymbol{u}^{(n)}(t_{k-1})$ 和 $\boldsymbol{u}^{(n)}(t_k)$ 分别表示信号接收时刻 t_{k-1} 和 t_k 由接收机天线相位中心指向第 n 颗卫星视线方向单位向量，如式（3.61）所示。

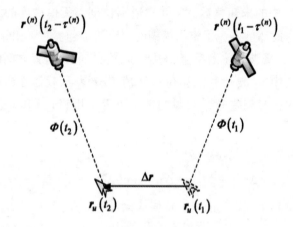

图 4.4　相邻两个 GNSS 测量历元间卫星与接收机之间的几何关系

将 $\boldsymbol{r}_u(t_k)=\boldsymbol{r}_u(t_{k-1})+\Delta\boldsymbol{r}$ 代入式（4.20）中，整理后可得

$$\Delta r_u^{(n)}=\left[\boldsymbol{r}^{(n)}(t_k-\tau_k^{(n)})^{\mathrm{T}}\cdot\boldsymbol{u}^{(n)}(t_k)-\boldsymbol{r}^{(n)}(t_{k-1}-\tau_{k-1}^{(n)})^{\mathrm{T}}\cdot\boldsymbol{u}^{(n)}(t_{k-1})\right]-$$
$$\left[\boldsymbol{r}_u(t_{k-1})^{\mathrm{T}}\cdot\boldsymbol{u}^{(n)}(t_k)-\boldsymbol{r}_u(t_{k-1})^{\mathrm{T}}\cdot\boldsymbol{u}^{(n)}(t_{k-1})\right]-\Delta\boldsymbol{r}^{\mathrm{T}}\cdot\boldsymbol{u}^{(n)}(t_k)$$

$$(4.21)$$

由图 4.4 可知，式（4.21）右边第一项反映了由卫星运动引起的多普勒效应，第二项反映了两个历元的星—站视线方向的变化，分别记为 $Dpl^{(n)}$ 和 $Los^{(n)}$，这两项可由 GNSS 导航电文和观测量直接计算得到。由此，式（4.21）可表示为

$$\Delta r_u^{(n)}=Dpl^{(n)}-Los^{(n)}-\Delta\boldsymbol{r}^{\mathrm{T}}\cdot\boldsymbol{u}^{(n)}(t_k)\qquad(4.22)$$

将式（4.22）代入式（4.19），可定义新的观测量及观测方程

$$\Delta\tilde{\tilde{\Phi}}^{(n)}=\Delta\tilde{\Phi}^{(n)}-Dpl^{(n)}+Los^{(n)}=-\Delta\boldsymbol{r}^{\mathrm{T}}\cdot\boldsymbol{u}^{(n)}(t_k)+c\Delta\delta t_u+\Delta\varepsilon_\phi^{(n)}$$

$$(4.23)$$

由于同一接收机接收到的所有卫星观测数据均含有相同的接收机钟差项，

因此对式（4.23）做星间差分，可消去接收机钟差项 $c\Delta\delta t_u$。选取具有最高仰角的 r 号星作为参考星，则 n 号星和 r 号星之间的载波相位历元间星间差分观测方程可写为

$$\Delta\tilde{\tilde{\varPhi}}^{(nr)} = \Delta\tilde{\tilde{\varPhi}}^{(n)} - \Delta\tilde{\tilde{\varPhi}}^{(r)} = -\Delta\boldsymbol{r}^{\mathrm{T}} \cdot \left[\boldsymbol{u}^{(n)}(t_k) - \boldsymbol{u}^{(r)}(t_k)\right] + \Delta\varepsilon_\phi^{(nr)} \quad (4.24)$$

式中，$\Delta\varepsilon_\phi^{(nr)} = \Delta\varepsilon_\phi^{(n)} - \Delta\varepsilon_\phi^{(r)}$，即星间差分将载波相位时间差分测量随机误差协方差放大 2 倍。整个方程中只有位移向量 $\Delta\boldsymbol{r}$ 为待求未知量。

4.2.2　载波相位时间差分观测误差分析

在4.2.1节推导中，假设差分时间间隔较小（如 $\Delta t < 1\ \mathrm{s}$），忽略了 TDCP 观测模型中时空相关性较强的星历误差、电离层延迟和对流层延迟等系统性误差。相关文献虽然用 TDCP 模型来进行精密速度估计和卫星/惯性组合导航，可是对 TDCP 模型随差分时间间隔的误差传播机理却鲜有讨论。下面将详细分析星历误差、电离层延迟和对流层延迟等系统性误差对 TDCP 观测模型的影响。为方便起见，下面推导与分析过程中将用 t_1 和 t_2 两个时刻表示两个相邻观测历元。

4.2.2.1　载体位置误差

式（4.23）是以 t_1 时刻载体的绝对位置为线性化初值进行泰勒展开得到的。在计算星－站几何距离时，该时刻载体位置误差 $\delta\boldsymbol{r}(t_1)$ 引入 TDCP 观测模型的等效距离误差为

$$\begin{aligned}
\varepsilon_r &= -\left[\boldsymbol{u}^{(n)}(t_2) - \boldsymbol{u}^{(n)}(t_1)\right] \cdot \delta\boldsymbol{r}(t_1) \approx -\frac{\Delta\boldsymbol{r}^{(n)} - \Delta\boldsymbol{r}}{D} \cdot \delta\boldsymbol{r}(t_1) \\
&\leqslant -\frac{\|\Delta\boldsymbol{r}^{(n)}\| + \|\Delta\boldsymbol{r}\|}{D} \cdot \|\delta\boldsymbol{r}(t_1)\| \approx -\frac{v^{(n)} \cdot \Delta t + v_u \cdot \Delta t}{D} \cdot \|\delta\boldsymbol{r}(t_1)\|
\end{aligned}$$

$$(4.25)$$

式中，$\Delta\boldsymbol{r}$ 为载体在差分时间间隔内的位置增量；$\Delta\boldsymbol{r}^{(n)}$ 为卫星在差分时间间隔内的位置增量；差分间隔为 $\Delta t = t_2 - t_1$；v_u 为载体平均速率；$v^{(n)}$ 为卫星平均速

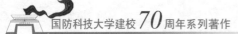

率，考虑到卫星近圆轨道较高，在差分间隔 Δt 内，近似有 $\parallel \Delta \boldsymbol{r}^{(n)} \parallel \approx v^{(n)} \cdot \Delta t$；$D$ 为载体到卫星的几何距离。

4.2.2.2 星历误差

星历误差是指采用广播星历计算的卫星位置与卫星真实位置之间的误差。由式（4.19）可知，星历误差对 TDCP 观测模型的影响主要是在计算星 - 站几何距离时间差分项 $\Delta r_u^{(n)}$ 时引入的。如图 4.5 所示，t_1 和 t_2 为相邻两个观测时刻，在 $[t_1, t_2]$ 时间段内，载体 u 由 $\boldsymbol{r}_u(t_1)$ 运动到 $\boldsymbol{r}_u(t_2)$，卫星 n 由 $\boldsymbol{r}^{(n)}(t_1 - \tau_1^{(n)})$ 运动到 $\boldsymbol{r}^{(n)}(t_2 - \tau_2^{(n)})$，$\boldsymbol{u}^{(n)}(t_1)$ 和 $\boldsymbol{u}^{(n)}(t_2)$ 分别为 t_1 和 t_2 时刻单位视线矢量，则星 - 站几何距离时间差分项为

$$\Delta r_u^{(n)} = \hat{\boldsymbol{r}}_u^{(n)}(t_2) \cdot \boldsymbol{u}^{(n)}(t_2) - \hat{\boldsymbol{r}}_u^{(n)}(t_1) \cdot \boldsymbol{u}^{(n)}(t_1) \tag{4.26}$$

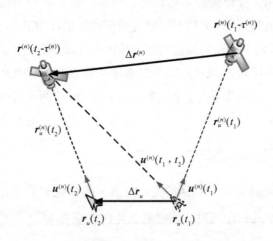

图 4.5 几何距离误差分析

式中，上标"^"代表带有误差的计算值。文献研究表明[305]，前后时刻的视线矢量夹角在 10^{-4} rad 量级，故可忽略视线矢量变化造成的计算误差。由星历误差导致的等效距离误差可表示为

$$\varepsilon_E = \boldsymbol{u}^{(n)}(t_2) \cdot \delta \boldsymbol{r}^{(n)}(t_2) - \boldsymbol{u}^{(n)}(t_1) \cdot \delta \boldsymbol{r}^{(n)}(t_1) \tag{4.27}$$

式（4.27）可等价表示为

$$\varepsilon_E = \underbrace{\left[\boldsymbol{u}^{(n)}(t_2) - \boldsymbol{u}^{(n)}(t_1, t_2) \right] \cdot \delta \boldsymbol{r}^{(n)}(t_2)}_{E_s} + \underbrace{\left[\boldsymbol{u}^{(n)}(t_1, t_2) - \boldsymbol{u}^{(n)}(t_1) \right] \cdot \delta \boldsymbol{r}^{(n)}(t_1)}_{E_a} +$$

$$\underbrace{\boldsymbol{u}^{(n)}(t_1, t_2) \cdot \left[\delta \boldsymbol{r}^{(n)}(t_2) - \delta \boldsymbol{r}^{(n)}(t_1) \right]}_{E_\Delta}$$

$$(4.28)$$

式中，E_s 为载体在相邻历元运动引起的"正星历误差"，与同步 RTK 定位中的差分星历误差表达式相同；E_a 为卫星在相邻历元运动引起的"倒星历误差"；E_Δ 来源于卫星星历误差的变化，为卫星速度误差的积分[15]。具体而言，E_s、E_a 和 E_Δ 可分别表示为

$$E_s \leqslant \frac{\| \Delta \boldsymbol{r} \|}{D} \| \delta \boldsymbol{r}^{(n)}(t_2) \| \approx \frac{v_u \cdot \Delta t}{D} \| \delta \boldsymbol{r}^{(n)}(t_2) \| \qquad (4.29)$$

$$E_a \leqslant \frac{\| \Delta \boldsymbol{r}^{(n)} \|}{D} \| \delta \boldsymbol{r}^{(n)}(t_1) \| \approx \frac{v^{(n)} \cdot \Delta t}{D} \| \delta \boldsymbol{r}^{(n)}(t_1) \| \qquad (4.30)$$

$$E_\Delta = \boldsymbol{u}^{(n)}(t_1, t_2) \cdot \int_{t_1}^{t_2} \delta \boldsymbol{v}^{(n)} \mathrm{d}t \leqslant \| \delta \boldsymbol{v}^{(n)} \| \cdot \Delta t \qquad (4.31)$$

式中，$\delta \boldsymbol{v}^{(n)}$ 为卫星速度误差。

结合式（4.29）~（4.31），可知 TDCP 观测模型中星历误差导致的等效距离误差为

$$\varepsilon_E = E_s + E_a + E_\Delta \leqslant \frac{v_u \cdot \Delta t}{D} \| \delta \boldsymbol{r}^{(n)}(t_2) \| + \frac{v^{(n)} \cdot \Delta t}{D} \| \delta \boldsymbol{r}^{(n)}(t_1) \| + \| \delta \boldsymbol{v}^{(n)} \| \cdot \Delta t$$

$$(4.32)$$

由此可知，时间差分星历误差导致的等效距离误差 ε_E 与差分龄期 Δt 呈线性关系。在 GNSS 星座运行正常且地面段监测正常的情况下，广播星历计算卫星位置误差约为 1 m（GPS 和 BDS），速度误差约为 1 mm/s，星－站距离大于 20 000 km，卫星速度小于 4 km/s。通常情况下，地面附近运动的载体速度不会特别大，易知当历元间差分间隔较小时（如 $\Delta t < 1$ s），等效距离误差为毫米量级。为充分利用高精度载波相位观测值，差分数据龄期应尽量小，以避免等效测距误差随时间增长。

以上结论对文献[230]提出的一种采用参考历元而非相邻历元时间差分的改

进 TDCP 方案具有指导意义。虽然文献[230]通过 1 100 s 时长数据验证了算法可行性，但是该方案未对系统性偏差和差分数据龄期关系进行分析。而通过上述分析可知，即使采用了精密星历和精密钟差，参考历元和当前历元的间隔依然不建议过大。

4.2.2.3　卫星钟差

对于时间差分钟差项，卫星钟差一般根据广播星历的二阶多项式模型计算，校正后残余的误差主要与卫星原子钟的稳定度有关，其对距离误差的影响为

$$\varepsilon_c = \delta f \cdot c \cdot \Delta t \tag{4.33}$$

式中，δf 为星载原子钟稳定度，目前 BDS 的星载原子钟 10 s 稳定度为 10^{-12}；GPS 的 BLOCK IIA、BLOCK IIR 和 BLOCK IIF 星载原子钟的天稳定度分别为 10^{-12}、10^{-14} 和 $10^{-14[306]}$。由式（4.33）可知，卫星钟差对距离误差的影响与差分时间间隔呈线性增长，当差分时间间隔为 10 s 以上时，其影响约为 1 mm 以上。

4.2.2.4　电离层延迟

现有文献通常假定时间差分后的大气传播延迟项对 TDCP 观测模型的影响可以忽略，未能分析大气传播延迟项随着差分时间间隔增长的变化情况。这里采用第 2 章电离层薄壳模型分析时间差分后的电离层延迟误差变化情况，如图 4.6 所示。TDCP 模型中时间差分后的电离层误差为

$$\varepsilon_I = I_u^{(n)}(t_2) - I_u^{(n)}(t_1)$$

$$= \underbrace{I_u^{(n)}(t_2) - I_{u,t_1}^{(n,t_2)}(t_2)}_{I_+} + \underbrace{I_{u,t_1}^{(n,t_2)}(t_1) - I_u^{(n)}(t_1)}_{I_-} + \underbrace{\int_{t_1}^{t_2} \dot{I}_{u,t_1}^{(n,t_2)}(t)\,\mathrm{d}t}_{I_\Delta}$$

$$\tag{4.34}$$

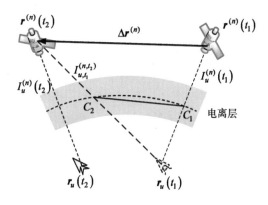

图 4.6　电离层延迟分析

式中，$I_{u,t_1}^{(n,t_2)}(t)$ 为不变路径的电离层延迟变率。可见，TDCP 观测模型中的时间差分电离层延迟由三部分组成：第一项 I_+ 为 t_2 时刻不同移动站位置对同一颗卫星的电离层延迟差异，与载体从 t_1 时刻至 t_2 时刻的位置增量有关，称为"正电离层延迟"；第二项 I_- 为 t_1 时刻移动站对同一颗卫星在不同时刻的位置的电离层延迟差异，与卫星运动引起的电离层空间路径变化有关，称为"倒电离层延迟"；第三项 I_Δ 为 t_1 时刻移动站所在位置对 t_2 时刻的卫星所在位置的不变路径的电离层延迟变率的积分。

在载体从 t_1 至 t_2 时刻的位置增量 $\|\Delta r\| \leqslant 10$ km 的情况下，I_+ 一般可以忽略；电离层从 t_1 至 t_2 时刻的空间路径变化可等效为图 4.6 中的 $C_1 C_2$，由三角形相似关系可知

$$\frac{H}{D} = \frac{r_{C_1 C_2}}{\|\Delta r^{(n)}\|} = \frac{r_{C_1 C_2}}{v^{(n)} \cdot \Delta t} \qquad (4.35)$$

式中，$H \approx 300 \sim 400$ km 为中心电离层高度；D 为卫星高度。进而可得

$$r_{C_1 C_2} = \frac{H}{D} \cdot v^{(n)} \cdot \Delta t \qquad (4.36)$$

取卫星高度 $D = 20\,000$ km、速度 $v^{(n)} = 4$ km/s，当差分龄期为 $\Delta t = 15$ s 时，$r_{C_1 C_2} \approx 1.2$ km。对于轨道高度更高的 GEO 和 IGSO 导航卫星，$r_{C_1 C_2}$ 会变小，因此 I_- 可以忽略。一般电离层处于平静期时，其时间尺度分辨率为 30 s，因此可认为 30 s 内的电离层延迟变率为 0，即可忽略 I_Δ 项的影响。

4.2.2.5 对流层延迟

与电离层延迟类似，时间差分对流层延迟也可拆分为三项

$$
\begin{aligned}
\varepsilon_T &= T_u^{(n)}(t_2) - T_u^{(n)}(t_1) \\
&= \underbrace{T_u^{(n)}(t_2) - T_{u,t_1}^{(n,t_2)}(t_2)}_{T_+} + \underbrace{T_{u,t_1}^{(n,t_2)}(t_1) - T_u^{(n)}(t_1)}_{T_-} + \underbrace{\int_{t_1}^{t_2} \dot{T}_{u,t_1}^{(n,t_2)}(t)\,\mathrm{d}t}_{T_\Delta}
\end{aligned}
$$

$$(4.37)$$

式中，$\dot{T}_{u,t_1}^{(n,t_2)}(t)$ 为不变路径的对流层延迟变率。可见，TDCP 观测模型中的时间差分对流层延迟由三部分组成：第一项 T_+ 为 t_2 时刻不同移动站位置对同一颗卫星的对流层延迟差异，与载体从 t_1 时刻至 t_2 时刻的位置增量有关，称为"正对流层延迟"；第二项 T_- 为 t_1 时刻移动站对同一颗卫星在不同时刻的位置的对流层延迟差异，与卫星运动引起的对流层空间路径变化有关，称为"倒对流层延迟"；第三项 T_Δ 为 t_1 时刻移动站所在位置对 t_2 时刻的卫星所在位置的不变路径的对流层延迟变率的积分。

在载体从 t_1 至 t_2 时刻的位置增量 $\|\Delta \boldsymbol{r}\| \leqslant 10$ km 的情况下，T_+ 一般可以忽略；由于对流层最大高度为 60 km，通过式（4.36）可知，由卫星运动导致的对流层空间路径变化比电离层空间路径变化小得多，因此在短暂的差分龄期内，T_- 也可忽略；而对流层比电离层更平稳，在短暂的差分龄期内，T_Δ 也可忽略不计。

综合式（4.25）、式（4.32）、式（4.33）、式（4.34）和式（4.37）可知，在 TDCP 观测模型中，星历误差、卫星钟差、电离层延迟和对流层延迟等系统性误差所导致的距离误差与差分时间间隔呈正相关。当电离层处于平静期时，影响 TDCP 观测模型的主要因素为星历误差和载体位置误差。

4.2.3 基于载波相位时间差分的精密位置增量解算方法

4.2.1 节推导了载波相位历元间星间差分观测方程，由此可构建载波相位信息参与的 GNSS/MEMS-SINS 紧组合导航观测方程。实际上，也可以直接联立 t_k 历元多个形如式（4.24）的历元间星间载波相位差分观测方程，采用最小二乘法求解获得 $[t_{k-1}, t_k]$ 时间内的高精度位置增量（位移向量）$\Delta \hat{r}$。这种高精度位置增量解算方法称为 PDOT 技术，是外推运动载体位置的一种有效手段[104]。

联立 t_k 历元所有可用卫星的载波相位历元间星间差分观测方程，可得

$$
\begin{cases}
\tilde{\tilde{\Phi}}_{\Delta t}^{(1r)} = -\Delta r^{\mathrm{T}} \cdot [u^{(1)}(t_k) - u^{(r)}(t_k)] + \Delta \varepsilon_\phi^{(1r)} \\
\tilde{\tilde{\Phi}}_{\Delta t}^{(2r)} = -\Delta r^{\mathrm{T}} \cdot [u^{(2)}(t_k) - u^{(r)}(t_k)] + \Delta \varepsilon_\phi^{(2r)} \\
\qquad\qquad\qquad \vdots \\
\tilde{\tilde{\Phi}}_{\Delta t}^{(mr)} = -\Delta r^{\mathrm{T}} \cdot [u^{(m)}(t_k) - u^{(r)}(t_k)] + \Delta \varepsilon_\phi^{(mr)}
\end{cases}
\tag{4.38}
$$

写成矩阵形式为

$$
Y = A \cdot \Delta r + \varepsilon
\tag{4.39}
$$

式中，$Y = [y^1, y^2, \cdots, y^m]^{\mathrm{T}}$，$y^i = \tilde{\tilde{\Phi}}_{\Delta t}^{(ir)} = \tilde{\tilde{\Phi}}_{\Delta t}^{(i)} - \tilde{\tilde{\Phi}}_{\Delta t}^{(r)}$；可用卫星颗数为 $m+1$；视线矩阵为 $A = [u^{(1)}(t_k) - u^{(r)}(t_k), \cdots, u^{(m)}(t_k) - u^{(r)}(t_k)]^{\mathrm{T}}$；$\varepsilon$ 为载波相位历元间星间差分测量随机误差，$\varepsilon = [\Delta \varepsilon_\phi^{(1r)}, \cdots, \Delta \varepsilon_\phi^{(mr)}]^{\mathrm{T}}$。

据此，采用最小二乘法求解矩阵方程，可得运动载体在相邻 GNSS 历元间的精密位置增量 $\Delta \hat{r}$ 为

$$
\Delta \hat{r} = (A^{\mathrm{T}}A)^{-1}A^{\mathrm{T}}Y
\tag{4.40}
$$

式（4.40）成立条件是观测量 Y 的维数 $m \geq 3$，即可用卫星数不少于 4 颗。试验表明，由载波相位历元间星间差分解算的位置增量达到了毫米量级精度[220]。

假设相邻 GNSS 测量历元之间的时间间隔为 Δt，可得到在 e 系中运动载体的平均速度为

$$
\Delta \hat{v} = \frac{\Delta \hat{r}}{\Delta t}
\tag{4.41}
$$

试验表明，该速度解算精度依然达到了毫米每秒量级[227]，优于多普勒定速精度[220]。

4.3　载波相位时间差分观测量的周跳探测与处理

4.2 节公式推导需要一个前提假设：载波相位观测量不发生周跳。此时，时间差分能够消除观测量中未知的整周模糊度常数。然而，受短暂遮挡、多路径信号干扰、载体运动、到达信号信噪比低或接收机/卫星故障等因素影响，接收机载波跟踪环路对卫星信号失锁后又重锁时，载波环输出的载波相位测量值会出现整周跳变，即整周模糊度值在信号重锁前后是不同的。在 GNSS 接收机进行连续测量的过程中，这种载波相位测量值发生整数周 ΔN 的整周模糊度跳变现象称为周跳。周跳的出现将直接恶化精密相对定位或精密单点定位精度。因此，基于载波相位测量的高精度卫星导航定位方法，在求解整周模糊度后，均会进行周跳探测与修复，以确保 GNSS 定位质量。

本节将重点分析周跳对载波相位时间差分观测量的影响，探讨相应的周跳探测方法及处理策略，以保证可靠的载波相位时间差分测量值辅助紧组合导航，进一步提升紧组合绝对导航性能。

4.3.1　周跳对载波相位时间差分观测量的影响分析

由图 4.7 可知，若 t_2 时刻载波相位观测值发生周跳，对后续历元载波相位观测值均会产生影响。因此，对于多历元解算模式下的 RTK 定位而言，通常需要在首次整周模糊度固定之后的解算过程中不断探测周跳是否发生，并对发生周跳的整周模糊度进行修复或重新固定。这种"先探测，再修复"的处理策略适用于需要固定载波相位整周模糊度的高精度导航定位场合。

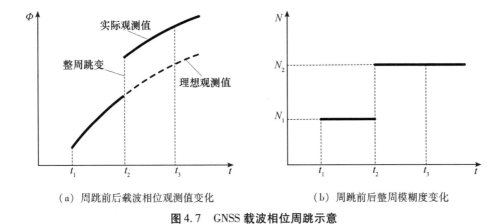

（a）周跳前后载波相位观测值变化　　　（b）周跳前后整周模糊度变化

图 4.7　GNSS 载波相位周跳示意

相比之下，周跳对载波相位时间差分测量的影响较小。当某一 GNSS 测量历元发生周跳，仅对该测量时刻的载波相位时间差分观测量产生影响，而后续 GNSS 测量历元的载波相位时间差分观测量均不受该周跳影响，如图 4.7 所示。因此，实时导航过程中必须不断对载波相位时间差分测量进行周跳探测，一旦探测到某一 GNSS 测量历元存在周跳，则不再构造该历元载波相位历元间星间差分观测量及观测方程，由此剔除该周跳对后续组合导航的不利影响。这种"先探测，再剔除"的处理策略特别适用于载波相位时间差分辅助惯性导航场合。

4.3.2　基于 TurboEdit 方法的周跳探测

周跳探测通常采用基于 MW 组合和 GF 组合的 TurboEdit 方法[307]，该方法利用双频载波相位组合测量实现动态条件下载波相位非差、单差和双差测量的周跳探测。

根据同一测量时刻 t 的第 n 颗 GNSS 卫星两个频点（频率分别为 f_1 和 f_2）上伪距测量值 $\rho_{u,1}^{(n)}$ 和 $\rho_{u,2}^{(n)}$，载波相位测量值 $\Phi_{u,1}^{(n)}$ 和 $\Phi_{u,2}^{(n)}$，可构建 MW 宽巷组合载波相位整周模糊度 $N_{u,\text{WL}}^{(n)}$

$$N_{u,\mathrm{WL}}^{(n)}(t) \triangleq N_{u,1}^{(n)}(t) - N_{u,2}^{(n)}(t)$$

$$= \left(\frac{\Phi_{u,1}^{(n)}(t)}{\lambda_1} - \frac{\Phi_{u,2}^{(n)}(t)}{\lambda_2} \right) - \frac{f_1 - f_2}{f_1 + f_2} \left(\frac{\rho_{u,1}^{(n)}}{\lambda_1} + \frac{\rho_{u,2}^{(n)}}{\lambda_2} \right) \tag{4.42}$$

式中，λ_1 和 λ_2 分别为 f_1 和 f_2 频点载波波长；$\Phi_{u,1}^{(n)}(t)$ 和 $\Phi_{u,2}^{(n)}(t)$ 分别为 f_1 和 f_2 频点上以米为单位的载波相位测量值；$N_{u,1}^{(n)}(t)$ 和 $N_{u,2}^{(n)}(t)$ 分别为 f_1 和 f_2 频点的整周模糊度。由式（4.42）可知，MW 组合不受接收机钟差、卫星钟差、大气传播延迟、接收机与卫星间几何位置的影响。在无周跳条件下，忽略伪距和载波相位测量误差，$N_{u,\mathrm{WL}}^{(n)}(t)$ 应为常量。如果 $\Phi_{u,1}^{(n)}(t)$ 或 $\Phi_{u,2}^{(n)}(t)$ 发生周跳，将引起 $N_{u,1}^{(n)}(t)$ 和 $N_{u,2}^{(n)}(t)$ 发生变化，最终导致 $N_{u,\mathrm{WL}}^{(n)}(t)$ 值的变化。因此，按照式（4.42）逐历元计算宽巷模糊度 $N_{u,\mathrm{WL}}^{(n)}(t)$，若该值变化较大，则认为发生周跳

$$\left| N_{u,\mathrm{WL}}^{(n)}(t_k) - N_{u,\mathrm{WL}}^{(n)}(t_{k-1}) \right| > 4\sigma_{\mathrm{MW}}^{(n)} \tag{4.43}$$

式中，t_{k-1} 和 t_k 表示相邻两个 GNSS 测量历元，标准差 $\sigma_{\mathrm{MW}}^{(n)}$ 可取为

$$\sigma_{\mathrm{MW}}^{(n)} = \sqrt{ \left(\frac{f_1 - f_2}{f_1 + f_2} \right)^2 \left(\frac{1}{\lambda_1^2} + \frac{1}{\lambda_2^2} \right) \sigma_\rho^2 + \frac{\sigma_{\Phi_1}^2}{\lambda_1^2} + \frac{\sigma_{\Phi_2}^2}{\lambda_2^2} } \tag{4.44}$$

式中，σ_ρ 为单频伪距测量标准差；σ_{Φ_1} 和 σ_{Φ_2} 分别为 f_1 和 f_2 频点载波相位测量标准差。

式（4.43）和式（4.44）为基于 MW 组合的周跳探测方法，该方法在构造宽巷观测值时引入噪声水平更高的伪距测量，导致无法探测到 1~2 周的小周跳。由式（4.42）可知，该方法也无法区分发生周跳的频点；且若 $\Phi_{u,1}^{(n)}(t)$ 和 $\Phi_{u,2}^{(n)}(t)$ 同时发生相同周跳，则并不引起 $N_{u,\mathrm{WL}}^{(n)}(t)$ 值的变化，此时 MW 方法失效。

无几何约束（GF）的载波相位组合观测值为

$$\Phi_{\mathrm{GF}}^{(n)}(t) \triangleq \Phi_{u,1}^{(n)}(t) - \Phi_{u,2}^{(n)}(t) = \lambda_1 \varphi_{u,1}^{(n)}(t) - \lambda_2 \varphi_{u,2}^{(n)}(t)$$

$$= \lambda_1 N_{u,1}^{(n)} - \lambda_2 N_{u,2}^{(n)} - \left(1 - \frac{f_1^2}{f_2^2} \right) I_{u,1}^{(n)} + \varepsilon_{\mathrm{GF}}^{(n)} \tag{4.45}$$

式中，$\varphi_{u,1}^{(n)}$ 和 $\varphi_{u,2}^{(n)}$ 为 f_1 和 f_2 频点上以周为单位的载波相位测量值；$I_{u,1}^{(n)}$ 为 f_1 频点电离层延迟误差；$\varepsilon_{\mathrm{GF}}^{(n)} = \lambda_1 \varepsilon_{\varphi_1}^{(n)} - \lambda_2 \varepsilon_{\varphi_2}^{(n)}$，$\varepsilon_{\varphi_1}^{(n)}$ 和 $\varepsilon_{\varphi_2}^{(n)}$ 为以周为单位的载波相位测量随机误差。由式（4.45）可知，GF 组合不受接收机钟差、卫星钟差、

对流层延迟、接收机与卫星间几何位置等影响，仅受电离层延迟误差影响。一般情况下，假设电离层变化缓慢或基本不变，$\Phi_{GF}^{(n)}(t)$ 是较平滑的时间序列，由此可用于检测周跳

$$|\Phi_{GF}^{(n)}(t_k) - \Phi_{GF}^{(n)}(t_{k-1})| > 4\sigma_{GF}^{(n)} \qquad (4.46)$$

式中，标准差 $\sigma_{GF}^{(n)}$ 可取为

$$\sigma_{GF}^{(n)} = \sqrt{2\sigma_{\Phi_1}^2 + 2\sigma_{\Phi_2}^2} = \sqrt{2\lambda_1^2\sigma_{\varphi_1}^2 + 2\lambda_2^2\sigma_{\varphi_2}^2} \qquad (4.47)$$

式（4.46）和式（4.47）为基于 GF 组合的周跳探测方法，该方法所用组合观测仅由载波相位测量值构成，精度较高，因而能够探测小周跳。由式（4.45）可知，该方法无法探测出发生在两个频点上的特殊比例周跳（即 $\Delta N_{u,1}^{(n)}/\Delta N_{u,2}^{(n)} = \lambda_2/\lambda_1$）。因此，通常将 GF 组合与 MW 组合联合使用，相互弥补各自在周跳探测中的缺陷，形成 TurboEdit 方法。联合式（4.43）和式（4.46）的周跳检测条件，当据此判定检测到周跳时，可认为当前时刻 t_k 的第 n 颗卫星对应载波相位时间差分测量值是无效的，通过这种"先探测，再剔除"的处理策略即可剔除周跳对后续组合导航的不利影响。

以上基于 TurboEdit 的周跳探测方法仅能够判断当前历元是否发生周跳，并不能准确判断周跳是发生在 $N_{u,1}^{(n)}$ 还是 $N_{u,2}^{(n)}$。因此，当仅一个频点发生周跳时，该方法会抛弃另一个频点上可用的载波相位测量，由此降低了信息利用率，可能会限制导航精度的提升，特别是在单频载波相位时间差分辅助 MEMS-SINS 紧组合的场合。但是，为确保实时导航应用可靠性，这一"过严"的检测处理机制通常为用户所接受。

4.3.3 惯性辅助载波相位周跳探测方法

TurboEdit 方法的本质在于利用 GF 组合探测 1~2 周的单频小周跳和两个频点同时发生的相同周跳（即 MW 方法无法检测到的周跳），同时利用 MW 组合探测两频点上发生的特殊比例 $\Delta N_{u,1}^{(n)}/\Delta N_{u,2}^{(n)} = \lambda_2/\lambda_1$ 周跳（即 GF 组合无法检测到的周跳）。这种联合探测方案看似完美地解决了周跳探测问题，然而 TurboEdit 方法依然存在局限性：（1）基于双频组合测量值的 TurboEdit 方法无

法确定周跳频点，因而无法实现单频周跳探测，更无法用于单频 GNSS 接收机；（2）受限于 MW 组合的小周跳探测能力，TurboEdit 方法依然无法探测某些特殊比例周跳。考虑到惯性导航系统能够提供冗余约束信息，本节通过引入惯性导航信息来辅助探测 GNSS 单频周跳和 TurboEdit 漏判的特殊比例周跳，以克服 TurboEdit 方法的上述缺点。

假设第 n 颗 GNSS 卫星两个频点发生 GF 组合不能探测到的（近似）特殊比例周跳 $\Delta N_{u,1}^{(n)}$ 和 $\Delta N_{u,2}^{(n)}$，则检验统计量 T_{GF} 须满足

$$T_{\mathrm{GF}} = \left| \lambda_1 \Delta N_{u,1}^{(n)} - \lambda_2 \Delta N_{u,2}^{(n)} \right| = \left| \lambda_d \Delta N_{u,1}^{(n)} - \lambda_2 \Delta N_d^{(n)} \right| < 4\sigma_{\mathrm{GF}}^{(n)} \qquad (4.48)$$

式中，$\lambda_d = \lambda_2 - \lambda_1$，$\Delta N_d^{(n)} = \Delta N_{u,1}^{(n)} - \Delta N_{u,2}^{(n)}$；若 MW 方法无法探测出两个频点上差值为 5 周的周跳，即 $\left| \Delta N_d^{(n)} \right| < 5$ 且 $\Delta N_d^{(n)} \in \mathbf{Z}$，则通过搜索法可获得近似满足特殊比例周跳组合的解析式

$$\Delta \hat{N}_{u,1}^{(n)} = round\left(\frac{\lambda_2}{\lambda_d} \Delta N_d^{(n)} \right), \Delta N_{u,2}^{(n)} = \Delta N_{u,1}^{(n)} - \Delta N_d^{(n)} \qquad (4.49)$$

以 GPS 系统 L1 频点（$\lambda_1 = 19$ cm）和 L2 频点（$\lambda_2 = 24.4$ cm）为例，按照式（4.49）搜索取整近似解，并绘制这些周跳组合及其 GF 检验统计量，如图 4.8 所示。由图 4.8 可知，当两个频点上的周跳数比值 $\Delta N_{u,1}^{(n)} / \Delta N_{u,2}^{(n)}$ 近似等于特殊比例 λ_2 / λ_1 且 $\left| \Delta N_d^{(n)} \right| < 5$ 时，TurboEdit 方法固有缺陷甚至会造成单个频点上的大周跳漏判。

为克服以上难题，一种可行方案是基于 INS 提供的位置预报信息实现单频测量条件下的小周跳探测。根据载波相位观测方程式（4.17），可得基于参考星 r 的星间差分观测方程为

$$\begin{aligned}\Phi^{(nr)} &= \Phi^{(n)} - \Phi^{(r)} \\ &= r_u^{(n)} - r_u^{(r)} - I^{(nr)} + T^{(nr)} - c\delta t^{(nr)} + \lambda N^{(nr)} + \varepsilon_\phi^{(nr)}\end{aligned} \qquad (4.50)$$

式中，电离层延迟误差星间差分值为 $I^{(nr)} = I^{(n)} - I^{(r)}$；对流层延迟误差星间差分值为 $T^{(nr)} = T^{(n)} - T^{(r)}$；卫星钟差星间差分值为 $c\delta t^{(nr)} = c\delta t^{(n)} - c\delta t^{(r)}$；整周模糊度星间差分值为 $N^{(nr)} = N^{(n)} - N^{(r)}$。由此可得载波相位历元间星间差分观测方程

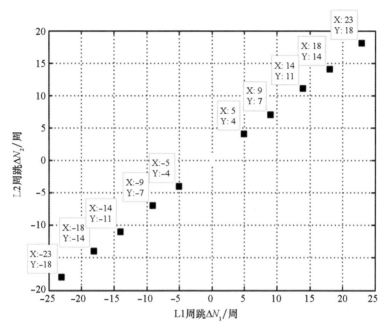

（a）双频特殊比例周跳分布

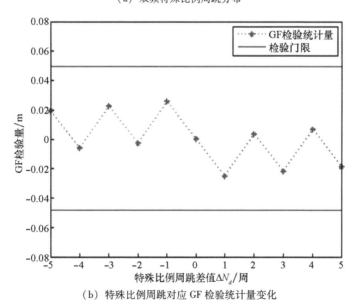

（b）特殊比例周跳对应 GF 检验统计量变化

图 4.8 TurboEdit 方法漏判的（近似）特殊比例周跳分析

$$\Delta\Phi^{(nr)} = \Delta\Phi^{(n)} - \Delta\Phi^{(r)}$$

$$= \Delta r_u^{(n)} - \Delta r_u^{(r)} - \Delta I^{(nr)} + \Delta T^{(nr)} - c\Delta\delta t^{(nr)} + \lambda\Delta N^{(nr)} + \Delta\varepsilon_\phi^{(nr)} \tag{4.51}$$

式中，根据式（4.22）可推导星—站几何距离历元间星间差分 $\Delta r_u^{(n)} - \Delta r_u^{(r)}$ 为

$$\Delta r_u^{(n)} - \Delta r_u^{(r)} = Dpl^{(n)} - Los^{(n)} - \Delta\boldsymbol{r}^{\mathrm{T}}\cdot\boldsymbol{u}^{(n)} - (Dpl^{(r)} - Los^{(r)} - \Delta\boldsymbol{r}^{\mathrm{T}}\cdot\boldsymbol{u}^{(r)})$$

$$= Dpl^{(nr)} - Los^{(nr)} - \Delta\boldsymbol{r}^{\mathrm{T}}\cdot\boldsymbol{u}^{(n)} + \Delta\boldsymbol{r}^{\mathrm{T}}\cdot\boldsymbol{u}^{(r)}$$

$$= Dpl^{(nr)} - Los^{(nr)} - \Delta\boldsymbol{r}^{\mathrm{T}}\cdot\boldsymbol{u}^{(nr)} \tag{4.52}$$

根据观测方程式（4.23），可将式（4.51）转化为

$$\tilde{\tilde{\Phi}}_{\Delta t}^{(nr)} = \tilde{\tilde{\Phi}}_{\Delta t}^{(n)} - \tilde{\tilde{\Phi}}_{\Delta t}^{(r)} = -\Delta\boldsymbol{r}^{\mathrm{T}}\cdot(\boldsymbol{u}^{(n)} - \boldsymbol{u}^{(r)}) + \lambda\Delta N^{(nr)} + e_\phi^{(nr)} \tag{4.53}$$

式中，$e_\phi^{(nr)}$ 表示由对流层和电离层残余随机误差、卫星钟差残余随机误差、载波相位历元间星间差分测量值随机误差及其他未建模误差构成的总和。将 INS 获得的位置增量 $\Delta\hat{\boldsymbol{r}} = \Delta\boldsymbol{r}_{\mathrm{INS}}$ 代入式（4.53），则

$$\varphi_{\mathrm{INS},\Delta t}^{(nr)} = \frac{\tilde{\tilde{\Phi}}_{\Delta t}^{(nr)}}{\lambda} + \frac{\Delta\boldsymbol{r}_{\mathrm{INS}}^{\mathrm{T}}}{\lambda}(\boldsymbol{u}^{(n)} - \boldsymbol{u}^{(r)}) = \Delta N^{(nr)} + \frac{1}{\lambda}e_\phi^{(nr)} \tag{4.54}$$

由此构建惯性辅助 GNSS 单频周跳探测检验统计量 $\varphi_{\mathrm{INS},\Delta t}^{(nr)}$，其判断发生周跳的条件为

$$|\varphi_{\mathrm{INS},\Delta t}^{(nr)}| > 4\sigma_{\max}^{(n)} \tag{4.55}$$

$$\sigma_{\max}^{(n)} = \sqrt{\frac{\sigma_{\tilde{\tilde{\Phi}}_{\Delta t}^{(nr)}}^2}{\lambda^2} + (\boldsymbol{u}^{(n)} - \boldsymbol{u}^{(r)})^{\mathrm{T}}\frac{\boldsymbol{\Lambda}_{\Delta\boldsymbol{r}_{\mathrm{INS}}}}{\lambda^2}(\boldsymbol{u}^{(n)} - \boldsymbol{u}^{(r)})} \tag{4.56}$$

式中，$\sigma_{\tilde{\tilde{\Phi}}_{\Delta t}^{(nr)}}^2$ 为载波相位历元间星间差分测量随机误差协方差；$\boldsymbol{\Lambda}_{\Delta\boldsymbol{r}_{\mathrm{INS}}}$ 为 INS 从上一 GNSS 测量历元（t_{k-1} 时刻）外推到当前历元（t_k 时刻）的位置增量误差协方差

$$\boldsymbol{\Lambda}_{\Delta\boldsymbol{r}_{\mathrm{INS}}} = \begin{bmatrix} \boldsymbol{I}_3 & \boldsymbol{0}_{3\times15} \end{bmatrix}\cdot\begin{bmatrix} (\boldsymbol{I}_{15} - \boldsymbol{\Phi}_{k,k-1}^{-1})\boldsymbol{P}_k^-(\boldsymbol{I}_{15} - \boldsymbol{\Phi}_{k,k-1}^{-1})^{\mathrm{T}} + \\ \sum_{i=1}^m \boldsymbol{\Phi}_{k,k_{i-1}}\boldsymbol{\Gamma}_{k_{i-1}}\boldsymbol{Q}_{k_{i-1}}\boldsymbol{\Gamma}_{k_{i-1}}^{\mathrm{T}}\boldsymbol{\Phi}_{k,k_{i-1}}^{\mathrm{T}} \end{bmatrix} \tag{4.57}$$

式中，m 表示相邻两个 GNSS 测量历元之间的 SINS 外推积分次数。

若要使检验统计量 $\Phi_{\text{INS},\Delta t}^{(nr)}$ 能够有效探测到 1 周的小周跳，则

$$4\sigma_{\max}^{(n)} < 1 \qquad (4.58)$$

即至少满足

$$\sigma_{\Delta r_{\text{INS}}} < \sigma_{\max}^{(n)} < \frac{1}{4}\lambda \qquad (4.59)$$

也即 SINS 预报位置增量中误差应优于四分之一载波波长。以 GPS 为例，其 L1 频点载波波长最短（$\lambda_1 = 19$ cm），故 SINS 预报位置增量中误差不应超过 4.76 cm，此时能够可靠地探测出 1 周的小周跳。

4.3.4　周跳探测方法实例分析

本节基于前述约 1 h 车载试验 GPS 数据，首先采用 TurboEdit 方法处理 GPS 测量数据，获得无周跳的"干净"数据。然后在"干净"数据的基础上人为加入周跳，分别采用 TurboEdit 方法和惯性辅助方法进行周跳探测，并对比分析两种方法的优劣。

在整个试验过程中，始终可见 12 号、14 号、15 号、18 号、21 号、22 号和 25 号等 7 颗 GPS 卫星。为了构造周跳探测所需的"含周跳"GPS 数据，需要对"干净"GPS 数据进行人为引入周跳处理：

（1）选中一颗可见卫星，每隔 15 s 向其"干净"的 L1 载波相位观测值加入一个正负随机、大小 $|\Delta N| = 1$ 的小周跳，形成对应该颗卫星的一组时长 1 h、含周跳 GPS 数据；

（2）$|\Delta N| = |\Delta N| + 1$，对该颗卫星重复上述过程，每次均对"干净"数据做处理，且整数 ΔN 取值保持不变；

（3）直至 $|\Delta N| = 6$，形成 6 组时长均为 1 h 且仅该颗卫星 L1 载波相位测量值发生人为周跳的含周跳 GPS 数据；

（4）选中下一颗卫星，重复（1）~（3）步，直至处理最后一颗卫星，由此形成 $6 \times 7 = 42$ 组时长均为 1 h 且仅该颗卫星 L1 载波相位测量值为含周跳 GPS 数据。

基于以上 42 组仅含单颗卫星周跳的 GPS 数据，首先分析 TurboEdit 方法

中的 MW 组合对小周跳的探测能力。每组含周跳 GPS 数据总计有 199 次人为周跳（$199 \times 15 \text{ s} = 2\,985 \text{ s}$），采用 MW 组合对每组含周跳数据进行周跳探测，统计不同卫星、不同 ΔN 周跳对应的漏警率（未探测出周跳次数/周跳总次数 $\times 100\%$），结果如图 4.9 所示。可见，当两个频点上的周跳差值 $|\Delta N_d| = |\Delta N_1 - \Delta N_2|$ 低于 5 周时，MW 组合始终存在较大的周跳探测漏警率。因此，在对式（4.49）的分析过程中，"$|\Delta N_d^{(n)}| < 5$ 且 $\Delta N_d^{(n)} \in \mathbf{Z}$" 这一条件是成立的。本算例表明了 MW 组合的探测局限，这一局限导致 TurboEdit 方法在两个频点上的周跳数比值 $\Delta N_{u,1}^{(n)} / \Delta N_{u,2}^{(n)}$ 近似等于特殊比例 λ_2 / λ_1，且 $|\Delta N_d^{(n)}| < 5$ 时，存在漏判风险。

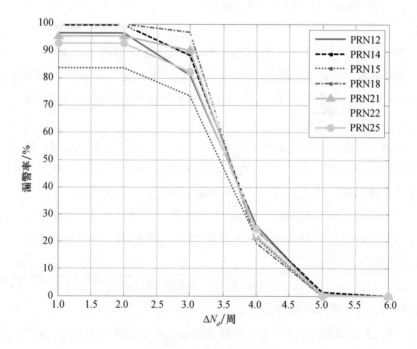

图 4.9 MW 组合周跳探测能力分析

为克服 TurboEdit 方法以上缺陷且实现单频周跳探测，4.3.3 节提出了惯性辅助方法。类似地，向 12 号、14 号、15 号、18 号、21 号、22 号和 25 号 GPS 卫星 L1 载波观测值每 15 s 加入随机正负的 ΔN 周跳（总计 199 次），ΔN 依次取从 1 到 6 的整数，每次试验中 ΔN 值保持不变。$\Delta N = 1$ 表示 1 周小周跳，此时惯性辅助周跳探测方法已能够探测到发生周跳的全部卫星及时刻，对应漏警率为0。以 PRN18 为例，绘制其检验统计量和检验阈值的变化情况，并标识发生小周跳的时刻，如图4.10所示。

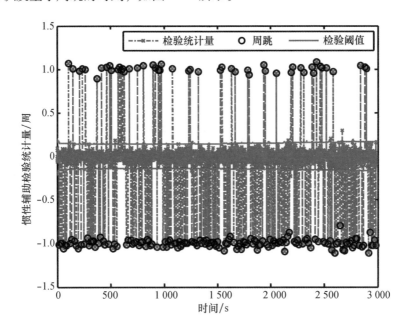

图4.10　MEMS 惯性辅助 GNSS 单频小周跳探测结果分析

由图4.10可知，惯性辅助周跳检测方法能够探测到所有1周的动态单频周跳。然而，算法依然存在一定误警率。数据分析表明，误警主要发生在载体机动（拐弯）处。这可能是因为组合导航过程中的杆臂向量标定不准引发机动时产生错误的误差状态估计，继而导致实际误差水平与估计协方差不一致，由此造成检验阈值的错误确定。尽可能减小甚至消除杆臂长度能够解决这一问题。另一种方案是采用时间序列分析（如 GARCH 模型）对检验阈值估计进行优化。

另外，在惯性辅助周跳探测过程中，$\sigma_{\Delta r_{INS}}$ 是由惯性导航位置增量误差协方差 $\Lambda_{\Delta r_{INS}}$ 提供。然而，通常实际组合导航滤波稳定以后，位置增量误差协方差对角元会在一定程度上优于其对应的真误差水平。因此，在保证漏警率的同时，该惯性辅助周跳探测方法也可能会出现"检验统计量过大而检验门限过小"的误判（即误警风险）。

以上零漏警率和较高误警率的惯性辅助效果，实际上相当于一个"过严"检测过程。这对于实时组合导航是可以接受的，因为用户通常对可靠性、安全性有着极高的要求。

4.4 载波相位时间差分增强的卫星/惯性紧组合导航方法

为保证载波相位时间差分测量值的可靠性，可采用4.3节所述的周跳探测方法消除载波相位周跳对后续组合导航的不利影响。4.2节分别推导了载波相位历元间星间差分观测方程和精密位置增量解算模型，本节将分别对这两种模型进行扰动分析，推导基于误差状态的组合导航卡尔曼滤波器测量方程，构成全紧组合和拟紧组合这两种组合导航方案。

4.4.1 基于载波相位时间差分解算的精密位置增量辅助

本节将根据几何关系推导精密位置增量 PDOT 辅助 MEMS-SINS 的卡尔曼滤波观测方程。前已述及，PDOT 方法利用 t_{k-1} 和 t_k 相邻两个 GNSS 历元的载波相位观测值做历元间星间差分，通过最小二乘估计获得从 t_{k-1} 时刻到 t_k 时刻载体的高精度位置增量 $\Delta r_{k/k-1}$，如图 4.11 所示。图中 r_{k-1} 和 r_k 分别表示 t_{k-1} 和 t_k 时刻的载体位置真值；r_{k-1}^+ 表示 t_{k-1} 时刻测量更新修正后的载体位置估计值，r_k^- 表示 t_k 时刻的位置预报值，两者对应的位置误差分别记为 δr_{k-1} 和 δr_k；$\Delta \hat{r}_{k/k-1}$ 表示从 t_{k-1} 时刻到 t_k 时刻载体的位移向量（即位置增量）的估计值。鉴于由 PDOT 获得的历元间位置增量精度很高，可近似为两个时刻位置真值之间的增量 $\Delta r_{k/k-1}$，由此构造图 4.11 所示的向量三角形。

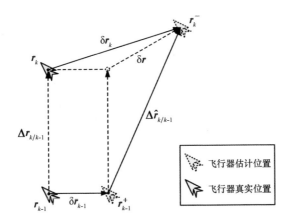

图 4.11　历元间位置增量与位置误差状态之间几何关系示意

由图 4.11 中几何关系可知

$$\delta \boldsymbol{r}_k - \delta \boldsymbol{r}_{k-1} = \boldsymbol{r}_k^- - \boldsymbol{r}_{k-1}^+ - \Delta \boldsymbol{r}_{k/k-1} \qquad (4.60)$$

考虑到 PDOT 解算位置增量 $\Delta \boldsymbol{r}_{k/k-1}$ 存在随机误差 $\boldsymbol{e}_{k/k-1}^{\mathrm{PDOT}}$，则式（4.60）应写为

$$\delta \boldsymbol{r}_k - \delta \boldsymbol{r}_{k-1} = \boldsymbol{r}_k^- - \boldsymbol{r}_{k-1}^+ - \Delta \boldsymbol{r}_{k/k-1} - \boldsymbol{e}_{k/k-1}^{\mathrm{PDOT}} \qquad (4.61)$$

式中，随机误差 $\boldsymbol{e}_{k/k-1}^{\mathrm{PDOT}}$ 均方差通常可取 2 cm（工程经验值）。

借助于状态转移矩阵 $\boldsymbol{\Phi}_{k,k-1}$，能够将 t_{k-1} 时刻误差状态 $\boldsymbol{x}_{k-1}^+$ 传播至 t_k 时刻 $\boldsymbol{x}_k^-$，则

$$\boldsymbol{x}_k^- = \boldsymbol{\Phi}_{k,k-1} \cdot \boldsymbol{x}_{k-1}^+ \qquad (4.62)$$

式中，误差状态 $\boldsymbol{x}_{k-1}^+$ 和 $\boldsymbol{x}_k^-$ 的前三个元素构成的子向量为位置误差 $\delta \boldsymbol{r}_{k-1}$ 和 $\delta \boldsymbol{r}_k$，得

$$\delta \boldsymbol{r}_k = [\boldsymbol{I}_{3\times3} \quad \boldsymbol{0}_{3\times12}] \cdot \boldsymbol{\Phi}_{k,k-1} \cdot \delta \boldsymbol{r}_{k-1} \qquad (4.63)$$

将式（4.63）代入式（4.61），则

$$\boldsymbol{r}_k^- - \boldsymbol{r}_{k-1}^+ - \Delta \boldsymbol{r}_{k/k-1} = [\boldsymbol{I}_{3\times3} \quad \boldsymbol{0}_{3\times12}] \cdot [\boldsymbol{I}_{15\times15} - \boldsymbol{\Phi}_{k,k-1}^{-1}] \boldsymbol{x}_k + \boldsymbol{e}_{k/k-1}^{\mathrm{PDOT}} \quad (4.64)$$

式中，$\boldsymbol{r}_k^- - \boldsymbol{r}_{k-1}^+$ 由 MEMS-SINS 导航结果提供，$\Delta \boldsymbol{r}_{k/k-1}$ 由 PDOT 提供，均为已知量。故可定义观测量 $\boldsymbol{z}_{\mathrm{PDOT}} = \boldsymbol{r}_k^- - \boldsymbol{r}_{k-1}^+ - \Delta \boldsymbol{r}_{k/k-1}$，精密位置增量观测方程具有如下形式

$$z_{\text{PDOT}} = \boldsymbol{H}_{\text{PDOT}} \cdot \boldsymbol{x} + \boldsymbol{e}_{\text{PDOT}} \tag{4.65}$$

式中，$\boldsymbol{e}_{\text{PDOT}} = \begin{bmatrix} e_x^{\text{PDOT}} & e_y^{\text{PDOT}} & e_z^{\text{PDOT}} \end{bmatrix}^{\text{T}}$ 是 e 系历元间位置增量测量噪声；观测设计矩阵 $\boldsymbol{H}_{\text{PDOT}} = \begin{bmatrix} \boldsymbol{I}_{3 \times 3} & \boldsymbol{0}_{3 \times 12} \end{bmatrix} \cdot \begin{bmatrix} \boldsymbol{I}_{15 \times 15} - \boldsymbol{\Phi}_{k,k-1}^{-1} \end{bmatrix}$。式（4.65）即为卫星/惯性拟紧组合观测模型。这里称"拟紧"一方面是为了与直接采用载波相位时间差分测量进行的完全紧组合方案相区别，另一方面也是指出采用 PDOT 解算位置增量的观测模型在一定程度上类似于前述松组合方式。

4.4.2 基于载波相位时间差分观测量辅助

本节将对载波相位时间差分测量方程式（4.24）进行扰动分析，推导卡尔曼滤波观测方程。定义新的观测量 $Y^{(n)} = \Delta \tilde{\tilde{\boldsymbol{\Phi}}}^{(nr)}$，将式（4.24）重写如下

$$Y^{(n)} = -\Delta \boldsymbol{r}^{\text{T}} \cdot \left(\boldsymbol{u}^{(n)}(t_k) - \boldsymbol{u}^{(r)}(t_k) \right) + \Delta \varepsilon_\phi^{(nr)} \tag{4.66}$$

式中，$Y^{(n)}$ 表示第 n 颗卫星的载波相位历元间星间差分测量值，为标量；将向量 $\Delta \boldsymbol{r}$、$\boldsymbol{u}^{(n)}(t_k)$ 和 $\boldsymbol{u}^{(r)}(t_k)$ 投影在 n 系，式（4.66）转化为

$$Y^{(n)} = \left[\boldsymbol{C}_e^n(t_k) \cdot \left(\boldsymbol{u}^{(r)}(t_k)^e - \boldsymbol{u}^{(n)}(t_k)^e \right) \right]^{\text{T}} \cdot \Delta \boldsymbol{r}^n + \Delta \varepsilon_\phi^{(nr)} \tag{4.67}$$

式中，$\boldsymbol{C}_e^n(t_k)$ 为 t_k 时刻从 e 系至 n 系的转换矩阵；$\Delta \boldsymbol{r}^n$ 表示在 n 系中从 t_{k-1} 至 t_k 时间内 GNSS 天线相位中心的位置增量（位移向量），即

$$\Delta \boldsymbol{r}^n = \int_{t_{k-1}}^{t_k} \boldsymbol{v}^n \mathrm{d}t + \boldsymbol{C}_b^n(t_k) \boldsymbol{\ell}^b - \boldsymbol{C}_b^n(t_{k-1}) \boldsymbol{\ell}^b \tag{4.68}$$

式中，$\boldsymbol{v}^n$ 表示惯导速度；$\boldsymbol{C}_b^n(t_{k-1})$ 和 $\boldsymbol{C}_b^n(t_k)$ 分别表示在 t_{k-1} 和 t_k 时刻从 b 系至 n 系的方向余弦矩阵；$\boldsymbol{\ell}^b$ 表示杆臂向量在 b 系投影（假设导航过程期间保持不变）。

将式（4.68）代入式（4.67），可得

$$Y^{(n)} = \left[\boldsymbol{C}_e^n(t_k) \cdot \boldsymbol{u}^{(rn)}(t_k)^e \right]^{\text{T}} \cdot \left[\int_{t_{k-1}}^{t_k} \boldsymbol{v}^n \mathrm{d}t + \left(\boldsymbol{C}_b^n(t_k) - \boldsymbol{C}_b^n(t_{k-1}) \right) \boldsymbol{\ell}^b \right] + \Delta \varepsilon_\phi^{(nr)}$$

$$\tag{4.69}$$

对式（4.69）等号两边做扰动分析，可得

$$\delta Y^{(n)} = Y_{\text{SINS}}^{(n)} - Y_{\text{GNSS}}^{(n)}$$

$$= \left[C_e^n(t_k) \left(u^{(n)}(t_k) - u^{(r)}(t_k) \right) \right]^{\text{T}} \cdot$$

$$\left[\int_{t_{k-1}}^{t_k} \delta v^n \mathrm{d}t + \left(\delta C_b^n(t_k) - \delta C_b^n(t_{k-1}) \right) \ell^b \right] + e_\phi^{(nr)} \qquad (4.70)$$

式中，$Y_{\text{SINS}}^{(n)}$ 表示惯导预报的第 n 颗卫星载波相位历元间星间差分预报值；$Y_{\text{GNSS}}^{(n)}$ 表示第 n 颗卫星的载波相位历元间星间差分测量值 $\Delta \tilde{\tilde{\Phi}}^{(nr)}$。

设 n 系与 p 系之间存在小角度误差，即 p 系旋转 ϕ 后与 n 系重合，则

$$\delta C_b^p = \delta C_n^p \cdot C_b^n + C_n^p \cdot \delta C_b^n = \delta C_n^p \cdot C_b^n$$

$$= -(\phi \times) C_n^p C_b^n = -(\phi \times) C_b^p \qquad (4.71)$$

一方面，式（4.70）的右边项 $(\delta C_b^n(t_k) - \delta C_b^n(t_{k-1})) \ell^b$ 可化为

$$(\delta C_b^n(t_k) - \delta C_b^n(t_{k-1})) \ell^b = (C_b^n(t_k) \ell^b \times) \phi(t_k) - (C_b^n(t_{k-1}) \ell^b \times) \phi(t_{k-1}) \qquad (4.72)$$

式中，$\phi(t_{k-1})$ 和 $\phi(t_k)$ 分别表示 t_{k-1} 和 t_k 时刻的失准角。同时，借助于状态转移矩阵 $\Phi_{t_k,t_{k-1}}$，利用式（4.62）将 t_{k-1} 时刻误差状态 x_{k-1}^+ 传播至 t_k 时刻 x_k^-。此时，从误差状态向量 x_{k-1}^+ 和 x_k^- 中提取子向量，即为姿态误差状态 $\phi(t_{k-1})$ 和 $\phi(t_k)$。

令 $C_r = \begin{bmatrix} I_{3\times3} & 0_{3\times12} \end{bmatrix}$、$C_v = \begin{bmatrix} 0_{3\times3} & I_{3\times3} & 0_{3\times9} \end{bmatrix}$、$C_\phi = \begin{bmatrix} 0_{3\times6} & I_{3\times3} & 0_{3\times6} \end{bmatrix}$、$C_\nabla = \begin{bmatrix} 0_{3\times9} & I_{3\times3} & 0_{3\times3} \end{bmatrix}$ 和 $C_\varepsilon = \begin{bmatrix} 0_{3\times12} & I_{3\times3} \end{bmatrix}$，则

$$\phi(t_{k-1}) = C_\phi \Phi_{t_k,t_{k-1}}^{-1} x_k \qquad (4.73)$$

故式（4.72）可转化为

$$(\delta C_b^n(t_k) - \delta C_b^n(t_{k-1})) \ell^b = (C_b^n(t_k) \ell^b \times) \phi(t_k) - (C_b^n(t_{k-1}) \ell^b \times) C_\phi \Phi_{t_k,t_{k-1}}^{-1} x_k \qquad (4.74)$$

另一方面，式（4.70）的右边项 $\int_{t_{k-1}}^{t_k} \delta v^n \mathrm{d}t$ 可化为

$$\int_{t_{k-1}}^{t_k} \delta \boldsymbol{v}^n \mathrm{d}t = \int_{t_{k-1}}^{t_k} \boldsymbol{C}_v \boldsymbol{\Phi}_{t,t_{k-1}} \boldsymbol{\Phi}_{t_{k-1},t_k} \boldsymbol{x}_k \mathrm{d}t$$

$$= \boldsymbol{C}_v \Big(\int_{t_{k-1}}^{t_k} \boldsymbol{\Phi}_{t,t_{k-1}} \mathrm{d}t \Big) \cdot \boldsymbol{\Phi}_{t_{k-1},t_k} \boldsymbol{x}_k \qquad (4.75)$$

$$= \boldsymbol{C}_v \Big(\sum_{i=0}^{l-1} \boldsymbol{\Phi}_{t_{k-1}+i\cdot\delta t,t_{k-1}} \cdot \delta t \Big) \boldsymbol{\Phi}_{t_k,t_{k-1}}^{-1} \boldsymbol{x}_k$$

式中，δt 表示 MEMS-SINS 数据采样时间间隔；l 表示相邻两个 GNSS 测量历元 t_{k-1} 和 t_k 之间的 IMU 测量数据个数，满足 $t_k - t_{k-1} = l \cdot \delta t$。

由此获得直接采用载波相位历元间星间差分观测值的卡尔曼滤波测量方程

$$\delta Y^{(n)} = \big[\boldsymbol{C}_e^n(t_k) (\boldsymbol{u}^{(n)}(t_k) - \boldsymbol{u}^{(r)}(t_k)) \big]^{\mathrm{T}} \cdot$$

$$\left\{ \begin{array}{l} \Big[\boldsymbol{C}_v \Big(\sum_{i=0}^{l-1} \boldsymbol{\Phi}_{t_{k-1}+i\cdot\delta t,t_{k-1}} \cdot \delta t \Big) \boldsymbol{\Phi}_{t_k,t_{k-1}}^{-1} - (\boldsymbol{C}_b^n(t_{k-1}) \boldsymbol{\ell}^b \times) \boldsymbol{C}_\phi \boldsymbol{\Phi}_{t_k,t_{k-1}}^{-1} \Big] \boldsymbol{x}_k + \\[2ex] (\boldsymbol{C}_b^n(t_k) \boldsymbol{\ell}^b \times) \boldsymbol{\phi}(t_k) \end{array} \right\} + e_\phi^{(nr)}$$

$$(4.76)$$

定义该组合导航观测量 $\boldsymbol{z}_\phi^r$ 由 GNSS 载波相位历元间星间测量值与 MEMS-SINS 预报值之差构成，即

$$\boldsymbol{z}_\phi^r = (Y_{\mathrm{SINS}}^{(1)} - Y_{\mathrm{GNSS}}^{(1)}, Y_{\mathrm{SINS}}^{(2)} - Y_{\mathrm{GNSS}}^{(2)}, \cdots, Y_{\mathrm{SINS}}^{(m)} - Y_{\mathrm{GNSS}}^{(m)})^{\mathrm{T}} \qquad (4.77)$$

观测方程通常具有如下典型形式

$$\boldsymbol{z}_\phi = \boldsymbol{H}_\phi \cdot \boldsymbol{x} + \boldsymbol{e}_\phi \qquad (4.78)$$

式中，$\boldsymbol{e}_\phi = \big[e_\phi^{(1r)} \cdots e_\phi^{(mr)} \big]^{\mathrm{T}}$ 为对应 TDCP 星间差分观测噪声；设计矩阵 $\boldsymbol{H}_\phi$ 为

$$\boldsymbol{H}_\phi = \begin{pmatrix} (\boldsymbol{C}_r \boldsymbol{H}_1)^{\mathrm{T}} & (\boldsymbol{C}_v \boldsymbol{H}_1)^{\mathrm{T}} & (\boldsymbol{C}_\phi \boldsymbol{H}_1)^{\mathrm{T}} + \boldsymbol{C}_G^{(1)} \boldsymbol{H}_A & (\boldsymbol{C}_\nabla \boldsymbol{H}_1)^{\mathrm{T}} & (\boldsymbol{C}_\varepsilon \boldsymbol{H}_1)^{\mathrm{T}} \\ \vdots & \vdots & \vdots & \vdots & \vdots \\ (\boldsymbol{C}_r \boldsymbol{H}_m)^{\mathrm{T}} & (\boldsymbol{C}_v \boldsymbol{H}_m)^{\mathrm{T}} & (\boldsymbol{C}_\phi \boldsymbol{H}_m)^{\mathrm{T}} + \boldsymbol{C}_G^{(m)} \boldsymbol{H}_A & (\boldsymbol{C}_\nabla \boldsymbol{H}_m)^{\mathrm{T}} & (\boldsymbol{C}_\varepsilon \boldsymbol{H}_m)^{\mathrm{T}} \end{pmatrix}$$

$$(4.79)$$

式中，

$$\boldsymbol{C}_G^{(n)} = \left[\boldsymbol{C}_e^n(t_k)(\boldsymbol{u}^{(n)}(t_k) - \boldsymbol{u}^{(r)}(t_k))\right]^{\mathrm{T}}$$

$$\boldsymbol{H}_m = (\boldsymbol{C}_G^{(m)}\boldsymbol{H}_x)^{\mathrm{T}}, \boldsymbol{H}_A = (\boldsymbol{C}_b^n(t_k)\boldsymbol{\ell}^b \times)$$

$$\boldsymbol{H}_x = \left[\boldsymbol{C}_v\left(\sum_{i=0}^{l-1}\boldsymbol{\Phi}_{t_{k-1}+i\cdot\delta t,t_{k-1}}\cdot\delta t\right)\boldsymbol{\Phi}_{t_k,t_{k-1}}^{-1} - (\boldsymbol{C}_b^n(t_{k-1})\boldsymbol{\ell}^b \times)\boldsymbol{C}_\phi\boldsymbol{\Phi}_{t_k,t_{k-1}}^{-1}\right]$$

$$(4.80)$$

式（4.78）即为直接使用载波相位历元间星间差分测量的卫星/惯性紧组合方案观测模型。

4.4.3 拟紧组合和全紧组合方法优劣对比

本节所提的拟紧组合和全紧组合方案，其实质在于对载波相位历元间星间差分测量的松组合与紧组合。得益于 4.1.1 节详述的紧组合一系列优势（如 $\boldsymbol{H}_\phi$ 反映几何构型、测量值低相关性、可见星较少条件下的辅助能力等），GNSS/MEMS-SINS 全紧组合方案有望具有比拟紧组合更好的性能与精度。

下面采用与 4.1 节同样的车载试验数据来比较拟紧组合和全紧组合两种方法的性能差异，分析载波相位时间差分观测信息是否给基于伪距、多普勒频移的 GNSS/MEMS-SINS 传统紧组合方法带来性能改善。关于试验设备参数及试验条件设置可参考第 7 章。

对于同一段时长约 1 h 的车载数据，分别采用本节拟紧组合（QTC）方法和全紧组合（TC）方法进行处理。与事后参考基准（高精度 POS 提供）比对，所得三维导航误差结果如图 4.12 所示。图中蓝色虚线表示基于 PDOT 精密位置增量辅助的拟紧组合导航方法，红色实线表示基于伪距、多普勒频移和载波相位历元间星间差分测量的全紧组合导航方法，黑色点线为 4.1 节单差紧组合导航方法。

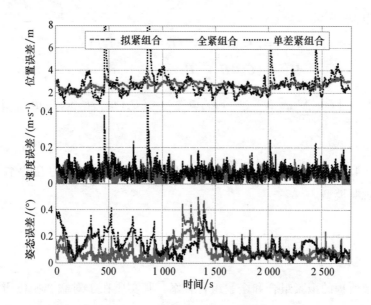

图 4.12　拟紧组合与全紧组合的车载试验导航误差比较

由图 4.12 可以看出，在原先基于伪距、多普勒星间单差 GNSS/MEMS-SINS 紧组合的基础之上，通过引入载波相位历元间星间差分观测量（PDOT 位置增量或者 TDCP 测量），组合导航定速、定姿精度在大多数时间段均得到提升，且定位误差曲线明显更加平滑。另外，引入高精度载波相位时间差分信息之后，原先基于伪距和多普勒频移星间单差的紧组合导航定位、定速"野值"在一定程度上也得到抑制。

不同方法对应的三维位置、速度和姿态误差均方根如表 4.3 所示。与单差紧组合方法相比，拟紧组合方法将定位、定速和定姿误差均方根分别从 3.045 3 m、0.078 0 m/s 和 0.150 9°缩小至 2.585 1 m、0.053 5 m/s 和 0.131 6°，精度整体上分别提升了约 15.11%、31.41% 和 12.79%；而全紧组合方法将定位、定速和定姿误差均方根分别缩小至 2.741 2 m、0.046 8 m/s 和 0.098 6°，精度整体上分别提升了约 9.99%、40.0% 和 34.66%。

表 4.3 拟紧组合与全紧组合的三维导航误差均方根值对比

导航方法	位置误差均方根/m	速度误差均方根/(m·s^{-1})	姿态误差均方根/(°)
拟紧组合	2.585 1	0.053 5	0.131 6
全紧组合	2.741 2	0.046 8	0.098 6
单差紧组合	3.045 3	0.078 0	0.150 9

为保证组合导航不受 GNSS 测量粗差的影响（尤其是伪距、多普勒频移测量异常值），这里依然基于 Mahalanobis 距离构造粗差探测检验统计量，采用基于方差匹配的抗差滤波方法，如式（3.67）～（3.69）所示。主要区别在于式（3.67）～（3.69）中的观测设计矩阵 $\boldsymbol{H}_k$ 需采用拟紧组合观测设计矩阵 $[\boldsymbol{H}_T;\ \boldsymbol{H}_{\text{PDOT}}]$ 或全紧组合观测设计矩阵 $[\boldsymbol{H}_T;\ \boldsymbol{H}_{\phi}]$。对于同一段 1 h 车载动态数据，采用该抗差滤波方法进行处理，得到的三维导航误差如图 4.13 所示。图中蓝色虚线表示拟紧组合的抗差滤波结果，红色实线表示全紧组合的抗差滤波结果，黑色点线表示单差紧组合的抗差滤波结果。在引入抗差卡尔曼滤波方法以后，所有组合导航结果均不再受"野值"影响，保证了滤波稳定性和可靠性。

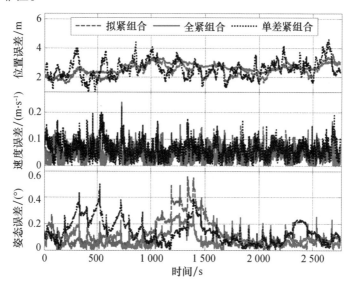

图 4.13 抗差拟紧组合与抗差全紧组合的车载试验导航误差比较

同样地，试验结果表明拟紧和全紧组合方案的速度和姿态精度均优于基于伪距、多普勒频移星间单差的紧组合结果，且定位误差更加平滑。另外，全紧组合和拟紧组合方案的定位精度相当；但是全紧组合的定速、定姿精度明显优于拟紧组合方案，且全紧组合的定位误差更加平滑。这是因为全紧组合观测模型依然能够反映变化的 GDOP，从而避免了拟紧组合中复杂时变的 PDOT 位置增量方差难以精确描述的问题，提升了组合导航性能。

以上三种抗差方法对应的三维位置、速度和姿态误差均方根如表 4.4 所示。与抗差单差紧组合导航方法相比，抗差拟紧组合方法在定位、定速和定姿误差均方根上分别从 2.637 5 m、0.067 4 m/s、0.162 8°缩小至 2.486 6 m、0.053 3 m/s、0.159 9°，定位和定速精度整体上分别提升了 5.72% 和 20.92%，定姿精度略有改善。而抗差全紧组合方法将定速和定姿误差均方根分别缩小至 0.046 5 m/s 和 0.099 0°，定速和定姿精度整体上分别提升了 31.01% 和 39.19%，定位精度相当。

表 4.4　抗差拟紧组合与抗差全紧组合的三维导航误差均方根值对比

导航方法	位置误差均方根/m	速度误差均方根/(m·s⁻¹)	姿态误差均方根/(°)
抗差拟紧组合	2.486 6	0.053 3	0.159 9
抗差全紧组合	2.642 4	0.046 5	0.099 0
抗差单差紧组合	2.637 5	0.067 4	0.162 8

另外，与拟紧组合方案相比，全紧组合方案分别在定速和定姿精度上进一步提升了约 12.52% 和 25.08%，且位置精度基本相当。将抗差滤波方法引入组合方案，相比于抗差拟紧组合方法，抗差全紧组合方法在维持同等定位精度的同时，整体上分别将定速和定姿精度提升了约 12.76% 和 38.09%。

由此可见，全紧组合方法性能优于拟紧组合方法。另外，得益于高精度载波相位历元间星间差分测量信息的辅助，全紧组合导航最大优势在于定速和定姿精度的提升。在后续第 7 章将分析由此带来的滑行能力和位置增量精度的改善效果，这些性能改善反过来也有益于惯性辅助 GNSS 载波相位周跳探测能力的提升。

4.5　基于新息检验的抗差序贯估计方法

在实现卫星/惯性紧组合导航时，工程上通常采用经典卡尔曼滤波算法。该算法采用批处理模式，即需先将同一时刻所有可用观测值构成一个观测向量，再通过一次测量更新计算完成系统状态最优估计，如式（3.45）~（3.49）所示。这一测量更新过程涉及卡尔曼增益矩阵求解（即对一个与观测值个数同维度的方阵求逆），当矩阵维数（或观测值个数）过高时，这一求逆运算将给嵌入式导航系统带来沉重的计算负担，严重危害导航计算的实时性和可靠性。随着多系统、多频点 GNSS 不断发展完善，组合导航接收机能够在每一观测时刻获得大量可用的伪距、多普勒频移和载波相位原始观测信息，高维观测条件下的组合导航算法计算效率问题已成为实时导航必须解决的技术问题。另外，高维观测信息中不可避免地存在测量粗差或异常，如不进行探测、剔除或处理，将损害组合导航精度。3.3 节和 4.1 节所述的批处理抗差模式在探测到异常观测值后，将减小对应观测时刻的全部观测值对导航状态估计的修正权重，这种做法降低了正常观测信息的利用率，限制了系统导航精度。

本节将对上述多系统、多频点 GNSS 高维观测条件下的组合导航测量更新计算效率低和观测信息利用率低等问题开展研究，详述一种基于新息检验的抗差序贯估计方法。该方法采用标量化处理的序贯滤波技术，基于序贯滤波新息设计可用于探测每一维观测异常的检验统计量，并采用方差匹配技术来抵抗粗差影响。得益于将卡尔曼增益矩阵求解中的高维矩阵求逆简化为标量除法，该抗差序贯估计方法提高了计算效率，并保证了数值计算的稳定性。另外，该方法还能探测出高维 GNSS 观测向量中的观测粗差所在维度，更合理地剔除异常观测值，使用正常值，从而提升了抗差滤波模式下 GNSS 观测信息利用率和导航精度。

4.5.1 序贯卡尔曼滤波

序贯卡尔曼滤波的时间更新过程与批处理模式相同，如式（3.45）和式（3.46）所示。误差状态 $\boldsymbol{x}_0^+$ 和其方差阵 $\boldsymbol{P}_0^+$ 初始化为

$$\begin{cases} \boldsymbol{x}_0^+ = \boldsymbol{0} \\ \boldsymbol{P}_0^+ = E\left[\boldsymbol{x}_0^+ \cdot (\boldsymbol{x}_0^+)^{\mathrm{T}}\right] \end{cases} \tag{4.81}$$

经验表明，可观性较强的状态分量初值和方差阵取值应适当放大，以加速滤波收敛；可观性较弱的状态分量初值和方差阵设置应尽量准确，过大会引起状态估计剧烈波动，过小会导致收敛速度较慢；对于不可观的状态分量，其状态估计和方差阵均不会随着滤波更新而变化，此时应将其从状态向量中移除[308]，提高计算效率。

假设在当前观测时刻 t_k 共有 m 个可用观测值，观测向量 $\boldsymbol{z}_k$、观测矩阵 $\boldsymbol{H}_k$ 和观测噪声方差阵 $\boldsymbol{R}_k$ 可写为

$$\boldsymbol{z}_k = \begin{bmatrix} z_k^1 & z_k^2 & \cdots & z_k^m \end{bmatrix}^{\mathrm{T}} \tag{4.82}$$

$$\boldsymbol{H}_k = \begin{bmatrix} \boldsymbol{h}_k^1 & \boldsymbol{h}_k^2 & \cdots & \boldsymbol{h}_k^m \end{bmatrix}^{\mathrm{T}} \tag{4.83}$$

$$\boldsymbol{R}_k = \mathrm{diag}\begin{pmatrix} r_k^1 & r_k^2 & \cdots & r_k^m \end{pmatrix} \tag{4.84}$$

式中，z_k^i 代表 t_k 时刻第 i 个观测值；$\boldsymbol{h}_k^{i\mathrm{T}}$ 为对应第 i 个观测值的观测设计矩阵行向量；r_k^i 为第 i 个观测值的噪声方差值。

在序贯滤波测量更新过程中，依次处理上述 m 个观测值

$$\begin{cases} \boldsymbol{k}_k^i = \boldsymbol{P}_k^{i-1,+}\boldsymbol{h}_k^i / (\boldsymbol{h}_k^{i\mathrm{T}}\boldsymbol{P}_k^{i-1,+}\boldsymbol{h}_k^i + r_k^i) \\ \boldsymbol{x}_k^{i,+} = \boldsymbol{x}_k^{i-1,+} + \boldsymbol{k}_k^i(z_k^i - \boldsymbol{h}_k^{i\mathrm{T}} \cdot \boldsymbol{x}_k^{i-1,+}), \quad i = 1,2,\cdots,m \\ \boldsymbol{P}_k^{i,+} = (\boldsymbol{I} - \boldsymbol{k}_k^i \cdot \boldsymbol{h}_k^{i\mathrm{T}}) \cdot \boldsymbol{P}_k^{i-1,+} \end{cases} \tag{4.85}$$

式中，上标"i"表示当前 t_k 时刻测量更新中的第 i 次更新，即使用 $\boldsymbol{z}_k$ 的第 i 个测量值进行更新；测量更新初值为卡尔曼滤波时间更新后的误差状态 $\boldsymbol{x}_k^-$ 和协方差阵 $\boldsymbol{P}_k^-$，即

$$\boldsymbol{x}_k^{0,+} = \boldsymbol{x}_k^-, \quad \boldsymbol{P}_k^{0,+} = \boldsymbol{P}_k^- \tag{4.86}$$

4.5.2　基于新息检验的抗差序贯估计方法

如3.3.1节所述，正常工作情况下的卡尔曼滤波新息服从均值为零的正态分布。但是，观测异常的出现将使这个结论不再成立，且会恶化滤波器性能，严重时甚至会导致滤波器发散。组合导航必须采用一定方法来克服异常观测值的不利影响。

根据式（4.85），在 t_k 时刻第 i 次测量更新时，卡尔曼滤波新息 v_k^i 和方差值 σ_i^2 为

$$v_k^i = z_k^i - \boldsymbol{h}_k^{i\mathrm{T}} \cdot \boldsymbol{x}_k^{i-1,+}$$
$$\sigma_i^2 = \boldsymbol{h}_k^{i\mathrm{T}} \cdot \boldsymbol{P}_k^{i-1,+} \cdot \boldsymbol{h}_k^i + r_k^i \tag{4.87}$$

式中，$\boldsymbol{x}_k^{i-1,+}$ 为经过前 $i-1$ 次测量更新后的误差状态估计值。在 GNSS 观测量正常的条件下，新息 v_k^i 服从零均值正态分布。因此，可采用假设检验方法来探测 GNSS 观测异常，对应零假设 H_0 和备选假设 H_1 为

$$H_0 : v_k^i \sim N(0, \sigma_i^2)$$
$$H_1 : v_k^i \sim N(\delta, \sigma_i^2) \tag{4.88}$$

式中，δ 为异常条件下的新息分布均值。设计检验统计量为

$$\gamma_k^i = \frac{v_k^i}{\sigma_i} \tag{4.89}$$

因此，正常观测条件下，统计量 γ_k^i 服从标准正态分布，式（4.88）简化为

$$H_0 : \gamma_k^i \sim N(0, 1)$$
$$H_1 : \gamma_k^i \sim N(\delta', 1) \tag{4.90}$$

式中，$\delta' = \dfrac{\delta}{\sigma_i}$。

给定误警率，检验门限 T_d 可以根据标准正态分布函数计算得到。当检验统计量满足 $|\gamma_k^i| > T_d$ 时，则拒绝原假设，此时认为原始观测值存在异常。设误警率为 α，检验门限 T_d 恰好为标准正态分布的（$1-\alpha/2$）分位数，即 $T_d =$

$n_{1-\alpha/2}$，表明判定观测异常的决策风险（概率）为 α。基于假设检验的观测异常（或粗差）探测概率分布函数如图 4.14 所示，可通过检验门限 T_d 的设置来控制误警率 P_{FA} 和漏警率 P_{MD} 的相对大小，两者之间存在折中。较大检验门限 T_d 会导致较低误警率和较高漏警率。漏警率选取一般根据工程经验，本书取值为 $\alpha = 0.001$。

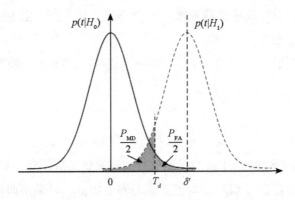

图 4.14　基于假设检验的观测异常（或相差）探测概率分布函数

在探测到异常观测值之后，可设计如下缩放因子来膨胀新息方差

$$\overline{\sigma}_i^2 = \kappa^2 \sigma_i^2,$$

$$\kappa = \frac{|\gamma_k^i|}{n_{1-\alpha/2}} \tag{4.91}$$

式中，$\overline{\sigma}_i^2$ 表示第 i 个测量值出现观测异常时的实际新息方差值；κ^2 为缩放因子，代表新息真实方差值和理论值之间的差异。通过方差膨胀使得放大后的新息协方差与实际协方差相匹配，从而在测量更新过程中对观测异常值进行降权处理。

因此，式（4.85）通过自适应调整滤波增益来克服 GNSS 观测异常值的不利影响。在序贯测量更新过程中，前 $i-2$ 个观测值完成测量更新运算后，$x_k^{i-1,+}$ 比 $x_k^{i-2,+}$ 要精确，且比时间更新值 x_k^- 要精确，即 $P_k^{i-1,+} \leqslant P_k^{i-2,+} \leqslant \cdots \leqslant P_k^-$，进而使式（4.90）中 δ' 较大。由图 4.14 可知，较大 δ' 使得原假设和备选假设的概率分布重叠部分变小，对应假设检验漏警率变小，故更可能正确地探测出观测异常值。由此可知，较好的初始先验信息（更精确的 x_k^-）具有更好的粗差探测能力。然而，在采用批处理模式鲁棒卡尔曼滤波中，初始先验信息只有时间更新结果 x_k^-。因此，本节提出的抗差序贯估计方法不仅可以探测出高维 GNSS 观测向量中的单一维度观测异常，而且具有较好的探测能力。

4.5.3　抗差序贯估计方法试验分析

本节采用良好观测环境和复杂观测环境下的实测试验数据，分析抗差序贯估计方法效果。两组试验均采用教研室自主研发的 MEMS 组合导航原理样机，同时搭载高精度 POS 系统提供导航基准。GNSS 接收机均设置为跟踪 BDS/GPS 双系统五频信号（B1/B2/B3/L1/L2），关于试验设备参数可参考第 7 章。通过不同观测环境下的试验数据处理与结果分析，本节对前述多种组合导航模式的性能和不同测量更新方法计算效率进行定量对比分析，并测试算法在复杂环境中对于真实 GNSS 观测异常的鲁棒性。

4.5.3.1　良好环境试验

良好环境试验采用的是一组 2015 年武汉跑车实测数据（与 3.3.3 节相同），数据分别采用三种组合模式进行分析：松散组合（3.3 节）、单差紧组合（4.1 节）和 TDCP 增强全紧组合（4.4 节）。试验过程中可见卫星数和构型变化如图 4.15 所示。平均可见卫星数和 PDOP 值分别为 17.26 颗和 1.46，表明可用卫星较多且几何构型较好，符合 GNSS 良好观测环境要求。

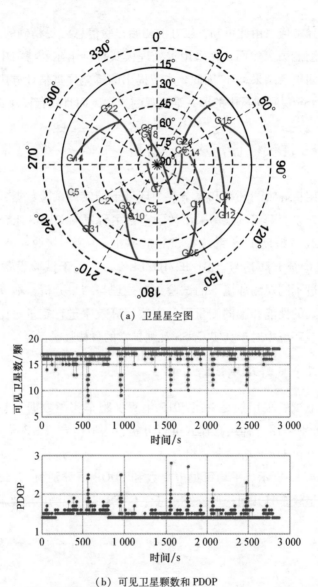

（a）卫星星空图

（b）可见卫星颗数和 PDOP

图 4.15　良好环境试验的 GNSS 卫星可见性情况（2015 年 3 月，武汉）

图 4.16 展示了在批处理模式下三种不同组合方法对于同一组车载试验数据的组合导航位置、速度和姿态误差曲线。其中，蓝色虚线、黑色点线和红

色实线分别对应松散组合、伪距/多普勒频移单差紧组合和 TDCP 增强全紧组合导航的批处理滤波结果。可见，全紧组合定速和定姿误差最小，单差紧组合次之，松组合误差最大；全紧组合定位误差最为平滑。另外，引入高精度 TDCP 观测信息之后，原先松散组合和单差紧组合的导航定位、定速"野值"得到有效抑制。由这一事实可进一步推测，在 500 s 和 800 s 附近的松散组合和单差紧组合误差曲线异常可能由伪距/多普勒频移测量粗差所引起。

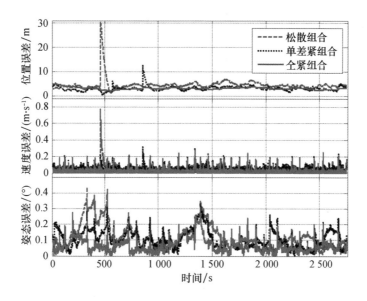

图 4.16　批处理模式下车载试验组合导航误差对比

表 4.5 对比展示了批处理模式下三种组合方法的误差均方根统计值。相较于松散组合，单差紧组合将定位、定速和定姿误差均方根分别从 5.319 3 m、0.072 1 m/s 和 0.143 2°减小至 3.302 5 m、0.063 2 m/s 和 0.122 7°，精度分别提高了约 37.9%、12.3% 和 14.3%。与预期相一致，在多系统、多频点 GNSS 条件下，紧组合依然表现出优于松散组合的精度性能。相较于松散组合，全紧组合将定位、定速和定姿误差均方根进一步缩小到 3.256 7 m、0.040 3 m/s 和 0.081 9°，精度提升较为明显（分别约为 39%、44% 和 43%）。相较于单差紧组合，全紧组合速度和姿态精度分别提升约 36% 和 33%。综上，在多系统、多频点 GNSS 条件下，TDCP 依然能够显著提高紧组合导航精度，且显著

平滑定位误差。

表 4.5 批处理模式下的组合导航误差均方根值对比

导航方法	位置误差均方根/m	速度误差均方根/(m·s⁻¹)	姿态误差均方根/(°)
松散组合	5.319 3	0.072 1	0.143 2
单差紧组合	3.302 5	0.063 2	0.122 7
全紧组合	3.256 7	0.040 3	0.081 9

（1）抗差序贯估计算法性能

图 4.17 展示了在序贯估计模式下的三种不同组合方法对于同一组车载试验数据的组合导航位置、速度、姿态误差曲线。对比图 4.17 和图 4.16 可知，在 500 s 和 800 s 附近的异常导航结果同样存在，这说明序贯滤波并不具备观测粗差抑制能力。表 4.6 对比了两种滤波模式下的三种导航方法的精度指标，两种模式下对应导航方法的计算结果一致性与理论预期相符，由此证实了序贯滤波与批处理卡尔曼滤波的计算等价性。类似于批处理卡尔曼滤波结果，

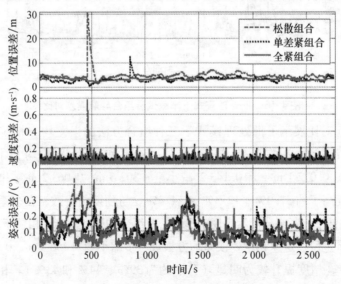

图 4.17 序贯滤波模式下车载试验组合导航误差对比

在序贯滤波和多系统、多频点 GNSS 条件下，三种导航方法中的 TDCP 增强全紧组合表现出最优导航性能。

表 4.6 批处理和序贯估计两种模式下的车载试验组合导航误差对比

导航方法	位置误差均方根/m		速度误差均方根/(m·s⁻¹)		姿态误差均方根/(°)	
	批处理	序贯处理	批处理	序贯处理	批处理	序贯处理
松散组合	5.319 3	5.319 3	0.072 1	0.072 1	0.143 2	0.143 2
单差紧组合	3.302 5	3.291 8	0.063 2	0.063 0	0.122 7	0.122 6
全紧组合	3.256 7	3.222 4	0.040 3	0.040 3	0.081 9	0.081 9

图 4.18 展示了在抗差序贯估计模式下的三种不同组合方法对于同一组车载试验数据的组合导航位置、速度、姿态误差曲线。对比图 4.16～4.18 可知，在 500 s 和 800 s 附近的异常导航结果全部消失，本节提出的抗差序贯估计方法成功克服了 GNSS 观测粗差的不利影响。同样地，TDCP 增强全紧组合定位误差比其他两种组合模式要平滑得多，且定速和定姿精度最高。

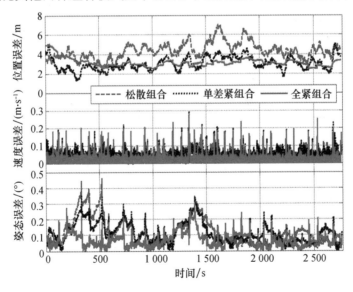

图 4.18 抗差序贯估计模式下车载试验组合导航误差对比

表4.7展示了采用抗差序贯估计的三种组合方法对应三维均方根误差统计值。比较表4.7和表4.5可知，抗差序贯全紧组合定位精度提升约1.6%（从3.256 7 m到3.203 1 m）；抗差序贯单差紧组合定位和定速精度分别提升约6.2%（从3.302 5 m到3.098 5 m）和6%（从0.063 2 m/s到0.059 4 m/s），精度略微有所改善；抗差松散组合定位和定速精度分别提升约15.8%（从5.319 3 m到4.478 7 m）和20.1%（从0.072 1 m/s到0.057 6 m/s）。试验结果证实了抗差序贯估计在探测和克服 GNSS 故障观测值的过程中发挥了有效作用。由于观测环境较好，紧组合导航精度提升较为有限。在采用抗差序贯估计的三种组合导航方法中，全紧组合导航性能优于松散组合，RMSE 分别从松散组合的 4.478 7 m、0.057 6 m/s 和 0.148 3°降至全紧组合的 3.203 1 m、0.040 3 m/s 和 0.082 3°，精度分别提升了约28.5%、30.0%和44.5%；全紧组合性能也优于单差紧组合，速度和姿态精度分别提升了约32.2%和37.4%。显然，TDCP 观测量的引入明显提高了组合导航速度精度和姿态精度，并使定位轨迹更加平滑。

表 4.7　基于抗差序贯估计方法的车载试验组合导航误差对比

导航方法	位置误差均方根/m	速度误差均方根/(m·s^{-1})	姿态误差均方根/(°)
抗差松散组合	4.478 7	0.057 6	0.148 3
抗差序贯单差紧组合	3.098 5	0.059 4	0.131 5
抗差序贯全紧组合	3.203 1	0.040 3	0.082 3

（2）计算效率对比

前述导航结果证实 TDCP 增强全紧组合在综合导航性能上要优于松散组合和单差紧组合。在组合导航算法工程实现中，除精度指标外，必须考虑的要素还有计算实时性（或计算负担）。因此，必须对组合导航算法的滤波计算时间进行分析。考虑到在滤波计算过程中，计算资源消耗主要集中在滤波测量更新过程，故须比较三种组合导航算法的测量更新时间。为便于比较，在抗差序贯估计算法中，所有观测量不进行故障探测和处理。三种组合算法均采用 ANSI C 开发，并在一台运行 Windows 11 操作系统、配置 Intel Core（TM）

i7 - 1185G7 @ 3.00 GHz 的个人笔记本电脑上运行。采用 WIN32 API 提供的
两个函数——QueryPerformanceFrequency（ ） 和 QueryPerformanceCounter（ ）
来测量计算耗时。QueryPerformanceFrequency（ ） 返回的是当前机器 CPU 时钟
频率，QueryPerformanceCounter（ ） 返回的是当前 CPU 时钟计数，将滤波测量
更新前后的 CPU 时钟计数差除以时钟频率，即获得测量更新计算耗时。

图 4.19 比较了三种组合导航方法每次测量更新所消耗的计算时间，上半
部分和下半部分对应批处理模式和序贯处理模式。由图 4.19 可知，全紧组合
测量更新计算耗时最大，其次是单差紧组合，松散组合计算耗时最小（均小
于 1 ms）；另外，采用序贯处理模式能极大地提高全紧组合测量更新计算效
率，但对于单差紧组合和松散组合的计算效率提升并不明显。表 4.8 列出了
每种组合方法的测量更新计算耗时平均值。与批处理模式相比，序贯处理能
将全紧组合和单差紧组合的计算效率分别提高约 55%（从 5.799 ms 降至

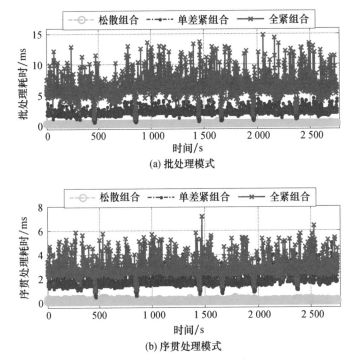

(a) 批处理模式

(b) 序贯处理模式

图 4.19　批处理和序贯处理模式下的组合导航测量更新计算时间对比

2.590 ms）和 14.7%（从 1.901 ms 降至 1.621 ms）。但是，对于松散组合，采用序贯处理没有任何优势，反而显著增加了计算耗时。

表 4.8　松散组合、单差紧组合和全紧组合测量更新平均计算耗时

导航方法	批处理/ms	序贯处理/ms
松散组合	0.058	0.191
单差紧组合	1.901	1.621
全紧组合	5.799	2.590

　　图 4.20 给出了在序贯处理和批处理两种模式下的单差紧组合和全紧组合平均测量更新计算耗时与观测量个数之间关系。随着观测量个数的增加，批处理和序贯处理的计算耗时分别近似以三次曲线和线性方式增长。当观测量小于 49 个时，批处理计算耗时稍小；当观测量大于 49 个时，序贯处理计算速度优于批处理。序贯处理的计算速度优势随着观测量个数增加而逐渐显著，其主要原因在于批处理滤波高维增益逆矩阵时的求逆计算时间正比于观测量个数的三次方，而序贯处理的计算时间与观测量个数成正比。因此，对于多

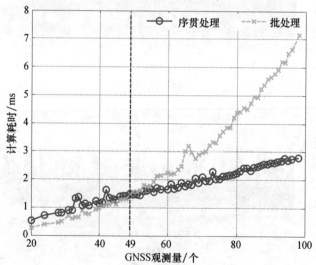

图 4.20　观测量与计算耗时的关系

系统、多频点、多类观测信息的卫星/惯性紧组合导航算法，采用序贯处理模式通常能够显著提高导航计算效率。

4.5.3.2　复杂环境试验

武汉 2018 年跑车试验轨迹如图 4.21 所示，其中载体运动轨迹由 RTKLIB 软件包采用事后 RTK 解算生成（http：//www.rtklib.com），绿色和黄色的点分别代表固定解和浮点解。试验车先后依次经过四个典型复杂场景：

①高楼大厦：18 ~ 63 s。

②栅格棚：573 ~ 647 s。

③隧道：1 139 ~ 1 186 s。

④树林：2 142 ~ 2 225 s。

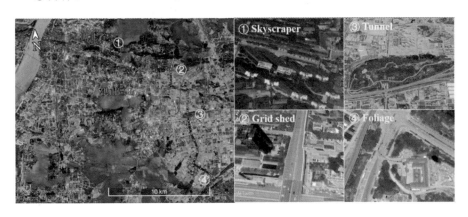

图 4.21　武汉 2018 年跑车试验轨迹和场景

（1）卫星可见性分析

图 4.22 给出了北斗和 GPS 联合使用的双系统卫星可见性情况，包括星空图、可见卫星颗数和 PDOP 值。与武汉 2015 年车载试验相比，本次试验过程中卫星颗数变化频繁。在四个典型区域对应的试验时段内，卫星颗数较少且 PDOP 值较大，卫星几何构型较差。在部分试验区域，可见卫星颗数小于 4 颗，此时 GNSS 已无法实现独立定位；尤其是在第 3 个典型试验场景（隧道）中，试验过程出现了长达 36 s 的卫星信号中断。

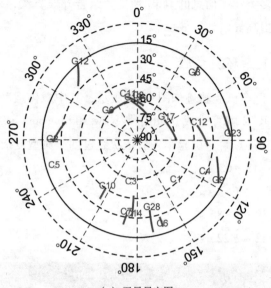

（a）卫星星空图

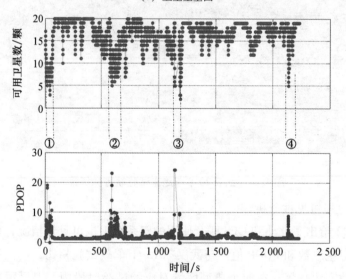

（b）可见卫星颗数和 PDOP

图 4.22　武汉 2018 年车载试验的卫星可见性

（2）复杂环境组合导航性能评估

松散组合在可见卫星少于 4 颗时不能实现组合导航，且良好环境试验也证实了紧组合性能优于松散组合。因此，复杂环境试验主要比较单差紧组合和全紧组合两种紧组合方法的性能，并验证抗差序贯估计在真实 GNSS 复杂环境下的性能优势。图 4.23 和图 4.24 分别给出了在复杂 GNSS 观测环境下采用抗差序贯估计方法的单差紧组合和全紧组合导航误差曲线。表 4.9 给出了不同组合方案对应的导航 RMSE 和最大误差，精度指标统计均从组合导航滤波收敛后开始（约 500 s）。

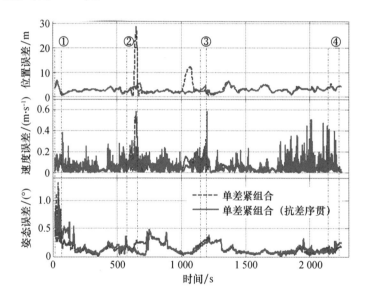

图 4.23　抗差序贯估计在复杂 GNSS 观测环境下的单差紧组合导航误差对比

以位置分量为例，在采用抗差序贯估计方法之后，抗差序贯单差紧组合方法的最大位置误差从 28.658 m 降至 6.083 m，抗差序贯全紧组合的最大位置误差从 16.633 m 降至 5.053 m。根据导航 RMSE 统计指标，抗差序贯估计方法将单差紧组合导航的位置、速度和姿态精度分别提升了约 31%、25% 和 2%，将全紧组合导航的位置、速度和姿态精度分别提升了约 19%、14% 和 8%。试验结果表明，抗差序贯估计方法能够进一步提高紧组合导航精度，尤其是对位置和速度分量。

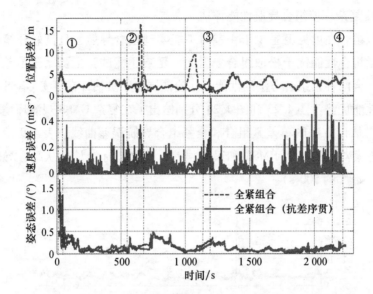

图4.24　抗差序贯估计在复杂 GNSS 观测环境下的全紧组合导航误差对比

表4.9　复杂 GNSS 观测环境下序贯组合导航 RMSE 和最大误差

导航方法	位置/m		速度/(m·s⁻¹)		姿态/(°)	
	RMSE	最大误差	RMSE	最大误差	RMSE	最大误差
序贯单差紧组合	4.235	28.658	0.088	0.579	0.163	0.462
抗差序贯单差紧组合	2.908	6.083	0.066	0.545	0.159	0.476
序贯全紧组合	3.402	16.633	0.069	0.573	0.161	0.484
抗差序贯全紧组合	2.755	5.053	0.059	0.543	0.148	0.497

注：以上导航精度指标均在组合导航滤波收敛（约500 s）后开始统计。

可以看出，抗差序贯估计方法显著提高了单差紧组合和 TDCP 增强全紧组合的导航精度。尤其在 GNSS 受限环境下（如栅格棚和隧道场景），基于抗差序贯估计的 TDCP 增强全紧组合导航方法的性能优势更为显著。

从本节良好环境和复杂环境试验的数据分析结果可知，抗差序贯估计方法既能有效抑制 GNSS 故障观测量对导航精度的不良影响，又能显著提高紧组合导航滤波计算效率。基于抗差序贯估计的 TDCP 增强全紧组合导航方法能够在复杂 GNSS 观测环境（如 GNSS 信号中断、GNSS 测量粗差等）下实现较好的精度保持能力。

4.6 基于信息滤波的紧组合测量更新方法

由式（4.85）可知，虽然序贯卡尔曼滤波方法避免了对高维矩阵的求逆运算，但是依然需要进行多次矩阵乘法运算实现对每个观测标量值的序贯测量更新。可以预见，在观测值数量较少时，序贯卡尔曼滤波的运算量可能大于经典批处理卡尔曼滤波。算法计算效率分析（详见 4.5.3.1 节）表明，当观测值数量少于 49 个时，序贯卡尔曼滤波测量更新耗时将高于经典批处理卡尔曼滤波方法。事实上，即使在观测值个数较多时，过多的矩阵乘法运算量也会影响序贯卡尔曼滤波计算效率，损害机载导航计算实时性。受限于机载硬件计算能力，工程上常用的处理方法是对可见卫星按照一定准则进行筛选，构造同时满足实时计算和应用精度要求的卫星观测子集，以便保证后续组合导航计算的实时性和精确性。但是，这一工程折中方案通过抛弃部分有效观测信息而换取导航计算的实时性，显然牺牲了组合导航系统本可实现的导航精度。为不损失潜在的实时导航精度，必须进一步提升组合导航算法效率，增强导航计算实时性，同时为诸如 GNSS 精密相对定位计算、完好性风险计算和高采样率捷联惯性解算等任务提供良好的算力裕量。为此，本节提出了将信息滤波（Information Filtering）测量更新方法应用于紧组合导航框架，以减轻高维观测量条件下的序贯滤波矩阵乘法运算负担，进一步提升组合导航计算实时性。本节将通过理论分析和实测数据处理验证引入信息滤波带来的计算优势。

4.6.1 信息滤波模型及计算效率分析

系统状态空间模型如式（3.42）和式（3.43）所示。定义信息矩阵 $\boldsymbol{\Lambda}$ 为

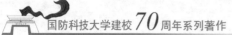

协方差矩阵 $\boldsymbol{P}$ 的逆矩阵，即 $\boldsymbol{\Lambda} \triangle \boldsymbol{P}^{-1}$；定义信息误差状态向量为 $\boldsymbol{S} \triangle \boldsymbol{\Lambda} \cdot \boldsymbol{x}$；同时定义如下矩阵

$$\boldsymbol{M}_{k-1} = \boldsymbol{\Phi}_{k,k-1}^{-\mathrm{T}} \boldsymbol{\Lambda}_{k-1}^{+} \boldsymbol{\Phi}_{k,k-1}^{-1} \tag{4.92}$$

$$\boldsymbol{N}_{k-1} = \boldsymbol{M}_{k-1} \boldsymbol{\Gamma}_{k-1} \cdot (\boldsymbol{\Gamma}_{k-1}^{\mathrm{T}} \boldsymbol{M}_{k-1} \boldsymbol{\Gamma}_{k-1} + \boldsymbol{Q}_{k-1}^{-1})^{-1} \cdot \boldsymbol{\Gamma}_{k-1}^{\mathrm{T}} \tag{4.93}$$

信息滤波的时间更新过程为

$$\boldsymbol{\Lambda}_{k}^{-} = (\boldsymbol{I} - \boldsymbol{N}_{k-1}^{\mathrm{T}}) \cdot \boldsymbol{M}_{k-1} \tag{4.94}$$

$$\boldsymbol{S}_{k}^{-} = (\boldsymbol{I} - \boldsymbol{N}_{k-1}) \cdot \boldsymbol{\Phi}_{k,k-1}^{-\mathrm{T}} \boldsymbol{S}_{k-1}^{+} \tag{4.95}$$

式中，$\boldsymbol{I}$ 表示单位矩阵；$\boldsymbol{\Lambda}$ 表示信息矩阵。

信息滤波的测量更新过程为

$$\boldsymbol{\Lambda}_{k}^{+} = \boldsymbol{\Lambda}_{k}^{-} + \boldsymbol{H}_{k}^{\mathrm{T}} \cdot \boldsymbol{R}_{k}^{-1} \cdot \boldsymbol{H}_{k} \tag{4.96}$$

$$\boldsymbol{S}_{k}^{+} = \boldsymbol{S}_{k-1}^{-} + \boldsymbol{H}_{k}^{\mathrm{T}} \cdot \boldsymbol{R}_{k}^{-1} \cdot \boldsymbol{z}_{k} \tag{4.97}$$

由上式可知，不同于标准卡尔曼滤波，信息滤波测量更新过程避免了对正定矩阵 $\boldsymbol{\Lambda}_{k}^{-}$ 和 $\boldsymbol{\Lambda}_{k}^{+}$ 直接求逆的问题。信息滤波状态估计均方差矩阵的初值 $\boldsymbol{P}_{0}$ 可设置为无穷大，对应 $\boldsymbol{\Lambda}_{k}^{+} = \boldsymbol{0}$，表示对状态初始信息一无所知。根据信息矩阵和信息误差状态向量矩阵的定义，则对应的误差状态协方差阵 $\boldsymbol{P}_{k}^{+}$ 和误差状态向量 $\boldsymbol{x}_{k}^{+}$ 为

$$\boldsymbol{P}_{k}^{+} = (\boldsymbol{\Lambda}_{k}^{+})^{-1} \tag{4.98}$$

$$\boldsymbol{x}_{k}^{+} = \boldsymbol{P}_{k}^{+} \boldsymbol{S}_{k}^{+} \tag{4.99}$$

由上述公式可知，信息滤波方法同样规避了高维矩阵的求逆运算。式 (4.97) 中的观测噪声矩阵 $\boldsymbol{R}$ 为对角矩阵，其求逆运算仅须对矩阵对角元取倒数即可获得；式 (4.93) 中的系统噪声矩阵 $\boldsymbol{Q}$ 为正定矩阵，其矩阵维数与观测量个数无关。因此，当系统误差状态阶数小于观测向量阶数时，信息滤波的求逆计算量将小于标准卡尔曼滤波方法。根据 $\boldsymbol{\Phi}_{k,k-1}$ 的定义，$\boldsymbol{\Phi}_{k,k-1}^{-1}$ 可采用下述避免求逆的方法计算

$$\boldsymbol{\Phi}_{k,k-1}^{-1} = \mathrm{e}^{\boldsymbol{F} \cdot (-\Delta t)} \approx \boldsymbol{I} - \boldsymbol{F} \cdot \Delta t + \frac{1}{2} (\boldsymbol{F} \cdot \Delta t)^{2} \tag{4.100}$$

可见，信息滤波时间更新步骤进行了 1 次低维矩阵求逆运算（即计算矩阵 $\boldsymbol{N}_{k-1}$）和有限次矩阵乘法运算；信息滤波测量更新步骤只须进行 1 次低维

矩阵求逆运算（即计算误差状态方差阵 P_k^+）和有限次矩阵乘法运算。

在 C 语言中，运算效率从高到低排序依次为：移位、赋值、大小比较、加法、减法、乘法、取模、除法。对导航计算过程中的矩阵乘法和矩阵求逆进行运算量分析，$m \times n$ 维与 $n \times l$ 维的矩阵乘法运算的时间复杂度为 $O(m \cdot n \cdot l)$，$m \times m$ 维矩阵求逆运算的时间复杂度为 $O(m^3)$。显然，当矩阵维数 $m \gg n$ 且 $m \gg l$ 时，矩阵求逆运算将占用大量计算时间，成为显著限制计算实时性的运算环节。假设系统滤波状态维数、观测向量维数分别为 m 和 n，则标准卡尔曼滤波、序贯卡尔曼滤波和信息滤波测量更新矩阵求逆的时间复杂度分别为 $O(m^3)$、$O(nm^2)$ 和 $O(n^3)$ 量级。以本书组合导航系统为例，在长沙地区实际组合导航计算过程中，系统滤波状态维数为 $n = 15$、北斗和 GPS 联合五频（B1/B2/B3/L1/L2）观测向量维数典型值为 $m = 5 \times 3 \times 20$，则 $m^3 = 27\,000\,000$、$nm^2 = 1\,350\,000$ 和 $n^3 = 3\,375$。由此可知，虽然这三种滤波方法的矩阵乘法计算复杂度基本相当，但是在多系统、多频点 GNSS 观测条件下（即 $m \gg n$），信息滤波测量更新存在显著的计算优势，有利于实现导航计算的实时性。

4.6.2　信息滤波方法试验分析

本节同样采用良好观测环境和复杂观测环境下的实测试验数据（与 4.5.3 节相同），定量分析在 BDS/GPS 双系统五频信号（B1/B2/B3/L1/L2）观测条件下的组合导航信息滤波方法的效果。通过在不同观测环境下进行试验数据处理与结果分析，本节对信息滤波模式下前述多种组合导航方法的性能和计算效率进行定量对比，并测试信息滤波算法在复杂环境中对真实 GNSS 观测异常的鲁棒性。

4.6.2.1　良好环境试验

良好环境试验依然采用同一组 2015 年武汉跑车实测数据（与 3.3.3 节相同），数据处理采用两种信息滤波组合模式进行分析：单差紧组合（4.1 节）

和 TDCP 增强全紧组合（4.4 节）。图 4.25 展示了在信息滤波模式下不同紧组合方法对于同一组车载试验数据的导航位置、速度和姿态误差曲线。其中，蓝色虚线和红色实线分别对应伪距、多普勒频移单差紧组合和 TDCP 增强全紧组合导航的信息滤波结果。由图 4.25 可知，在 500 s 和 800 s 附近的异常导航结果依然存在，表明信息滤波本身并不具备观测粗差抑制能力。相对于单差紧组合，全紧组合定速和定姿误差更小、定位误差更为平滑。另外，引入高精度 TDCP 观测信息之后，原先单差紧组合在 500 s 和 800 s 附近的定位、定速"野值"得到有效抑制。

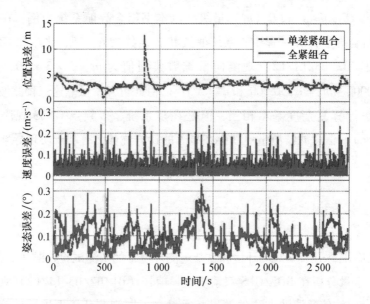

图 4.25　信息滤波模式下的单差紧组合和全紧组合车载试验导航误差对比

　　表 4.10 对比了信息滤波模式下紧组合方法的均方根误差统计值。与预期相一致，在多系统、多频点 GNSS 条件下，全紧组合依然表现出优于单差紧组合的精度性能。相较于单差紧组合，全紧组合将定速和定姿均方根误差分别从 0.063 0 m/s 和 0.122 7°减小至 0.040 3 m/s 和 0.081 9°，精度分别提高了约 36% 和 33%；定位误差更加平滑且精度略有改善。综上，在多系统、多频点 GNSS 信息滤波处理模式下，TDCP 依然能够显著提高紧组合导航精度，且

定位误差显著平滑。

表 4.10　信息滤波模式下单差紧组合与全紧组合导航误差均方根值对比

导航方法	位置误差均方根/m	速度误差均方根/(m·s⁻¹)	姿态误差均方根/(°)
单差紧组合	3.291 7	0.063 0	0.122 7
全紧组合	3.222 5	0.040 3	0.081 9

　　表 4.11 对比了信息滤波和序贯滤波两种模式紧组合导航方法的精度指标，两种模式下对应导航方法的计算结果一致性与理论预期相符，由此证实了信息滤波与序贯卡尔曼滤波的计算等价性。类似于序贯卡尔曼滤波结果，在信息滤波和多系统、多频点 GNSS 条件下，两种紧组合导航方法中的 TDCP 增强全紧组合表现出优越导航性能。

表 4.11　信息滤波和序贯估计模式下的车载试验紧组合导航误差对比

导航方法	位置误差均方根/m		速度误差均方根/(m·s⁻¹)		姿态误差均方根/(°)	
	信息滤波	序贯处理	信息滤波	序贯处理	信息滤波	序贯处理
单差紧组合	3.291 7	3.291 8	0.063 0	0.063 0	0.122 7	0.122 6
全紧组合	3.222 5	3.222 4	0.040 3	0.040 3	0.081 9	0.081 9

（1）抗差信息滤波算法性能

　　图 4.26 展示了在抗差信息滤波模式下的不同紧组合方法对于同一组车载试验数据的导航位置、速度、姿态误差曲线。对比图 4.26 和图 4.25 可知，在 500 s 和 800 s 附近的异常导航结果全部消失，本节所提抗差信息滤波方法成功克服了 GNSS 观测粗差的不利影响。同样地，相比于单差紧组合方法，TDCP 增强全紧组合定位误差更为平滑，且定速和定姿精度更优。

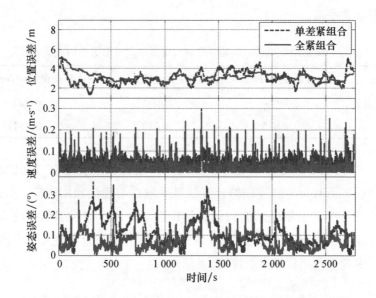

图 4.26　抗差信息滤波模式下的车载试验紧组合导航误差对比

表 4.12 对比了采用抗差信息滤波的紧组合方法对应三维误差均方根统计值。比较表 4.12 和表 4.10 可知，抗差信息滤波全紧组合导航精度基本保持不变；抗差信息滤波单差紧组合定位和定速精度分别提升约 5.9%（从 3.291 7 m 到 3.098 7 m）和 5.7%（从 0.063 0 m/s 到 0.059 4 m/s），精度略微改善。试验结果证实了抗差信息滤波在克服 GNSS 观测粗差时的有效性。由于观测环境较好，紧组合导航精度提升较为有限。在采用抗差信息滤波的两种紧组合导航方法中，全紧组合导航性能优于单差紧组合，速度和姿态精度分别提升了约 32.2% 和 37.2%。显然，TDCP 观测量的引入明显提高了组合导航速度精度和姿态精度，并使定位轨迹更加平滑。

表 4.12　基于抗差信息滤波方法的车载试验紧组合导航误差对比

导航方法	位置误差均方根/m	速度误差均方根/(m·s⁻¹)	姿态误差均方根/(°)
抗差信息滤波 单差紧组合	3.098 7	0.059 4	0.132 8
抗差信息滤波 全紧组合	3.210 7	0.040 3	0.083 4

（2）计算效率对比

上节试验结果表明，信息滤波和序贯卡尔曼滤波在紧组合导航计算结果上具有等价性，即两种滤波模式下的紧组合导航精度指标保持良好的一致性。本节通过比较紧组合导航算法的滤波测量更新时间，重点考核和分析信息滤波方法的计算实时性。基于信息滤波的紧组合算法采用 ANSI C 开发，运行于一台 Windows 11 系统、Intel Core（TM）i7 – 1185G7 @ 3.00 GHz 配置的笔记本电脑。采用 WIN32 函数 QueryPerformanceFrequency（）和 QueryPerformanceCounter（）来测量计算耗时。

图 4.27 比较了两种紧组合导航方法每次测量更新所消耗的计算时间。由图 4.27 可知，无论是信息滤波还是序贯滤波，全紧组合测量更新的计算耗时均较大；另外，采用信息滤波模式能极大地提高全紧组合测量更新计算效率。表 4.13 列出了紧组合方法的测量更新计算耗时平均值。与序贯滤波相比，信

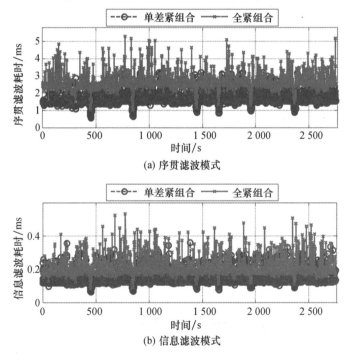

图 4.27　信息滤波和序贯滤波模式下的组合导航测量更新计算时间对比

息滤波能将全紧组合和单差紧组合的计算效率分别提高约92%（从2.590 ms 降至0.207 ms）和91%（从1.621 ms 降至0.148 ms）。

表4.13 单差紧组合和全紧组合测量更新平均计算耗时

导航方法	信息滤波/ms	序贯滤波/ms
单差紧组合	0.148	1.621
全紧组合	0.207	2.590

图4.28 给出了在信息滤波和序贯滤波两种模式下的单差紧组合和全紧组合平均测量更新计算耗时与观测量个数之间的关系。随着观测量个数的增加，信息滤波和序贯滤波的计算耗时均近似呈线性方式增长，且信息滤波耗时增长斜率远小于序贯滤波。信息滤波的计算速度优势随着观测量个数增加而逐渐显著，其主要原因在于信息滤波矩阵求逆不随观测量个数的变化而变化（增加的计算量主要用于相关矩阵的加法和乘法运算）。因此，对于多系统、多频点、多类 GNSS 观测信息的卫星/惯性紧组合导航算法，采用信息滤波模式通常能够显著提高导航计算效率。

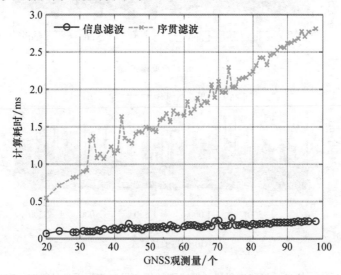

图4.28 观测量与计算耗时的关系

4.6.2.2　复杂环境试验

依然选用图 4.21 所示的武汉 2018 年跑车试验分析复杂 GNSS 观测环境下基于信息滤波模式的紧组合导航性能，验证抗差信息滤波在真实 GNSS 复杂环境下的性能优势。

图 4.29 和图 4.30 分别给出了在复杂 GNSS 观测环境下采用抗差信息滤波方法的单差紧组合和全紧组合导航误差曲线。表 4.14 给出了不同信息滤波紧组合方案对应的导航 RMSE 和最大误差，精度指标统计均从组合导航滤波收敛后开始（约 500 s）。以位置分量为例，在采用抗差信息滤波方法之后，单差紧组合方法最大位置误差从 28.674 m 降至 6.085 m；全紧组合最大位置误差从 16.649 m 降至 5.060 m。根据 RMSE 指标，抗差信息滤波方法将单差紧组合导航的位置、速度和姿态精度分别提升了约 31%、25% 和 4%；将全紧组合导航位置、速度和姿态精度分别提升了约 19%、14% 和 8%。试验结果表明，抗差信息滤波方法能够进一步提高信息滤波紧组合导航精度，尤其是对位置和速度分量。

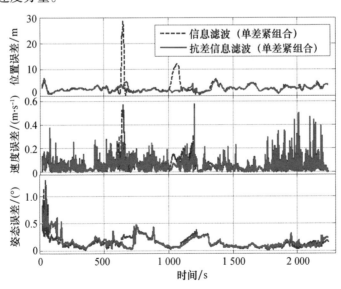

图 4.29　抗差信息滤波在复杂 GNSS 观测环境下的单差紧组合导航误差对比

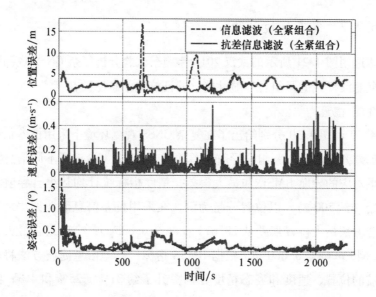

图 4.30　抗差信息滤波在复杂 GNSS 观测环境下的全紧组合导航误差对比

表 4.14　复杂 GNSS 观测环境下信息滤波组合导航 RMSE 和最大误差对比

导航方法	位置/m		速度/(m·s⁻¹)		姿态/(°)	
	RMSE	最大误差	RMSE	最大误差	RMSE	最大误差
信息滤波单差紧组合	4.237	28.674	0.088	0.579	0.164	0.464
抗差信息滤波单差紧组合	2.906	6.085	0.066	0.545	0.158	0.474
信息滤波全紧组合	3.403	16.649	0.069	0.573	0.161	0.486
抗差信息滤波全紧组合	2.755	5.060	0.059	0.543	0.148	0.495

注：以上导航精度指标均在组合导航滤波收敛（约 500 s）后开始统计。

由此可知，抗差信息滤波方法显著提高了单差紧组合和 TDCP 增强全紧组合的导航精度。尤其在 GNSS 受限环境下（如栅格棚和隧道场景），基于抗差信息滤波的 TDCP 增强全紧组合导航方法的性能优势更为显著。

从本节良好环境和复杂环境试验的数据分析结果可知，抗差信息滤波方法既能有效抑制 GNSS 观测粗差对导航精度的不良影响，又能显著提高紧组合导航滤波计算效率。相较于抗差序贯滤波方法，基于抗差序贯估计的 TDCP 增强全紧组合导航方法能够在复杂 GNSS 观测环境（如 GNSS 信号中断、GNSS 测量粗差等）下实现较好的精度保持能力和较强的实时计算能力。

4.7　本章小结

本章研究了卫星/微惯性紧组合导航方法，包括基于伪距、多普勒频移测量的卫星/惯性紧组合导航建模、载波相位历元间星间差分观测建模、周跳探测方法、载波相位历元间星间差分辅助的拟紧组合和全紧组合导航方法等，主要研究内容及结论如下：

（1）通过推导伪距、多普勒频移的观测方程，指出了紧组合方法相对于松组合方法的技术优势，同时提出了对伪距和多普勒测量的两种观测建模策略：一种是需要直接估计接收机钟差和钟漂误差项的"直接紧组合方案"，另一种是基于卫星测量星间差分值的"单差紧组合方案"。车载试验结果验证了两种紧组合方法相对于松组合的精度优势。

（2）通过将抗差滤波方法引入紧组合方案中，有效抑制了伪距和多普勒频移测量粗差对两种紧组合方法的不利影响。结合实际车载试验的导航效果评估了"抗差直接紧组合方案"和"抗差单差紧组合方案"的优劣，且抗差前后的试验结果均表明单差紧组合方法性能优于直接紧组合方法，明确了本书后续紧组合的基本模型应采用基于卫星测量星间差分的 GNSS/MEMS-SINS 紧组合模型。

（3）推导了载波相位时间差分测量 TDCP 的观测方程，并由此推导了基于载波相位时间观测量的 PDOT 精密位置增量估计方法，为 TDCP 测量值和 PDOT 位置增量应用于组合导航奠定了理论基础。

（4）分析了周跳对载波相位时间差分观测量的影响，指出周跳仅仅影响其发生时刻的载波相位时间差分值质量，并据此提出采用"先探测，再剔除"的周跳处理策略，以保证后续组合导航的可靠性。深入分析了基于双频载波

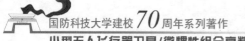
相位组合测量的 TurboEdit 方法在探测小周跳时的局限性。推导了 TurboEdit 方法无法探测的某些特殊比例周跳解析式，并通过试验数据验证了这些特殊周跳的存在，并指出解决这一难题的有效途径是采用惯导辅助实现 GNSS 单频小周跳探测。

（5）针对 TurboEdit 方法无法区分周跳频点和对某些特殊比例周跳的漏警等问题，研究了一种惯导辅助 GNSS 单频周跳探测方法，构造了基于惯导预报位置增量的 GNSS 单频周跳检验统计量，试验结果初步表明该方法具有零漏警率和较高误警率的特点，能够保证 GNSS 载波相位时间差分测量值不受周跳影响。

（6）设计了高精度位置增量 PDOT、伪距/多普勒频移星间单差和 MEMS-SINS 的拟紧组合方案，并对该方案进行了试验研究。通过分析实际组合导航结果，指出该拟紧组合方法性能优于单差紧组合方法，并在定位、定速和定姿精度上分别提升了约 15.11%、31.41% 和 12.79%。将抗差滤波方法引入该组合方案中，抗差拟紧组合方法性能依然优于抗差单差紧组合方法。与抗差单差紧组合方法相比，抗差拟紧组合方法在维持同等定姿精度的同时，仍然在整体上将定位和定速精度分别提升了约 5.72% 和 20.92%。

（7）设计了载波相位历元间星间差分 TDCP、伪距/多普勒频移星间单差和 MEMS-SINS 的全紧组合方案，并对该方案进行了试验研究。通过分析实际导航结果，指出该全紧组合方法性能优于拟紧组合方法，并在定速和定姿精度上分别提升了约 12.52% 和 25.08%，且位置精度相当。将抗差滤波方法引入该组合方案中，抗差全紧组合方法性能依然优于抗差拟紧组合方法。与抗差拟紧组合导航方法相比，抗差全紧组合方法在维持同等定位精度的同时，在整体上将定速和定姿精度分别提升了约 12.76% 和 38.09%。

（8）针对 GNSS 多系统、多频点、多类观测量导致的组合导航测量更新计算效率低和观测信息利用率低等问题，研究了一种基于新息检验的抗差序贯估计方法，通过标量化处理方式计算序贯滤波新息，并采用新息正交和方差匹配技术抵抗粗差影响。得益于将高维矩阵求逆简化为标量除法，所提方法提高了计算效率，并保证了数值计算稳定性。实测结果表明，与批处理模式相比，序贯处理能将全紧组合和单差紧组合的计算效率分别提升约 55% 和 14.7%。另外，该方法还能探测出高维 GNSS 观测向量中的观测粗差所在维度，更合理地剔除异常观测值，使用正常值，从而提升了抗差滤波模式下 GNSS 观测信息利用率和导航精度。

（9）受限于机载计算资源紧张的现状，在现有 GNSS 多系统、多频点、多类观测条件下，即使采用抗差序贯滤波方法也难以保证组合导航计算实时性，为此必须进一步提升组合导航算法效率，改善导航计算实时性。对此，提出将信息滤波测量更新方法应用于紧组合导航框架，以克服高维观测量条件下的序贯滤波矩阵乘法运算负担，进一步提升组合导航计算实时性。通过理论分析和实测数据处理验证了引入信息滤波带来的计算优势。与序贯滤波相比，信息滤波既能保持相同的导航精度，又能将全紧组合和单差紧组合的计算效率分别提高约 92% 和 91%，显著提升了机载组合导航的实时性能。

第 5 章

神经网络辅助微惯性导航性能增强方法

在第 3 章中，采用 Allan 方差分析方法对 MEMS 惯性器件随机误差和 GNSS 定位误差建模进行了优化，从而保证了 GNSS 正常工作时 MEMS 惯性导航误差的在线校准。然而，在较长时间的 GNSS 定位中断过程中，GNSS/MEMS-SINS 组合导航系统将退化为惯性导航系统，MEMS 导航精度急剧恶化。得益于直接采用 GNSS 原始测量信息（即伪距、多普勒频移和载波相位测量），第 4 章 GNSS/MEMS-SINS 紧组合导航方法在一定程度上能够缓解这一问题，甚至在 GNSS 可用卫星数目低于 4 颗而无法实现有效定位的情形下，紧组合方法依然能够利用仅有的卫星测量数据对 MEMS-SINS 进行校正。然而，对于 GNSS 卫星信号被完全遮挡的场合（如隧道、密林、地下车库等），紧组合方法将无能为力。针对 GNSS 信号缺失情形下的高精度导航难题，本章拟采用人工智能方法中的神经网络技术对惯性导航误差进行非线性建模，并将训练良好的神经网络用于预报 GNSS 信号缺失条件下的导航误差，以期在较长 GNSS 信号中断时间内提升 MEMS 惯性导航的精度和可靠性。

5.1 神经网络辅助卫星/惯性组合导航基本特点

工程实践广泛采用卡尔曼滤波实现卫星/惯性组合最优状态估计。然而，应用于动态载体导航的卡尔曼滤波方法存在几个无法回避的问题，特别是当采用 MEMS 惯性传感器时，这些困难尤为突出。具体而言，这些问题包括如下五点[239,247,309]。

（1）初始状态误差协方差和噪声协方差矩阵等先验信息的准确获取难题。通常依赖工程经验和特定应用场景，难以精确确定。

（2）随机误差建模的精确确定难题。卡尔曼滤波最优估计要求系统随机误差模型精确已知，而这对噪声特性复杂的 MEMS 惯性器件和 GNSS 定位误差而言，均极为困难。

（3）较长 GNSS 中断期间导航精度的急剧恶化问题。一方面，卡尔曼滤波基于近似的线性化误差模型，而这一近似系统动力学模型只能在 GNSS 短时中断期间有效运行，对于 GNSS 长时间中断，该线性化模型所忽略的非线性误差项将急剧增大，严重恶化导航性能。另一方面，不精确的惯性器件随机模型也会恶化 GNSS 长时间中断期间的导航精度。

（4）某些误差状态的弱可观性问题。受限于载体有限的机动形式，某些系统误差状态在特定条件下的可观性较差，由此导致对其他误差状态的不稳定估计，恶化了惯性导航性能。

（5）滤波参数调谐困难。受模型近似误差、未建模误差和随机误差建模不准等因素影响，为使导航滤波收敛，通常需要对随机模型参数、噪声协方差阵参数、初始状态误差协方差阵先验信息进行适当调节，这一过程同样依赖工程经验。

显然，卡尔曼滤波方法亟待解决的这些问题严重限制了卫星/微惯性组合导航性能。通常在卫星信号可用的情况下，基于传统卡尔曼滤波方法的卫星/惯性组合导航能够满足精度需求；而一旦卫星信号长时间缺失，纯惯性导航

最终将导致难以接受的导航误差，其精度难以满足大多数任务场景需求。由此，基于 AI 的信息融合方法得到了广泛研究和关注，如神经网络方法。基于 AI 的信息融合方法通常具有如下优势。

（1）AI 方法通常构建反映输入/输出映射关系的经验模型，一般并不需要事先给出确定的系统数学模型，从而避免了模型线性化误差、随机建模误差和先验误差带来的不利影响。

（2）AI 方法通过对输入/输出样本的在线训练，能够对载体各种机动条件下的导航误差特性进行非线性建模，训练好的网络可用于对导航误差的有效预测。

（3）AI 方法整个映射模型（或经验模型）的建构过程基于系统自主采集样本的在线学习，不涉及滤波参数调节问题，网络算法模块具有良好的可移植性和相对独立性，即使替换系统平台或传感器件也不会受到影响。

以 AI 方法中的典型代表——神经网络为例，表 5.1 对比并总结了卡尔曼滤波和神经网络信息融合这两种算法在模型依赖性、先验信息、传感器依赖性、线性化依赖性设计时间周期等方面的差异。以上这些特点决定了基于神经网络的信息融合方法能够突破传统卡尔曼滤波方法的诸多局限性，从而很好地实现 GNSS 与 MEMS-SINS 的信息融合，提升在 GNSS 缺失条件下的 MEMS-SINS 长时导航精度。

表 5.1　卡尔曼滤波与神经网络信息融合方法对比[238]

项目	卡尔曼滤波	神经网络
模型依赖性	数学模型：确定性模型＋随机模型	经验模型：根据在线样本自适应调整
先验信息	初始状态误差及噪声协方差信息	不需要先验信息
传感器依赖性	不同系统/传感器采用不同 KF 参数	网络模块算法不受传感器类型影响
线性化依赖性	线性化运算	非线性运算
设计时间周期	长	短

5.2　神经网络辅助微惯性导航误差非线性建模方法

在 GNSS 缺失条件下，GNSS/MEMS-SINS 组合导航退化为纯惯性导航模式，此时由于惯性导航误差得不到有效校正，会产生随时间累积的导航误差。在这种情况下，为了保证载体所需的导航精度要求，简单的解决方案是采用更高精度惯性导航系统或附加辅助传感器。显然，这一方案增加了系统实现成本和复杂度，在工程应用中通常不能接受（甚至不可行）。在没有其他辅助信息的条件下，基于 GNSS 和 MEMS-SINS 的历史数据训练神经网络经验模型，无疑是描述载体运动状态误差特性的一种有效辅助手段。因此，这种不引入其他额外传感器、基于神经网络辅助惯性导航的高性价比方案近年来受到广泛关注[239-240,309]。

为了解决 GNSS 缺失条件下卫星/惯性组合定位误差发散难题，文献[164,243,245]提出了一种经典的基于 $P-\delta P$ 神经网络架构的卫星/惯性信息融合方法。其核心思想是在 GNSS 可用时训练神经网络，以模拟载体最新动态特性，建立 SINS 输出量（如位置或速度）与输出误差（如位置误差或速度误差）之间映射关系的经验模型。在 GNSS 中断条件下，训练好的经验模型能够预报并修正 SINS 误差。这里神经网络模块类型包括多层感知器神经网络（MultiLayer Perceptron Neural Networks，MLPNN）[239-240]、径向基函数神经网络（Radial Basis Function Neural Networks，RBFNN）[243,245]和自适应模糊神经网络系统（Adaptive Neuro Fuzzy Inference System，ANFIS）[164,246]，通常可以根据计算能力和应用场景灵活选取网络类型。$P-\delta P$ 表示神经网络输入/输出对的类型，P 表示非线性建模的位置误差量。本节首先分析一种经典的神经网络辅助微惯性导航位置误差非线性建模方法，并讨论其中存在的缺陷。下一节将探讨如何对这些缺陷进行改进。

5.2.1　动态神经网络拓扑结构

静态神经网络（如 BP 神经网络和 RBF 神经网络），通常用于描述复杂的

静态非线性映射关系，其特点是当前时刻的网络输出仅与当前时刻的网络输入有关。与之对应，动态神经网络通过引入记忆和反馈机制（无论是局部反馈还是全局反馈），通常具有比静态神经网络更强的功能，能够对时变时间序列进行建模及预报[310]。正是由于反馈和记忆，动态神经网络能够保留上一时刻样本信息并使其加入下一时刻数据处理中，使网络不仅具有动态性，而且保留更加完整的信息[311]。

传统 BP 神经网络是一种无记忆的静态网络结构，适用于描述非线性静态映射关系，通常须采用对训练样本滑动加窗的方式才能描述时变映射关系或时间序列相关性[246]。此时，需要将大量的历史样本数据引入 BP 神经网络输入层神经元，由此带来了巨大的网络复杂度、训练时间和计算负担。采用有限冲激响应（Finite-Impulse Response，FIR）滤波器代替历史样本的输入层神经元，可将上述 BP 神经网络转化为一个如图 5.1 所示的动态神经网络，即时滞神经网络（Time Delayed Neural Networks，TDNN）。嵌入延迟阶数为网络提供了短期记忆功能，并使得输入层神经元个数与变量个数保持一致，这种在网络结构隐含序列时间关系的设计使得时滞神经网络适用于时间序列分析。

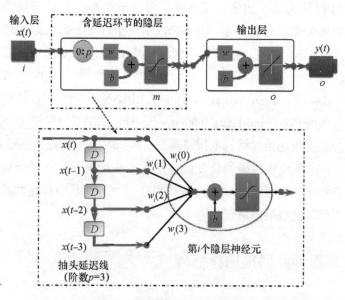

图 5.1　时滞神经网络架构与单个神经元计算示意

图 5.1 展示了时滞神经网络的基本结构，主要由输入层、输入延时、隐层及输出层构成。图 5.1 对一个延时阶数为 p 的时滞神经网络单个隐层神经元内部结构进行了放大示意，延迟环节用运算符号 D 表示。$x(t)$ 表示神经网络外部输入，$y(t)$ 为神经网络输出，w_i 和 b_i 为神经元连接权和阈值，该时滞神经网络模型可表示为

$$y(t) = f(x(t), x(t-1), \cdots, x(t-p)) \tag{5.1}$$

可见，下一时刻 $y(t)$ 值取决于当前时刻 $x(t)$ 和历史时刻 $x(t-1)$，$\cdots$，$x(t-p)$ 值。网络训练算法采用经典 LMBP（Levenberg-Marquardt Back-Propogation）算法，通过优化各连接权取值，使网络输出与真实输出之间误差达到最小[312]。

5.2.2 基于时滞神经网络辅助惯性导航定位误差非线性建模

本节将采用时滞神经网络结构建立基于 $P - \delta P$ 架构的 GNSS/MEMS-SINS 组合模块，以便在 GNSS 信号缺失期间合理描述 MEMS-SINS 导航位置误差特性，进行误差预报及有效补偿。

基于 TDNN 的 $P - \delta P$ 方法由两种工作模式组成：训练更新模式和预报模式，如图 5.2 所示。分别对北向、东向和地向建立 TDNN 模块，网络输入为导航时刻 T_k 和 SINS 导航位置 P_{SINS}，网络输出为对应时刻的 SINS 导航位置误差 δP_{SINS}。在 GNSS 信号可用期间，TDNN 模块工作于训练更新模式，此时 TDNN 模块输出的 SINS 位置误差应与预期位置误差"真值"$\delta P_{\text{SINS} \mid \text{GNSS}}$ 作比较。这里预期位置误差"真值"采用 SINS 输出位置 P_{SINS} 与组合导航最优估计位置之差 $P_{\text{SINS/GNSS}}$，即

$$\delta P_{\text{SINS} \mid \text{GNSS}} = P_{\text{SINS}} - P_{\text{SINS/GNSS}} \tag{5.2}$$

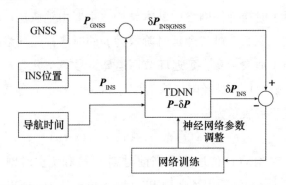

（a）训练更新工作模式

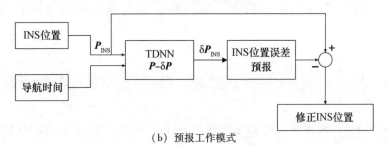

（b）预报工作模式

图 5.2　神经网络系统架构

TDNN 模块输出的 SINS 位置误差估计值 δP_{SINS} 与误差"真值" $\delta P_{\text{SINS | GNSS}}$ 之差即为网络估计误差 $\Delta(\delta P)$。为了使这一误差最小化，TDNN 连接权值和神经元阈值将根据最小二乘原理持续调整，直到网络输出达到预先设定的最小均方误差（Mean-Squared Estimation Error，MSE）。整个训练过程将一直持续到 GNSS 中断发生。

当 GNSS 信号被屏蔽（或 GNSS 定位发生中断）时，TDNN 模块切换至预报模式，直接用于预报与 SINS 位置 P_{SINS} 相对应的位置误差 δP_{SINS}，然后获得修正后的 SINS 位置 P_{SINSC}，即

$$P_{\text{SINSC}} = P_{\text{SINS}} - \delta P_{\text{SINS}} \tag{5.3}$$

训练好的神经网络误差模型能够对当前时刻 INS 位置误差进行预报，并利用该误差预报值进行 INS 位置修正。显而易见，通过对各个轴向（即北向、东向和地向）建立对应的 $P - \delta P$ 神经网络模块，该方法能够在 GNSS 缺失条件下为运动载体提供三轴方向的导航位置修正信息。

为了保证神经网络可靠的泛化（预测）能力，必须尽力避免神经网络训练出现过拟合。过拟合会使网络丧失了泛化能力，通常表现为：训练好的网络模型在训练样本集上具有较好的映射结果，而对未曾学习过的新样本产生严重的预测偏差。因此，过拟合问题是经典机器学习算法中最常遇到也是学界关注最多的难题之一[164,310]。常用的处理方法有交叉检验（Cross-Validation）、正则化（Regularization）、提前停止（Early Stopping）、剪枝（Pruning）等[310]。

引入交叉检验环节的算法时序如图 5.3 所示。交叉检验本质上是一种数据划分技术，该方法将样本随机划分为两类：用于构建网络模型的训练集和用于验证预测效果的验证集。考虑到导航计算效率和实时性要求，这里选用众多交叉检验技术中的简单交叉检验技术（Hold-out Cross Validation）。该方法首先只采用训练集对网络进行训练，然后用训练好的网络预测检验集样本的输出值，如图 5.4 所示。虽然该方法训练的神经网络输出有可能具有较大均方差，然而其在计算量上的优势有益于建模过程的实时实现。

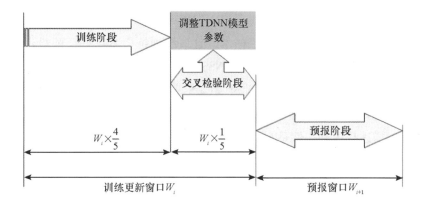

图 5.3　时滞神经网络算法时序示意

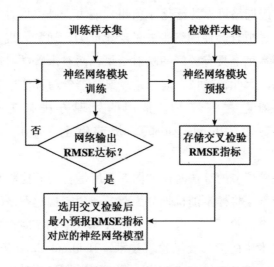

图5.4　神经网络训练过程中的交叉检验流程

　　另外，考虑到神经网络辅助微惯性导航的实时实现问题，训练样本收集与网络训练应考虑采用"批处理—滑动时间窗口"策略。设窗口长度（即训练样本数量）为 W，当系统同时获取 MEMS-SINS 和 GNSS 位置信息时，则向前滑动数据窗口以补充最新训练样本，且该组训练样本正好反映最近一段时间内载体的运动误差特性。当出现 GNSS 中断时，基于这一固定窗口内训练样本完成对神经网络的训练，然后对 MEMS-SINS 位置误差进行预报。显而易见，合理选择窗口长度对于保证网络预报的精度和实时性至关重要。较长窗口长度对描述载体动态性是有益的，也使网络在 GNSS 中断条件下的估计更加可靠；但代价是更复杂的网络结构、更长的训练时间和较差的实时性。较短窗口长度有利于快速的网络训练更新；但代价是 GNSS 中断条件下的估计结果不再可靠。由文献[164,247]可知，车载试验窗口长度可设为 40 s。

5.2.3　$P - \delta P$ 方法局限性分析

　　通过对上述 $P - \delta P$ 方法的文献调研及试验分析（详见 5.4 节），可以发现该神经网络辅助惯性导航误差建模方法存在以下缺陷。

（1）$P-\delta P$ 方法仅对惯性导航定位误差进行了非线性建模，虽能在一定程度上提升导航定位精度，但该方法对定速和定姿精度无任何改进。

（2）文献和本章模拟 GNSS 中断试验结果均表明，该 $P-\delta P$ 方法并不一定对每一段 GNSS 中断均有效，只是在大多数情况下优于卡尔曼滤波方法对应的定位精度，由此对网络辅助导航结果的可靠性产生不利影响。

（3）虽然 $P-\delta P$ 方法理论上具有对北向、东向和地向三维位置误差预报校正能力，但是目前文献[164,239,247]均只验证了其在水平方向的定位性能，缺少对三维位置误差的整体分析。另外，文献[238-240,245-247]车载试验轨迹设计形式过于单一和短暂，主要由直线段和少有的 90°转弯组成，如图 5.5 所示。这种简单且重复的轨迹在很大程度上降低了神经网络训练与预报的难度，并不一定能够真实反映 $P-\delta P$ 方法在实际应用中的性能。

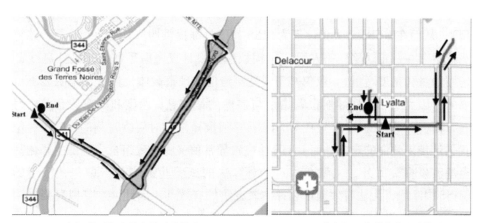

（a）拉瓦尔大学车载试验轨迹　　　　　　（b）卡尔加里大学车载试验轨迹

图 5.5　常见车载试验轨迹设计示例

（4）相比卡尔曼滤波，神经网络训练和交叉检验收敛时间较长、计算量巨大，由此带来了实时性难题。实际场景和载体机动形式的复杂化，必将导致更复杂的网络结构、更长的训练时间和更大的计算量，给系统实时性带来更大的压力。如何在不损失精度和可靠性的条件下对神经网络训练及交叉检验算法进行优化和改进，仍然是一项重要课题。

针对以上提到的问题，本章后续节将基于更加复杂、更加贴近实际的车载试验轨迹，设计并验证一种 GNSS 缺失条件下神经网络辅助卡尔曼滤波组合导航方法，以期同时提升导航定位、定速和定姿精度。

5.3　卫星缺失情况下基于神经网络辅助的卡尔曼滤波算法设计

为了克服传统 $P-\delta P$ 方法无法同时改善定位、定速和定姿精度的问题，近年来学者们开始研究基于神经网络预报 GNSS 伪位置（Pseudo-Position Aid）辅助 GNSS/INS 组合导航技术[248,252-253]。该方法旨在直接建立 SINS 相对导航信息与 GNSS 位置增量之间的经验模型（如神经网络或支持向量机等 AI 模型），从而在 GNSS 缺失条件下为 SINS 在线校准提供伪位置辅助。然而，该算法依然存在一定缺陷：一方面，AI 模块输入设计仅考虑了惯性测量信息（即速度增量和角度增量），仅仅基于惯性测量值来预报载体位置增量是明显不可靠的，因为实际惯性导航位置增量与惯性测量信息、速度和姿态均有关；另一方面，训练好的 AI 模块在某一时刻的预报异常会对后续时刻的 GNSS 伪位置估计带来致命的影响，而 GNSS 伪位置异常值又将导致组合导航精度恶化甚至滤波发散。另外，文献[248,252-253]对算法的试验验证均基于单一、特定的 GNSS 中断段，无法有效验证和评估该方法的有效性。因此，本节拟直接采用 BP 神经网络预报的 GNSS 位置增量对 SINS 误差进行在线校准，在优化 AI 模块输入/输出设计的同时，引入抗差自适应卡尔曼滤波技术，由此避免某一时刻网络预报异常对后续多个历元组合导航的不利影响，以便较为可靠地保证在 GNSS 缺失条件下本节算法能够同时提升定位、定速和定姿精度。5.4 节将通过实际车载数据的半仿真试验来评估和验证该方法有效性。

5.3.1　基于 BP 神经网络的 GNSS 位置增量预报方法

相邻两个 GNSS 测量历元 t_{k-1} 和 t_k 之间载体位置增量 $\Delta \boldsymbol{r}_k^n$ 如式（4.68）所

示。假设 GNSS 天线相位中心与 SINS 测量中心重合，将式（2.41）中的速度微分方程代入式（4.68）可得

$$\Delta \boldsymbol{r}_k^n = \int_{t_{k-1}}^{t_k} \boldsymbol{v}^n \mathrm{d}t$$

$$= \iint_{t \in [t_{k-1}, t_k]} \left[\boldsymbol{C}_b^n(t)\boldsymbol{f}^b(t) - (2\boldsymbol{\omega}_{ie}^n(t) + \boldsymbol{\omega}_{en}^n(t)) \times \boldsymbol{v}^n(t) + \boldsymbol{g}_l^n(t) \right] \mathrm{d}t\mathrm{d}t$$

$$(5.4)$$

由此可知，位置增量 $\Delta \boldsymbol{r}_k^n$ 是速度 $\boldsymbol{v}_{k-1}^n$、姿态 $\boldsymbol{C}_{b,k-1}^n$、视加速度积分增量 $\int_{t_{k-1}}^{t_k} \boldsymbol{f}^b \mathrm{d}t$ 和角速度增量 $\int_{t_{k-1}}^{t_k} \boldsymbol{\omega}_{ib}^b \mathrm{d}t$ 的函数，即

$$\Delta \boldsymbol{r}_k^n = \boldsymbol{r}_k^n - \boldsymbol{r}_{k-1}^n = f\left(\boldsymbol{v}_{k-1}^n, \boldsymbol{C}_{b,k-1}^{n,k-1}, \int_{t_{k-1}}^{t_k} \boldsymbol{f}^b \mathrm{d}t, \int_{t_{k-1}}^{t_k} \boldsymbol{\omega}_{ib}^b \mathrm{d}t \right) \quad (5.5)$$

因此，应采用式（5.5）左右两边的变量构造训练样本数据库，以训练神经网络建立 SINS 惯性导航信息（即 $\boldsymbol{v}_{k-1}^n$、$\boldsymbol{C}_{b,k-1}^{n,k-1}$、$\int_{t_{k-1}}^{t_k} \boldsymbol{f}^b \mathrm{d}t$ 和 $\int_{t_{k-1}}^{t_k} \boldsymbol{\omega}_{ib}^b \mathrm{d}t$）与载体位置增量 $\Delta \boldsymbol{r}_k^n$ 之间的映射关系。当 t_k 时刻 GNSS 信号可用时，训练样本数据库将记录 t_{k-1} 时刻测量更新后的 SINS 速度 $\boldsymbol{v}_{k-1}^n$ 和姿态 $\boldsymbol{C}_{b,k-1}^n$，以及 $[t_{k-1}, t_k]$ 内速度增量 $\int_{t_{k-1}}^{t_k} \boldsymbol{f}^b \mathrm{d}t$ 和角度增量 $\int_{t_{k-1}}^{t_k} \boldsymbol{\omega}_{ib}^b \mathrm{d}t$，作为 t_k 时刻的输入样本，共计 12 维分量。同时，该数据库将 t_k 时刻载体位置最优估计值 $\boldsymbol{r}_k^n$ 与 t_{k-1} 时刻载体位置最优估计值 $\boldsymbol{r}_{k-1}^n$ 作差，获得并记录这段时间内的载体位置增量 $\Delta \boldsymbol{r}_k^n$，作为 t_k 时刻神经网络的目标输出。直至 GNSS 信号缺失时，这一训练过程才停止。神经网络训练期间的信息流程如图 5.6 所示。

由于本节神经网络的输入个数是 5.2 节 $P - \delta P$ 方法网络输入维数的 3 倍，为避免单个隐层含有过多的神经元个数，这里采用了多隐层 BP 神经网络。多隐层的引入一方面减少了神经网络神经元总个数（网络规模）；另一方面从一定程度上增加了网络复杂度，有助于提升网络泛化能力。

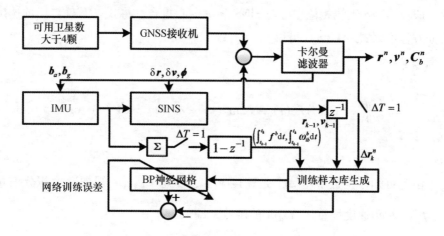

图 5.6　GNSS 位置增量预报的 BP 神经网络训练模式

需要注意的是，这里采用 3 个独立的神经网络模块分别对北向、东向和地向 GNSS 位置增量进行训练与预报，而不是采用单个神经网络以向量形式输出位置增量预报值。这种设计的好处在于：一方面，避免了网络训练的耦合性，即网络整体输出满足精度指标而其中某些分量输出精度却出现恶化；另一方面，相比于一个具有 12 个输入、3 个输出的多层神经网络，12 个输入、单输出结构将显著减少隐层神经元个数，从而降低了网络复杂度，减少了计算量，并加速了网络训练收敛速度，这对工程实现和实时性都是有益的。

5.3.2　基于伪 GNSS 位置增量辅助微惯性导航方法

当 GNSS 发生信号中断时，训练好的神经网络自动转入预报模式，通过基于历史数据建立的经验模型预测 GNSS 数据更新周期内（通常 $\Delta T = 1$ s）的载体位置增量（即"伪" GNSS 位置增量）。这一 GNSS 位置增量预报值将作为卡尔曼滤波器的外测信息，对 MEMS-SINS 进行在线校准，如图 5.7 所示。

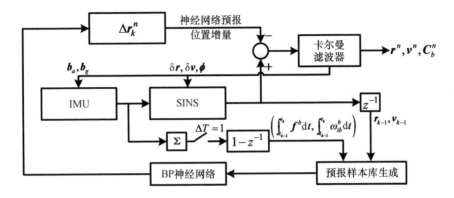

图5.7　BP 神经网络预报模式下的卡尔曼滤波

为了将网络预报信息用于校准 MEMS-SINS 误差，这里推导 GNSS 位置增量的观测方程，以便将观测信息与 SINS 误差状态联系起来。此时，卡尔曼滤波器的位置增量观测向量 $z_k^{\Delta r}$ 表示为 SINS 预报位置增量 $\Delta r_{\text{SINS},k}^n$ 与神经网络输出位置增量 $\Delta r_{\text{ANN},k}^n$ 之差，即

$$
\begin{aligned}
z_k^{\Delta r} &= \Delta r_{\text{SINS},k}^n - \Delta r_{\text{ANN},k}^n = r_{\text{SINS},k}^n - r_{\text{SINS},k-1}^n - (r_{\text{ANN},k}^n - r_{\text{ANN},k-1}^n) \\
&= r_{\text{SINS},k}^n - r_{\text{ANN},k}^n - (r_{\text{SINS},k-1}^n - r_{\text{ANN},k-1}^n) = \delta r_k^n - \delta r_{k-1}^n + w_k
\end{aligned}
\tag{5.6}
$$

式中，w_k 表示神经网络预报位置增量噪声；δr_{k-1}^n 和 δr_k^n 分别表示组合导航系统在 t_{k-1} 和 t_k 时刻的位置误差状态，且近似满足[251]

$$
\delta r_{k-1}^n = \delta r_k^n - \Delta T \cdot \delta v_k^n + \frac{1}{2}\Delta T^2 \cdot C_b^n \delta f_k^b
\tag{5.7}
$$

将式（5.7）代入式（5.6）可得

$$
z_k^{\Delta r} = \Delta r_{\text{SINS},k}^n - \Delta r_{\text{ANN},k}^n = \Delta T \cdot \delta v_k^n - \frac{1}{2}\Delta T^2 \cdot C_b^n \delta f_k^b + w_k
\tag{5.8}
$$

式中，δf_k^b 为 t_k 时刻加速度计零偏误差状态；ΔT 为 GNSS 数据更新时间周期。

式（5.8）即为位置增量测量方程，写成矩阵形式为

$$
z_k^{\Delta r} = H_k^{\Delta r} \cdot x_k + e_k^{\text{ANN}}
\tag{5.9}
$$

式中，x_k 为 t_k 时刻 SINS 误差状态；量测向量为 $z_k^{\Delta r} = \Delta r_{\text{SINS},k}^n - \Delta r_{\text{ANN},k}^n$；量测噪声向量为 e_k^{ANN}，网络输出的位置增量对应的误差方差（量测噪声协方差）矩

阵可表示为 $E[\boldsymbol{e}_k^{\text{ANN}}(t)\cdot\boldsymbol{e}_k^{\text{ANN}}(\tau)]=\boldsymbol{R}_k^{\text{ANN}}\delta(t-\tau)$。观测设计矩阵 $\boldsymbol{H}_k^{\Delta r}$ 为

$$\boldsymbol{H}_k^{\Delta r}=\begin{bmatrix}\boldsymbol{0}_{3\times3} & \Delta T\cdot\boldsymbol{I}_{3\times3} & \boldsymbol{0}_{3\times3} & \boldsymbol{0}_{3\times3} & -\frac{1}{2}\Delta T^2\cdot\boldsymbol{C}_b^n\end{bmatrix} \tag{5.10}$$

实际上，载体的突变机动、网络训练性能次优等因素均会造成神经网络预报输出不可避免地存在偏差（甚至"野值"）。此时，直接采用经典卡尔曼滤波进行 SINS 校正，可能会导致误差状态估计发生异常，进而导致滤波发散。为保证神经网络辅助条件下卡尔曼滤波估计的可靠性和稳定性，本节将采用基于新息序列方差匹配的抗差滤波方法来抑制网络输出中可能存在的"伪位置增量"异常对状态估计的不利影响。在此基础上，采用 Sage-Husa 自适应滤波在线估计"伪位置增量"误差协方差 $\boldsymbol{R}_k^{\text{ANN}}$，以避免人为设置 $\boldsymbol{R}_k^{\text{ANN}}$ 的不利局面。

滤波稳定后新息 $\boldsymbol{v}_k=\boldsymbol{z}_k^{\Delta r}-\boldsymbol{H}_k^{\Delta r}\boldsymbol{x}_k^-$ 的协方差满足

$$E\{\boldsymbol{v}_k\boldsymbol{v}_k^{\text{T}}\}=\boldsymbol{H}_k^{\Delta r}\boldsymbol{P}_k^-\,(\boldsymbol{H}_k^{\Delta r})^{\text{T}}+\boldsymbol{R}_k^{\text{ANN}} \tag{5.11}$$

式（5.11）可以用于估计 $\boldsymbol{R}_k^{\text{ANN}}$，然而，计算 $E\{\boldsymbol{v}_k\boldsymbol{v}_k^{\text{T}}\}$ 需要一定窗口长度的新息序列。因此，本节采用如下递推形式估计 $\boldsymbol{R}_k^{\text{ANN}[191,312]}$

$$\boldsymbol{R}_k^{\text{ANN}}=(1-d_k)\boldsymbol{R}_{k-1}^{\text{ANN}}+d_k(\boldsymbol{v}_k\boldsymbol{v}_k^{\text{T}}-\boldsymbol{H}_k^{\Delta r}\boldsymbol{P}_k^-\,(\boldsymbol{H}_k^{\Delta r})^{\text{T}}) \tag{5.12}$$

式中，$d_k=\dfrac{1-e}{1-e^k}$，$0<e<1$，e 称为遗忘因子。

本节阐述了 BP 神经网络辅助卡尔曼滤波组合导航方法，该方法可分为网络训练和预报更新两种工作模式，5.4 节将通过车载试验来具体分析该方法在 GNSS 缺失条件下的导航性能。

5.4　车载试验验证

为了评估本章神经网络方法有效性，本节设计了基于车载实测数据的半仿真试验进行验证。所谓半仿真试验，即先对实际车载试验采集的 GNSS 数据进行多段特定时长的人为屏蔽，以模拟各种运动场景（直线段、拐弯段等）下特定时长 GNSS 信号中断，然后评估待考察方法在模拟 GNSS 中断条件下的导航性能。关于特定时长选择，需要权衡考虑实际中的载体动态性、GNSS 可能中断时长、网络训练算法实时性要求以及车载计算能力等因素。针对本书的车载试验数据，这里主要模拟 12 段 40 s GNSS 中断情形，中断时间段的选取如表 5.2 所示，对应运动轨迹如图 5.8 所示。可以看出，所选 12 段轨迹数据既有直线、拐弯等载体水平机动变化，也有高程方向的升降变化，具有较为丰富的运动特性，适于验证本章所提神经网络辅助算法的实际有效性。另外，半仿真试验另一个优势在于可以提供模拟中断期间的导航基准，可直接选用实际无人为屏蔽的 GNSS/MEMS-SINS 组合导航结果。

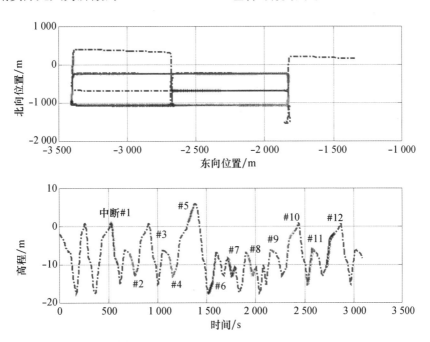

图 5.8　车载半仿真试验所选 12 个模拟 40 s GNSS 中断对应轨迹

表 5.2　车载半仿真试验选取的 12 个模拟 40 s GNSS 中断时间段

中断编号	中断时间段（GNSS 周内秒）/s	中断编号	中断时间段（GNSS 周内秒）/s
#1	98 505 ~ 98 544	#7	99 705 ~ 99 744
#2	98 705 ~ 98 744	#8	99 905 ~ 99 944
#3	98 905 ~ 98 944	#9	100 105 ~ 100 144
#4	99 105 ~ 99 144	#10	100 305 ~ 100 344
#5	99 305 ~ 99 344	#11	100 505 ~ 100 544
#6	99 505 ~ 99 544	#12	100 705 ~ 100 744

　　车载试验数据采集采用教研室自主研发的 GNSS/MEMS-SINS 组合导航系统原理样机，关于试验设备及条件的详细参数可参考第 7 章。通过半仿真试验评估，本节将在较长时间（40 s）GNSS 中断条件下，分别考核神经网络辅助微惯性导航位置误差非线性建模（详见 5.2 节）和神经网络辅助卡尔曼滤波方法（详见 5.3 节）这两种方案相对于传统 GNSS/MEMS-SINS 组合导航方法的精度提升效果。

5.4.1　传统 $P - \delta P$ 方法辅助惯性导航试验分析

　　将 5.2 节所述基于时滞神经网络的 $P - \delta P$ 方法应用于本节车载试验数据。当时滞神经网络采用 40 s 训练样本窗口长度时，对应这 12 段 GNSS 中断，$P - \delta P$ 方法辅助 MEMS 惯性导航外推 10 s、20 s 和 40 s 的三维位置误差如图 5.9 所示。可以看出，在 GNSS 中断期间，采用 $P - \delta P$ 方法后的导航位置误差依然存在随时间增长的趋势。这是因为 $P - \delta P$ 方法仅对惯性导航位置误差进行估计和补偿，而 SINS 速度和姿态误差依然会随时间发散，这种情况对低成本 MEMS 惯性导航系统来说，会造成相对显著的位置误差随时间增长趋势。

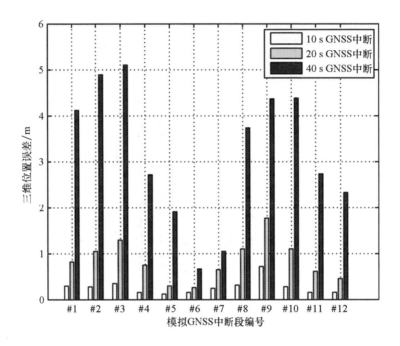

图 5.9 $P-\delta P$ 方法在 12 段模拟 GNSS 中断期间对应的三维位置误差

　为了验证在 GNSS 中断期间 $P-\delta P$ 方法辅助微惯性导航的有效性，还需与纯惯性导航方法做比较，如图 5.10 所示。对于 12 段时长为 40 s 的 GNSS 中断，GNSS 中断期间采用 $P-\delta P$ 方法降低了纯惯性导航误差的情况占到了约 58.3%（ $7/12 \approx 58.3\%$ ），且采用 $P-\delta P$ 方法将 12 段 40 s 纯惯性导航最大位置误差从 5.72 m 降至 5.10 m，位置精度提升了约 10.84%。因此，在 GNSS 中断期间采用 $P-\delta P$ 方法通常能够提升 MEMS 惯性导航定位精度。

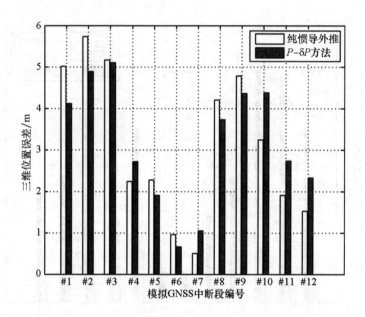

图5.10 $P-\delta P$ 方法与传统方法在12段40 s模拟卫星中断期间位置误差比较

另外，图5.10也表明，在第4、7、10、11和12段模拟 GNSS 中断期间采用 $P-\delta P$ 方法反而导致纯惯性导航精度的恶化，由此暴露出传统 $P-\delta P$ 方法的一些局限性。除不能改善定速和定姿精度外，$P-\delta P$ 方法还存在网络训练和泛化能力等方面的缺陷。具体而言，神经网络训练样本均是基于历史一段时间内的载体运动特性和误差特性作为训练输入和目标输出。为兼顾计算量和实时性，通常只能采用 GNSS 中断前一段时间窗口内的训练样本。然而，载体运动特性的突然变化显然无法及时、有效地反映在网络输出中。这就导致只有 GNSS 中断期间载体运动特性与训练样本保持一致时，神经网络误差预报才能提升导航位置精度[245,247]。这一缺陷是由 $P-\delta P$ 方案本身设计所带来的，所以需要对输入/输出结构、网络训练模式以及训练窗口时长进行不断改进。

5.4.2　神经网络辅助卡尔曼滤波方法试验验证

为了改进以上 $P-\delta P$ 方法缺陷，5.3节提出了一种神经网络辅助卡尔曼滤波组合导航方法，本节将基于车载半仿真试验对其进行验证。由于该方法网络输入维数比 $P-\delta P$ 方法高，导致网络模型连接权值个数显著增大，所以需要比 $P-\delta P$ 方法更多的训练样本容量。这里选用 500 s 作为训练样本窗口长度，即每次有 500 组输入/输出样本对用于神经网络训练。

在 12 段模拟 GNSS 中断期间，比较神经网络辅助卡尔曼滤波方法与纯惯性导航方法对应的导航位置、速度和姿态误差，如图 5.11 ~ 5.13 所示。对于 12 段时长为 40 s 的 GNSS 中断，神经网络辅助卡尔曼滤波方法基本上同时提升了原先惯性导航所能达到的位置、速度和姿态精度。采用神经网络辅助卡尔曼滤波方法将 12 段 40 s 纯惯性导航最大三维位置和速度误差分别从 5.72 m 和 0.31 m/s 降至 4.50 m 和 0.25 m/s，定位和定速精度分别提升了约 21.33% 和 19.35%。虽然两种方法的最大定姿误差（第 10 段模拟 GNSS 中断时出现）基本维持不变，但其余各段（除第 7、11 段外）对应的定姿精度提升百分比位于 1.84% ~71.67% 范围之内。因此，在 GNSS 中断期间采用本章所提神经网络辅助卡尔曼滤波方法通常能够同时提升 MEMS 惯性导航位置、速度和姿

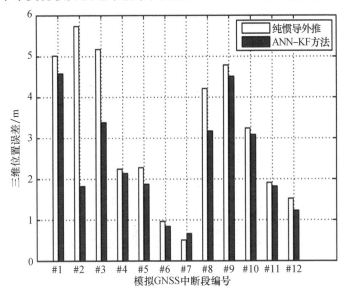

图 5.11 神经网络辅助方法与传统方法在 40 s 模拟卫星中断期间位置误差比较

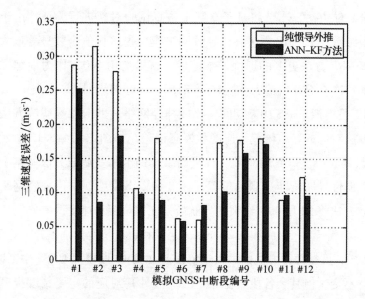

图 5.12　神经网络辅助方法与传统方法在 40 s 模拟卫星中断期间速度误差比较

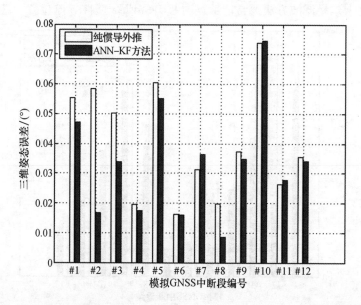

图 5.13　神经网络辅助方法与传统方法在 40 s 模拟卫星中断期间姿态误差比较

态精度。

观察图 5.11 ~ 5.13 结果可知，第 7 段模拟 GNSS 中断期间采用纯惯性导航位置、速度和姿态精度均略优于神经网络辅助卡尔曼滤波方法。这一段 GNSS 中断 40 s 期间，试验车辆本身在低动态、小范围内机动（前 35 s 向西直线上下坡行驶约 500 m、最后 5 s 时车辆迅速右转下坡行驶 30 m，整个过程高度变化是 3.5 m），这一低动态运动特点使得纯惯性导航位置、速度和姿态误差均处于较低水平，此时应用神经网络辅助并不会使原有惯性导航性能受益。然而，当纯惯性导航出现较大偏差时（除第 7 段之外的其余模拟 GNSS 中断时间段），该神经网络辅助卡尔曼滤波方法均能够展现出较为明显的性能优势。

以上试验结果初步验证了神经网络辅助卡尔曼滤波方法具备在 GNSS 长时间中断条件下提升 GNSS/MEMS-SINS 组合导航定位、定速和定姿精度的能力。然而，必须注意到，该方法目前处于事后处理及性能验证阶段，尚不能可靠应用在实际实时系统中，故未能在本书所研制的组合导航系统原理样机上集成实现。该神经网络辅助滤波方法应用的主要问题集中在以下两个方面。

（1）具有良好泛化能力的神经网络结构及其网络训练算法设计难题。本章所提的多隐层 BP 网络结构尚不能保证每次训练后的神经网络均具有良好的泛化能力，故本节所示结果是在多次执行网络训练后选取多组网络结果中的较好值。在后续工作中，必须进一步改进多隐层网络结构，寻找适用于多层结构的训练算法，以保证网络预报的全局收敛和可靠性。

（2）网络实现的实时性难题。目前所设计的 BP 神经网络建立、训练和预报运算均会产生较大的计算量，对已有车载或机载组合导航处理器产生较大计算负担，影响了导航实时性。在后续工作中，必须在保证网络预报可靠性的前提下，尽可能简化算法计算量。

5.5　本章小结

本章初步研究了神经网络辅助 MEMS 惯性导航精度增强技术，包括神经

网络辅助 MEMS 惯性导航误差非线性建模、神经网络辅助卡尔曼滤波组合导航和车载试验验证等，主要结论如下。

（1）从模型依赖性、先验信息、传感器依赖性、线性化依赖性和算法设计周期等多方面具体分析了基于神经网络的信息融合方法相对于传统卡尔曼滤波的优势，包括无须事先精确的数学模型、线性化近似、先验信息，以及网络算法模块不受传感器或系统类型影响等。这些优势适用于低成本 MEMS 惯性导航场合，特别是在传统卡尔曼滤波方法性能出现显著恶化的场合。

（2）针对 GNSS 缺失条件下卫星/微惯性组合定位误差发散难题，研究了一种基于时滞神经网络 $P-\delta P$ 架构的卫星/惯性信息融合方法。该方法采用神经网络辅助 MEMS 惯性导航位置误差的非线性建模，以便在 GNSS 中断期间对 MEMS 惯性导航位置误差进行修正。GNSS/MEMS-SINS 组合车载半仿真试验结果表明，该方法将 GNSS 中断 40 s 条件下的纯惯性导航最大位置误差从 5.72 m 降至 5.10 m，位置精度提升了约 10.84%。但是，该方法对定速和定姿精度无任何改进。

（3）针对 GNSS 缺失条件下同时改善 GNSS/MEMS-SINS 组合定位、定速和定姿性能需求，研究了一种神经网络辅助卡尔曼滤波组合导航方法。该方法直接采用 BP 神经网络预报的 GNSS 位置增量、基于抗差自适应卡尔曼滤波框架对 SINS 误差进行在线校准，以保证在 GNSS 缺失条件下该算法能够同时提升定位、定速和定姿精度。GNSS/MEMS-SINS 组合车载半仿真试验结果表明，在 40 s GNSS 中断条件下，该神经网络辅助方法将纯惯性导航最大定位和定速误差分别降低了约 21.33% 和 19.35%，最大定姿误差基本维持不变。试验结果初步验证了该方法具备在 GNSS 长时间中断条件下提升 GNSS/MEMS-SINS 组合导航定位、定速和定姿精度的能力。

第6章

卫星辅助微惯性导航系统空中动基座初始对准方法

作为一种航位递推系统，MEMS-SINS 通过对陀螺仪和加速度计测量信息进行积分获知载体导航信息。对导航方程的每一次积分解算均需要上一次导航结果作为积分初值。因此，准确获取初始位置、初始速度和初始姿态是实现惯性导航计算的基本前提，这也是初始对准阶段所要完成的任务。然而，传统适用于高精度捷联惯性导航的初始对准方法（如陀螺罗经方法、解析粗对准方法、静基座自对准方法等）均不再适用于低成本 MEMS 捷联惯性导航初始对准问题。这是因为 MEMS 陀螺漂移通常在 10 ~ 100 (°)/h 范围内，这一噪声水平显然无法对地球自转［约 15 (°)/h］敏感。因此，基于地球引力和自转角速度的解析粗对准方法无法应用于低成本 MEMS-SINS，基于陀螺罗经原理的精对准过程同样无法应用。一种可行方案是采用动基座对准技术，然而，MEMS-SINS 动基座对准面临由未知初始姿态（尤其是航向角不确定性）带来的模型非线性问题，动基座初始对准（尤其是粗对准）依然是一个具有挑战性的难题。针对这一难题，本章将从动态粗对准和精对准两个方面来探讨如何提高 MEMS-SINS 动基座初始对准性能。

6.1 捷联惯性导航动基座初始对准方法方案设计

6.1.1 MEMS 捷联惯性导航动基座初始对准的基本特点

实际上，广义的初始对准应该包括位置、速度和姿态的初始化。鉴于位置和速度初始化可以由外部基准（GNSS 系统或其他辅助传感器）精确提供，而捷联惯性导航敏感轴系相对于参考坐标系的初始姿态并不是直接可测的，其精确获取依赖于对准算法，因此，初始对准算法的主要难点是姿态对准，即如何由 SINS 惯性测量信息和外测参考信息（如位置、速度或姿态等）对 SINS 初始姿态进行校准的问题。动基座对准是指在载体运动条件下，通过一定的算法确定初始时刻捷联惯性导航各轴系相对于参考坐标系的指向关系（即初始姿态）[19]。外部动态参考信息的实时引入是实现动基座对准的必要条件[227]。

按照对准阶段划分，动基座对准可分为粗对准和精对准。粗对准完成姿态初始化，为 SINS 提供良好姿态初值，以使姿态误差满足小角度误差假设。小角度的姿态误差是保证经典 ϕ 角或 ψ 角误差模型成立的基本条件。基于该线性化误差模型，精对准采用外部动态参考信息对姿态误差进行估计和补偿，以达到粗对准无法实现的姿态精度（0.1°甚至更高）。根据所采用的外部参考信息不同，通常可将动基座初始对准分为 GNSS 对准和传递对准[36]。传递对准主要利用高精度主惯性导航系统提供的位置、速度或姿态信息，实现子惯导系统对准，常用于机载或舰载制导武器 SINS 发射前对准，本章不涉及这一研究内容。而 GNSS 对准利用 GNSS 提供的位置和速度信息实现动态对准，这是本章主要研究内容。

评价初始对准性能优劣的两个重要指标：对准时间和对准精度。对准时间主要由导航系统误差状态的可观性决定。通过改变捷联惯性导航误差状态模型、调整机动方式、增加外部观测量等方式，可以改善系统状态的可观性，加速初始对准速度（即降低对准时间）[227,313]。通常，动基座对准比静基座对准速度更快、时间更短的原因，正是在于丰富的载体机动改善了惯导系统误差状态量（位置误差、速度误差、姿态误差和惯性器件误差等）的可观性。对准精度主要是由惯性器件误差、外部观测量误差、初始对准模型误差、系统误差状态可观测度等因素决定[36,314]。因此，不能笼统地判定静基座对准与动基座对准之间的精度优劣，需要针对特定场合，结合特定惯性导航系统和特定外测信息，基于特定模型进行具体分析和比较。

6.1.2　MEMS 捷联惯性导航动基座初始对准总体方案设计

针对低成本 MEMS 惯性导航系统动基座初始对准基本特点，本章相应地设计了一种动基座初始对准方案。该方案分为空中动态粗对准方法和精对准方法两部分，分别对应 MEMS 惯性导航系统初始对准的粗对准和精对准两个阶段。

本章待研究的第一个问题是高效、精确的空中动态粗对准算法设计。如果空中动态粗对准能够得到较为精确的模型状态初值，就能保证精对准过程符合小失准角线性化 SINS 误差模型，从而减小线性化误差。考虑到低成本 MEMS 加速度计测量精度较高，能够精确测量比力加速度，同时 GNSS 定速精度较高，本章拟采用这两个测量信息源构造定姿双向量，提取动态载体的姿态初值信息。6.2 节将利用 GNSS 高精度速度测量值和 MEMS-SINS 加速度计测量值构建不共线向量，基于已知侧滑或零侧滑假设，采用四元数推导一种新的空中动态粗略姿态解析求解方法。该方法既能弥补传统非线性迭代方法的计算量大、实时性较差的缺陷，也能避免采用大航向角误差条件下基于游位角三角函数误差状态的滤波方法。

必须指出的是，小型无人飞行器侧滑机动、MEMS 测量和 GNSS 定速随机误差等因素均会给上述空中粗对准结果带来误差，这就导致后续精对准过程依然存在大失准角风险。为此，在空中精对准过程中必须考虑大失准角条件下的非线性 SINS 误差模型，这是本章待研究的第二个问题。为解决机载空中

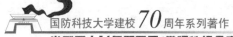
粗对准方法结果不理想引发的大失准角 MEMS-SINS 初始对准问题，6.3 节将提出一种基于扩展容积卡尔曼滤波的空中动态初始对准算法。采用 CKF 的好处是引入 Cubature 点集无须求导计算 Jacobian 矩阵，同时提高了非线性分布统计量的计算精度，有效地降低了动态精对准对粗对准初值的依赖程度。另外，基于 Cubature 点集的 CKF 方法最初是通过加性噪声假设以非扩展形式给出的。然而，对于 SINS 而言，含加性噪声的原始测量信息经过 SINS 非线性处理后，得到的噪声可能是复杂、非线性的，不能简单用噪声协方差矩阵 Q 的简单叠加来表示[145]。基于这一事实，本章将推导扩展形式的 CKF，通过将噪声向量扩展至状态量中，使系统噪声可以通过 Cubature 点集以一种自然的方式捕获其对协方差传播的影响，避免了因噪声统计特性不准确而造成的有偏估计或次优估计。因此所提方法具有直接应对非线性状态估计、滤波算法数值稳定性好和精度高等优势。

本章第一个问题实际上属于动态粗对准阶段，第二个问题属于动态精对准阶段。对这两个问题的研究将能够从两个方面解决机载 MEMS-SINS 初始对准模型非线性问题。

6.2 卫星辅助微惯性导航动基座粗对准方法

为了获得可靠又满意的导航结果，合适的姿态初值对机载空中精对准过程是至关重要的。在载体运动条件下获取较为准确的姿态信息一直是一项挑战性课题。针对这一难题，本节提出了一种双历元 GNSS 辅助 MEMS-SINS 空中动态粗对准算法，并基于实际飞行试验验证该算法的有效性。

6.2.1 双历元 GNSS 辅助 MEMS-SINS 动态粗对准原理

运动载体在地理坐标系下的速度满足微分方程（2.41），即

$$\dot{v}^n = C_b^n f^b - (2\omega_{ie}^n + \omega_{en}^n) \times v^n + g_l^n \tag{6.1}$$

式中，$\dot{v}^n$ 为 n 系中载体总加速度；$v^n = \begin{bmatrix} v_N & v_E & v_D \end{bmatrix}^T$ 为 n 系中载体速度向量；ω_{ie}^n 和 ω_{en}^n 分别为地球自转角速度和转移速率在 n 系的投影；g_l^n 为当地重力加速度向量在 n 系的投影。将 GNSS 定速结果历元间差分获得的载体平均加速度近似为 n 系总加速度 $\hat{\dot{v}}^n \approx (v_k^{GNSS} - v_{k-1}^{GNSS})/\Delta t$；$f^b$ 为加速度计直接测量的载体视加速度在 b 系的投影，其与 n 系视加速度 f^n 之间满足 $f^n = q_b^n \circ f^b \circ (q_b^n)^*$，"$\circ$" 表示四元数乘法；从 b 系到 n 系旋转四元数设为 $q_b^n = \begin{bmatrix} q_0 & q_1 & q_2 & q_3 \end{bmatrix}^T$，由此可得

$$\begin{cases} f_x^n = (q_0^2 + q_1^2 - q_2^2 - q_3^2)f_x^b + (2q_1q_2 - 2q_0q_3)f_y^b + (2q_1q_3 + 2q_0q_2)f_z^b \\ f_y^n = (2q_1q_2 + 2q_0q_3)f_x^b + (q_0^2 + q_2^2 - q_1^2 - q_3^2)f_y^b + (2q_2q_3 - 2q_0q_1)f_z^b \\ f_z^n = (2q_1q_3 - 2q_0q_2)f_x^b + (2q_2q_3 + 2q_0q_1)f_y^b + (q_0^2 + q_3^2 - q_2^2 - q_1^2)f_z^b \\ q_0^2 + q_1^2 + q_2^2 + q_3^2 = 1 \end{cases} \quad (6.2)$$

式（6.2）是一组反映 b 系与 n 系间姿态关系的四元非线性方程组。直接求解非线性方程组的解析解是极其困难的，通常采用数值搜索或优化方法（如模拟退火算法、进化算法、粒子群优化算法等）获得近似解。然而，这些求解方法巨大的计算量严重损害了导航实时性，且最终解也易陷入局部最优状态。为了在高动态应用中实时可靠地求解以上问题，本节设计了一种基于两次旋转变换的实时姿态求解算法。根据欧拉定理可知，两个坐标系可以通过绕特定单位向量 e^0 旋转 β 角度而实现重合，如图 6.1 所示。6.2.2 节将详述如何通过两次旋转完成这一过程，从而解算出表示初始姿态关系的旋转四元数 q_b^n。

6.2.2 空中动态粗对准方法

类似双向量定姿过程，这里须利用两个不共线向量 f^b 和 v^b，其在 n 系内的对应向量为 f^n 和 v^n。为充分反映姿态指向关系，在整个计算过程中，首先要将向量单位化为 f^{b0}、v^{b0}、f^{n0} 和 v^{n0}。经过两次旋转使向量组 f^{b0} 和 v^{b0} 分别与 f^{n0} 和 v^{n0} 重合，则转动后的 n 系与 b 系重合，对应的姿态四元数为 b 系至 n 系的旋转四元数 q_b^n。

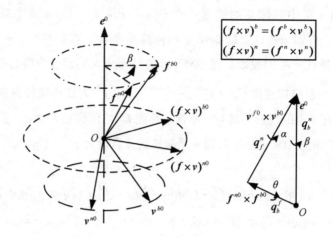

图 6.1 n 系绕 e^0 旋转 β 角度与 b 系重合

第一次旋转过程如图 6.2 所示，f^{n0} 和 v^{n0} 绕单位向量 u^0 旋转 θ 角度

$$r^0 = \frac{f^{n0} + f^{b0}}{|f^{n0} + f^{b0}|}, u^0 = \frac{f^{n0} \times r^0}{|f^{n0} \times r^0|} \tag{6.3}$$

$$\sin\left(\frac{\theta}{2}\right) = |f^{n0} \times r^0|, \cos\left(\frac{\theta}{2}\right) = \sqrt{1 - \sin^2\left(\frac{\theta}{2}\right)} \tag{6.4}$$

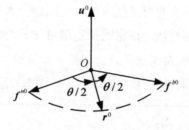

图 6.2 n 系至 b 系的第一次旋转

第一次旋转对应的旋转四元数记为 q_n^f，则

$$q_n^f = \cos\left(\frac{\theta}{2}\right) + u^0 \cdot \sin\left(\frac{\theta}{2}\right) \tag{6.5}$$

v^{n0} 经第一次旋转 q_n^f 后形成的向量记为 v^{f0}，则

$$v^{f0} = q_n^f \circ v^{n0} \circ (q_n^f)^* \tag{6.6}$$

第二次旋转过程如图 6.3 所示，$\boldsymbol{f}^{b0}$ 和 $\boldsymbol{v}^{f0}$ 绕单位向量 $\boldsymbol{f}^{b0}$ 旋转 α 角度，对应的旋转四元数 $\boldsymbol{q}_f^b$ 为

$$\boldsymbol{q}_f^b = \cos\left(\frac{\alpha}{2}\right) + \boldsymbol{f}^{b0}\sin\left(\frac{\alpha}{2}\right) \tag{6.7}$$

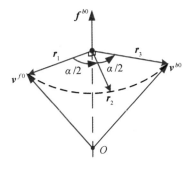

图 6.3　n 系至 b 系的第二次旋转

其中，

$$\boldsymbol{r}_1^0 = \frac{\boldsymbol{r}_1}{|\boldsymbol{r}_1|} = \frac{\boldsymbol{f}^{b0}\times(\boldsymbol{v}^{f0}\times\boldsymbol{f}^{b0})}{|\boldsymbol{f}^{b0}\times(\boldsymbol{v}^{f0}\times\boldsymbol{f}^{b0})|}, \boldsymbol{r}_3^0 = \frac{\boldsymbol{r}_3}{|\boldsymbol{r}_3|} = \frac{\boldsymbol{f}^{b0}\times(\boldsymbol{v}^{b0}\times\boldsymbol{f}^{b0})}{|\boldsymbol{f}^{b0}\times(\boldsymbol{v}^{b0}\times\boldsymbol{f}^{b0})|}, \boldsymbol{r}_2^0 = \frac{\boldsymbol{r}_1^0+\boldsymbol{r}_3^0}{|\boldsymbol{r}_1^0+\boldsymbol{r}_3^0|}$$
$$\tag{6.8}$$

$$\sin\left(\frac{\alpha}{2}\right) = (\boldsymbol{r}_1^0\times\boldsymbol{r}_2^0)\cdot\boldsymbol{f}^{b0}, \cos\left(\frac{\alpha}{2}\right) = \sqrt{1-\sin^2\left(\frac{\alpha}{2}\right)} \tag{6.9}$$

注意，要确定旋转四元数 $\boldsymbol{q}_f^b$，则必须先确定 $\boldsymbol{v}^{b0}$。根据几何对称性可知

$$\begin{cases} \boldsymbol{f}^{b0}\cdot\boldsymbol{v}^{b0} = \boldsymbol{f}^{b0}\cdot\boldsymbol{v}^{f0} \\ |\boldsymbol{v}^{b0}| = |\boldsymbol{v}^{f0}| \end{cases} \tag{6.10}$$

给定 $\boldsymbol{f}^{b0} = [f_x, f_y, f_z]^{\mathrm{T}}$ 和 $\boldsymbol{v}^{b0} = [v_x, \rho_{\text{slip}}, v_z]^{\mathrm{T}}$，且假设 ρ_{slip} 已知，则上述方程转化成一个二元二次方程组

$$\begin{cases} f_x\cdot v_x + f_z\cdot v_z = \boldsymbol{f}^{b0}\cdot(\boldsymbol{q}_n^f\circ\boldsymbol{v}^{n0}\circ(\boldsymbol{q}_n^f)^*) - f_y\cdot\rho_{\text{slip}} \\ (v_x)^2 + (v_z)^2 = 1 - \rho_{\text{slip}}^2 \end{cases} \tag{6.11}$$

记 $c = \boldsymbol{f}^{b0}\cdot(\boldsymbol{q}_n^f\circ\boldsymbol{v}^{n0}\circ(\boldsymbol{q}_n^f)^*) - f_y\cdot\rho_{\text{slip}}$，由载体飞行运动约束可剔除该方程组增根[142]，可得方程组解析解为

$$
\begin{cases}
v_x = \dfrac{f_x \cdot c + |f_z| \cdot \sqrt{(f_x^2 + f_z^2) \cdot (1 - \rho_{\text{slip}}^2) - c^2}}{f_x^2 + f_z^2} \\[3mm]
v_y = \rho_{\text{slip}} \\[2mm]
v_z = c - \dfrac{f_x \cdot v_x}{f_z}
\end{cases}
\tag{6.12}
$$

在实际应用中，如果 UAV 装载有监测侧滑的特殊传感器，则能够提供粗略 ρ_{slip} 值。而在一般平稳飞行情况下，ρ_{slip} 通常可赋值为零，这样虽然会不可避免地引入系统性误差，但是在大多数飞行时段均能提供较合理的姿态估计初值，6.5 节将通过实际飞行试验数据验证这样得到的结果相对于传统算法的优势。

由此可获得表示 b 系与 n 系的初始姿态关系的旋转四元数 $\boldsymbol{q}_b^n$，即

$$
\boldsymbol{q}_b^n = (\boldsymbol{q}_f^b \circ \boldsymbol{q}_n^f)^*
\tag{6.13}
$$

6.3　大失准角条件下动基座初始对准容积卡尔曼滤波方法

容积卡尔曼滤波采用解决多维积分的 Cubature 数值积分准则来实现递推 Bayesian 估计，是一种能够以较小的计算量应用于高维非线性估计问题的新型非线性滤波算法。为了解决无人飞行器侧滑机动条件下由大初始姿态角误差造成的模型强非线性难题，一个自然的想法就是设计非线性滤波器减弱线性化误差带来的不利影响，CKF 就是诸多非线性滤波器中的可选方法之一。另外，CKF 最初是针对加性噪声以非扩展形式给出的，本节将仿照扩展 UKF 架构[144]推导 CKF 的扩展形式，以便实现对非加性噪声、非线性系统的处理。

6.3.1　非线性系统递推贝叶斯估计

不失一般性，将 GNSS/MEMS-SINS 组合导航系统简写为

$$\begin{cases} \boldsymbol{x}_k = \boldsymbol{f}_{k-1}(\boldsymbol{x}_{k-1}, \boldsymbol{w}_{k-1}) \\ \boldsymbol{z}_k = \boldsymbol{h}_k(\boldsymbol{x}_k) + \boldsymbol{v}_k \end{cases} \tag{6.14}$$

式中，$\boldsymbol{x}_k = [\varphi, \lambda, h, v_N, v_E, v_D, q_1, q_2, q_3, q_4, \varepsilon_X, \varepsilon_Y, \varepsilon_Z, \nabla_X, \nabla_Y, \nabla_Z]^T$ 表示 t_k 时刻系统状态量；$\boldsymbol{z}_k$ 表示 t_k 时刻外部观测量；$\boldsymbol{w}_k$ 和 $\boldsymbol{v}_k$ 分别为 n_w 维系统过程噪声和 n_v 维测量噪声，假设为相互独立高斯白噪声，满足统计特性

$$\begin{cases} E[\boldsymbol{w}_k] = \boldsymbol{0}_{n_w \times 1}, \mathrm{Cov}(\boldsymbol{w}_k, \boldsymbol{w}_j) = \boldsymbol{Q}_k \delta_{kj} \\ E[\boldsymbol{v}_k] = \boldsymbol{0}_{n_v \times 1}, \mathrm{Cov}(\boldsymbol{v}_k, \boldsymbol{v}_j) = \boldsymbol{R}_k \delta_{kj} \\ \mathrm{Cov}(\boldsymbol{w}_k, \boldsymbol{v}_j) = \boldsymbol{0}_{n_w \times n_v} \end{cases} \tag{6.15}$$

系统状态 $\boldsymbol{x}_k$ 与 $\boldsymbol{w}_k$、$\boldsymbol{v}_k$ 彼此相互独立，对状态进行扩维处理

$$\boldsymbol{x}_k^a = \begin{bmatrix} \boldsymbol{x}_k \\ \boldsymbol{w}_k \end{bmatrix} \tag{6.16}$$

假设 t_{k-1} 时刻飞行器导航状态量 $\boldsymbol{x}_{k-1}$ 的后验概率密度 $p(\boldsymbol{x}_{k-1}|\boldsymbol{Z}_{k-1})$ 服从均值为 $\boldsymbol{x}_{k-1}^+$、协方差为 $\boldsymbol{P}_{k-1}^+$ 的高斯分布，$\boldsymbol{Z}_{k-1} = \{z_i\}_{i=1}^{(k-1)}$ 表示直到 t_{k-1} 时刻的测量信息集合。$\boldsymbol{w}_{k-1}$ 是与 $\boldsymbol{Z}_{k-1}$ 互不相关的高斯序列，则 $p(\boldsymbol{x}_{k-1}^a|\boldsymbol{Z}_{k-1})$ 也服从高斯分布，其均值和协方差分别为

$$\boldsymbol{x}_{k-1}^{a+} = E[\boldsymbol{x}_{k-1}^a | \boldsymbol{Z}_{k-1}] = \begin{bmatrix} E[\boldsymbol{x}_{k-1}|\boldsymbol{Z}_{k-1}] \\ E[\boldsymbol{w}_{k-1}|\boldsymbol{Z}_{k-1}] \end{bmatrix} = \begin{bmatrix} \boldsymbol{x}_{k-1}^+ \\ \boldsymbol{0} \end{bmatrix} \tag{6.17}$$

$$\boldsymbol{P}_{k-1}^{a+} = E[(\boldsymbol{x}_{k-1}^{a+} - \boldsymbol{x}_{k-1}^a)(\boldsymbol{x}_{k-1}^{a+} - \boldsymbol{x}_{k-1}^a)^T] = \begin{bmatrix} \boldsymbol{P}_{k-1}^+ & \boldsymbol{0} \\ \boldsymbol{0} & \boldsymbol{Q}_{k-1} \end{bmatrix} \tag{6.18}$$

根据最小方差估计准则，式（6.14）所示高斯非线性系统状态一步预测可表示为

$$\boldsymbol{x}_k^- = E[\boldsymbol{x}_k|\boldsymbol{Z}_{k-1}] = E[f_{k-1}(\boldsymbol{x}_{k-1}, \boldsymbol{w}_{k-1})|\boldsymbol{Z}_{k-1}] = E[f_{k-1}(\boldsymbol{x}_{k-1}^a)|\boldsymbol{Z}_{k-1}]$$

$$= \int_{\mathbf{R}^{n_x+n_w}} f_{k-1}(\boldsymbol{x}_{k-1}^a) p(\boldsymbol{x}_{k-1}^a|\boldsymbol{Z}_{k-1}) \mathrm{d}\boldsymbol{x}_{k-1}^a = \int_{\mathbf{R}^{n_x+n_w}} f_{k-1}(\boldsymbol{x}_{k-1}^a) N(\boldsymbol{x}_{k-1}^a; \boldsymbol{x}_{k-1}^{a+}, \boldsymbol{P}_{k-1}^{a+}) \mathrm{d}\boldsymbol{x}_{k-1}^a$$

$$\tag{6.19}$$

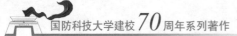

$$P_k^- = E[(x_k - x_k^-)(x_k - x_k^-)^T]$$

$$= \int_{R^{n_x+n_w}} (f_{k-1}(x_{k-1}^a) - x_k^-)(f_{k-1}(x_{k-1}^a) - x_k^-)^T N(x_{k-1}^a; x_{k-1}^{a+}, P_{k-1}^{a+}) dx_{k-1}^a$$

$$(6.20)$$

式中，n_x 表示系统状态量 x_k 的维度，n_w 表示噪声向量 w_k 的维度，则状态量 x_{k-1}^a 维度是 $n_x + n_w$；$N(x_{k-1}^a; x_{k-1}^{a+}, P_{k-1}^{a+})$ 表示 x_{k-1}^a 服从均值为 x_{k-1}^{a+}、协方差为 P_{k-1}^{a+} 的正态分布概率密度函数，即

$$N(x_{k-1}^a; x_{k-1}^{a+}, P_{k-1}^{a+}) = \frac{1}{\sqrt{(2\pi)^{n_x+n_w}|P_{k-1}^{a+}|}} e^{-\frac{1}{2}(x_{k-1}^a - x_{k-1}^{a+})^T (P_{k-1}^{a+})^{-1}(x_{k-1}^a - x_{k-1}^{a+})}$$

$$(6.21)$$

假设预测密度 $p(x_k | Z_{k-1})$ 也服从高斯分布，则输出预测均值和协方差阵为

$$z_k^- = E[z_k | Z_{k-1}] = E[h_k(x_k) + v_k | Z_{k-1}]$$

$$= E[h_k(x_k) | Z_{k-1}] = \int_{R^{n_x+n_w}} h_k(x_k) p(x_k | Z_{k-1}) dx_k$$

$$(6.22)$$

$$= \int_{R^{n_x+n_w}} h_k(x_k) N(x_k; x_k^-, P_k^-) dx_k$$

同时，已知 w_k 和 v_k 为互不相关的高斯白噪声，则 v_k 与 z_k^-、$x_k - x_k^-$ 也互不相关，故输出预测的自协方差阵和互协方差阵为

$$P_{z_k} = E[(z_k - z_k^-)(z_k - z_k^-)^T] = E[(h_k(x_k) - z_k^-)(h_k(x_k) - z_k^-)^T] + R_k$$

$$= \int_{R^{n_x}} (h_k(x_k) - z_k^-)(h_k(x_k) - z_k^-)^T p(x_k | Z_{k-1}) dx_k + R_k$$

$$= \int_{R^{n_x}} (h_k(x_k) - z_k^-)(h_k(x_k) - z_k^-)^T N(x_k; x_k^-, P_k^-) dx_k + R_k$$

$$(6.23)$$

$$\boldsymbol{P}_{\boldsymbol{x}_k\boldsymbol{z}_k} = E\big[\,(\boldsymbol{x}_k - \boldsymbol{x}_k^-)\,(\boldsymbol{z}_k - \boldsymbol{z}_k^-)^{\mathrm{T}}\,\big] = E\big[\,(\boldsymbol{x}_k - \boldsymbol{x}_k^-)\,(\boldsymbol{h}_k(\boldsymbol{x}_k) - \boldsymbol{z}_k^-)^{\mathrm{T}}\,\big]$$

$$= \int_{\mathbf{R}^{n_x}} (\boldsymbol{x}_k - \boldsymbol{x}_k^-)\,(\boldsymbol{h}_k(\boldsymbol{x}_k) - \boldsymbol{z}_k^-)^{\mathrm{T}} N(\boldsymbol{x}_k;\boldsymbol{x}_k^-,\boldsymbol{P}_k^-)\,\mathrm{d}\boldsymbol{x}_k$$

$$(6.24)$$

式中，$\boldsymbol{z}_k - \boldsymbol{z}_k^-$ 为新息序列。

对于状态服从高斯分布的线性或非线性系统，最小方差估计均是量测信息的线性函数。故 $\boldsymbol{x}_k^+$ 可表示为

$$\boldsymbol{x}_k^+ = \boldsymbol{x}_k^- + \boldsymbol{K}_k(\boldsymbol{z}_k - \boldsymbol{z}_k^-) \tag{6.25}$$

式中，$\boldsymbol{K}_k$ 为滤波增益矩阵。则状态估计误差为 $\boldsymbol{x}_k - \boldsymbol{x}_k^+ = \boldsymbol{x}_k - \boldsymbol{x}_k^- - \boldsymbol{K}_k(\boldsymbol{z}_k - \boldsymbol{z}_k^-)$，对应协方差阵为

$$\begin{aligned}
\boldsymbol{P}_k^+ &= E\big[\,(\boldsymbol{x}_k - \boldsymbol{x}_k^+)\,(\boldsymbol{x}_k - \boldsymbol{x}_k^+)^{\mathrm{T}}\,\big] \\
&= E\big[\,(\boldsymbol{x}_k - \boldsymbol{x}_k^-)\,(\boldsymbol{x}_k - \boldsymbol{x}_k^-)^{\mathrm{T}}\,\big] - E\big[\,(\boldsymbol{x}_k - \boldsymbol{x}_k^-)\,(\boldsymbol{z}_k - \boldsymbol{z}_k^-)^{\mathrm{T}}\,\big]\boldsymbol{K}_k^{\mathrm{T}} - \\
&\quad \boldsymbol{K}_k E\big[\,(\boldsymbol{z}_k - \boldsymbol{z}_k^-)\,(\boldsymbol{x}_k - \boldsymbol{x}_k^-)^{\mathrm{T}}\,\big] + \boldsymbol{K}_k E\big[\,(\boldsymbol{z}_k - \boldsymbol{z}_k^-)\,(\boldsymbol{z}_k - \boldsymbol{z}_k^-)^{\mathrm{T}}\,\big]\boldsymbol{K}_k^{\mathrm{T}} \\
&= \boldsymbol{P}_k^- - \boldsymbol{P}_{\boldsymbol{x}_k\boldsymbol{z}_k}\boldsymbol{K}_k^{\mathrm{T}} - \boldsymbol{K}_k\boldsymbol{P}_{\boldsymbol{x}_k\boldsymbol{z}_k}^{\mathrm{T}} + \boldsymbol{K}_k\boldsymbol{P}_{\boldsymbol{z}_k}\boldsymbol{K}_k^{\mathrm{T}}
\end{aligned} \tag{6.26}$$

由最小均方误差估计准则可知，通过极小化式（6.26）所示的协方差矩阵 $\boldsymbol{P}_k$ 迹可得

$$\boldsymbol{K}_k = \boldsymbol{P}_{\boldsymbol{x}_k\boldsymbol{z}_k}\boldsymbol{P}_{\boldsymbol{z}_k}^{-1} \tag{6.27}$$

故状态估计误差协方差矩阵 $\boldsymbol{P}_k^+$ 可表示为

$$\boldsymbol{P}_k^+ = \boldsymbol{P}_k^- - \boldsymbol{P}_{\boldsymbol{x}_k\boldsymbol{z}_k}\boldsymbol{K}_k^{\mathrm{T}} = \boldsymbol{P}_k^- - \boldsymbol{K}_k\boldsymbol{P}_{\boldsymbol{x}_k\boldsymbol{z}_k}^{\mathrm{T}} = \boldsymbol{P}_k^- - \boldsymbol{K}_k\boldsymbol{P}_{\boldsymbol{z}_k}\boldsymbol{K}_k^{\mathrm{T}} \tag{6.28}$$

因此，对于式（6.14）表示的含非加性噪声的非线性高斯系统，其状态估计时间更新过程由式（6.19）和式（6.20）表示，而测量更新过程由式（6.22）、式（6.23）、式（6.24）、式（6.25）、式（6.27）和式（6.28）表示。

6.3.2　基于扩展容积卡尔曼滤波的 MEMS-SINS 初始对准方法

无论是线性系统，还是非线性系统，均可通过递推 Bayesian 估计实现最

优信息融合。然而,实际中要得到精确的 Bayesian 最优滤波解是非常困难的,这涉及复杂状态后验概率密度的高维积分求解。为此,文献[150] 提出了采用高效数值积分 Cubature 准则实现递推 Bayesian 估计的 CKF 算法,用于解决高维非线性高斯系统的最优估计问题。

三阶 Spherical-Radial Cubature 准则将标准高斯加权积分简化为[150]

$$I_N(f) = \int_{\mathbf{R}^n} f(\boldsymbol{x}) N(\boldsymbol{x};\boldsymbol{0},\boldsymbol{I}) \,\mathrm{d}\boldsymbol{x} \approx \sum_{i=1}^{2n} \omega_i f(\boldsymbol{\xi}_i) \tag{6.29}$$

式中,$\boldsymbol{\xi}_i = \sqrt{n}[1]_i$,$\omega_i = 1/2n$,$i = 1,2,\cdots 2n$;$[1] \in \mathbf{R}^n$ 表示如下点集

$$\left\{ \begin{pmatrix} 1 \\ 0 \\ \vdots \\ 0 \end{pmatrix}, \begin{pmatrix} 0 \\ 1 \\ \vdots \\ 0 \end{pmatrix}, \cdots, \begin{pmatrix} 0 \\ 0 \\ \vdots \\ 1 \end{pmatrix}, \begin{pmatrix} -1 \\ 0 \\ \vdots \\ 0 \end{pmatrix}, \begin{pmatrix} 0 \\ -1 \\ \vdots \\ 0 \end{pmatrix}, \cdots, \begin{pmatrix} 0 \\ 0 \\ \vdots \\ -1 \end{pmatrix} \right\} \tag{6.30}$$

基于 Cubature 点集 $\{\boldsymbol{\xi}_i, \omega_i\}$,可以实现对式(6.19)~(6.24)的高效数值积分,由此设计 CKF 实现上一节 Bayesian 估计。

设 UAV 在 t_{k-1} 时刻的系统扩展状态估计及其协方差为 $\boldsymbol{x}_{k-1}^{a+}$ 和 $\boldsymbol{P}_{k-1}^{a+}$

$$\boldsymbol{x}_{k-1}^{a+} = E[\boldsymbol{x}_{k-1}^a], \boldsymbol{P}_{k-1}^{a+} = E[(\boldsymbol{x}_{k-1}^{a+} - \boldsymbol{x}_{k-1}^a)(\boldsymbol{x}_{k-1}^{a+} - \boldsymbol{x}_{k-1}^a)^{\mathrm{T}}] \tag{6.31}$$

针对大失准角条件下低成本 MEMS-SINS 空中动态初始对准非线性模型而设计的 CKF 算法表述如下。

第一步:生成 Cubature 点集。

Cubature 点集 $\{\boldsymbol{\chi}_{i,k-1}^a | i = 1, \cdots, 2n\}$ 可按如下算法生成

$$\boldsymbol{\chi}_{i,k-1}^a = \boldsymbol{x}_{k-1}^{a+} + \sqrt{\boldsymbol{P}_{k-1}^{a+}} \boldsymbol{\xi}_i \quad (i = 1, \cdots, 2n) \tag{6.32}$$

式中,n 为扩展状态向量中所包含的状态量个数;$\sqrt{\boldsymbol{P}_{k-1}^{a+}}$ 为矩阵 $\boldsymbol{P}_{k-1}^{a+}$ 的 Cholesky 分解;n 维向量 $\boldsymbol{\xi}_i$($i = 1,2,\cdots,2n$)可由 $\boldsymbol{\xi}_i = \sqrt{n}[1]_i$ 和式(6.30)获得。

第二步:时间更新。

$$\boldsymbol{\chi}_{i,k}^- = f(\boldsymbol{\chi}_{i,k-1}^{a+}), \quad \boldsymbol{x}_k^- = \frac{1}{2n} \sum_{i=1}^{2n} \boldsymbol{\chi}_{i,k}^-, \quad \boldsymbol{x}_k^{a-} = [(\boldsymbol{x}_k^-)^{\mathrm{T}} \quad \boldsymbol{0}_{1 \times n_w}]^{\mathrm{T}} \tag{6.33}$$

$$P_k^- = \frac{1}{2n} \sum_{i=1}^{2n} \chi_{i,k}^- (\chi_{i,k}^-)^\mathrm{T} - x_k^- (x_k^-)^\mathrm{T}, P_k^{a-} = \begin{bmatrix} P_k^- & \mathbf{0}_{n_x \times n_w} \\ \mathbf{0}_{n_w \times n_x} & Q_k \end{bmatrix} \quad (6.34)$$

式中，x_k^- 和 P_k^- 为 t_k 时刻预测非扩展状态量及其误差协方差矩阵；x_k^{a-} 和 P_k^{a-} 为 t_k 时刻预测扩展状态及其误差协方差矩阵。

然而，在对 Cubature 点集求平均 $\frac{1}{2n} \sum_{i=1}^{2n} \chi_{i,k}^-$ 时，需要对 $\chi_{i,k}^-$ 中的纬度、经度、高度等大地坐标分量 $r_{i,k}^{e-}$ 和姿态四元数分量 $q_{i,k}$ 分别进行特别处理。在对纬度、经度和高度求平均值时，应先把位置坐标从"纬度—经度—高度"转换到大地直角坐标"X—Y—Z"，然后方可求取平均值

$$r_k^{e-} = \frac{1}{2n} \sum_{i=1}^{2n} r_{i,k}^{e-} \quad (6.35)$$

给定姿态四元数预测值的 Cubature 点集为 $\{q_{i,k}^- \mid i = 1, 2, \cdots, 2n\}$，姿态四元数的预测均值 $\bar{q}_k$ 和误差协方差 $P_{q,k}^-$ 的求解可采用如下加权平均姿态四元数算法：

（1）选择任意一个 $q_{i,k}^-$ 作为平均四元数 $\bar{q}_k$ 的初值；

（2）计算姿态差异值 $q_{\phi,i} = q_{i,k}^- \circ \bar{q}_k^{-1}$；

（3）将 $q_{\phi,i}$ 转换为对应的旋转向量 ϕ_i；

（4）计算旋转向量的加权平均值 $\bar{\phi} = \frac{1}{2n} \sum_{i=1}^{2n} \phi_i$；

（5）将 $\bar{\phi}$ 转换为相应的四元数 q_ϕ；

（6）更新平均四元数 $\bar{q}_k = q_\phi \circ \bar{q}_k$；

（7）重复第（2）至（6）步，直至 $\|\bar{\phi}\|$ 小于设定阈值（如 10^{-7}）。

由此可得姿态四元数预测值对应的误差协方差阵 $P_{q,k}^-$ 为

$$P_{q,k}^- = \frac{1}{2n} \sum_{i=1}^{2n} [q_{i,k}^- \circ \bar{q}_k^{-1}][q_{i,k}^- \circ \bar{q}_k^{-1}]^\mathrm{T} \quad (6.36)$$

第三步：测量更新。

$$z_{i,k}^- = h(\chi_{i,k}^-), \quad z_k^- = \frac{1}{2n} \sum_{i=1}^{2n} z_{i,k}^- \quad (6.37)$$

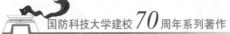

$$P_{z_k} = \frac{1}{2n}\sum_{i=1}^{2n}\left[z_{i,k}^- - z_k^-\right]\left[z_{i,k}^- - z_k^-\right]^{\mathrm{T}} \tag{6.38}$$

$$P_{x_k z_k} = \frac{1}{2n}\sum_{i=1}^{2n}\left[\chi_{i,k}^- - x_k^-\right]\left[z_{i,k}^- - z_k^-\right]^{\mathrm{T}} \tag{6.39}$$

$$K_k = P_{x_k z_k}P_{z_k}^{-1},\ x_k^+ = x_k^- + K_k(z_k - z_k^-),\ x_k^{a+} = \left[(x_k^+)^{\mathrm{T}}\quad \mathbf{0}_{1\times n_w}\right]^{\mathrm{T}} \tag{6.40}$$

$$P_k^+ = P_k^- - K_k P_{z_k}K_k^{\mathrm{T}},\ P_k^{a+} = \begin{bmatrix} P_k^+ & \mathbf{0}_{n_x\times n_w} \\ \mathbf{0}_{n_w\times n_x} & Q_k \end{bmatrix} \tag{6.41}$$

式中，x_k^+ 和 P_k^+ 为 t_k 时刻非扩展状态量及其误差协方差矩阵的测量更新结果；而 x_k^{a+} 和 P_k^{a+} 是 t_k 时刻扩展状态量及其误差协方差矩阵的测量更新结果。

　　CKF 是基于 Cubature 准则对卡尔曼滤波体系的延伸，CKF 与 UKF 有很多相似之处，不过其理论推导更加严谨，同样无须对非线性模型做线性化处理，两者区别将在下一节分析。根据 Cubature 准则选取的 $2n$ 个同等权值 Cubature 状态点集，能够获取非线性变换后系统状态的均值和协方差，从而不引起线性化误差。相比于扩展卡尔曼滤波，CKF 降低了扩展卡尔曼滤波线性化带来的误差，带来了巨大的改进，因而能够用来解决空中动态对准过程大失准角条件下的模型强非线性难题。有关试验验证将在 6.5 节叙述。

6.4　容积卡尔曼滤波初始对准方法分析

6.4.1　扩展与非扩展容积卡尔曼滤波方法对比分析

　　CKF 预测阶段包含两个首尾相连的 Cubature 变换：第一个 Cubature 变换与系统动力学方程相关，第二个 Cubature 变换则与观测方程相关。扩展 CKF 与非扩展 CKF 的区别在于第二个 Cubature 变换。对于非扩展 CKF，第一个 Cubature 变换产生的 Cubature 点集仅仅含有系统动力学 $f(x)$ 的统计信息，而没有引入系统噪声的影响。因此，非扩展 CKF 需要在第二个 Cubature 变换之前，通过预测协方差重新产生 Cubature 点集，以纳入系统噪声的影响。对于扩展 CKF，状态扩维使得第一个 Cubature 变换产生的 Cubature 点集包含了噪声信息。因此可以将第一个 Cubature 点集保留下来，并将其直接应用于观测方程。这种做法不仅省去了重新产生 Cubature 点集所需的计算量，而且使部分高阶矩信息得以捕获，并使其在滤波迭代过程内传播。需要注意的是，非扩展式 CKF 本身不能捕获额外的高阶矩信息。

在一般情形下证明变换后的 Cubature 点集能够捕获有意义的高阶矩信息非常复杂，因此这里通过一个标量的例子考察三阶矩信息[315]。假设一维随机变量 y 通过下式与一维随机变量 $x \sim N\,(\bar{x},\,\sigma^2)$ 相联系

$$y = x^2 \tag{6.42}$$

将随机变量 x 写成

$$x = \bar{x} + \delta x \tag{6.43}$$

其中 $\delta x \sim N\,(0,\,\sigma^2)$。真实的一阶矩、方差和三阶矩分别如下

$$Ey = E\big[\,(\bar{x} + \delta x)^2\,\big] = \bar{x}^2 + \sigma^2 \tag{6.44}$$

$$E\big[\,(y - Ey)^2\,\big] = E\,\big[\,2\bar{x}\delta x + (\delta x)^2 - \sigma^2\,\big]^2 = 4\bar{x}^2\sigma^2 + 2\sigma^4 \tag{6.45}$$

$$E\big[\,(y - Ey)^3\,\big] = E\,\big[\,2\bar{x}\delta x + (\delta x)^2 - \sigma^2\,\big]^3 = 24\bar{x}^2\sigma^4 + 8\sigma^6 \tag{6.46}$$

下面考察扩展前后 Cubature 点集统计信息。针对该一维系统，非扩展 Cubature 点集只包含两个元素 $\{\chi_1,\,\chi_2\}\ =\ \{\bar{x} - \sigma,\,\bar{x} + \sigma\}$，经非线性变换后的 Cubature 点集 $\{\gamma_1,\,\gamma_2\}$ 为

$$\{\gamma_1,\gamma_2\} = \{\bar{x}^2 - 2\bar{x}\sigma + \sigma^2,\bar{x}^2 + 2\bar{x}\sigma + \sigma^2\} \tag{6.47}$$

y 的均值、方差和三阶矩信息分别为

$$\hat{y}\ =\ \sum_{i=1}^{2}\omega_i\gamma_i\ =\ \bar{x}^2 + \sigma^2\ =\ Ey \tag{6.48}$$

$$\sum_{i=1}^{2}\omega_i\,(\gamma_i - \hat{y})^2 = 4\bar{x}^2\sigma^2 \tag{6.49}$$

$$\sum_{i=1}^{2}\omega_i\,(\gamma_i - \hat{y})^3 = 0 \tag{6.50}$$

而扩展 Cubature 点集有四个元素 [非加性过程噪声 $w \sim N\,(0,\,\sigma_w^2)$ 扩展一维]，即 $\{\chi_1,\chi_2,\chi_3,\chi_4\}\ =\ \big\{\big[\bar{x},\sqrt{2}\sigma_w\big]^{\mathrm{T}},\big[\bar{x} + \sqrt{2}\sigma,0\big]^{\mathrm{T}},\big[\bar{x},-\sqrt{2}\sigma_w\big]^{\mathrm{T}},$

$[\bar{x} - \sqrt{2}\sigma, 0]^T\}$，经非线性变换后 Cubature 点集 $\{\gamma_1, \gamma_2, \gamma_3, \gamma_4\}$ 为

$$\{\gamma_1, \gamma_2, \gamma_3, \gamma_4\} = \{\bar{x}^2, \bar{x}^2, \bar{x}^2 + 2\sqrt{2}\bar{x}\sigma + 2\sigma^2, \bar{x}^2 - 2\sqrt{2}\bar{x}\sigma + 2\sigma^2\} \quad (6.51)$$

y 的均值、方差和三阶矩信息分别为

$$\hat{y} = \sum_{i=1}^{4} \omega_i \gamma_i = \bar{x}^2 + \sigma^2 = Ey \quad (6.52)$$

$$\sum_{i=1}^{4} \omega_i (\gamma_i - \hat{y})^2 = 4\bar{x}^2 \sigma^2 + \frac{3}{2}\sigma^4 \quad (6.53)$$

$$\sum_{i=1}^{4} \omega_i (\gamma_i - \hat{y})^3 = 12\bar{x}^2 \sigma^4 \quad (6.54)$$

比较式（6.46）、式（6.50）和式（6.54），可以看出非线性变换后的扩展 Cubature 点集确实捕获到有意义的三阶矩信息，而非扩展 Cubature 点集不能捕获任何三阶矩信息。因此，扩展 CKF 的估计性能要优于非扩展 CKF。

6.5 节试验环节将分别采用非扩展 CKF 和扩展 CKF 分析实际中的大、小失准角条件下的典型飞行数据，以验证本节关于扩展 CKF 和非扩展 CKF 的分析。

6.4.2　容积卡尔曼滤波方法与无迹卡尔曼滤波方法对比分析

CKF 与 UKF 有很多相似之处，两者都是通过一组具有权值的点集、经非线性变换（系统方程）后的统计结果得出下一时刻系统状态及其协方差矩阵的预测值，从而避免了对非线性模型的线性化处理，降低了线性化带来的误差，带来了巨大的改进。然而，两者之间依然存在以下重要区别。

（1）UKF 缺乏严格的数学推导过程，是根据"对概率分布进行近似要比对非线性函数进行近似容易得多"的直觉认识而提出的算法；而 CKF 是根据 Bayesian 理论和 Spherical-Radial Cubature 准则经严格数学推导而提出的算法。

（2）UKF 通过无迹变换（Unscented Transformation，UT）生成 $(2n+1)$ 个不同权值 Sigma 点集；而 CKF 通过积分生成 $2n$ 个同等权值 Cubature 状态点集，CKF 计算量略小。

（3）UT 变换在处理高维（大于 4）系统时，会出现某些 Sigma 点权值为负的情形，极易导致 UKF 滤波过程中协方差非正定，引发滤波数值计算的不稳定（甚至发散）；而 CKF 采用偶数个相同正权值 Cubature 点，数值稳定性好且不易发散。

（4）UKF 需要合理地调节 UT 变换参数（如 κ）才能选出有效的 Sigma 点，而 CKF 只需通过式（6.29）便能得到 Cubature 点集，CKF 算法设计更为简单。

可见，从算法稳定性和复杂度上讲，相对于 UKF，CKF 是一种更好的滤波方法。下面分别对 UKF 和 CKF 估计精度进行分析比较，假设非线性向量函数为 $f(\boldsymbol{x})$，存在 n 维向量 $\boldsymbol{x} = \bar{\boldsymbol{x}} + \delta\boldsymbol{x}$ 和 $\delta\boldsymbol{x} \sim N(\boldsymbol{0}, \boldsymbol{P})$，则将 $f(\boldsymbol{x})$ 在 $\bar{\boldsymbol{x}}$ 附近进行泰勒展开后计算其均值 $\bar{f}(\boldsymbol{x})$ 为[316]

$$\bar{f}(\boldsymbol{x}) = E[f(\bar{\boldsymbol{x}} + \delta\boldsymbol{x})] = f(\bar{\boldsymbol{x}}) + \left(\frac{\nabla^{\mathrm{T}} \boldsymbol{P} \nabla}{2!}\right) f\big|_{\boldsymbol{x}=\bar{\boldsymbol{x}}} +$$

$$\sum_{k=1}^{\boldsymbol{z}^+} \left[\frac{1 \times 3 \times \cdots \times (2k-1)}{(2k)!} \cdot \sum_{i=1}^{n} \left(p_{i1} \frac{\partial}{\partial \boldsymbol{x}_1} + \cdots + p_{in} \frac{\partial}{\partial \boldsymbol{x}_n} \right)^{2k} f\big|_{\boldsymbol{x}=\bar{\boldsymbol{x}}} + E\boldsymbol{\zeta}_k \right]$$

$$(6.55)$$

式中，∇ 表示对函数 $f(\boldsymbol{x})$ 求偏导，即 $\nabla f\big|_{\boldsymbol{x}=\bar{\boldsymbol{x}}} = \sum_{i=1}^{n} \left(\frac{\partial}{\partial \boldsymbol{x}_1} + \cdots + \frac{\partial}{\partial \boldsymbol{x}_n} \right) f(\boldsymbol{x})\big|_{\boldsymbol{x}=\bar{\boldsymbol{x}}}$；$\sqrt{\boldsymbol{P}} = [p_{ij}]_{n \times n}$，$p_{ij}$ 为矩阵 $\sqrt{\boldsymbol{P}}$ 第 j 列第 i 个元素；$\boldsymbol{\zeta}_k$ 为向量 $\boldsymbol{x}$ 求 $2k$ 阶偏导的交叉项。

对于 UKF，将 UT 变换生成的各个 Sigma 点经过非线性函数变换后的泰勒展开式加权平均后的预测均值 $\bar{f}_{\mathrm{UKF}}(x)$ 为

$$\bar{f}_{\mathrm{UKF}}(\boldsymbol{x}) = f(\bar{\boldsymbol{x}}) + \left(\frac{\nabla^{\mathrm{T}} \boldsymbol{P} \nabla}{2!}\right) f\big|_{\boldsymbol{x}=\bar{\boldsymbol{x}}} +$$

$$\left\{ \frac{\nabla^{\mathrm{T}} \boldsymbol{P} \nabla}{2!} + \sum_{k=1}^{\boldsymbol{z}^+} \left[\frac{(n+\kappa)^{k-1}}{(2k)!} \sum_{i=1}^{n} \left(p_{i1} \frac{\partial}{\partial \boldsymbol{x}_1} + \cdots + p_{in} \frac{\partial}{\partial \boldsymbol{x}_n} \right)^{2k} \right] \right\} f\big|_{\boldsymbol{x}=\bar{\boldsymbol{x}}}$$

$$(6.56)$$

根据 Cubature 点集，CKF 捕获的均值泰勒展开式为

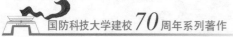
$$\bar{f}_{CKF}(\boldsymbol{x}) = f(\bar{x}) + \left(\frac{\nabla^{\mathrm{T}} \boldsymbol{P} \nabla}{2!} \right) f|_{\boldsymbol{x}=\bar{x}} +$$

$$\left\{ \frac{\nabla^{\mathrm{T}} \boldsymbol{P} \nabla}{2!} + \sum_{k=1}^{\mathbf{z}^+} \left[\frac{n^{k-1}}{(2k)!} \sum_{i=1}^{n} \left(p_{i1} \frac{\partial}{\partial \boldsymbol{x}_1} + \cdots + p_{in} \frac{\partial}{\partial \boldsymbol{x}_n} \right)^{2k} \right] \right\} f|_{\boldsymbol{x}=\bar{x}} \tag{6.57}$$

由此可见，通过比较 $\bar{f}_{UKF}(\boldsymbol{x})$ 和 $\bar{f}_{CKF}(\boldsymbol{x})$ 获取高阶矩信息的程度来简单分析 UKF 与 CKF 方法之间的精度差异。当 $k=2$ 时，为捕获 $\bar{f}(\boldsymbol{x})$ 的大部分四阶矩信息，UKF 通常选取 $n+\kappa=3$，则当 $n \leqslant 2$ 时，

$$n^{k-1} < (n+\kappa)^{k-1} < 1 \times 3 \times \cdots \times (2k-1) \tag{6.58}$$

即 UKF 捕获了更多的四阶矩信息，表明 UKF 估计精度高于 CKF。

当 $n=3$ 时，

$$n^{k-1} = (n+\kappa)^{k-1} < 1 \times 3 \times \cdots \times (2k-1) \tag{6.59}$$

即 UKF 和 CKF 捕获了等量的四阶矩信息，表明 UKF 估计精度与 CKF 相一致。

当 $n>3$ 时，很难用捕获高阶矩信息的程度来比较两种方法，此时通常以数值稳定性来进行分析与比较。文献[150]指出：当稳定因子 $\dfrac{\sum_i |\omega_i|}{\sum_i \omega_i} > 1$ 时，表明在有限精度计算机上实现的积分准则将引入较大的截断误差。因此，可以用稳定因子来作为评价 UKF 和 CKF 数值精度的指标。对于 UKF 而言，若选取 $n+\kappa=3$，则 $\dfrac{\sum_i |\omega_i|}{\sum_i \omega_i} = |\omega_0| + \sum_{i=1}^{2n} |\omega_i| = \dfrac{2n}{3} - 1 > 1$；而 CKF 的稳定因子 $\dfrac{\sum_i |\omega_i|}{\sum_i \omega_i} = 1$。由此可认为当 $n>3$ 时，CKF 估计精度高于 UKF。

6.5 节试验将分别比较 CKF 和 EKF、UKF 在典型无人飞行器飞行数据中的性能表现，以验证本节关于 CKF 和 UKF 的分析。

6.5 机载试验分析

为了检验本章所提空中动态初始对准方法性能，设计和实施了小型无人飞行器导航试验。在试验中，采用型号为 ADIS16405 的低成本 MEMS 惯性测量单元来收集与载体运动有关的惯性测量数据，该惯性传感器噪声特性如表6.1 所示。另外，采用自行集成的 GNSS 接收机存储并处理基准站或移动站 GNSS 数据，该接收机由 OEMV – 3（NovAtel）板卡和型号 HX – BS581A（Harxon）的 GNSS 多频测量型天线构成。对于基准站，接收机存储、处理并转发基准站 GNSS 数据；对于移动站，接收机在实现 RTK 精密相对定位和定速的同时，与 MEMS-SINS 提供的惯性导航数据进行信息融合。机载试验设备如图6.4 所示，原理样机如图6.5 所示。

(a) 小型固定翼试验无人飞行器

(b) 无人飞行器飞行试验场景

(c) 机载设备

(d) 基准站

图6.4　无人飞行器飞行试验及设备

图 6.5　机载 GNSS/MEMS-SINS 组合导航系统原理样机

表 6.1　ADIS16405 IMU 噪声参数

噪声特性	陀螺仪	加速度计
零偏重复性	3 (°)/s	$50 \times 10^{-3}\ g$
零偏稳定性	0.007 (°)/s	$0.2 \times 10^{-3}\ g$
角度/速度随机游走	2.0 (°)/$\sqrt{\mathrm{h}}$	$0.2\ \mathrm{m \cdot s^{-1} \cdot h^{\frac{1}{2}}}$
敏感轴非正交性/ (°)	0.05	0.2
3 dB 带宽/Hz	330	330
动态范围	350 (°)/s	18 g

　　机载试验是在无 GNSS 信号遮挡的开阔地带实施。载体机动形式主要选择
"O" 字形绕圈运动,用于改善系统误差状态可观测性,提高滤波估计精度,
加速对准过程。试验时先将 IMU 预热 15 min 左右,然后直接启动无人飞行
器,MEMS-SINS 进入动态初始对准阶段,对准结束后进入组合导航运行状态。

6.5.1　无人飞行器运动特性分析

　　本节以 RTK/MEMS-SINS 松组合反向平滑结果作为参考真值,分析整个飞
行试验过程中的飞行器运动特性,整个飞行轨迹基准如图 6.6 和图 6.7 所示。在
试验中,UAV 最大飞行速度可达 115.63 km/h,最大侧滑速度可达 76.21 km/h。

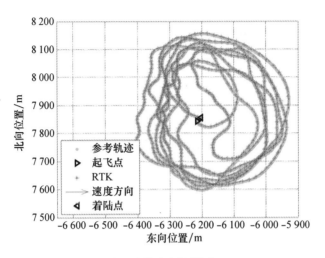

（a）飞行试验水平轨迹

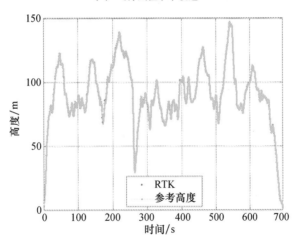

（b）飞行试验高程变化曲线

图 6.6　UAV 试验飞行轨迹

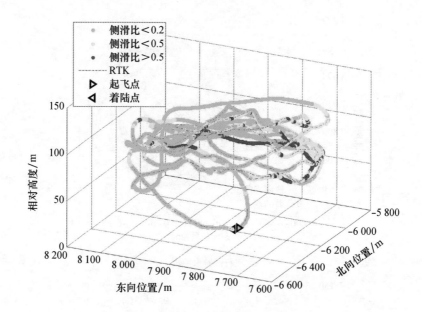

图 6.7 UAV 三维飞行轨迹及侧滑情况

整个 UAV 三维飞行轨迹如图 6.7 所示，其中不同颜色表明不同程度的侧滑机动特性。这里定义侧滑比为侧滑速度 v_{slip} 与总速度 v^n 的比值 $\rho_{slip} = v_{slip}/|v^n|$，该指标可用来衡量飞行器在某一历元的侧滑飞行效应。整个飞行过程中 ρ_{slip} 的均值为 $-0.108\ 7$，均方根为 $0.273\ 2$。如图 6.7 所示，绿点表示 $|\rho_{slip}| < 0.2$ 历元对应的飞行轨迹，黄点表示 $0.2 < |\rho_{slip}| < 0.5$ 历元对应的飞行轨迹，而红点表示 $|\rho_{slip}| > 0.5$ 历元对应的飞行轨迹。由此可见，大侧滑情况（即红点）主要分布在转弯机动发生的时刻，受环境（如风向）影响在平飞段也会偶尔出现较大侧滑。

图 6.7 也表明，侧滑为零的不完全约束条件在机载应用中是不成立的。可以预见，如果 6.2 节空中动态粗对准方法采用侧滑为零假设求解载体三维姿态，将不可避免地出现姿态误差（尤其在大侧滑条件下）。然而，在起飞、着陆或滑翔阶段，UAV 侧滑效应均较小，此时采用本章空中动态粗对准能够给出较好的姿态初值。关于 MEMS-SINS 空中动态粗对准和精对准将在下面阐述。

6.5.2　粗对准方法机载试验结果与分析

以 6.5.1 节中 RTK/MEMS-SINS 松组合反向平滑结果作为姿态参考真值，采用 6.2 节所提双历元 GNSS 辅助 MEMS-SINS 空中粗对准算法，对整个飞行过程中的每一 GNSS 测量历元进行空中粗对准解算，所提粗对准算法解算的姿态值和参考姿态如图 6.8 所示。在图 6.8 中，蓝点表示基于零侧滑假设的空中动态粗对准结果，绿点表示基于已知侧滑假设的粗对准结果，红色虚线表示由反向平滑算法获得的参考姿态。可见，两种粗对准结果都与参考真值非常接近。

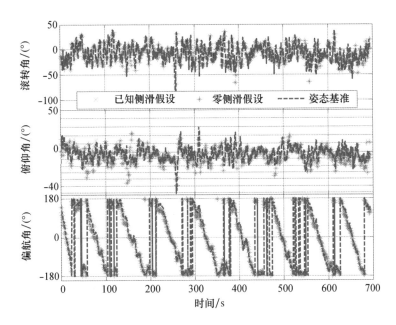

图 6.8　UAV 飞行试验中所提粗对准解算姿态与反向平滑姿态基准对比

为进一步考察粗对准方法，将两种算法结果与参考真值作差，可得粗对准姿态误差。引入侧滑比 ρ_{slip}，可以获得粗对准姿态误差与侧滑程度的关系，如图 6.9 所示。显而易见，已知侧滑条件下的粗对准结果优于零侧滑假设的粗对准结果。基于侧滑为零假设的粗对准结果偏航角误差将随着侧滑比的增

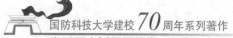

加而显著增大，而采用侧滑速度参与粗对准的姿态结果中偏航角误差不含有
这一趋势项。这一事实也提示了充分利用各类机载传感器在线监测 UAV 侧滑
速度的必要性。

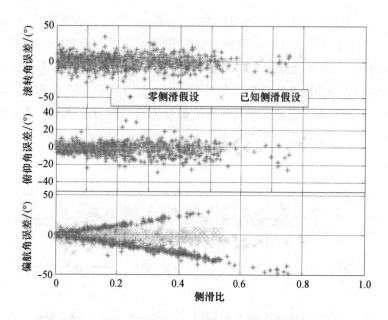

图 6.9　两种不同假设下所提粗对准方法姿态误差对比

与经典文献[317] GNSS 单天线定姿方法进行比较，采用同一组 UAV 机载导
航试验数据，文献方法与本章方法的空中粗对准姿态误差结果如图 6.10 所
示。与传统算法相比，当采用侧滑为零假设时，本章所提算法的偏航角误差
（蓝色点线）会出现和传统方法（红点）一样的较大扰动，这一扰动是由飞
行器实际存在的横侧向运动造成的。这一结论可从基于已知侧滑速度（假设
存在侧滑监测传感器）的改进粗对准算法结果（绿色叉线）无类似波动的现
象中得到验证。从图 6.10 中可以看出，相对于传统算法，基于已知侧滑速度
的空中粗对准算法提升了偏航角、俯仰角和滚转角的估计精度；而基于零侧
滑假设的简化算法也提升了滚转角估计精度，同时对偏航角估计精度也略有
提升。这三种算法的粗对准精度比较如表 6.2 所示。

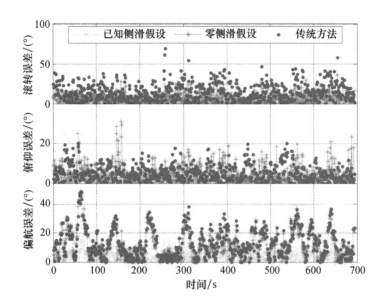

图 6.10　所提算法与传统算法之间的粗对准姿态误差比较

表 6.2　UAV 机载试验的几种粗对准算法精度比较

算法类型	滚转角 RMSE/(°)	俯仰角 RMSE/(°)	偏航角 RMSE/(°)
文献传统方法[317]	18.62	6.56	16.65
本章空中粗对准算法(侧滑为零假设)	8.78	6.88	15.43
本章空中粗对准算法(侧滑已知假设)	6.85	3.23	6.03

　　由图 6.10 和表 6.2 结果可知，无论是基于零侧滑假设，还是基于已知侧滑假设，采用本章所提空中粗对准算法均改善了姿态角估计精度。这是因为本章粗对准算法同时使用了 GNSS 和 SINS 测量信息，而传统方法仅利用了单天线 GNSS 速度信息。本章粗对准算法结果源于在线求解反映 n 系和 b 系姿态关系的动力学方程，其基本要求是对载体 n 系速度和加速度向量、b 系速度和加速度向量进行较高精度的构造。以上信息可以通过 GNSS 测量和 SINS 测量或侧滑传感器获得。机载试验结果也表明，在大多数情形下，所提粗对准算法能够为后续精对准过程提供良好初值。

　　然而，不可忽视的是，当侧滑比大于 0.5 时，姿态角误差均在 30° 以上，如图 6.9 所示。这一现象表明在大侧滑条件下，本章所提空中动态粗对准方法存在较大姿态角误差，使传统精对准算法的 EKF 产生不可忽视的非线性误差。因此，必须改进现有精对准方法，以应对 UAV 大侧滑机动时由大姿态角误差引起的模型非线性难题，这正是 6.3 节提出精对准方法的现实需求。

6.5.3　精对准方法机载试验结果与分析

　　根据 6.5.2 节对本章所提粗对准算法的分析结果可知，在 UAV 大侧滑机动条件下（即 $\rho_{\mathrm{slip}} > 0.5$），该粗对准算法为后续精对准提供的姿态初值可能含有较大误差（尤其是偏航角误差）。因此，本节将针对小偏航角误差、大偏航角误差和大初始姿态角误差条件等三种情形，分析不同精对准方法的性能差异。

　　整个 UAV 飞行时段从 GPS 周内秒 174 966 s 起飞至 175 660 s 着陆，对应飞行试验 0 ~ 694 s。选取两段典型飞行试验时段 273 ~ 694 s 和 221 ~ 694 s 构造三组典型数据，其中第一组数据时间起点 273 s 对应小初始偏航角误差，第二组数据时间起点 221 s 对应大初始偏航角误差，第三组数据时间起点 221 s 对应 30° 拉偏的大姿态角误差，如表 6.3 所示。这三组典型数据用来考察、分析和评估本章所提非线性滤波方法的精对准性能。这里依然选取 UAV 飞行试验数据的 RTK/MEMS-SINS 松组合反向平滑结果作为姿态参考真值，待评估对准算法采用 GNSS 伪距单点定位、多普勒定速辅助 MEMS-SINS 实现动态精对准。

表 6.3　典型飞行试验数据段选取

典型情形	UAV 飞行时段/s	初始时刻姿态误差/(°)
小初始偏航角误差	273 ~ 694	−2.67（偏航）；−5.15（俯仰）；−1.74（滚转）
大初始偏航角误差	221 ~ 694	−35.58（偏航）；0.65（俯仰）；−0.24（滚转）
大初始姿态角误差	221 ~ 694	−65.58（偏航）；30.65（俯仰）；−34.24（滚转）

6.5.3.1 扩展和非扩展 CKF 方法精对准机载试验结果对比及分析

扩展和非扩展 CKF 方法精对准性能将在表 6.3 所述三种情形下进行评估。

（1）小航向角误差情形

图 6.11 展示了小初始航向角误差条件下的非扩展和扩展 CKF 方法精对准性能。两种 CKF 方法均能收敛，但扩展 CKF 方法的精度和无偏性均优于非扩展 CKF 方法。在小初始偏航角误差条件下，这两种算法 10 min 内的对准精度可参考表 6.4。可以看出，相对于非扩展 CKF 方法，采用扩展 CKF 方法显著改善了姿态误差均方根精度指标，与 6.4.1 节理论预期一致。

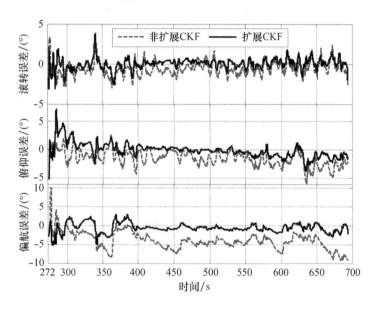

图 6.11　小初始偏航角误差下非扩展与扩展 CKF 动基座精对准比较

（2）大航向角误差情形

图 6.12 比较了非扩展和扩展 CKF 方法在大初始航向角误差条件下的精对准性能。在大初始偏航角误差条件下，这两种算法 10 min 内的对准精度可参考表 6.5。类似地，采用扩展 CKF 方法显著改善了姿态误差均方根精度指标，而非扩展 CKF 方法出现明显的误差偏移。试验结果再次验证了 6.4.1 节中对

扩展 CKF 方法优势的理论预期。

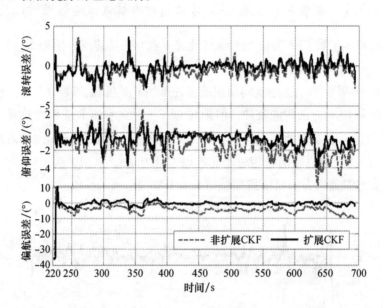

图 6.12 大初始偏航角误差下非扩展与扩展 CKF 动基座精对准比较

（3）大姿态角误差情形

对 221～694 s 飞行数据的初始滚转角、俯仰角和偏航角分别拉偏 30°，得到大初始姿态角误差条件下的试验数据。图 6.13 比较了在大初始姿态角误差条件下非扩展和扩展 CKF 方法的精对准性能。在大初始姿态角误差条件下这两种算法 10 min 内的对准精度可参考表 6.6。在大初始姿态角误差条件下，同样可以看到扩展 CKF 方法在对准精度上的显著改善。类似地，非扩展 CKF 方法的姿态角估计依然出现明显的有偏性。试验结果同样验证了 6.4.1 节的理论预期。

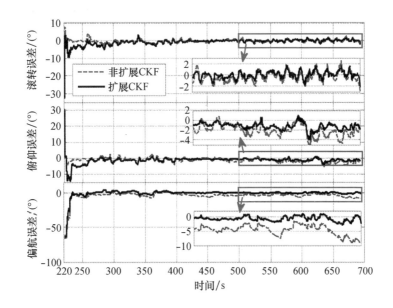

图6.13　大初始姿态角误差下非扩展与扩展 CKF 动基座精对准比较

结合图 6.10～6.12 和表 6.4～6.6 可知，在大、小初始姿态角误差条件下，基于扩展和非扩展 CKF 的对准算法均能收敛，且对准精度基本不受初始姿态角误差的影响。这是因为采用 CKF 无须对非线性惯性导航模型进行线性化（线性化 Jacobian 或 Hessian 矩阵的推导需要小失准角假设），而是直接采用 Cubature 点集估计状态变量的均值和方差达到其真实值泰勒展开式的三阶精度，由此不受线性化时的小失准角假设约束且降低了导航参数误差。另外，在大、小初始姿态角误差条件下，扩展 CKF 的对准精度均优于非扩展 CKF 方法。这是因为状态扩维带来了两方面好处：一方面，采用状态扩维的 Cubature 变换能够自然地描述非加性噪声的产生及其对协方差传播的影响，即扩展 CKF 对反映系统过程噪声特性的 Cubature 点集经过非线性系统状态模型转换后进行统计分析，这一过程有利于提升误差估计精度；另一方面，如 6.4.1 节所述，扩展 CKF 可以捕获部分高阶矩信息来提升估计精度。需要指出的是，扩展 CKF 的第一个 Cubature 变换中经非线性变换后的 Cubature 点集能够捕获额外的高阶矩信息，并直接保留下来应用于观测方程，实现了在单个滤波迭

代过程内的传播。因此，在处理非加性噪声时，扩展和非扩展 CKF 之间的区别通常有利于扩展 CKF。

6.5.3.2 扩展 CKF 方法对比其他传统方法精对准机载试验结果及分析

由 6.5.3.1 节可知，在非加性过程噪声条件下，扩展 CKF 方法的对准精度优于非扩展 CKF 方法。同样基于表 6.3 所示的典型飞行数据，本节将继续在大、小初始姿态角误差条件下，比较采用扩展 CKF 方法和其他传统滤波方法（如 EKF、UKF 等）的精对准性能差异。

（1）小航向角误差情形

图 6.14 展示了小初始航向角误差条件下的扩展 CKF 和其他滤波方法精对准性能。四种滤波方法均能收敛，但扩展 CKF 和扩展 UKF 方法具有更好的精度和无偏性。表 6.4 给出了在小初始偏航角误差条件下这四种算法 10 min 内的对准精度。在这四种精对准方法中，扩展 CKF 方法和扩展 UKF 方法对准精度相当，对应定姿均方根误差均为 1.71°；而非扩展 UKF 方法对准精度较差，

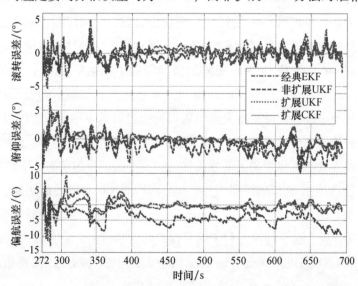

图 6.14　小初始偏航角误差下扩展 CKF 与传统动基座精对准比较

对应定姿精度为 5.3°。这可能是由于非扩展 UKF 对非加性噪声的加性化处理，致使适用于 EKF 和扩展 UKF 的噪声参数 Q 和 R 不再适应于非扩展 UKF。这一现象从另一个角度验证了扩展方式描述噪声特性的有效性。

表 6.4　小初始偏航角误差条件下动基座精对准方法 10 min 对准精度比较

滤波方法	滚转角精度/(°)	俯仰角精度/(°)	偏航角精度/(°)	定姿精度/(°)
经典 EKF	1.03	1.17	1.56	2.20
非扩展 UKF	1.02	2.09	4.77	5.30
非扩展 CKF	1.02	2.09	4.77	5.30
扩展 UKF	0.63	0.96	1.27	1.71
扩展 CKF	0.63	0.96	1.27	1.71

另外，由图 6.14 和表 6.4 可知，与经典 EKF 方法相比，扩展 CKF 方法显著提升了对准精度。经典 EKF 方法的姿态精度较差的原因在于对准过程中抛弃了高阶误差项，这一问题所带来的不利影响将会在模型非线性条件下（如大初始姿态角误差条件）进一步凸显，详见下面叙述。

（2）大航向角误差情形

图 6.15 展示了大初始航向角误差条件下的扩展 CKF 和其他滤波方法的精对准性能。表 6.5 给出了在大初始偏航角误差条件下这四种算法 10 min 内的对准精度。从图 6.15 和表 6.5 中可以发现，大、小初始偏航角误差条件下的结果基本一致，同时凸显了扩展 CKF 方法的优越对准性能。与经典 EKF 方法相比，扩展 CKF 方法显著提升了对准的速度和精度，而对准精度的提升得益于 Cubature 变换处理模型非线性的能力。与非扩展 UKF 方法相比，扩展 CKF 方法对准精度和无偏性更好。这主要是因为扩展 Cubature 点集可以部分捕获高阶矩信息并使其在单个滤波迭代过程内传播，同时状态扩维能够更好地描述非加性噪声。另外，类似现象再次出现——非扩展 UKF 状态估计有偏且精度低于经典 EKF 方法，这也是由于 EKF 噪声参数 Q 和 R 可直接适用于非加性噪声描述，而不能直接用于加性噪声描述方式。扩展 CKF 方法与扩展 UKF 方法对准精度基本相同。

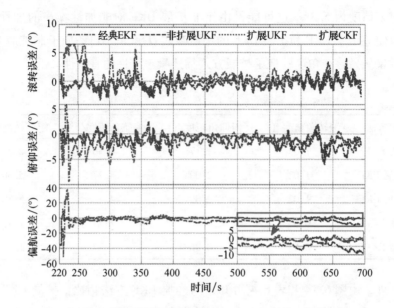

图6.15 大初始偏航角误差下扩展 CKF 与传统动基座精对准比较

表6.5 大初始偏航角误差条件下动基座精对准方法 10 min 对准精度比较

滤波方法	滚转角精度/(°)	俯仰角精度/(°)	偏航角精度/(°)	定姿精度/(°)
经典 EKF	1.35	2.00	1.29	2.74
非扩展 UKF	1.08	2.01	4.62	5.15
非扩展 CKF	1.08	2.01	4.62	5.15
扩展 UKF	0.79	1.10	1.20	1.81
扩展 CKF	0.79	1.09	1.20	1.80

（3）大姿态角误差情形

图6.16 展示了大初始姿态角误差条件下的扩展 CKF 和其他滤波方法的精对准性能。表6.6 给出了在大初始姿态角误差条件下这四种算法 10 min 内的对准精度。从图6.16 和表6.6 中可以发现，大初始姿态角误差条件下的结果与之前误差结果基本一致，同时更加凸显了扩展 CKF 方法的优越对准性能。可以看出，在初始滚转角、俯仰角和偏航角都存在较大误差时，经典 EKF 方

法收敛缓慢且最终收敛至有偏状态值，严重恶化了其对准精度。而非扩展和扩展 UKF、非扩展和扩展 CKF 方法均不受初始姿态角误差大小的影响，依然保持相同的对准精度。

由表 6.4 ~ 6.6 可知，扩展 CKF 和扩展 UKF 方法的对准精度在不同初始姿态角误差条件下基本相当。但是，当初始姿态角误差变大（即模型非线性程度变强）时，扩展 CKF 方法对准精度略微优于扩展 UKF 方法。由 6.4.2 节的理论分析可知，这种细微优势是由以下两方面造成的：一方面，扩展 CKF 方法的算法实现复杂度要低，因为 UKF 算法需要巧妙调整 Scaled UT 参数（α，β，κ）以获得一组 Sigma 点集，而 CKF 方法无须调整参数，直接采用式（6.30）生成 Cubature 点集；另一方面，UKF 算法中负权值的存在可能会导致高维状态估计非正定协方差矩阵的出现，这在实际应用中往往造成不良影响，而 CKF 方法所有权值均为正值，保证了数值稳定性。因此，考虑到算法实现的复杂度和数值稳定性，扩展 CKF 方法是几种精对准滤波方法中的最优选择。

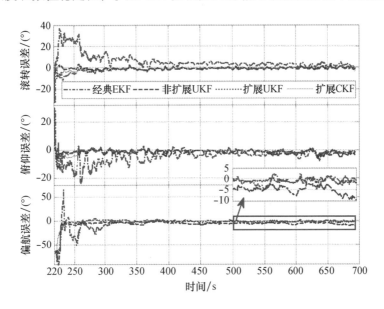

图 6.16　大初始姿态角误差下扩展 CKF 与传统动基座精对准比较

表6.6　大初始姿态角误差条件下动基座精对准方法10 min 对准精度比较

滤波方法	滚转角精度/(°)	俯仰角精度/(°)	偏航角精度/(°)	定姿精度/(°)
经典 EKF	5.95	5.33	4.76	9.30
非扩展 UKF	1.08	2.01	4.62	5.15
非扩展 CKF	1.08	2.01	4.62	5.15
扩展 UKF	1.24	1.08	1.44	2.19
扩展 CKF	1.08	1.28	1.25	2.08

以上试验结果表明，本章设计的基于扩展 CKF 的 GNSS 辅助机载 MEMS-SINS 精对准方法能够有效提升初始对准精度。该方法得到的对准精度要高于传统 EKF 方法和 UKF 方法，与扩展 UKF 方法精度一致。同时，该算法的复杂度优于 UKF 方法，具有较好的数值稳定性。另外，该精对准方法能够有效处理大、小初始姿态角误差条件下的 MEMS-SINS 初始对准问题，无须切换模型即可实现由大姿态角误差向小姿态角误差的转变，实现整个对准过程的无缝衔接。

6.6　本章小结

本章研究了 GNSS 辅助 MEMS 捷联惯导动基座初始对准方法，包括双历元 GNSS 辅助 MEMS-SINS 动态粗对准方法和大失准角条件下动基座精对准容积卡尔曼滤波方法，主要研究内容及结论如下。

（1）通过对小型无人飞行器飞行数据的事后分析，揭示了不完全约束对无人飞行器运动是不成立的。若将侧滑为零的不完全约束直接用于无人飞行器飞行场合，反而会对导航或初始对准精度产生不好的影响。

（2）推导了一种新的空中动态粗对准算法，利用 GNSS 速度信息和 SINS 测量比力信息构造定姿向量，从而在载体运动条件下获取其较为准确的姿态信息，以保证后续精对准过程的 SINS 误差模型满足小失准角线性化条件。机载导航试验结果表明，在飞行器平稳飞行的条件下，该空中动态粗对准算法确定的偏航角、俯仰角和滚转角均方根误差分别可达 15°、7° 和 9°，基本满足后续精对准的小角度条件。

（3）当飞行器处于大侧滑机动时，本章空中动态粗对准算法将存在较大姿态角误差。针对这一难题，推导了一种大失准角条件下的动基座精对准扩展容积卡尔曼滤波方法。该方法采用 Cubature 变换减小线性化给导航精度带来的不利影响，采用状态扩展方式来自然地描述 MEMS 惯性器件噪声对非线性系统导航状态量的影响，同时捕获有意义的高阶矩信息。机载试验结果表明，该方法能够处理大、小失准角条件下的 MEMS-SINS 初始对准模型非线性问题，性能优于传统 EKF 方法和 UKF 方法，且不需要模型切换即可实现由大初始姿态角误差到小初始姿态角误差的无缝对准过程。

（4）对基于扩展 CKF 方法的精对准算法进行了进一步的理论分析和试验验证，分析和试验结果均表明，在处理高斯非加性噪声时，扩展 CKF 方法通常优于非扩展 CKF 方法。考虑到算法实现的复杂度和数值稳定性，扩展 CKF 方法是 EKF、非扩展 UKF、非扩展 CKF 和扩展 UKF 等精对准滤波方法中的最优选择。

第7章

组合导航系统原理样机集成及性能试验验证

为验证本书所提 GNSS/MEMS-SINS 组合导航方法的正确性和可行性，自行研制集成了一套 GNSS/MEMS-SINS 组合导航系统原理样机，开发了实时组合导航软件，设计并实施了车载和机载导航性能验证试验，通过对车载和机载试验实测数据的处理与分析，实现对系统及算法的性能评估。

7.1 卫星/微惯性组合导航试验系统集成

为验证真实环境下的导航方法性能，设计开发了卫星/微惯性组合导航试验系统。卫星/微惯性组合导航试验系统基本结构如图 7.1 所示。基准站系统和移动站系统硬件设备完全相同，各自独立安装一套卫星/微惯性组合导航设备，并通过内部软件设置导航计算任务和数据处理功能。卫星/微惯性组合导航试验系统既可以进行导航实时计算，也可以采集和保存实测场景测量数据，为事后数据分析、仿实时试验提供支撑。

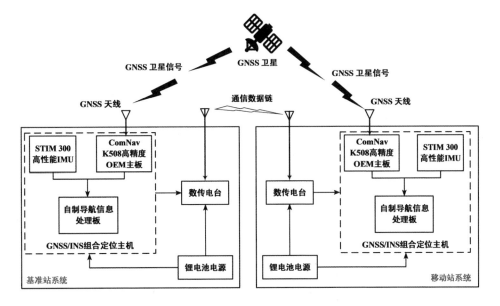

图 7.1　卫星/微惯性组合导航试验系统基本结构示意

卫星/微惯性组合导航设备主要包括移动站接收机、基准站接收机、数传电台、GNSS 测量型天线、配套线缆、锂电池电源和显控计算机等。软件主要包括基准站软件模块、移动站软件模块、导航数据存储及显示控制模块。通常，基准站接收机和天线固定安装在开阔地带，通过数传电台向移动站播发基准站 GNSS 测量信号。移动站接收机捷联安装在试验平台（试验车辆或飞机）上，通过移动站天线或电台获取定位模式需要的 GNSS 信号，经移动站软件的卫星导航模块处理后与移动站 SINS 进行组合导航，为用户/载体提供实时、准确的导航信息（时间、位置、速度和姿态等），导航结果的存储及图形化显示由显控计算机实时在线完成。

7.1.1　系统原理样机硬件构成

卫星/微惯性组合导航试验系统的核心设备是移动站/基准站接收机，如

图 7.2（a）所示。从硬件构成上看，移动站和基准站采用相同的硬件配置
（其区别主要在于软件算法模块），如图 7.2（b）所示。通过图 7.2（b）中
GNSS 射频电缆接口，可将 GNSS 测量型天线与 K508 卫星信号测量板卡（上
海司南，性能参数如表 7.1 所示）、自制导航信息处理板、ARM 处理器
（S5PV210，三星）等相连接，构成 GNSS 接收机。惯性导航器件采用型号为
STIM 300 的高性能惯性测量单元（挪威 Sensonor），性能参数如表 7.2 所示。
图 7.2（b）中 STIM 300 MEMS – IMU 直接与自制导航信息处理板和 ARM 处
理器相连，构成 MEMS 捷联惯性导航系统组件。在线调试及烧写接口为组合
导航在线调试和程序更新提供了接口，导航解算结果通过数据串口向外输出
至显控计算机，电源接口为整个接收机提供电源。整个接收机具体尺寸、质
量和电气参数如表 7.3 所示。

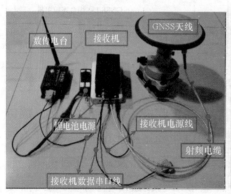

(a) 接收机设备实物连接示意

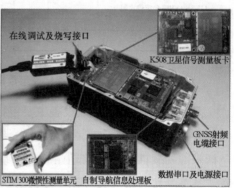

(b) 接收机硬件构成示意

图 7.2　基准站/移动站主要设备实物

　　需要注意的是，图 7.2 中所示电台为短波数传电台，主要适用于 3~5 km
的短距离通信。对于较长距离数传通信，目前系统采用基于 TD – LTE 制式标
准的 4G 移动网络电台。另外，静态基准站可采用图 7.2（a）中所示的 GNSS
测量型天线，而对于动态移动站通常采用如图 6.4（c）所示的 GNSS 运动型
天线。

表 7.1　司南 K508 OEM 板卡性能参数

信号跟踪性能参数	
通道数	440
BDS－2	B1，B2，B3
BDS－3	B1c，B2a
GPS	L1 C/A，L1 L2P，L5
GLONASS	L1，L2
Galileo	E1，E5a，E5b

测量精度		
	BDS：	10（B1、B2）；5（B3）
伪距精度/cm	GPS：	10（L1、L2）；5（L3）
	GLONASS：	10（L1、L2）
	BDS：	0.5（B1、B2 和 B3）
载波精度/mm	GPS：	0.5（L1、L5）；1（L2）
	GLONASS：	1（L1、L2）
信号重捕/s		< 2
数据更新率/Hz		1，2，5，10，20，50（可选）

表 7.2　挪威 Sensonor 高性能 MEMS 惯性测量单元 STIM 300 性能参数

项目	陀螺仪	加速度计
零偏范围	250（°）/h	$0.75 \times 10^{-3}\,g$
零偏不稳定性 *	0.5（°）/h	$0.05 \times 10^{-3}\,g$
比例因子误差	500×10^{-6}	300×10^{-6}
比例因子非线性	25×10^{-6}	100×10^{-6}
角度/速度随机游走 *	0.15（°）$/\sqrt{h}$	$0.06\,m \cdot s^{-1} \cdot h^{-\frac{1}{2}}$
交轴耦合误差/mrad	1	1
带宽（3dB）/Hz	262	262
动态范围	400（°）/s	$10\,g$

注：＊代表 25℃时的 Allan 方差评价指标。

表 7.3　基准站/移动站接收机尺寸及电气参数

项目	参数
体积/mm³	$160 \times 70 \times 50$
质量/kg	$\leqslant 0.5$
电源	$9 \sim 12$ V（VDC），$\leqslant 4$ W
工作温度/℃	$-40 \sim +85$

7.1.2　组合导航及显控软件设计

组合导航软件模块主要包括基准站软件模块、移动站软件模块、导航数据存储及显示控制模块（简称"显控模块"）三大部分。作为 ARM 嵌入式系统，组合导航接收机采用 FreeRTOS 实时操作系统。由于 FreeRTOS 不支持任何非标准 C 语言的特性或语法，故组合导航软件采用标准 C 编写。基准站软件模块主要负责 GNSS 信号采集、数据解码、GNSS 伪距单点定位和 GNSS 数据打包等功能。移动站软件模块主要负责 GNSS 信号采集与解码、基准站信号解码、GNSS 伪距单点定位、GNSS 精密相对定位、MEMS-SINS 初始对准、惯性导航力学编排、卫星/微惯性组合导航解算等功能。

显控软件运行于显控计算机 Windows 操作系统，采用 C#语言开发，以 . net framework 4.5 作为运行环境，并以 com 控件形式将运行平台嵌入数据软件中。显控计算机通过 USB 接口与移动站进行数据交互，将移动站数据串口实时传出的导航数据存储于显控计算机，同时进行图形化显示。显控软件能够以图形化方式展示试验平台（车辆）、道路障碍点、道路中心线、边界线之间的相对位置和姿态关系，同时软件界面的右上角也会实时显示试验车当前时刻相对于基准站的位置、绝对速度、姿态等导航信息，如图 7.3 所示。这里的车辆尺寸、障碍点位置、道路数据等均需要利用本套卫星/微惯性组合导航系统原理样机进行事先精细测量，然后将测量数据导入显控软件进行三维加载。

(a) 导航试验实景　　　　　　　(b) 显控软件图形化显示结果

图 7.3　显控软件功能示意

基于该组合导航软件和显控软件，实际上能够实时、直观地将车辆位置、速度和姿态反馈给驾驶员，在仅有单个车辆载体的特定场地内实现基于显控软件的车辆驾驶（简称"盲导驾驶"）。这一盲导过程在一定程度上与飞机仪表着陆过程类似。

7.1.3　车载试验平台

为验证卫星/微惯性组合导航原理样机系统的实时导航性能，需要先进行车载动态试验。将移动站接收机捷联安装在试验平台上，同时在开阔地带临时搭建好静态基准站设备。上电正常工作后，将实时导航结果与原始测量信息均存储在显控计算机中，便于开展事后分析比对，以查找实时软件中可能存在的问题。在确保设备及软件算法均无误的前提下，进行卫星/微惯性原理样机的导航性能评估试验，详见 7.2 节。

车载试验平台及导航试验全景如图 7.4 所示。若将车体前窗遮挡，还可开展如图 7.5 所示的盲导试验。得益于异步 RTK 技术[15]和 MEMS-SINS 精细建模[198]所带来的实时性和精度保证，目前本套原理样机已成功开展了 3 次盲导试验，试验过程中盲导车辆均成功穿越已知道路障碍点，且最高车速约 100 km/h。

图 7.4　组合导航车载试验全景

图 7.5　长沙湘江北路车载盲导试验全景

　　车载动态试验和盲导试验结果均验证了该组合导航系统原理样机的实用性和实时性，但是要评估原理样机及其组合导航方案的精度指标，还须设计与实施相关性能评估试验，详见 7.2 节。

7.1.4　机载试验平台

　　车辆动态性远不足以代表小型无人飞行器的典型运动特性。为验证机载条件下卫星/微惯性组合导航的真实性能，必须开展机载动态导航试验。机载试验平台及导航试验场景如图 7.6 所示。将移动站接收机捷联安装在小型无人飞行器机载试验平台上，同时在开阔地带搭建好静态基准站设备。上电正常工作后，将实时导航结果与原始测量信息均记录在组合导航接收机 SD 存储卡中，便于开展事后分析和评估。如果是在大型有人飞行器上开展导航设备搭载试验，则可以将导航结果存储并实时显示在显控计算机上。

图 7.6　组合导航机载动态试验场景

通常在设备和算法均通过车载验证和试验性能评估后，方可开展卫星/微惯性原理样机的机载导航试验。机载动态试验验证了该组合导航系统和算法对无人飞行器应用场景的适用性。通过设计与实施导航定位性能评估试验，可评估原理样机及其组合导航方案的精度指标，详见 7.2 节。

7.2　导航试验方案及评估方法

本书所提组合导航方法将在车载动态和机载飞行条件下分别进行试验验证。设计车载导航试验的主要目的在于评估本书组合导航方案的导航精度、滑行能力和增量估计能力。滑行能力既可以用达到规定导航精度所允许的惯

性导航独立工作时长衡量，也可以采用不同独立工作时长下的惯性导航精度表示[227]。对于低成本 MEMS 惯性导航系统而言，受限于惯性器件恶劣的噪声特性，在没有外测辅助的条件下能够独立导航的时间通常非常短暂，因此滑行能力成为衡量 MEMS 捷联惯性导航性能的一项重要指标。增量估计能力是指相邻两个 GNSS 测量历元之间捷联惯性导航预报的状态增量精度水平，本书主要评估位置增量精度，该指标对惯性辅助 GNSS 周跳探测和模糊度固定具有重要意义。为了实现以上精度指标分析，车载试验必须具有一套合理的高精度参考基准。另外，考虑到车辆动态性远不足以代表小型无人飞行器的典型运动特性，必须开展机载试验研究，以改善所提算法对无人飞行器的适用性。开展具有参考位置基准的机载试验，以便评估机载 MEMS 导航系统及算法的真实导航定位性能。因此，本节将重点阐述车载试验方案设计、机载试验方案设计、导航参考基准获取方案设计和系统性能评估方法。

7.2.1 车载导航试验方案设计

7.2.1.1 车载试验运动轨迹设计及分析

GNSS/MEMS-SINS 组合导航系统原理样机的导航精度同时受到 GNSS 定位精度和 MEMS 惯性导航精度等两方面影响。GNSS 定位受载体运行环境影响很大，比如树木、建筑、高架桥等均可以衰减或遮挡 GNSS 信号，造成 GNSS 定位精度下降甚至无法定位。MEMS 惯性导航精度主要取决于惯性器件误差的在线估计与补偿效果，这涉及系统误差状态的可观性，通常需要使载体具备较为丰富的机动形式（如转弯、掉头、加减速等）以改善系统误差状态的估计效果。然而，高动态性也会激发 MEMS 惯性器件的高阶误差效应（如非线性项误差、陀螺 g 敏感性误差等），降低了惯性导航性能，加大了惯性器件误差建模复杂度。因此，车载导航试验方案需要权衡选择载体的运行环境，设计载体机动过程，以便充分反映待评估系统的实际性能。

根据以上分析，车载导航试验运动轨迹如图 7.7 所示。本次车载动态试

验时间是 2015 年 3 月 9 日，持续时间是 51 min 33 s（GPS 时间 97 944 s 至
101 037 s）。试验地点选在武汉市江夏区较为开阔、无 GNSS 遮挡的地区进行，
整个试验的时间跨度约为 1 h，车速最高达到 62 km/h。试验初始位置为
（30.407°N，114.282°E，20.985 m），GNSS 卫星截止高度角设置为 10°，以
确保 1 Hz 更新率的 GNSS 观测信号质量。整个导航试验期间的可见 GNSS 卫
星数目及对应 PDOP 值的变化情况如图 7.8 所示。统计结果表明，GPS、BDS
和"GPS + BDS"联合的平均可见卫星数目分别为 8 颗、10 颗和 18 颗，对应
平均 PDOP 值分别为 2.2、2.7 和 1.4。显然，在武汉地区 BDS 可见卫星颗数
大于 GPS 可见卫星颗数，但是 GPS 对应的 PDOP 值却优于 BDS 对应的 PDOP
值。这一现象可能是由北斗二代系统包含 5 颗地球同步轨道卫星（GEO）和 5
颗倾斜同步轨道卫星（IGSO）的特殊星座设计造成的，如图 7.9（a）所示。
为便于比较，图 7.9（b）和图 7.9（c）分别展示了 GPS 和"GPS + BDS"联
合星座的 GNSS 可见卫星方位角和高度角变化。显而易见，"GPS + BDS"联
合星座几何构型优于任一单个系统几何构型，因此本章采用"GPS + BDS"联
合星座实现 GNSS 定位/定速解算。

图 7.7　车载导航试验运动轨迹

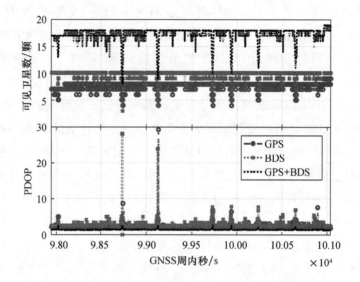

图 7.8 车载试验 GNSS 可见卫星数目及 PDOP 变化（截止高度角 10°）

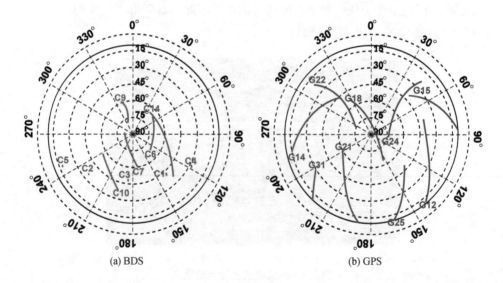

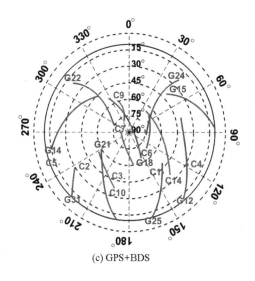

(c) GPS+BDS

图 7.9 车载试验 GNSS 可见卫星方位角和高度角变化（截止高度角 10°）

7.2.1.2 导航参考基准获取方案设计

要评估原理样机性能和相应组合方案的导航精度，就必须提供一套合理的导航参考基准。为此，本次车载试验从硬件系统和软件算法两个层面上获取载体运动状态的高精度事后基准。

（1）高精度位姿参考系统

车载试验采用另一套独立的高精度激光陀螺位姿参考系统（武汉迈普时空导航科技有限公司，型号 POS830）作为导航参考基准系统，与待评估原理样机同时固定安装在试验平台上，如图 7.10（a）所示。POS830 系统采用高精度 RTK 定位解与高精度激光陀螺惯导系统数据进行松组合反向平滑处理（具体算法将在下文阐述），以 200 Hz 获取试验车辆位置、速度和姿态的高精度参考基准，基准绝对精度如表 7.4 所示。高精度 RTK 解算需要 GNSS 基准站辅助，因此，在试验场地附近的开阔地点搭建 GNSS 临时基准站，如图 7.10（b）所示。整个试验过程中，最大基线长度为 3.6 km，最短基线长度为 1.4 km，这一短基线范围（<10 km）能够保证 RTK 精密相对定位的站间星间差分观测量有效消除各类空间相关误差，从而确保 GNSS 整周模糊度的正确固定及高精度

的 RTK 定位解。

(a) 移动站及POS830参考基准系统　　　　　　(b) 临时基准站

图 7.10　车载导航性能评估试验系统安装示意

表 7.4　POS830 主要技术参数

系统性能	定位精度[①]	水平[②]	0.02 m
		高程[②]	0.03 m
	定姿精度[①]	航向[②]	0.005°
		姿态[②]	0.003°
	速度精度[①]	水平[②]	0.02 m/s
主要器件参数	陀螺仪	器件类型	激光陀螺
		量程	±300 (°)/s
		零偏[②]	0.01 (°)/h
		零偏稳定性[②]	0.01 (°)/h
	加速度计	量程	±10 *g*
		零偏[②]	25 mGal
		零偏稳定性[②]	10 mGal

①在运动条件丰富情况下（包括转弯、掉头、加减速等）后处理统计结果；

②1σ 统计结果。

注：1 mGal = 10^{-5} m/s^2。

由图 7.10 （a）可知，捷联安装在试验平台上的 GNSS 天线和原理样机 MEMS-IMU、POS830 系统 IMU 之间存在着较大的杆臂向量，需要在试验前通过精密的外界测量手段（如全站仪光学测量）进行事先标定。各 IMU 中心与 GNSS 天线相位中心之间的杆臂向量尺寸如图 7.11 所示。

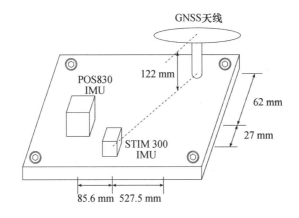

图 7.11 车载试验 IMU 中心与 GNSS 天线相位中心之间的杆臂参数标定值

（2）高精度导航事后数据处理算法

在采用高精度位姿参考 POS 的同时，设计导航事后数据处理算法是克服单纯依赖提高基准传感器精度实现导航系统性能评价的有效途径。这是因为通常正向卡尔曼滤波只能基于当前时刻测量信息来估计当前状态，而事后平滑处理则可利用所有测量信息对任一时刻状态进行估计，相当于正反两次滤波的组合。通过充分利用所有可用信息，事后平滑算法提高了估计精度。图 7.12 以组合导航位置误差为例，展示了事后平滑算法相对于单向卡尔曼滤波的优势。

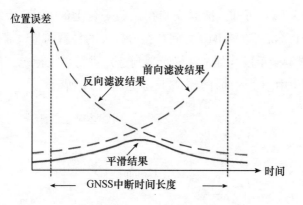

图7.12 事后平滑算法优势表现

RTS 平滑算法是一种计算简单、工程上易实现且高效的固定区间最优平滑方法。RTS 平滑虽然并不直接进行反向滤波过程，但其等价于正向滤波和反向滤波最优组合。RTS 算法具体公式为[144,299]

$$\boldsymbol{x}_k^s = \boldsymbol{x}_k^+ + \boldsymbol{A}_k [\boldsymbol{x}_{k+1}^s - \boldsymbol{x}_{k+1}^-] \tag{7.1}$$

$$\boldsymbol{P}_k^s = \boldsymbol{P}_k^+ + \boldsymbol{A}_k [\boldsymbol{P}_{k+1}^s - \boldsymbol{P}_{k+1}^-] \boldsymbol{A}_k^{\mathrm{T}} \tag{7.2}$$

式中，平滑增益矩阵 $\boldsymbol{A}_k$ 计算如下

$$\boldsymbol{A}_k = \boldsymbol{P}_k^+ \boldsymbol{\Phi}_{k+1,k}^{\mathrm{T}} (\boldsymbol{P}_{k+1}^-)^{-1} \tag{7.3}$$

式中，$k = N-1$，$N-2$，$\cdots$，0，N 为观测信息总数；$\boldsymbol{x}_k^s$ 为对 t_k 时刻卡尔曼滤波状态量的平滑估计；$\boldsymbol{\Phi}_{k+1,k}$ 为对 $[t_k, t_{k+1}]$ 之间的状态转移矩阵。

由式（7.3）可知，平滑增益矩阵 $\boldsymbol{A}_k$ 能够在卡尔曼正向滤波时在线计算获得，而平滑状态协方差矩阵 $\boldsymbol{P}_k^s$ 在估计平滑状态 $\boldsymbol{x}_k^s$ 时却是不需要的。因此，当我们并不关心平滑状态的协方差信息时，通常可以省去式（7.2）的计算以减少计算量和节省存储空间。另外，GNSS/MEMS-SINS 组合导航状态估计通常是以闭环形式实现的，即每次利用 GNSS 外测信息完成卡尔曼滤波测量更新后，SINS 误差状态的后验估计值将直接用于修正 SINS 位置、速度、姿态和惯性器件零偏等状态量，同时对卡尔曼滤波器误差状态置零。故对于闭环修正形式的 GNSS/MEMS-SINS 组合平滑，式（7.1）可以简化为

$$\boldsymbol{x}_k^s = \boldsymbol{A}_k \boldsymbol{x}_{k+1}^s \tag{7.4}$$

实际上，闭环修正形式将最优平滑误差状态估计 $\hat{\boldsymbol{x}}_k^s$ 分成了两部分，即 $\boldsymbol{x}_k^+$ 和 $\boldsymbol{x}_k^s$。这两部分误差状态将分两次对 SINS 系统状态量进行修正。因此，在利用式（7.4）进行平滑误差状态估计时，需要先更新平滑误差状态 $\boldsymbol{x}_{k+1}^s$

$$\hat{\boldsymbol{x}}_{k+1}^s = \boldsymbol{x}_{k+1}^+ + \boldsymbol{x}_{k+1}^s \tag{7.5}$$

式中，$\hat{\boldsymbol{x}}_{k+1}^s$ 就是式（7.4）中的 $\boldsymbol{x}_{k+1}^s$，用于估计上一时刻的平滑误差状态 $\boldsymbol{x}_k^s$。

鉴于 UKF 或 CKF 等方法无须计算状态转移矩阵 $\boldsymbol{\Phi}_{k+1,k}$，此时 RTS 反向平滑方法须改为基于 UT 变换 Sigma 点集或 Cubature 点集的形式，具体实现算法可参考文献[256-257]，这里不再赘述。通常，GNSS 数据更新率（如 1 Hz）要远低于惯性导航系统。另外，GNSS 有时会出现一段时间的 GNSS 信号缺失。因此，无法保证在每一时刻都存在误差状态估值及其协方差矩阵。此时应认为误差状态估值及其协方差阵与一步预测误差状态及其协方差相一致。

以上事后平滑算法不仅适用于高精度 POS，同样适用于低成本 GNSS/MEMS-SINS 组合导航系统。特别是针对小型无人飞行器等无法安装昂贵且庞大的高精度 POS 基准系统的智能载体，该算法提供了一种获取其高精度事后基准的数据处理方案。7.3 节将通过车载 MEMS 惯性测量试验数据验证该事后处理算法的实际有效性。

7.2.2 机载导航试验方案设计

7.2.2.1 机载试验运动轨迹设计及分析

不同于地面车辆，飞行器具备六自由度运动能力，机动形式丰富、姿态变化多样、运动范围更大。丰富的机动形式（如转弯、滚转、爬升、下降、加减速等）能够改善导航系统误差状态估计效果，而机载动态性会激发 MEMS 惯性器件高阶误差，降低惯性导航性能。因此，必须开展机载导航试验方案，设计飞行器机动过程，验证在真实飞行条件下的组合导航方法实际性能。

本次机载试验地点选在武汉市梁子湖地区进行，试验时间是 2019 年 11 月

23 日, 持续时长为 80 min 56 s (GPS 时间 550 486 s 至 555 342 s)。将卫星/微惯性组合导航设备分别固联安装在无人飞行器和试验船上, 并在试验地点附近架设静态基准站, 如图 7.6 所示。试验期间, 飞行器为移动站, 船为运动基准站; 飞行器在船上方, 呈"长矩形"绕飞两周, 最大飞行高度约为315 m, 最大速度约为 34 m/s; 船在湖中持续进行直线往复运动, 平均速度约为 2 m/s; 机—船最大基线长度为 18.66 km。整个飞行试验大致可以分为三个阶段: 地面准备阶段 (GPS 时间 550 486 s 至 550 814 s, 约 5 min)、动态对准阶段 (GPS 时间 550 814 s 至 552 914 s, 约 35 min) 和飞行试验阶段 (GPS 时间 552 914 s 至 555 342 s, 约 40 min)。机载试验中无人飞行器 (UAV) 运动轨迹设计如图 7.13 所示。

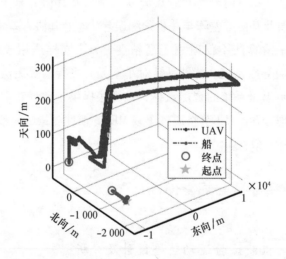

图 7.13 机载导航试验运动轨迹

试验飞行器初始位置为 (30.326°N, 114.586°E, 22.047 m), GNSS 卫星截止高度角设置为 10°, 以确保 10 Hz 更新率的 GNSS 观测信号质量。整个导航试验期间的可见 GNSS 卫星数目及对应 PDOP 值的变化情况如图 7.14 所示。统计结果表明, GPS、BDS 和"GPS + BDS"联合的平均可见卫星数目分别为8 颗、10 颗和 18 颗, 对应平均 PDOP 值分别为 3.1、8.4 和 2.6。显然, 在武汉地区 BDS 可见卫星颗数大于 GPS 可见卫星颗数, 但是 GPS 对应的 PDOP 值却优于 BDS 对应的 PDOP 值。图 7.15 展示了 BDS、GPS 和 "GPS + BDS" 联合星座的 GNSS 可见卫星方位角和高度角变化。显而易见，"GPS + BDS" 联合星座几何构型优于任一单个系统几何构型，因此，机载数据同样采用 "GPS + BDS" 联合星座实现 GNSS 定位/定速解算与卫星/惯性紧组合计算。

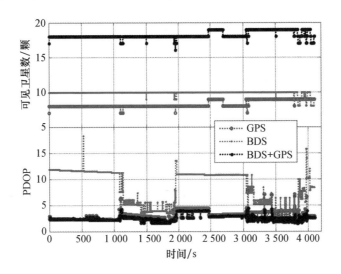

图 7.14　机载试验 GNSS 可见卫星数目及 PDOP 变化（截止高度角 10°）

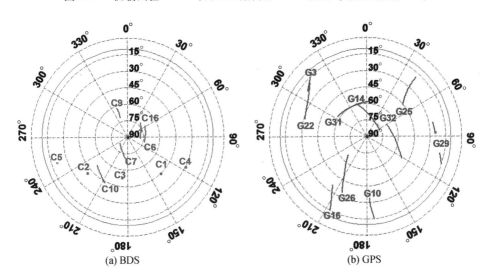

(a) BDS

(b) GPS

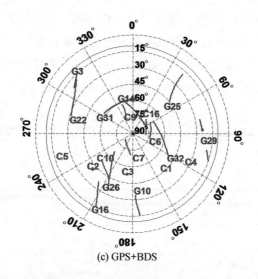

(c) GPS+BDS

图 7.15　机载试验 GNSS 可见卫星方位角和高度角变化（截止高度角 10°）

7.2.2.2　机载参考位置基准获取方案设计

受限于小型无人飞行器的载重能力和电源供应，高精度位姿参考系统（POS）通常无法搭载安装，因而难以获得高精度速度和姿态参考值。然而，由于事后 RTK 定位精度可以达到厘米级甚至是毫米级，机载参考位置基准完全可以依靠事后 RTK 技术获取。鉴于动态飞行器相对于动态基准站的高精度相对位置参考基准通常难以直接获得，须在试验场地附近额外架设静态基准站，试验期间同步采集 GNSS 测量信息。当动对动基线较长（ > 15 km）时，可将静态基准站架设在动态基准站与移动站之间，减小静态基准站与两者之间的基线长度。

为保证参考位置基准的可靠性，通过一系列闭合差检验最终获得高精度相对位置参考基准，数据处理基本流程如图 7.16 所示。首先，利用自编 RTK 软件分别进行动态基准站—静态基准站（动—静）、移动站—静态基准站（移—静）、移动站—动态基准站（移—动）RTK 相对定位解算，并将相对位置统一转换到以静态基准站为原点的北东地坐标系。然后，将动—静与移—静相对定位结果进行闭合差分，计算获得移—动相对位置。最后，将移—动 RTK

相对定位结果与闭合差分计算的移—动相对位置进行比较，保存两者差分小于 0.02 m 历元对应的移—动相对定位结果，作为自编 RTK 软件通过闭合差检验得到的参考基准。同时，利用 RTKLIB 软件采用相同步骤计算通过闭合差检验的参考位置基准。为确保参考位置基准的可靠性，将自编 RTK 软件与 RTKLIB 软件通过各自闭合差检验得到的参考位置值进行比较，保存两者差异小于 0.02 m 历元的飞行器相对于动态基准站的相对定位结果，作为飞行器最终的参考基准。

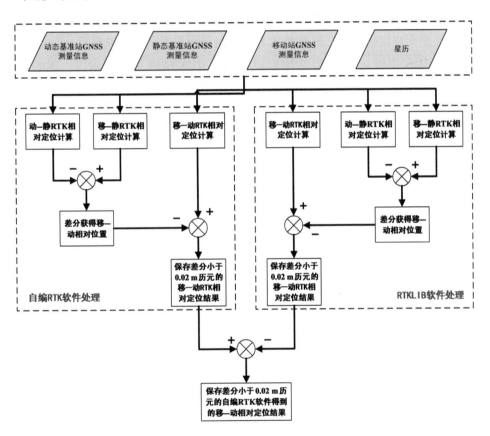

图 7.16　机载位置参考基准获取数据处理基本流程

7.2.3 组合导航系统性能评估方法

7.2.3.1 组合导航精度评估方法

本章采用现场试验方法评估组合导航系统原理样机的导航精度。通常评估卫星/惯性组合导航精度可以采用三种试验：静态试验、良好 GNSS 观测条件下的动态试验和恶劣 GNSS 观测条件下的动态试验[227]。

本章不建议采用静态试验评估 MEMS 组合导航系统的导航精度。一方面，由于 MEMS 惯性器件的传感性能较差，无法实现静基座自对准，强行对 MEMS-SINS 姿态赋初值必然导致较大的姿态误差，损害组合导航精度。另一方面，静态条件下某些系统误差状态（如偏航角误差 ϕ_{yaw}、x 轴加速度计零偏 δf_x^b、y 轴加速度计零偏 δf_y^b 等）可观性较差，导致高精度 GNSS 外测信息不能准确校准 SINS 误差，继而恶化了惯性导航性能。

因此，对 GNSS/MEMS-SINS 组合导航系统精度评估建议采用动态试验。在良好 GNSS 观测条件下，MEMS-SINS 通过动基座初始对准方法实现良好对准。然后，基于外界参考系统提供的位置、速度或姿态参考值，可以获得 GNSS/MEMS-SINS 组合系统的导航误差，进而根据对这些导航误差的统计分析评估系统导航精度。

对恶劣 GNSS 观测条件下的系统导航精度评估，须基于在良好条件下完成的初始对准结果，然后评估对准良好的 MEMS-SINS 在 GNSS 中断条件下的导航精度水平。考虑到这一工作可由半仿真试验的滑行能力分析进行评估，故这里的组合导航精度评估只针对良好 GNSS 观测条件下的动态试验评估。

7.2.3.2 滑行能力评估方法

本章将采用半仿真试验评估组合导航系统原理样机的滑行能力。所谓半仿真试验，就是先采集车载试验阶段的惯性测量数据和 GNSS 测量数据，然后在事后处理过程中对某些时间段的 GNSS 数据进行人为屏蔽，以模拟特定时长的 GNSS 信号中断，从而评估在中断时间内 MEMS-SINS 的滑行能力。

采用该方法评价捷联惯性导航滑行能力具有两方面好处。一方面，半仿真试验本身是具有位置基准的。由于信号中断是人为模拟的，实际试验中模拟中断内的 GNSS 测量信息并未缺失，故事后处理仍能获得模拟中断内的高精度 RTK 定位解。另一方面，半仿真试验的中断时长是可以人为设定的，可以对多段同一中断时长的惯性导航误差进行统计，评估对应中断时长的捷联惯性导航滑行能力。

上述基于 RTK 定位基准的半实物仿真试验方法仅能通过多个滑行时段位置误差的统计分析评估捷联惯性导航滑行能力。当实际试验数据本身频繁出现长时间中断时，无法获得 RTK 定位解，则无法评估这段时期的惯性导航滑行能力。此时，必须依赖其他高精度位置基准来评估。另外，如果滑行能力评估须对多个滑行阶段的速度和姿态误差进行分析，同样须依赖其他外部高精度速度和姿态基准。

通过引入高精度 POS830 系统提供位置、速度和姿态参考值，可直接统计多段滑行时段内的惯性导航位置、速度和姿态误差来评估原理样机滑行能力。另外，滑行能力评估的关键在于滑行时长的选取。为充分评估系统滑行能力，应尽可能选取较长的仿真中断时长。然而，考虑到 MEMS-SINS 在长达几分钟至几十分钟的惯性导航误差发散严重，设置过长的滑行时长通常不具有实际意义。因此，本节选择 60 s 时长作为人为模拟的滑行时间长度，即在 GNSS/MEMS-SINS 组合导航滤波稳定后（试验开始 500 s 后）每隔 60 s 人为引入持续 60 s 模拟 GNSS 中断，整个试验总计引入 22 段 60 s GNSS 中断。由此，通过对这 22 段仿真 GNSS 信号中断内的位置误差、速度误差和姿态误差进行统计分析，便能够评估基于不同组合导航方案的系统滑行能力。

7.2.3.3 位置增量精度评估方法

前已述及，惯性辅助 GNSS 载波相位小周跳探测能力主要依赖于 SINS 预报位置增量精度。因此，本章试验环节还将开展对不同组合导航方案的 MEMS-SINS 位置增量估计精度评估。

本章以 RTK 定位解历元间差分构造位置增量基准，评估 MEMS-SINS 在 RTK 历元间的预报位置增量误差水平。这一精度评估与滑行能力评估并不相同，滑行能力可以认为是评估随滑行时间变化的 SINS 预报状态绝对误差水平，而系统状态增量精度评估是对 SINS 预报状态历元间的相对误差水平进行统计分析。

7.3　车载试验结果与分析

本节首先通过车载试验评估基于 7.2.1.2 节算法的 RTK/MEMS-SINS 组合事后平滑结果精度性能。这一部分工作较为独立，主要是针对小型无人飞行器无法安装昂贵且庞大的高精度 POS 基准系统的现实，验证采用该算法获取其高精度事后基准的合理性。然后通过半仿真动态试验和现场动态试验评估车载导航试验系统的导航精度、滑行能力和位置增量估计精度，比较本书所提的基于 RTK 定位和 MEMS-SINS 松组合导航方案、基于 RTK 定位/多普勒定速和 MEMS-SINS 松组合、基于伪距单点定位/多普勒定速和 MEMS-SINS 松组合、基于伪距/多普勒频移/PDOT 和 MEMS-SINS 拟紧组合、基于伪距/多普勒频移/TDCP 和 MEMS-SINS 全紧组合等导航方案的导航性能，并进行相应的误差分析，这是本章试验研究的重点内容。

7.3.1　卫星/微惯性组合事后平滑处理试验结果及分析

传统高精度事后基准获取的方法是依靠更高精度的位姿参考 POS 作为评价基准。然而，这种方法在实际应用中存在严重局限性。一方面，小型无人飞行器等智能载体在安装了小型化、低成本 GNSS/MEMS-SINS 组合导航系统后，很难甚至无法再安装另一套昂贵且庞大的高精度导航系统作为高精度参照系统[318-319]。另一方面，目前各种导航传感器的精度越来越高，基准传感器的测量高精度优势越来越难以体现，单独依赖于基准传感器的传统评价方法，也越来越难以满足要求[320]。因此，高精度导航基准事后数据处理算法是克服单纯依赖提高基准传感器精度实现导航系统性能评价的有效途径之一。本节针对 RTK/MEMS-SINS 组合导航高精度事后基准展开研究，基于高性能 MEMS 惯性器件提出了一种获取其高精度事后平滑结果的数据处理算法。该算法主要利用 RTS 反向平滑算法进一步提高卫星/微惯性组合精度。然后基于均方根误差和 Allan 方差分析正向滤波和事后平滑的精度特性，验证该事后处理算法确定参考基准的合理性。

车载试验条件如 7.2.1 节所述，考察以 RTK 与 MEMS-SINS 组合的实时导航滤波结果和 RTS 事后平滑算法结果之间的精度差异。两种方法相对于 POS830 参考值的位置、速度和姿态误差如图 7.17 所示，误差均方根统计分析如表 7.5 所示。由此可知，在综合精度及整体平稳性上，本章所提事后算法要优于实时组合导航（正向滤波）解算，验证了采用事后平滑算法获取参考基准的合理性。

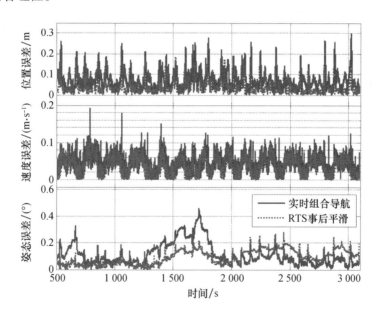

图 7.17　GNSS/MEMS-SINS 实时组合导航与 RTS 事后平滑绝对精度对比

表 7.5　实时组合导航与 RTS 事后平滑位置、速度和姿态误差均方根比较

项目	位置误差均方根	速度误差均方根	姿态误差均方根
实时导航（正向滤波）	0.089 1 m	0.050 6 m·s^{-1}	0.138 3°
RTS 事后平滑	0.053 9 m	0.044 5 m·s^{-1}	0.110 4°
精度提升百分比	39.51%	12.06%	20.17%

　　然而，上述误差均方根是一种绝对精度指标，主要反映模型整体误差水平（即中、长相关时间误差），不能描述系统或模型在不同相关时间尺度上的误差性能（如短期相对误差）。文献[184,300]将模型在不同相关时间下的误差水平称为相对精度。短期相对精度是指在较短时间内系统或模型所具有的精度能力，低成本 MEMS 捷联惯导能否应用于测绘和导航场合，也取决于其短期相对精度，而非绝对精度。本节基于 MEMS 车载导航试验数据和高精度 POS 基准，在考虑传统均方根误差分析的同时，采用 Allan 方差分析相对精度指标（尤其是短期相对精度），以此来验证本章所提到的事后基准确定算法在某些受限条件下（如缺乏高精度基准小型 UAV 试验评估场合）作为导航参照基准的合理性。

　　图 7.18 展示了正向滤波与反向平滑位置、速度和姿态误差的 Allan 方差曲线。其中，实线表示正向滤波结果，虚线表示反向平滑结果。Allan 方差图中的曲线变化趋势决定短期误差和中长期误差的主导地位，短期精度表征误差高频抖动水平，而中长期精度表征误差随时间缓慢变化的水平[175]（注意，均方根误差是反映中长期误差水平的精度指标）。由图 7.18（a）可知，位置 Allan 标准差变化趋势表明短期误差和中长期误差共同决定了位置估计的整体精度水平（即短期误差和中长期误差均影响整体精度统计指标）。垂向位置 Allan 标准差大于水平方向，表明水平方向的短期（相关时间小于 1 s）及中长期精度（相关时间大于 1 s）均较好，这与垂向位置绝对精度较差的常规导航统计结果一致。图 7.18（b）和（c）中速度和姿态 Allan 标准差变化趋势表明中长期误差起主导作用，即速度误差和姿态误差呈现相对较强的随时间缓慢变化特性。三个方向的位置、速度和姿态 Allan 标准差在平滑后均有所下

降，表明 RTS 反向平滑算法不仅能够改善 GNSS/MEMS-SINS 组合导航短期精度（因为反向平滑显著改善了 GNSS 辅助造成的 MEMS-SINS 导航位置、速度和姿态阶跃），而且显著改善了中长期精度（这与反向平滑均方根误差较低的事实相一致）。另外，图 7.18 中最小相关时间附近区域内存在 Allan 标准差基本不变的现象，表明反向平滑依然无法有效改善高频噪声的影响。车载试验表明，该事后基准确定方法的精度在不同时间尺度均有明显改善，验证了该事后处理算法确定参考基准的合理性。

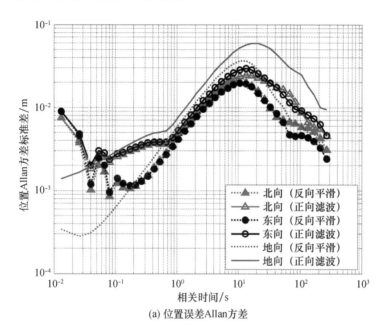

(a) 位置误差Allan方差

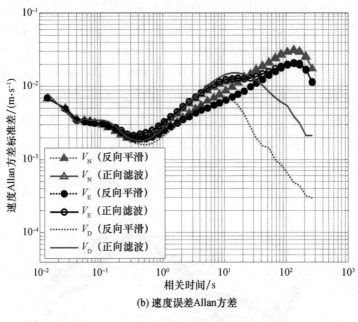

(b) 速度误差Allan方差

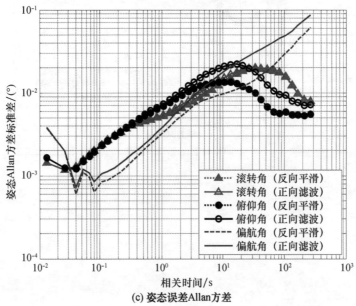

(c) 姿态误差Allan方差

图 7.18 GNSS/MEMS-SINS 实时组合导航 RTS 事后平滑相对精度分析

以上通过不同时间尺度上的相对精度分析，解释了 RTS 平滑估计精度提升的细节原因，进一步验证了事后基准确定方法获取参考基准的合理性。因此，本章将采用该 RTS 反向平滑算法处理高精度 POS 测量信息以确定车载试验的运动基准。实际上，本书第 6 章机载试验运动基准正是采用该反向平滑算法生成。

7.3.2 良好 GNSS 观测环境下组合导航精度评估车载试验结果与分析

车载试验轨迹如图 7.7 所示，整个过程中 GNSS 观测环境良好，为保证 GNSS 观测质量，GNSS 截止高度角设置为 10°。采用高精度 RTK 定位与导航级 INS（激光陀螺）反向平滑结果作为位置、速度和姿态的参考基准（POS 830 输出，具体算法参考 7.3.1 节）。由此，可以获得基于本书原理样机的各种 GNSS/MEMS-SINS 组合导航方案的导航误差。本节主要比较六种组合导航方案在良好 GNSS 观测环境下的绝对导航位置、速度和姿态精度。按照是否有基准站辅助，将六种组合方案分为两组：相对定位组合方案和绝对定位组合方案。

本书相对定位组合方案包括"基于 RTK 定位和 MEMS-SINS 的松组合方案"和"基于 RTK 定位、多普勒定速和 MEMS-SINS 的松组合方案"两种方案。两种组合导航方案的位置、速度和姿态误差如图 7.19 所示。

表 7.6 给出了对应图 7.19 中所示的导航误差统计结果。观察图 7.19 和表 7.6 可知，在良好 GNSS 观测环境下，"基于 RTK 定位的松组合（RTK/SINS）"和"基于 RTK 定位和多普勒定速的松组合（RTK + Vel/SINS）"两种方案的导航误差具有以下特点。

（1）两者对应三维位置误差均方根都是厘米量级，且两者精度基本相当。

（2）两者对应三维速度误差均方根都是厘米/秒量级，且两者精度基本相当。

（3）两者对应三维姿态误差均方根都是 0.1°量级，且后者精度优于前者。

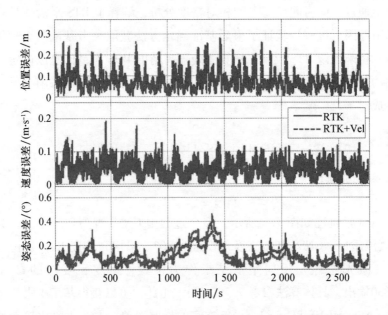

图 7.19　良好 GNSS 观测环境下车载动态试验相对定位组合方案导航误差对比

表 7.6　良好 GNSS 观测环境下动态试验基于相对定位组合方案精度比较

组合方案	三维位置误差/m		三维速度误差/(m·s⁻¹)		三维姿态误差/(°)	
	均方根值	最大值	均方根值	最大值	均方根值	最大值
RTK/SINS	0.089 1	0.298 2	0.050 6	0.191 6	0.138 3	0.458 9
RTK + Vel/SINS	0.088 4	0.303 4	0.050 2	0.190 5	0.122 7	0.369 2

GNSS 多普勒定速信息引入 RTK/MEMS-SINS 松组合提升了定姿精度约 11.28%。

　　因此，在某些特殊应用场合（例如定位、测绘等），可将基于 RTK 定位和多普勒定速的松组合方案简化为基于 RTK 定位的组合方案。这种做法不仅不会带来位置和速度估计精度的损失，而且能够使原有观测向量维数减半，提升测量更新过程中矩阵求逆计算速度，有利于组合导航实时实现。而在高精度定姿应用场合，则不建议采用该简化组合方案。

　　本书绝对定位组合方案包括"基于 SPP 定位和多普勒定速的松组合

（SPP + Vel/SINS）""基于伪距和多普勒频移的紧组合（PR + Doppler/SINS）"
"基于伪距、多普勒频移和载波相位时间差分解算位置增量的拟紧组合（PR +
Doppler + PDOT/SINS）""基于伪距、多普勒频移和载波相位时间差分的全紧
组合（PR + Doppler + TDCP/SINS）"四种方案。四种组合导航方案的位置、
速度和姿态误差如图 7.20 所示。

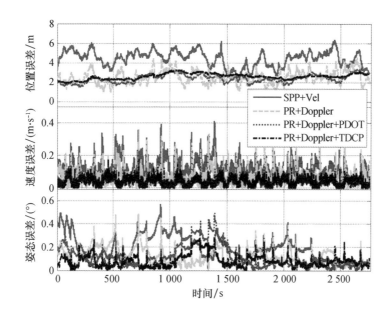

图 7.20 良好 GNSS 观测环境下车载动态试验绝对定位组合方案导航误差对比

表 7.7 给出了对应图 7.20 中所示的导航误差统计结果。观察图 7.20 和表
7.7 可知，在良好 GNSS 观测环境下，"基于 SPP 定位和多普勒定速的松组合"
"基于伪距和多普勒频移的紧组合""基于伪距、多普勒频移和载波相位时间
差分解算位置增量的拟紧组合""基于伪距、多普勒频移和载波相位时间差分
的全紧组合"四种方案导航误差具有以下特点。

（1）四种方案对应三维位置精度都是米量级，且三种紧组合方案位置精
度相对于松组合方案提升约 50%。另外，基于载波相位历元间星间差分的全
紧组合方案位置误差最为平滑、波动最小。

（2）松组合方案对应三维速度精度是分米/秒量级；基于伪距和多普勒频

移的紧组合方案三维速度精度优于分米/秒量级，而基于载波相位时间差分信息的两种紧组合方案三维速度精度是厘米/秒量级，且全紧组合方案的定速精度甚至优于 RTK/MEMS-SINS 松组合定速精度水平。

（3）松组合方案三维姿态精度是 0.2°量级；基于伪距和多普勒频移的紧组合方案和基于 PDOT 的拟紧组合方案三维姿态精度是 0.2°量级；全紧组合方案三维姿态精度优于 0.1°，且这一精度显著优于 RTK + Vel/SINS 松组合定姿精度。

表 7.7 良好 GNSS 观测环境下动态试验基于绝对定位组合方案精度比较

组合方案	三维位置误差/m		三维速度误差/(m·s⁻¹)		三维姿态误差/(°)	
	均方根值	最大值	均方根值	最大值	均方根值	最大值
SPP + Vel/SINS	4.566 5	6.376 7	0.138 7	0.409 4	0.219 7	0.567 3
PR + Doppler/SINS	2.637 5	4.592 0	0.067 4	0.225 1	0.162 8	0.496 8
PR + Doppler + PDOT/SINS	2.486 6	3.583 2	0.053 3	0.239 3	0.159 9	0.562 8
PR + Doppler + TDCP/SINS	2.642 4	3.280 2	0.046 5	0.177 5	0.099 0	0.286 2

以上事实表明：在实际 GNSS 观测环境中，GNSS/MEMS-SINS 紧组合导航方案优于对应松组合方案。另外，作为一种高精度、无模糊度的相对观测量，载波相位时间差分信息的引入既能够对位置误差进行平滑，也能够显著提升定速和定姿精度。难能可贵的是，这一定速和定姿的高精度均是在无基准站辅助的单个移动站观测条件下实现的。因此，本书所提基于伪距、多普勒频移和载波相位时间差分的全紧组合方案，提供了一种在单站条件下获得高精度定速、定姿结果或高精度初始对准的可行技术途径。

7.3.3 微惯性导航滑行精度评估车载试验结果与分析

本节将基于车载动态试验，对各种导航方案下组合导航系统的滑行能力进行半仿真试验分析，并比较"基于 RTK 定位和多普勒定速的松组合（RTK +

Vel/SINS)""基于 SPP 定位和多普勒定速的松组合（SPP + Vel/SINS）""基
于伪距和多普勒频移的紧组合（PR + Doppler/SINS）""基于伪距、多普勒频
移和载波相位时间差分解算位置增量的拟紧组合（PR + Doppler + PDOT/
SINS）""基于伪距、多普勒频移和载波相位时间差分的全紧组合（PR +
Doppler + TDCP/SINS）"五种方案的试验结果。

　　试验条件和参数设置与 7.3.2 节保持一致，同时在组合导航滤波 500 s 收
敛且稳定以后，每隔 60 s 人为引入一段模拟 GNSS 信号中断。这里模拟信号
中断时长设置为 60 s，具体时间段选择如表 7.8 所示。以 POS830 输出的高精
度位置、速度和姿态作为参考基准，比较不同组合方案在滑行时间内的导航
解与参考基准的差异，获得各个方案滑行阶段的导航误差。

表 7.8　组合导航方案滑行能力的半仿真试验所选取的 22 个车载滑行时段

中断编号	中断时间段（GPS 周内秒）/s	中断编号	中断时间段（GPS 周内秒）/s
#1	98 444 ~ 98 503	#12	99 753 ~ 99 812
#2	98 563 ~ 98 622	#13	99 872 ~ 99 931
#3	98 682 ~ 98 741	#14	99 991 ~ 100 050
#4	98 801 ~ 98 860	#15	100 110 ~ 100 169
#5	98 920 ~ 98 979	#16	100 229 ~ 100 288
#6	99 039 ~ 99 098	#17	100 348 ~ 100 407
#7	99 158 ~ 99 217	#18	100 467 ~ 100 526
#8	99 277 ~ 99 336	#19	100 586 ~ 100 645
#9	99 396 ~ 99 455	#20	100 705 ~ 100 764
#10	99 515 ~ 99 574	#21	100 824 ~ 100 883
#11	99 634 ~ 99 693	#22	100 943 ~ 101 002

　　图 7.21 给出了表 7.8 所示 22 段滑行时间内五种不同方案的三维滑行误差
（位置、速度和姿态）均方根值随时间的变化情况。表 7.9 ~ 7.11 分别比较了
在不同滑行时长（即 5 s、10 s、15 s、30 s 和 60 s）条件下，五种组合导航方
案的滑行位置、速度和姿态误差统计均方根值。

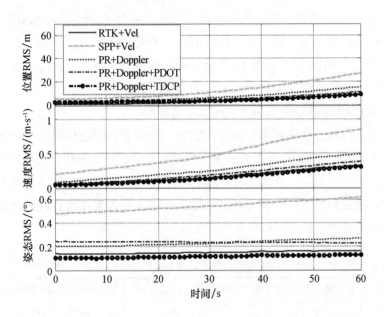

图 7.21 半仿真试验各导航方案滑行位置、速度和姿态误差均方根值比较

表 7.9 组合方案滑行能力半仿真试验滑行位置误差均方根值比较 单位：m

组合方案	滑行时间/s				
	5	10	15	30	60
RTK + Vel/SINS	0.244 6	0.461 4	0.776 4	2.363 0	9.278 7
SPP + Vel/SINS	4.835 9	5.374 1	6.193 8	10.256 4	27.715 4
PR + Doppler/SINS	2.728 8	2.986 4	3.408 3	5.641 7	15.657 0
PR + Doppler + PDOT/SINS	2.495 3	2.560 2	2.693 5	3.858 3	11.254 3
PR + Doppler + TDCP/SINS	2.511 7	2.556 0	2.641 5	3.364 5	9.004 9

表 7.10 组合方案滑行能力半仿真试验滑行速度误差均方根值比较 单位：m/s

组合方案	滑行时间/s				
	5	10	15	30	60
RTK + Vel/SINS	0.053 3	0.065 6	0.080 8	0.144 4	0.326 7
SPP + Vel/SINS	0.231 1	0.277 6	0.309 3	0.452 7	0.851 2
PR + Doppler/SINS	0.101 7	0.134 0	0.157 4	0.240 4	0.489 7
PR + Doppler + PDOT/SINS	0.063 2	0.077 9	0.098 6	0.182 8	0.386 2
PR + Doppler + TDCP/SINS	0.050 6	0.061 4	0.075 6	0.135 7	0.313 5

表 7.11 组合方案滑行能力半仿真试验滑行姿态误差均方根值比较 单位:(°)

组合方案	滑行时间/s				
	5	10	15	30	60
RTK + Vel/SINS	0.135 0	0.137 6	0.139 0	0.145 1	0.169 3
SPP + Vel/SINS	0.485 8	0.497 3	0.505 7	0.538 1	0.622 3
PR + Doppler/SINS	0.200 4	0.203 8	0.208 9	0.224 6	0.276 9
PR + Doppler + PDOT/SINS	0.240 0	0.239 1	0.239 5	0.234 7	0.224 4
PR + Doppler + TDCP/SINS	0.102 8	0.104 8	0.108 5	0.115 0	0.134 2

观察图 7.21 和表 7.9~7.11 可得出以下结论。

（1）对于 60 s GNSS 信号中断，"基于伪距、多普勒频移和载波相位时间差分的全紧组合方案"的滑行位置误差均方根值比"基于 SPP 定位和多普勒定速的松组合方案"减小了一半以上，且小于"基于 RTK 定位和多普勒定速的松组合方案"。

（2）在不同 GNSS 信号中断时长下，"基于伪距、多普勒频移和载波相位时间差分的全紧组合方案"的滑行速度误差均方根值小于其他四种方案。

（3）在不同 GNSS 信号中断时长下，"基于伪距、多普勒频移和载波相位时间差分的全紧组合方案"的滑行姿态误差均方根值小于其他四种方案。

（4）"基于伪距、多普勒频移和载波相位时间差分的全紧组合方案"的

滑行位置、速度和姿态误差随时间增长的趋势最慢，其次是"基于伪距、多普勒频移和载波相位时间差分解算位置增量的拟紧组合方案"，其他三种方案均增长迅速。

（5）对于 15 s GNSS 信号中断，"基于伪距、多普勒频移和载波相位时间差分的全紧组合方案"将滑行位置、速度和姿态误差分别保持在 2.7 m、0.1 m/s 和 0.11°以内。除"基于 RTK 定位和多普勒定速的松组合方案"的滑行位置误差小于全紧组合之外，其余所有方案的各项滑行指标均劣于全紧组合方案。

以上半仿真试验结果表明：与其他组合导航方案相比（除"基于 RTK 定位和多普勒定速的松组合方案"外），本书提出的"基于伪距、多普勒频移和载波相位时间差分的全紧组合方案"显著提升了组合导航系统的滑行能力。与"基于 RTK 定位和多普勒定速的松组合方案"相比，该全紧组合方案显著提升了速度和姿态的滑行能力，显著降低了滑行位置误差的增长速度。

影响组合导航滑行能力的主要原因有两项：滑行开始时的状态初值误差和惯性器件标定后的残余误差。在"基于伪距、多普勒频移和载波相位时间差分的全紧组合方案"中，由于引入了高精度、无模糊度的载波相位时间差分测量对捷联惯导系统进行在线标校，实现了更加优良的速度、姿态误差补偿和惯性器件零偏标定，由此带来了显著的速度和姿态精度提升。然而，受限于伪距测量本身的精度水平，初始位置误差被限制在米量级，低于基于 RTK 定位组合方案的厘米级定位精度，由此导致了全紧组合方案的绝对位置误差和短时间内（<40 s）滑行位置误差均逊色于基于 RTK 定位的松组合方案。即便如此，得益于载波相位时间差分辅助带来的良好速度、姿态误差补偿及惯性器件标定，全紧组合方案的滑行位置误差随时间增长的趋势最为缓慢，使得较长时间（>40 s）滑行后位置误差能够优于基于 RTK 定位的松组合方案。

7.3.4　微惯性导航位置增量精度评估车载试验结果与分析

前已述及，SINS 预报位置增量精度决定了惯性辅助单频载波相位小周跳

的最终探测效果。因此，本节在滑行能力分析的基础上，对本书所选用
MEMS-SINS 的位置增量精度进行分析，以解释 MEMS-SINS 能够辅助 GNSS 周
跳探测的原因。

相邻 GNSS 测量历元间的 SINS 预报位置增量可以表示为 $\Delta \boldsymbol{r}_k = \boldsymbol{r}_k^- - \boldsymbol{r}_{k-1}^+$，
由参考基准提供的位置增量"真值"可表示为 $\Delta \bar{\boldsymbol{r}}_k = \bar{\boldsymbol{r}}_k - \bar{\boldsymbol{r}}_{k-1}$，则 SINS 预报
位置增量误差 $\delta \Delta \boldsymbol{r}_k$ 为

$$\delta \Delta \boldsymbol{r}_k = \Delta \boldsymbol{r}_k - \Delta \bar{\boldsymbol{r}}_k = (\boldsymbol{r}_k^- - \bar{\boldsymbol{r}}_k) - (\boldsymbol{r}_{k-1}^+ - \bar{\boldsymbol{r}}_{k-1}) \tag{7.6}$$

式中，$\boldsymbol{r}_k^- - \bar{\boldsymbol{r}}_k$ 表示惯导预报位置绝对误差；$\boldsymbol{r}_{k-1}^+ - \bar{\boldsymbol{r}}_{k-1}$ 表示组合导航位置绝对
误差。

因此，基于7.3.3节60 s滑行能力分析结果，根据式（7.6）能够获得不
同滑行时长下的 SINS 预报位置增量误差。统计22段滑行数据，计算对应于
各 SINS 外推预报时长的三维位置增量误差均方根值，如图 7.22 所示。由
图 7.22可知，SINS 纯惯性外推时间越长，对应预报位置增量误差 $\delta \Delta \boldsymbol{r}_k$ 越大，
且 $\delta \Delta \boldsymbol{r}_k$ 近似以 SINS 外推预报时长的二次方发散。显然，正是得益于引入载波
相位时间差分测量值所带来的良好速度误差补偿和姿态对准，本书所提"基
于伪距、多普勒和载波相位时间差分的全紧组合方案"实现了这五种方案中
的最优位置增量估计精度，甚至显著优于"基于 RTK 定位和多普勒定速的松
组合方案"。

表7.12 比较了在不同SINS 外推预报时长条件（即1 s、2 s、3 s、4 s、5 s、
10 s、15 s、30 s 和60 s）下，五种组合导航方案对应位置增量误差的统计均
方根值。由表7.12 可知，与"基于伪距和多普勒的传统紧组合方法"相比，
载波相位时间差分测量的引入显著提升了对应 SINS 外推时长的位置增量估计
精度，且直接采用载波相位时间差分 TDCP 的全紧组合方式优于采用高精度位
置增量 PDOT 的拟紧组合方式。试验结果验证了本书所提全紧组合方案对
SINS 预报位置增量精度的提升作用，同时也验证了全紧组合相对于拟紧组合
的优越性。

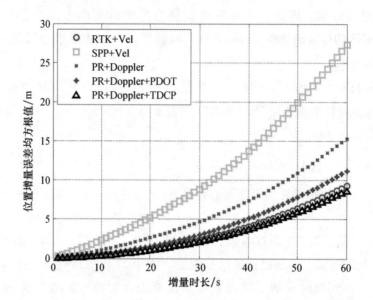

图 7.22　各导航方案不同 SINS 预报时长的位置增量误差均方根值比较

表 7.12　五种组合导航方案的位置增量误差均方根值比较　　　　单位：m

组合方案	增量时间/s								
	1	2	3	4	5	10	15	30	60
RTK + Vel	0.037	0.065	0.097	0.132	0.170	0.401	0.727	2.334	9.266
SPP + Vel	0.194	0.397	0.605	0.819	1.040	2.244	3.607	8.810	27.291
PR + Doppler	0.086	0.172	0.263	0.360	0.460	1.044	1.760	4.653	15.276
PR + Doppler + PDOT	0.048	0.092	0.139	0.189	0.242	0.543	0.958	2.987	11.133
PR + Doppler + TDCP	0.030	0.048	0.072	0.100	0.130	0.331	0.626	2.116	8.633

前已述及，当采用 SINS 辅助 GNSS 单频小周跳探测时，SINS 提供预报位置误差中误差不应超过 4.76 cm，此时方能可靠地探测出 1 周左右的小周跳（详见第 4 章相应节推导）。根据表 7.12 的分析结果可知，当采用本书型号为 STIM 300 的 MEMS-SINS 时，满足这一条件的可选组合导航方案只有"基于伪

距、多普勒频移和载波相位时间差分的全紧组合方案"和"基于 RTK 定位和多普勒定速的松组合方案"两种。这两种方案长达 1 s 的 MEMS-SINS 外推时间依然能够可靠地实现 GNSS 单频小周跳探测,且全紧组合方案甚至可以将 MEMS-SINS 外推时间延长至 2 s 以内。可以预见,采用更高性能 MEMS-SINS 将能够在更长的外推时间内保证 GNSS 单频小周跳的有效探测。

以基于 RTK 定位和多普勒定速的松组合方案为例,图 4.10 展示了 MEMS-SINS 外推 1 s 辅助 GPS 探测 L1 频段小周跳的检验统计量和检验阈值的变化情况。在图 4.10 中,虽然惯性辅助周跳检测方法能探测到所有 1 周的动态单频小周跳,但是依然存在较多检验统计量超过检验阈值的误判结果(即未发生周跳却误判为发生周跳)。根据式(4.57),进一步分析组合导航滤波过程中的位置增量误差及其估计协方差变化情况,如图 7.23 所示。在图 7.23 中,红色点画线表示 4 倍估计协方差平方根,蓝色点叉表示相邻 GNSS 历元间的 SINS 预报位置增量误差。另外,图 7.23 中在 98 723 s 附近存在一处协方差尖峰,这是由于一段长达 4 s 的 MEMS 惯性外推导致(即 98 723 ~ 98 727 s 时段处于 GNSS 信号中断)。可以看出,由于存在大量位置增量误差点超过 4 倍协方差平方根,造成了图 4.10 中检验统计量超出检验门限的误判情形。

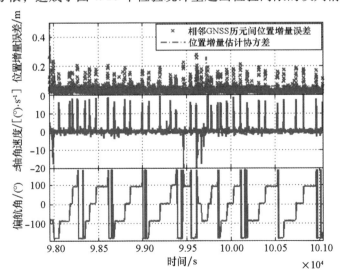

图 7.23 相邻 GNSS 历元间 SINS 位置增量误差及其估计协方差变化情况

通过与同一时刻 b 系 z 轴角速度和偏航角对比可知，这些超限误差均发生在载体拐弯机动的时刻。产生这一现象的原因可能在于两方面：（1）杆臂向量标定不准导致机动条件下的组合导航误差状态估计效果变差，由此产生较大的惯性导航初始状态偏差，增大了最终惯性导航误差；（2）机动条件激发了 MEMS 惯性器件的其他误差项（如陀螺 g 敏感性[321] 和比例因子非线性等），导致惯性导航实际的误差协方差与其估计协方差不一致。因此，后续工作中还须进一步对 MEMS 惯性导航误差建模进行精化，同时尽可能提高杆臂向量标定精度，或者将这些误差项反映在周跳检验阈值的估计过程中。

值得注意的是，虽然存在一定的误警率，但是本书所提 MEMS 惯性辅助 GNSS 周跳探测方法已经能够全部探测到发生 1 周单频小周跳的卫星及时刻，对应的漏警率为零。这一事实验证了本书 MEMS-SINS 在 1 Hz 连续 GNSS 辅助条件下具有辅助实现 GNSS 单频小周跳探测的能力。

7.4 机载试验结果与分析

受限于载重和电源供应能力，小型无人飞行器通常无法安装庞大且昂贵的高精度位姿参考系统，因而无法获得高精度的速度和姿态参考值。事后 RTK 定位精度可达到厘米级甚至是毫米级，可提供机载参考位置基准。基于 7.2.2.2 节提到的方法获取事后 RTK 参考位置基准，本节通过机载动态试验评估样机系统导航精度，比较本书所提卫星/微惯性组合绝对导航方法的有效性。因此，本节着重评估基于伪距单点定位/多普勒定速和 MEMS-SINS 松组合、基于伪距/多普勒频移和 MEMS-SINS 紧组合、基于伪距/多普勒频移/TDCP 和 MEMS-SINS 全紧组合等机载绝对导航方案性能，并进行相应的误差分析和计算效率对比。

7.4.1 机载 GNSS 观测环境下组合导航精度评估试验结果与分析

机载试验轨迹如图 7.13 所示，在整个飞行过程中，机载 GNSS 天线观测环境良好；同时，为保证 GNSS 观测质量，设置 GNSS 截止高度角为 15°。在试验场区附近设立地面静态 GNSS 基准站（图 7.6），无人飞行器运动位置基准采用经过闭合差检验的 RTK 相对位置结果（具体算法参考 7.2.2 节）。由此，可获得机载 GNSS/MEMS-SINS 组合导航位置误差，用于分析和比较本书所提三类机载绝对导航方案：基于伪距单点定位/多普勒定速和 MEMS-SINS 松组合方案、基于伪距/多普勒频移和 MEMS-SINS 紧组合方案、基于伪距/多普勒频移/TDCP 和 MEMS-SINS 全紧组合方案。根据卡尔曼滤波实现形式（即批处理、序贯滤波和信息滤波）的不同，三类组合导航方案又可细分为表 7.13 所示的七种组合导航方法。

表 7.13　不同机载组合导航方案的简记符号

组合方案	简记符号
基于伪距单点定位/多普勒定速和 MEMS 松组合	SPP + Vel
基于伪距/多普勒频移和 MEMS 紧组合（采用标准卡尔曼滤波）	PR + Doppler（bat）
基于伪距/多普勒频移和 MEMS 紧组合（采用序贯卡尔曼滤波）	PR + Doppler（seq）
基于伪距/多普勒频移和 MEMS 紧组合（采用信息滤波）	PR + Doppler（if）
基于伪距/多普勒频移/TDCP 和 MEMS 全紧组合（采用标准卡尔曼滤波）	PR + Doppler + TDCP（bat）
基于伪距/多普勒频移/TDCP 和 MEMS 全紧组合（采用序贯卡尔曼滤波）	PR + Doppler + TDCP（seq）
基于伪距/多普勒频移/TDCP 和 MEMS 全紧组合（采用信息滤波）	PR + Doppler + TDCP（if）

图 7.24 展示了松组合、基于伪距/多普勒频移和 MEMS-SINS 紧组合（采用信息滤波）、基于伪距/多普勒频移/TDCP 和 MEMS-SINS 全紧组合（采用信

息滤波）这三种组合导航方案的导航位置误差随时间的变化情况。由图 7.24 可知，在真实机载试验条件下，松散组合与紧组合导航性能基本相当。这一现象得益于机载北斗天线安装在无人飞行器机身顶部，无人飞行器平稳飞行时卫星信号无遮挡、信号观测条件较好。对起飞后 1 500 s（即动态初始对准接近结束的时刻）的组合导航位置误差数据进行统计分析，获得七种组合导航方法的机载试验导航精度统计指标，如表 7.14 所示。

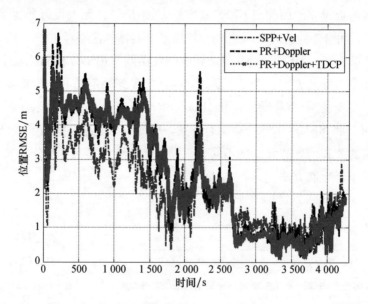

图 7.24　机载动态试验组合导航位置误差对比（2019 年 11 月 23 日，武汉梁子湖）

观察图 7.24 和表 7.14 可知，在机载 GNSS 观测环境下，"基于伪距单点定位/多普勒定速的松组合方案（SPP + Vel）""基于伪距/多普勒频移的紧组合方案（PR + Doppler）""基于伪距/多普勒频移/TDCP 的全紧组合方案（PR + Doppler + TDCP）"三类方案导航误差具有以下特点。

（1）松组合与紧组合对应三维位置误差均方根值均约 1.6 m，精度基本相当。

（2）采用抗差滤波模式前后，三种方法对应的三维位置误差均方根值基本不变，表明机载试验过程中未出现较显著的伪距和多普勒频移观测粗差。

（3）紧组合导航精度与信息融合所采用的滤波模式（如批处理、序贯滤波和信息滤波等）无关。

（4）载波相位时间差分 TDCP 观测量的引入有效改善了紧组合方案的导航定位精度；相比于紧组合方案（PR + Doppler），全紧组合方案（PR + Doppler + TDCP）的三维位置误差均方根值和最大误差值分别降低了约 11.61% 和 32.93%。

表 7.14　机载动态试验组合导航方案精度比较（2019 年 11 月 23 日武汉梁子湖）

组合方案	标准滤波模式		抗差滤波模式	
	RMSE/m	MAX/m	RMSE/m	MAX/m
SPP + Vel	1.676	4.696	1.676	4.696
PR + Doppler（bat）	1.611	5.603	1.611	5.603
PR + Doppler（seq）	1.611	5.603	1.617	5.720
PR + Doppler（if）	1.611	5.602	1.617	5.719
PR + Doppler + TDCP（bat）	1.424	3.758	1.424	3.758
PR + Doppler + TDCP（seq）	1.424	3.758	1.421	3.750
PR + Doppler + TDCP（if）	1.424	3.757	1.421	3.749

注：以上 1σ 指标均由飞机起飞后 1 500 s 误差数据统计获得。

因此，机载全紧组合导航方案（PR + Doppler + TDCP）表现出相对于松组合和紧组合的导航精度优势。除了本节绝对导航精度分析，7.4.2 节将重点分析各组合导航方案在 GNSS 中断条件下的纯惯性导航性能。

7.4.2　微惯性导航滑行精度评估机载试验结果与分析

本节将基于实际机载飞行试验，对各种导航方案下组合导航系统的滑行能力进行半仿真试验分析，并比较"基于伪距单点定位/多普勒定速的松组合（SPP + Vel）""基于伪距/多普勒频移的紧组合（PR + Doppler）""基于伪距/多普勒频移/载波相位时间差分的全紧组合（PR + Doppler + TDCP）"三类方

案的试验结果。

试验条件和参数设置与前述机载试验保持一致，同时在组合导航滤波
1 500 s 收敛且稳定以后，每隔 60 s 人为引入一段 GNSS 信号中断模拟。这里
模拟信号中断时长设置为 60 s，具体时间段选择如表 7.15 所示。以事后平滑
RTK 固定解位置作为参考基准，比较不同组合方案在滑行时间内的导航位置
解与参考基准之间差异，获得各个方案滑行阶段的导航位置误差。

表 7.15　组合导航方案滑行能力的半仿真试验所选取的 21 个机载滑行时段

中断编号	中断时间段（GPS 周内秒）/s	中断编号	中断时间段（GPS 周内秒）/s
#1	552 314.1 ~ 552 374.1	#12	553 634.1 ~ 553 694.1
#2	552 434.1 ~ 552 494.1	#13	553 754.1 ~ 553 814.1
#3	552 554.1 ~ 552 614.1	#14	553 874.1 ~ 553 934.1
#4	552 674.1 ~ 552 734.1	#15	553 994.1 ~ 554 054.1
#5	552 794.1 ~ 552 854.1	#16	554 114.1 ~ 554 174.1
#6	552 914.1 ~ 552 974.1	#17	554 234.1 ~ 554 294.1
#7	553 034.1 ~ 553 094.1	#18	554 354.1 ~ 554 414.1
#8	553 154.1 ~ 553 214.1	#19	554 474.1 ~ 554 534.1
#9	553 274.1 ~ 553 334.1	#20	554 594.1 ~ 554 654.1
#10	553 394.1 ~ 553 454.1	#21	554 714.1 ~ 554 774.1
#11	553 514.1 ~ 553 574.1		

图 7.25 展示了整个滑行试验过程中三类不同组合导航方案的三维位置误
差随时间变化曲线。图 7.25 中位置误差发散的时间段对应表 7.15 所示的
21 个滑行时间段，此时微惯性导航独立导航，GNSS 测量信息不参与组合。图
7.26 给出了表 7.15 所示 21 段滑行时间内三类组合导航方案得到的三维滑行
位置误差均方根值随时间的变化情况，表 7.16 分别比较了在不同滑行时长
（即 1 s、5 s、10 s、15 s、30 s 和 60 s）条件下，三类组合导航方案的滑行位
置误差均方根值统计。

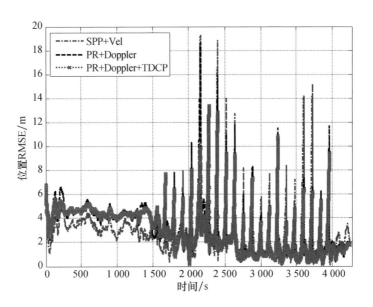

图 7.25　良好 GNSS 观测环境下车载动态试验绝对定位组合方案导航误差对比

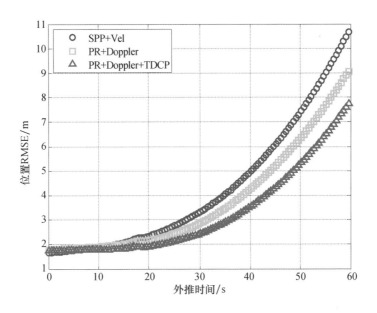

图 7.26　各导航方案滑行位置误差均方根值随滑行时长变化曲线

观察图 7.26 和表 7.16 可得到以下结论。

（1）对于 10 s 以内的短时 GNSS 信号中断，松组合、紧组合和全紧组合方案的滑行位置误差均方根值基本相当，此时三类组合方法滑行性能相近。

（2）对于 10~60 s 间的较长 GNSS 信号中断，紧组合方案滑行性能优于松组合方案，全紧组合方案滑行性能为三者中最优。相比于松组合和紧组合方案，全紧组合方案滑行 60 s 的滑行位置误差均方根值分别降低了约 27.4% 和 14.7%。

表 7.16　组合方案滑行能力半仿真试验滑行位置误差均方根值　　　单位：m

组合方案	滑行时间/s					
	1	5	10	15	30	60
SPP + Vel	1.677 0	1.754 6	1.875 2	2.066 6	3.319 6	10.472 8
PR + Doppler	1.802 7	1.847 3	1.905 8	1.999 5	2.871 9	8.911 6
PR + Doppler + TDCP	1.747 2	1.759 5	1.774 9	1.813 2	2.438 3	7.598 8

综合绝对导航精度和滑行性能可知，全紧组合导航方案（PR + Doppler + TDCP）表现出相对于松组合和紧组合的显著优势。得益于高精度载波相位历元间星间差分测量信息的辅助，全紧组合导航方案面临附加计算量所带来的算法实现复杂度和计算负担，其性能优势的实现依赖于计算实时性。7.4.3 节将重点分析三类机载组合导航方法的计算耗时，保证在实时系统算法工程实现中能够留有计算裕量。

7.4.3　机载组合导航计算效率对比分析

除精度指标外，在组合导航算法工程实现中，另一个必须考虑的要素是计算实时性（或计算负担）。前述可知，一方面，全紧组合方案（PR + Doppler + TDCP）在综合导航性能上要优于松组合（SPP + Vel）和单差紧组合（PR + Doppler）；另一方面，采用不同卡尔曼滤波形式（即批处理、序贯滤波和信息滤波）的紧组合导航方案对应的导航精度基本一致。因此，必须对组合导航算法计算效率进行分析。

考虑到滤波计算过程中，计算资源消耗主要集中在测量更新阶段，故需比较三类组合导航算法的测量更新计算耗时。三种组合算法均采用 ANSI C 开发，并在一台运行 Windows 11 操作系统、配置 Intel Core（TM）i7 – 1185G7 @ 3.00 GHz 的笔记本电脑上运行。调用 WIN32 API 提供的 QueryPerformanceFrequency（）和 QueryPerformanceCounter（）函数，获得测量更新计算耗时。

图 7.27 比较了三种卡尔曼滤波形式的单差紧组合导航方法（PR + Dopplcr）每次测量更新所消耗的计算时间，图中二条曲线分别对应批处理模式、序贯滤波模式和信息滤波模式。由图 7.27 可知，采用信息滤波模式能显著地提高紧组合导航测量更新计算效率。表 7.17 列出了紧组合导航方案三种卡尔曼滤波实现形式下的测量更新计算耗时均值。与批处理式滤波相比，信息滤波能将单差紧组合的计算效率提高约 96%（从 2.744 ms 降至 0.109 ms）；与序贯滤波相比，信息滤波能将单差紧组合计算效率提高约 91%（从 1.266 ms 降至 0.109 ms）。

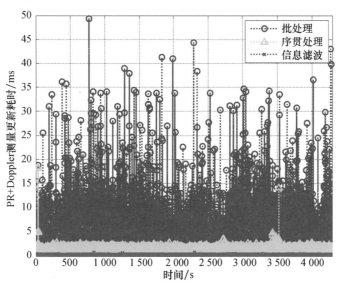

图 7.27 不同滤波模式下的机载单差紧组合导航方法测量更新计算耗时曲线

图 7.28 比较了不同卡尔曼滤波下的全紧组合导航方法（PR + Doppler + TDCP）每次测量更新所消耗的计算时间。由图 7.28 可知，采用信息滤波模式能显著地提高全紧组合导航测量更新计算效率。表 7.17 列出了全紧组合导航方案三种卡尔曼滤波实现形式下的测量更新计算耗时均值。与批处理式滤波相比，信息滤波能将全紧组合的计算效率提高约 95%（从 3.422 ms 降至 0.155 ms）；与序贯滤波相比，信息滤波能将全紧组合计算效率提高约 92%（从 2.019 ms 降至 0.155 ms）。

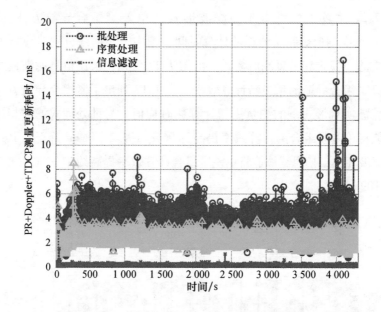

图 7.28 不同滤波模式下的机载全紧组合导航方法测量更新计算耗时曲线

图 7.29 比较了计算实时性较好的三种机载组合导航方案（即松组合批处理式滤波、单差紧组合信息滤波和全紧组合信息滤波）每次测量更新所消耗的计算时间。由图 7.29 和表 7.17 可知，这三种机载组合导航方法测量更新计算耗时基本相等，均小于 0.2 ms，相较于其他几种方案具有明显的计算实时性优势。

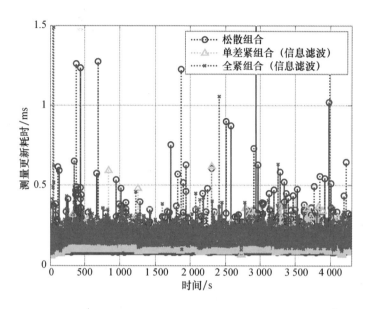

图 7.29　不同机载实时组合导航方案的测量更新计算耗时曲线

表 7.17　机载组合导航方法测量更新平均计算耗时对比

组合方案	批处理/ms	序贯滤波/ms	信息滤波/ms
SPP + Vel	0.106	—	—
PR + Doppler	2.744	1.266	0.109
PR + Doppler + TDCP	3.422	2.019	0.155

　　因此，对于 GNSS 多系统、多频点、多类观测信息的机载卫星/惯性组合导航算法，信息滤波模式能够显著提高导航计算效率。综合考虑计算精度与实时性，小型无人飞行器机载实时绝对高精度导航场景推荐采用信息滤波模式的基于伪距/多普勒频移/载波相位时间差分的全紧组合导航方案。

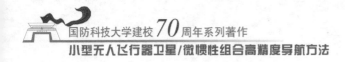

7.5　本章小结

为验证本书所提组合导航方案的有效性，并评估各种不同方案的性能优劣，本章设计并实施了车载导航试验。具体而言，本章主要工作和结论如下：

（1）搭建了 GNSS/MEMS-SINS 组合导航系统原理样机平台，同时开发了一整套 GNSS/MEMS-SINS 松组合导航解算软件，可完成基于 RTK 定位的松组合以及基于伪距单点定位和多普勒定速的松组合这两种模式的松组合导航功能。系统能够根据基准站/移动站间通信质量、GNSS 天线信号接收质量等情况在几种模式间自适应切换，以最大程度地提升组合导航的可用性和可靠性。

（2）搭建了车载导航试验平台，设计并实施了一组车载导航试验，并着重探讨了基于现场试验和半仿真试验的原理样机性能评估方案。

（3）研究了高精度导航参考基准获取的事后平滑算法，指出采用 RTS 反向平滑算法对高精度卫星/惯性组合测量结果进行事后处理，能够进一步提高位置、速度和姿态估计精度，并通过 MEMS 导航系统原理样机试验数据处理验证了该算法作为导航基准确定算法的合理性。

（4）通过良好 GNSS 观测环境下的动态试验，评估了组合导航系统原理样机的实时导航精度。目前，基于 RTK 定位和多普勒定速的松组合模式能够达到厘米级三维定位精度、厘米每秒级三维定速精度和 $0.1°$ 量级三维定姿精度；基于伪距单点定位和多普勒定速的松组合模式能够达到米级三维定位精度、分米每秒级三维定速精度和 $0.2°$ 量级三维定姿精度。

（5）通过良好 GNSS 观测环境下的车载动态试验，评估了本书所提几种组合方案的导航精度，得出如下结论：①基于 RTK 定位和多普勒定速的松组合方案能够达到优于 $0.1\,\mathrm{m}$ 的三维定位精度，且其简化方案（即基于 RTK 定位的松组合）能够达到同等定位精度；②基于伪距、多普勒频移和载波相位时间差分的全紧组合方案能够达到优于 $5\,\mathrm{cm/s}$ 的三维定速精度和优于 $0.1°$ 的三维姿态精度。

（6）通过半仿真试验，评估了本书所提几种组合导航方案的滑行能力。本书提出的基于伪距、多普勒频移和载波相位时间差分的全紧组合方案显著提升了组合导航系统的滑行能力。与基于 RTK 定位和多普勒定速的松组合方案相比，基于伪距、多普勒频移和载波相位时间差分的全紧组合方案显著减小了滑行速度误差和滑行姿态误差，显著降低了滑行位置误差的增长速度。通过 SINS 预报位置增量精度分析，验证了本书 MEMS-SINS 辅助探测 GNSS 单频载波相位小周跳方案的可行性。同时，深入分析了 SINS 位置增量误差特性，指出了后续 MEMS 惯性器件建模精化中可能需要考虑的其他误差项。

（7）通过小型无人飞行器机载动态飞行搭载试验，评估了本书所提几种组合方案的机载导航精度，得出如下结论：①基于伪距/多普勒频移/TDCP 的全紧组合导航方案能够达到优于 1.5 m 的三维绝对定位精度，相对于松组合和单差紧组合方案具有精度优势，且其信息滤波实现方案具有优越的计算实时性优势；②在机载试验条件下，全紧组合方案依然表现出优于松组合、单差紧组合方案的组合导航系统滑行能力，在 10 s 以上 GNSS 中断条件下将显著降低滑行位置误差及其增长速度；③综合计算精度与实时性，小型无人飞行器机载实时绝对高精度导航场景推荐采用信息滤波形式的基于伪距/多普勒频移/载波相位时间差分的全紧组合导航方案。

第8章

总结与展望

本书以小型无人飞行器精密进近着陆（舰）或撞网回收为应用背景，旨在对 GNSS/MEMS-SINS 组合导航实时高精度算法的模型与方法展开系统深入的研究，并对其性能进行试验评估，进而为实现无人/有人舰载机精密进近着陆（舰）导航引导提供理论与技术支持。

8.1 总结

本书首先重点研究了基于 Allan 方差分析技术的高精度 GNSS/MEMS-SINS 松组合导航方法、基于载波相位时间差分观测的 GNSS/MEMS-SINS 紧组合导航方法、基于神经网络辅助 MEMS 惯性导航精度增强方法以及 MEMS 惯性导航空中动态初始对准方法；然后自行搭建 GNSS/MEMS-SINS 组合导航系统原理样机，并基于该套样机进行算法集成，开展车载和机载导航试验验证。车载和机载试验初步验证了 GNSS 辅助增强 MEMS 惯性导航精度理论方法的正确性和可行性。具体工作包括以下五个方面。

（1）研究了基于 Allan 方差分析的组合导航随机误差建模方法。第一，详细阐述了惯性导航力学编排及误差传播模型。第二，针对噪声特性复杂的 MEMS 惯性器件，设计了基于 Allan 方差分析的惯性器件随机误差建模方法。MEMS 惯性器件输出噪声项类型和强度由 Allan 方差分析获得，且该分析结果对卡尔曼滤波器的系统噪声矩阵优化提供指导。第三，针对 GNSS 伪距单点定位过程中不可避免的粗差问题，设计了一种能够有效抑制 GNSS 定位粗差不利影响的 GNSS/MEMS-SINS 组合导航抗差滤波方法，该方法基于方差匹配构造抗差因子，通过对新息协方差阵加权，实现对观测粗差的抑制。第四，针对 GNSS 定位噪声协方差理论值与经验值不一致的问题，提出了一种基于 Allan 方差改进自适应卡尔曼滤波方法，以进一步提升传统卫星/微惯性组合导航精度。

（2）详细推导了采用载波相位时间差分的紧组合（拟紧/全紧）导航模型。第一，阐述了传统卫星/惯性紧组合模型和方法，基于试验数据深入分析紧组合方法相对于松组合方法的优势，并对比了两种传统紧组合导航方法的优劣。第二，详细推导了载波相位时间差分观测模型，包括载波相位历元间星间差分观测模型和精密位置增量观测模型。第三，分析了周跳对载波相位时间差分观测量的影响，研究了传统 TurboEdit 方法探测单频小周跳的局限性，并设计和初步分析了一种微惯性辅助单频载波相位小周跳探测方法。第四，设计了基于载波相位时间差分的 GNSS/MEMS-SINS 全紧组合观测方案和基于精密位置增量的 GNSS/MEMS-SINS 拟紧组合观测方案。与传统紧组合方案相比，在无 GNSS 基准站辅助条件下，载波相位时间差分观测信息的引入能够提升移动站导航定速和定姿精度，且能平滑定位误差。第五，研究了一种基于新息检验的抗差序贯估计方法，缓解了 GNSS 多系统、多频点、多类观测量导致的组合导航测量更新计算效率低和观测信息利用率低等问题。该方法采用标量化序贯滤波新息正交和方差匹配技术减少粗差影响，提高了计算效率，保证了数值计算稳定性，并提升了抗差滤波模式下 GNSS 观测信息利用率和导航精度。第六，研究了一种将信息滤波测量更新方法应用于紧组合导航框架的组合导航算法实现策略，减轻了 GNSS 多系统、多频点、多类高维观

测量条件下的序贯滤波矩阵乘法运算负担，进一步提升了组合导航计算实时性，有效缓解了机载计算资源紧张的现状，显著提升了机载组合导航的实时性能。

（3）研究了神经网络辅助增强 MEMS 惯性导航方法。第一，针对较长 GNSS 信号中断条件下 MEMS 惯性导航误差发散问题，研究了一种基于动态神经网络辅助惯导位置误差非线性建模方法。组合导航系统根据有 GNSS 信号条件下的导航位置和位置误差估计值构造训练样本，对神经网络模块进行在线训练，构造惯导位置误差的经验模型；当 GNSS 信号中断时，利用训练好的网络对惯导位置误差进行预报和补偿。第二，针对传统 $P - \delta P$ 方法不能同时提升位置、速度和姿态精度的问题，进一步研究了一种神经网络辅助组合导航卡尔曼滤波方法。组合导航系统根据惯性导航信息和相邻 GNSS 测量历元间位置增量训练神经网络，在 GNSS 缺失时由训练好的神经网络提供"伪位置增量误差"作为外测信息，并采用抗差自适应估计方法抑制预报偏差的不利影响。

（4）研究了一种适用于低成本 MEMS-SINS 的空中动态初始对准方法。第一，针对无人飞行器动态条件下的姿态初始化难题，提出了一种 GNSS 双历元信息辅助 MEMS-SINS 空中动态粗对准算法。该方法同时利用 GNSS 高精度速度测量值和 MEMS 加速度计测量值构建不共线定姿双向量，基于侧滑速度为零约束条件下双向量定姿原理，推导了一种新的空中动态粗略姿态确定方法。第二，针对无人飞行器导航过程中大失准角条件下的模型非线性难题，提出了一种基于扩展容积卡尔曼滤波的 MEMS-SINS 动基座初始精对准方法。该方法一方面利用高效数值积分 Cubature 准则实现递推 Bayesian 估计，用于解决高维非线性高斯系统的最优估计问题；另一方面采用扩展误差状态形式实现对非加性系统噪声的处理。第三，分析和比较了容积卡尔曼滤波采用扩展形式与非扩展形式所带来的差异，并通过试验结果指出扩展形式的估计性能通常优于非扩展形式。分析和比较了容积卡尔曼滤波与无迹卡尔曼滤波的差异，并通过试验结果指出容积卡尔曼滤波的优势。

（5）开展了 GNSS/MEMS-SINS 组合原理样机集成和车载试验验证评估。

在卫星/惯性组合导航理论与方法研究的基础上，自行搭建了 GNSS/MEMS-SINS 组合导航系统原理样机。然后对原理样机所采用的导航核心算法进行集成，再基于原理样机开展车载导航试验、车载盲导试验和小型无人飞行器机载动态试验，验证导航系统及核心算法的可行性和有效性，分析和评估本书所提组合导航算法在实际车载试验、机载试验及其半仿真试验中所能达到的性能指标。

8.2　展望

高精度卫星/惯性组合一直是导航、制导与控制领域广泛关注的研究热点。本书仅仅是围绕这一主题，针对小型无人飞行器着陆（舰）导航应用背景，对实现高精度 MEMS 惯性导航的某几项关键技术进行了初步研究，取得了一些有益结论。然而，作者真实地感受到要让 GNSS/MEMS-SINS 组合导航在实践中得到广泛且有效的应用，本书 GNSS/MEMS-SINS 组合导航高精度算法研究工作仅仅是抛砖引玉的一小步。还有一个深切的感受在于，每当尽力解决好某个关键问题的同时，又带来了大量新的问题，似乎是研究工作越做越多、越做越细，则问题越多，做到最后甚至所遇到的问题还会颠覆或改变最初的研究预期。目前，在理论和试验中仍然有大量有意义的问题值得展开并进行深入研究。

（1）GNSS/MEMS-SINS 组合动对动精密相对导航方法研究。本书 GNSS/MEMS-SINS 组合主要侧重于机载绝对导航问题和静态基准站的精密相对导航问题。而在实际小型无人飞行器着舰场景中，充当 GNSS 基准站的舰船处于运动状态，这给机载 GNSS/MEMS-SINS 组合高精度相对导航带来了新的问题，即 GNSS/MEMS-SINS 组合动对动精密相对导航问题。目前，对于动对动精密相对导航鲜有相关研究报道，相应算法在工程实现中的精度和实时性研究还须深化。为此，在下一步研究计划中，应开展 GNSS/MEMS-SINS 组合动对动精密相对导航方法研究，重点突破高精度 GNSS/MEMS-SINS 组合绝对导航及

位置增量计算、高更新率与低时延动对动精密相对定位和微惯性辅助 GNSS 动对动相对定位模糊度求解，集成原理样机并搭建动对动试验系统对方法进行实时试验验证。

（2）GNSS/MEMS-SINS 组合导航完好性监测问题研究。本书着重研究 GNSS/MEMS-SINS 组合导航高精度和实时性问题，导航可靠性问题仅涉及基于卡尔曼滤波新息的 GNSS 观测粗差探测与抗差自适应估计。对于与安全密切相关的机载导航应用场景，除了保证导航的实时性和高精度，航空导航用户最为关注的完好性监测问题也必须得到妥善解决。为此，在下一步研究计划中，必须在采用惯导辅助故障探测后，进行验后方差分析和定位域完好性风险评估。另外，还需综合考虑机载实时导航的完好性、连续性和可用性指标，自顶而下进行指标分解，定量评估算法综合性能。

（3）深入开展机载试验研究。目前，本书所研究的 GNSS/MEMS-SINS 组合导航方法只是在小型无人飞行器机载动态条件下进行初步试验验证。限于实验室现有小型无人飞行器的搭载能力，尚未能开展同时具有高精度位置、速度和姿态参考基准的机载动态试验，故无法全面评估机载 MEMS 导航系统及算法的真实导航性能。因此，在下一步研究计划中，必须开展具有参考基准的机载试验（例如，选用大型无人飞行器同时搭载高精度 POS 进行试验），并且开展不同动态、振动、多路径等环境条件下的机载导航试验，以便充分评估机载 MEMS 导航系统及算法的真实导航性能。另外，深入挖掘和分析飞行器运动过程中的各种动态特性或约束条件[322-325]，探寻可能存在的载体约束信息，或者利用泛化能力较强的深度神经网络技术在线调整模型或滤波参数[326-328]，以便对原有 GNSS/MEMS-SINS 组合导航算法模型进行改进，从而提升组合导航性能。

[1] Office of the Secretary of Defense. Unmanned aircraft systems (UAS) roadmap 2005-2030[R]. US Department of Defense Report, 2005: 1 –213.

[2] Internation Civil Aviation Organization. Unmanned aircraft systems (UAS) [R]. ICAO Report, 2011: 31 –36.

[3] 周树春. 基于 GPS 的无人机自动着陆控制系统设计与实现[D]. 西安: 西北工业大学, 2007: 1 –9.

[4] Zhu L H, Cheng X H, Yuan F G. A 3D collision avoidance strategy for UAV with physical constraints[J]. Measurement, 2016, 77: 40 –49.

[5] Bento M F. Unmanned aerial vehicles: an overview[J]. InsideGNSS, 2008, 1: 54 –61.

[6] Lei X S, Li J J. An adaptive navigation method for small unmanned aerial rotorcraft under complex environment[J]. Measurement, 2013, 46(10): 4166 –4171.

[7] 房建成, 张霄. 小型无人机自动驾驶仪技术[J]. 中国惯性技术学报,

2007, 15(6): 658 - 663.

[8] 孙罡. 低成本微小型无人机惯性组合导航技术研究[D]. 南京: 南京理工大学, 2014.

[9] 周建民, 康永, 刘蔚. 无人机导航技术应用于发展趋势[J]. 中国电子科学研究院学报, 2015, 10(6): 274 - 286.

[10] 范彦铭. 无人机的自主与智能控制[J]. 中国科学: 技术科学, 2017, 47(3): 221 - 229.

[11] 贾书瑞. 基于载波相位差分 GPS 的无人机着舰导引与控制技术研究[D]. 南京: 南京航空航天大学, 2009.

[12] 郭耀江. 无人机着陆技术研究[J]. 现代导航, 2013(3): 195 - 197.

[13] 王宏新, 刘长亮, 成坚. 无人机回收技术及其发展[J]. 飞航导弹, 2016(1): 27 - 31.

[14] Kurnaz S, Cetin O. Autonomous navigation and landing tasks for fixed wing small unmanned aerial vehicles[J]. Acta Polytechnica Hungarica, 2010, 7(1): 87 - 102.

[15] Zhang L, Lv H F, Wang D J, et al. Asynchronous RTK precise DGNSS positioning method for deriving a low-latency high-rate output[J]. Journal of Geodesy, 2015, 89(7): 641 - 653.

[16] 刘帅. 模糊度固定解 PPP/INS 紧组合理论与方法[D]. 郑州: 解放军信息工程大学, 2017.

[17] Rife J, Khanafseh S, Pullen S, et al. Navigation, interference suppression, and fault monitoring in the sea-based joint precision approach and landing system[J]. Proceedings of the IEEE, 2008, 96(12): 1958 - 1975.

[18] Blanch J, Walter T, Enge P. Satellite navigation for aviation in 2025[J]. Proceedings of the IEEE, 2012, 100(Special Centennial Issue): 1821 - 1830.

[19] Titterton D H, Weston J L. Strapdown inertial navigation technology[M]. 2nd ed. Stevenage: Institution of Electrical Engineers, 2004.

[20] Wang H G, Williams T C. Strategic inertial navigation systems[J]. IEEE

Control Systems Magazine, 2008(2): 65 –85.

[21] 陆元九. 惯性器件[M]. 北京: 宇航出版社, 1990.

[22] Bhardwaj R, Kumar N, Kumar V. Errors in micro-electro-mechanical systems inertial measurement and a review on present practices of error modelling[J]. Transactions of the Institute of Measurement and Control, 2018, 40(9): 2843 –2854.

[23] Sahli H. MEMS-based aided inertial navigation system for small diameter pipelines[D]. Calgary: University of Calgary, 2016: 1 –11.

[24] Sheruzzaman M S, Abdel-Hafez M F. Pipeline inspection gauge position estimation using inertial measurement unit, odometer, and a set of reference stations[J]. ASCE-ASME Journal of Risk and Uncertainty in Engineering Systems-Part B: Mechanical Engineering, 2016, 2(2): 021001 – 1 – 021001 – 10.

[25] Lee J N, Byeon Y H, Kwak K C. Design of ensemble stacked auto-encoder for classification of horse gaits with MEMS inertial sensor technology[J]. Micromachines, 2018, 9(8): 411.

[26] Kuang J, Niu X, Chen X. Robust pedestrian dead reckoning based on MEMS-IMU for smartphones[J]. Sensors, 2018, 18(5): 1391.

[27] Camomilla V, Bergamini E, Fantozzi S, et al. Trends supporting the in-field use of wearable inertial sensors for sport performance evaluation: a systematic review[J]. Sensors, 2018, 18(3): 873.

[28] Tao S, Zhang X, Cai H, et al. Gait based biometric personal authentication by using MEMS inertial sensors[J]. Journal of Ambient Intelligence and Humanized Computing, 2018: 1 –8.

[29] 李荣冰, 刘建业, 曾庆化, 等. 基于 MEMS 技术的微型惯性导航系统的发展现状[J]. 中国惯性技术学报, 2004, 12(6): 88 –94.

[30] Stewart R, Thede R, Couch P, et al. High G MEMS accelerometer for compact kinetic energy missile (CKEM)[C]. IEEE Position Location and

Navigation Symposium, 2004: 20 – 25.

[31] Rash A, Handrich E, Spahlinger G, et al. Fiber optic gyro systems and MEMS accelerometer[J]. Microoptics, 2004, 97: 275 – 288.

[32] 邢朝洋, 王巍, 徐宇新, 等. 宇航用硅微加速度计工程化研究[C]// 惯性技术发展动态发展方向研讨会文集. 昆明, 2010: 40 – 44.

[33] Beitia J, Loisel P, Fell C. Miniature accelerometer for high-dynamic, precision guided systems [C]//IEEE International Symposium on Inertial Sensors and Systems. Kauai, HI, USA, 2017: 35 – 38.

[34] 齐广峰, 吕军锋. MEMS 惯性技术的发展及应用[J]. 电子设计工程, 2015(1): 87 – 89.

[35] Wang X, Zhao J, Zhao Y, et al. A 0.4μg bias instability and $1.2\mu g/\sqrt{Hz}$ noise floor MEMS silicon oscillating accelerometer with CMOS readout circuit [J]. IEEE Journal of Solid-State Circuits, 2017, 52(2): 472 – 482.

[36] Groves P D. Principles of GNSS, inertial, and multisensor integrated navigation systems[M]. 2nd ed. Norwood: Artech House, 2013.

[37] Weinberg M, Bernstein J, Cho S, et al. Micromechanical tuning fork gyroscope test results [C]//AIAA Guidance, Navigation and Control Conference, Scottsdale, 1994.

[38] Weinberg M, Kourepenis A. Error sources in in-plane silicon tuning-fork MEMS gyroscopes[J]. Journal of Microelectromechanical Systems, 2006, 15(3): 479 – 491.

[39] Sharma A, Zaman F M, Amini B V, et al. A high-Q in-plane SOI tuning fork gyroscope[C]//Proceedings of IEEE Sensors. Vienna, Austria, 2004: 467 – 470.

[40] Sharma A, Zaman M F, Ayazi F. A 0.2 (°)/h micro-gyroscope with automatic CMOS mode-matching[J]. IEEE Journal of Solid-State Circuits, 2009, 44(5): 1593 – 1608.

[41] Sonmezoglu S, Alper S E, Akin T. An automatically mode-matched MEMS

gyroscope with wide and tunable bandwidth[J]. Journal of Microelectromechanical Systems, 2014, 23(2): 284 – 297.

[42] Ayazi F. The HARPSS process for fabrication of precision MEMS inertial sensors[J]. Mechatronics, 2002, 12(9/10): 1185 – 1199.

[43] Geiger W, Folkmer B, Sobe U, et al. New designs of micromachined vibrating rate gyroscopes with decoupled oscillation modes [C]// International Conference on Solid State Sensors and Actuators. Chicago, IL, USA, 1997(2): 1129 – 1132.

[44] Zhao Q C, Liu X S, Lin L T, et al. A doubly decoupled micromachined vibrating wheel gyroscope [C]//Solid-State Sensors, Actuators and Microsystems Conference, 2009: 296 – 299.

[45] Rodjegard H, Sandstrom D, Pelin P, et al. A novel architecture for digitalcontrol of MEMS gyros[C]//Proceedings of IEEE Sensors. Vienna, Austrial, 2004(3): 1403 – 1406.

[46] Guo Z, Cheng F, Li B, et al. Research development of silicon MEMS gyroscopes: a review [J]. Microsystem Technologies, 2015, 21 (10): 1 – 14.

[47] Osiander R, Darrin M A G, Champion J L. MEMS and microstructures in aerospace applications[M]. Boca Raton: Taylor & Francisl/CRC Press, 2006.

[48] 邢朝洋. 高性能 MEMS 惯性器件工程化关键技术研究[D]. 北京: 中国航天科技集团公司第一研究院, 2017: 1 – 20.

[49] 王寿荣. 微惯性仪表技术研究现状与进展[J]. 机械制造与自动化, 2011, 40(1): 6 – 12.

[50] Xia D, Yu C, Kong L. The development of micromachined gyroscope structure and circuitry technology[J]. Sensors, 2014, 14(1): 1394 – 1473.

[51] 江城, 张嵘. 美国 Micro-PNT 发展综述[C]//中国卫星导航学术年会, 2015: 1 – 9.

[52] Northrop Grumman Systems Corporation. Scalable SIRU™ family[EB/OL].

（2016 – 02 – 10）［2022 – 10 – 21］. http：∥www. northropgrumman. com/
Capabilities/SIRU/Documents/Scalable_SIRU_Family. pdf.

［53］ Rozelle D M, Meyer A D, Trusov A A, et al. Milli-HRG inertial sensor
assembly：a reality［C］//IEEE International Symposium on Inertial Sensors
and Systems, 2015：1 – 4.

［54］ Meyer D, Larsen M. Nuclear magnetic resonance gyro for inertial navigation
［J］. Gyroscopy and Navigation, 2014, 5（2）：75 – 82.

［55］ Kanik M, Bordeenithikasem P, Schroers J, et al. Microscale three-
dimensional hemispherical shell resonators fabricated from metallic glass［C］//
International Symposium on Inertial Sensors and Systems. Laguna Beach, CA,
USA, 2014：1 – 4.

［56］ Zhou J, Jiang T, Jiao J W, et al. Design and fabrication of a micromachined
gyroscope with high shock resistance［J］. Microsystem Technologies, 2014,
20（1）：137 – 144.

［57］ Han F T, Liu Y F, Wang L, et al. Micromachined electrostatically
suspended gyroscope with a spinning ring-shaped rotor［J］. Journal of
Micromechanics and Microengineering, 2012, 22：1 – 9.

［58］ Guo Z Y, Yang Z C, Lin L T, et al. Decoupled comb capacitors for micro-
electro-mechanical tuning-fork gyroscopes［J］. IEEE Electron Device
Letters, 2010, 31（1）：26 – 28.

［59］ Ma G, Chen W, Zhang W, et al. Compact H∞ robust rebalance loop
controller design for a micromachined electrostatically suspended gyroscope
［J］. ISA Transactions, 2010, 49（2）：222 – 228.

［60］ Che L, Xiong B, Li Y, et al. A novel electrostatic-driven tuning
forkmicromachined gyroscope with a bar structure operating at atmospheric
pressure［J］. Journal of Micromechanics and Microengineering, 2010, 20.

［61］ Wang W, Lv X, Sun F. Design of micromachined vibratory gyroscope with
two degree-of-freedom drive-mode and sense-mode ［J］. IEEE Sensors

Journal, 2012, 12(7): 2460 – 2464.

[62] 赵健, 施芹, 夏国明, 等. 小型化硅微谐振式加速度计的实现与性能测试[J]. 光学精密工程, 2016, 24(8): 1927 – 1933.

[63] Zhao Y, Zhao J, Wang X, et al. A sub-μg bias-instability MEMS oscillating accelerometer with an ultra-low-noise read-out circuit in CMOS[J]. IEEE Journal of Solid-State Circuits, 2015, 50(9): 2113 – 2126.

[64] 姜劭栋, 苏岩, 施芹, 等. 双质量振动式硅微陀螺理论和实验模态分析[J]. 光学精密工程, 2015, 23(2): 467 – 476.

[65] 吴志强, 杨亮, 夏国明, 等. 基于带通 Σ – Δ 调制器的硅微机械陀螺力反馈闭环检测[J]. 光学精密工程, 2015, 23(9): 2540 – 2545.

[66] 杨亮, 苏岩, 裘安萍, 等. 高品质因数微机械陀螺的温度自补偿[J]. 光学精密工程, 2013, 21(11): 2870 – 2876.

[67] Wu X Z, Xie L Q, Xing J C. A z-axis quartz tuning fork micromachined gyroscope based on shear stress detection[J]. IEEE Sensors Journal, 2012, 12(5): 1246 – 1252.

[68] Zhou X, Xiao D, Li Q, et al. Decaying time constant enhanced MEMS disk resonator for high precision gyroscopic application [J]. IEEE-ASME Transactions on Mechatronics, 2018, 23(1): 452 – 458.

[69] 王安成. 微惯导/北斗深组合导航系统主要误差源抑制方法研究[D]. 长沙: 国防科技大学, 2014: 2 – 10.

[70] 刘院省, 阚宝玺, 石猛, 等. 原子陀螺仪技术研究进展[C]//第四届航天电子战略研究论坛论文集(新型惯性器件专刊). 北京, 2018(2): 17, 23.

[71] 潘瑶, 曲天良, 杨开勇, 等. 半球谐振陀螺研究现状与发展趋势[J]. 导航定位与授时, 2017, 4(2): 9 – 13.

[72] Remondi B W. Using the global positioning system (GPS) phase observable for relative geodesy: modeling, processing and results[D]. Austin: University of Texas, 1984.

[73] Remondi B W. Pseudo-kinematic GPS results using the ambiguity function

method[J]. Journal of the Institute of Navigation, 1989, 38(1): 17 – 36.

[74] Langley R B, Beutler G, Delikaraoglous D, et al. Studies in the application of the GPS to differential positioning [C]. Technical Report No. 108, Canada: University of New Brunswick, 1984.

[75] Frei E, Beutler G. Rapid static positioning based on the fast ambiguity resolution approach "FARA": theory and first results[J]. Manuser Geod, 1990, 15: 325 – 356.

[76] Teunissen P J. Least-squares estimation of the GPS integer ambiguity[C]// Invited Lecture, Section IV Theory and Methodology, IAG General Meeting. Beijing, China, 1993.

[77] Teunissen P J. A new method of fast carrier phase ambiguity estimation [C]//Proceeding of the IEEE PLANS'94. Las Vegas, NV, 1994: 562 – 573.

[78] Teunissen P J. The Least-squares AMBiguity decorrelation adjustment: a method for fast GPS integer ambiguity estimation[J]. Journal of Geodesy, 1995, 70(1/2): 65 – 82.

[79] Chang X W, Yang X, Zhou T. MLAMBDA: a modified LAMBDA method for integer least-squares estimation [J]. Journal of Geodesy, 2005, 79: 552 – 565.

[80] Chen D, Lachapelle G. A comparison of the FASF and Least-squares search algorithm for on-the-fly ambiguity resolution[J]. Journal of the Institution of Navigation, 1995, 42(2): 371 – 390.

[81] Xie G. Principles of GPS and receiver design [M]. Beijing: Publishing House of Electronics Industry, 2009: 69 – 95.

[82] 侯燕青. 多卫星导航系统 RTK 定位部分整周模糊度解算方法研究[D]. 长沙: 国防科技大学, 2017.

[83] Li J L, Yang Y X, Xu J Y, et al. GNSS multi-carrier fast partial ambiguity resolution strategy tested with real BDS/GPS dual-and triple-frequency observations[J]. GPS Solutions, 2015, 19(1): 5 – 13.

［84］ Xu P L. Random simulation and GPS decorrelation［J］. Journal of Geodesy, 2001, 75(7/8): 408 − 423.

［85］ 程建华, 王晶, 晏亮, 等. 高维情况下双差整周模糊度 LAMBDA 法解算分析［J］. 哈尔滨工程大学学报, 2012, 33(4): 471 − 475.

［86］ 刘经南, 于兴旺, 张小红. 基于格论的 GNSS 模糊度解算［J］. 测绘学报, 2012, 41(5): 636 − 645.

［87］ Zhou Y M. A new practical approach to GNSS high-dimensional ambiguity decorrelation［J］. GPS Solutions, 2011, 15(4): 325 − 331.

［88］ Xu P L. Parallel Cholesky-based reduction for the weighted integer least squares problem［J］. Journal of Geodesy, 2012, 86: 35 − 52.

［89］ Jazaeri S, Amiri-Simkooei A R, Sharifi M. A fast integer least-squares estimation for GNSS high-dimensional ambiguity resolution using Lattice theory［J］. Journal of Geodesy, 2012, 86: 123 − 136.

［90］ Lannes A. On the theoretical link between LLL-reduction and UC (Lambda)-decorrelation［J］. Journal of Geodesy, 2013, 87(4): 323 − 335.

［91］ 卢立果, 刘万科, 于兴旺. 基于交叉排序算法解算模糊度的新规约方法［J］. 武汉大学学报(信息科学版), 2014, 30(5): 444 − 446.

［92］ Verhagen S, Tiberius C, Li B, et al. Challenges in ambiguity resolution: biases, weak models, and dimensional curse［C］//Satellite Navigation Technologies and European Workshop on GNSS Signals and Signal Processing, 2013: 1 − 8.

［93］ Parkins A. Increasing GNSS RTK availability with a new single-epoch batch partial ambiguity resolution algorithm［J］. GPS Solutions, 2011, 15(4): 391 − 402.

［94］ Wang J, Feng Y. Reliability of partial ambiguity fixing with multiple GNSS constellations［J］. Journal of Geodesy, 2013, 87(1): 1 − 14.

［95］ Brack A. On reliable data-driven partial GNSS ambiguity resolution［J］. GPS Solutions, 2014, 19(3): 1 − 12.

[96] Brack A, Gunther C. Generalized integer aperture estimation for partial GNSS ambiguity fixing[J]. Journal of Geodesy, 2014, 88(5): 479 – 490.

[97] Teunissen P J G, Joosten P, Tiberius C. Geometry-free ambiguity success rates in case of partial fixing[C]//Proceedings of ION National Technical Meeting 1999 (19th Biennal Guidance Test Symposium), 1999: 201 – 207.

[98] Nardo A, Li B, Teunissen P J G. Partial ambiguity resolution for ground andspace-based applications in a GPS + Galileo scenario: a simulation study [J]. Advances in Space Research, 2016, 57(1): 30 – 45.

[99] Henkel P, Günther C. Partial integer decorrelation: optimum trade-off between variance reduction and bias amplification[J]. Journal of Geodesy, 2010, 84(1): 51 – 63.

[100] Dai L, Dan E, Sharpe T. Innovative algorithms to improve long range RTK reliability and availability [J]. Proceedings of the National Technical Meeting of the Institute of Navigation (NTM), 2007, 860 – 872.

[101] Hou Y Q, Verhagen S, Wu J. A data driven partial ambiguity resolution: two-step success rate criterion, and its simulation demonstration [J]. Advances in Space Research, 2016, 58(11): 2435 – 2452.

[102] 张良. GNSS 异步差分动态精密相对定位理论、方法与应用[D]. 长沙: 国防科技大学, 2016: 43 – 52.

[103] Lawrence D G. Reference carrier phase prediction for kinematic GPS: 5 – 903 – 236[P]. 1999 – 05 – 11.

[104] Hatch R, Sharpe R, Yang Y. GPS navigation using successive differences of carrier phase measurements: 7 – 212 – 155 – B2[P]. 2007 – 05 – 01.

[105] Zhang L, Lv H F, Wang D J, et al. Asynchronous RTK precise DGNSS positioning method for deriving a low-latency high-rate output[J]. Journal of Geodesy, 2015, 89(7): 641 – 653.

[106] 朱永兴, 冯来平, 贾小林, 等. 北斗区域导航系统的 PPP 精度分析 [J]. 测绘学报, 2015, 44(4): 377 – 383.

[107] 郭斐. GPS 精密单点定位质量控制与分析的相关理论和方法研究 [M]. 武汉：武汉大学出版社, 2016：1 – 16.

[108] Ge M, Gendt G, Rothacher M, et al. Resolution of GPS carrier-phase ambiguities in precise point positioning (PPP) with daily observations[J]. Journal of Geodesy, 2008, 82(7)：389 – 399.

[109] Laurichesse D, Mercier F, Berthias J P, et al. Integer ambiguity resolution on undifferenced GPS phase measurements and its application to PPP and satellite precise orbit determination [J]. Navigation, 2009, 56 (2)：135 – 149.

[110] Collins P, Bisnath S, Lahaye F, et al. Undifferenced GPS ambiguity resolution using the decoupled clock model and ambiguity datum fixing[J]. Navigation, 2010, 57(2)：123 – 135.

[111] Geng J, Meng X, Dodson A H, et al. Integer ambiguity resolution in precise point positioning：method comparison[J]. Journal of Geodesy, 2010, 84(9)：569 – 581.

[112] Shi J, Gao Y. A comparison of three PPP integer ambiguity resolution methods[J]. GPS Solutions, 2014, 18(4)：519 – 528.

[113] Teunissen P J G, Khodabandeh A. Review and principles of PPP-RTK methods[J]. Journal of Geodesy, 2015, 89(3)：217 – 240.

[114] Jokinen A, Feng S, Schuster W, et al. GLONASS aided GPS ambiguity fixed precise point positioning[J]. Journal of Navigation, 2013, 66(3)：399 – 416.

[115] Gu S, Lou Y, Shi C, et al. BeiDou phase bias estimation and its application in precise point positioning with triple-frequency observable [J]. Journal of Geodesy, 2015, 89(10)：979 – 992.

[116] 潘宗鹏, 柴洪洲, 刘军, 等. 基于部分整周模糊度固定的非差 GPS 精密单点定位方法[J]. 测绘学报, 2015, 44(11)：1210 – 1218.

[117] 李盼. GNSS 精密单点定位模糊度快速固定技术和方法研究[D]. 武

汉：武汉大学，2016.

[118] 韩厚增. 惯导辅助 BDS/GPS 高精度动态定位模型研究[D]. 徐州：中国矿业大学，2017.

[119] Melgard T, Tegedor J, Jong K D, et al. Interchangeable integration of GPS and Galileo by using a common system clock in PPP[C]//Proceedings of ION GNSS, 2013: 1198 – 1206.

[120] Zhang W, Cannon M E, Julien O, et al. Investigation of combined GPS/GALILEO cascading ambiguity resolution schemes[C]//Proceedings of ION GPS/GNSS, 2003: 2599 – 2610.

[121] Deng C, Tang W, Liu J, et al. Reliable single-epoch ambiguity resolution for short baselines using combined GPS/BeiDou system[J]. GPS Solutions, 2014, 18(3): 375 – 386.

[122] He H, Li J, Yang Y, et al. Performance assessment of single-and dual-frequency BeiDou/GPS single-epoch kinematic positioning[J]. GPS Solutions, 2014, 18(3): 393 – 403.

[123] Teunissen P J G, Odolinski R, Odijk D. Instantaneous BeiDou + GPS RTK positioning with high cut-off elevation angles[J]. Journal of Geodesy, 2014, 88(4): 335 – 350.

[124] Wang M, Cai H, Pan Z. BDS/GPS relative positioning for long baseline with undifferenced observations[J]. Advances in Space Research, 2015, 55(1): 113 – 124.

[125] Julien O, Alves P, Cannon M E, et al. A tightly coupled GPS/GALILEO combination for improved ambiguity resolution[C]//Proceedings of the European Navigation Conference, 2003: 1 – 14.

[126] Odijk D, Teunissen P J G. Estimation of differential inter-system biases between the overlapping frequencies of GPS, Galileo, BeiDou and QZSS [C]//4th International Colloquium Scientific and Fundamental Aspects of the Galileo Programme, 2013: 4 – 6.

[127] Odijk D, Nadarajah N, Zaminpardaz S, et al. GPS, Galileo, QZSS and IRNSS differential ISBs: estimation and application[J]. GPS Solutions, 2017, 21(2): 439 –450.

[128] Odolinski R, Teunissen P J G, Odijk D. Combined BDS, Galileo, QZSS and GPS single-frequency RTK [J]. GPS Solutions, 2015, 19(1): 151 –163.

[129] Paziewski J, Sieradzki R, Wielgosz P. Selected properties of GPS and Galileo-IOV receiver intersystem biases in multi-GNSS data processing[J]. Measurement Science and Technology, 2015, 26(9).

[130] 吴明魁. GNSS 多系统紧组合精密相对定位的模型与方法[D]. 武汉: 武汉大学, 2017.

[131] 牛小骥, 班亚龙, 张提升, 等. GNSS/INS 深组合技术研究进展与展望 [J]. 航空学报, 2016, 37(10): 2895 –2908.

[132] Soloviev A, Gunawardena S, Graas F V. Deeply integrated GPS/low-cost IMU for low CNR signal processing: concept description and in-flight demonstration[J]. Navigation, 2008, 55(1): 1 –13.

[133] Li T, Petovello M G, Lachapelle G. Real-time ultra-tight integration of GPS L1/L2C and vehicle sensors [C]//Proceedings of the 2011 International Technical Meeting of the Institute of Navigation, 2011: 1 –12.

[134] Hong H S, Lee J G, Park C G. Performance improvement of in-flight alignment for autonomous vehicle under large initial heading error[J]. IEE Proceedings. Radar, Sonar and Navigation, 2004, 151(1): 57 –62.

[135] Rogers R M. IMU In-Motion alignment without benefit of attitude initialization[J]. Navigation: Journal of the Institute of Navigation, 1997, 44(3): 301 –311.

[136] Han S L, Wang J L. A novel initial alignment scheme for low-cost INS aided by GPS for land vehicle applications[J]. The Journal of Navigation, 2010, 63(4): 663 –680.

[137] Wu M P, Wu Y X, Hu X P, et al. Optimization-based alignment for inertial navigation systems: theory and algorithm[J]. Aerospace Science and Technology, 2011, 15(1): 1 – 17.

[138] Wu Y X, Pan X F. Velocity/position integration formula part I: application to in-flight coarse alignment[J]. IEEE Transactions on Aerospace and Electronic Systems, 2013, 49(2): 1006 – 1023.

[139] Silson P M G. Coarse alignment of a ship's strapdown inertial attitude reference system using velocity loci[J]. IEEE Transactions on Instrument and Measurement, 2011, 60(6): 1930 – 1941.

[140] Silson P M G, Jordan S. A novel inertial coarse alignment scheme for underwater vehicle applications[J]. The Journal of Navigation, 2013, 66: 181 – 198.

[141] Ma L H, Wang K L, Shao M. Initial alignment on moving base using GPS measurements to construct new vectors[J]. Measurement, 2013, 46(8): 2405 – 2410.

[142] Wang D J, Chen L A, Wu J E. Novel in-flight coarse alignment of low-cost strapdown inertial navigation system for unmanned aerial vehicle applications[J]. Transactions of the Japan Society for Aeronautical and Space Sciences, 2016, 59(1): 10 – 17.

[143] Kong X Y. INS algorithm using quaternion model for low cost IMU[J]. Robotics and Autonomous Systems, 2004, 46(4): 221 – 246.

[144] Shin E H. Estimation techniques for low-cost inertial navigation[D]. Calgary: University of Calgary, 2005: 126 – 139.

[145] Shin E H, El-Sheimy N. An unscented Kalman filter for in-motion alignment of low-cost IMUs[C]//Position Location and Navigation Symposium. Monterey, CA, USA, 2004: 273 – 279.

[146] Shin E H, El-Sheimy N. Unscented Kalman filter and attitude errors of low-cost inertial navigation systems[J]. Navigation: Journal of the Institute

of Navigation, 2007, 54 (1): 1 – 9.

[147] Ali A, Fang J C. SINS/ANS integration for augmented performance navigation solution using unscented Kalman filtering [J]. Aerospace Science and Technology, 2006, 10(3): 233 – 238.

[148] Dan S. A comparison of filtering approaches for aircraft engine health estimation [J]. Aerospace Science and Technology, 2008, 12(4): 276 – 284.

[149] Wu Y X, Hu D W, Wu M P, et al. A numerical-integration perspective on Gaussian filters [J]. IEEE Transactions on Signal Processing, 2006, 54 (8): 2910 – 2921.

[150] Arasaratnam I, Haykin S. Cubature Kalman filters [J]. IEEE Transactions on Automatic Control, 2009, 54(6): 1254 – 1269.

[151] Zhao Y W. Performance evaluation of Cubature Kalman filter in a GPS/ IMU tightly-coupled navigation system [J]. Signal Processing, 2016, 119: 67 – 79.

[152] Liu M, Lai J Z, Li Z M, et al. An adaptive cubature Kalman filter algorithm for inertial and land-based navigation system [J]. Aerospace Science and Technology, 2016, 51(2): 52 – 60.

[153] Georges H M, Wang D, Xiao Z. GNSS/low-cost MEMS-INS integration using variational Bayesian adaptive Cubature Kalman smoother and ensemble regularized ELM [J]. Mathematical Problems in Engineering, 2015, 2015(Pt. 22): 1 – 13.

[154] Huang W, Xie H S, Shen C, et al. A robust strong tracking cubature Kalmanfilter for spacecraft attitude estimation with quaternion constraint [J]. Acta Astronautica, 2016, 121: 153 – 163.

[155] Zhao L Q, Wang J L, Yu T, et al. Design of adaptive robust square-root cubature Kalman filter with noise statistic estimator [J]. Applied Mathematics and Computation, 2015, 256: 352 – 367.

[156] Li W L, Jia Y M, Du J P, et al. Distributed multiple-model estimation for simultaneous localization and tracking with NLOS mitigation [J]. IEEE Transactions on Vehicular Technology, 2013, 62(6): 2824 – 2830.

[157] Nassar S, El-Sheimy N. A combined algorithm of improving INS error modeling and sensor measurements for accurate INS/GPS navigation [J]. GPS Solutions, 2006, 10(1): 29 – 39.

[158] Rogers R M. Applied mathematics in integrated navigation systems [M]. 3rd ed. Reston, VA: American Institute of Aeronautics and Astronautics, 2007.

[159] Shin E H. Accuracy Improvement of Low Cost INS/GPS for Land Applications [D]. Calgary: University of Calgary, 2001: 35 – 46.

[160] El-Sheimy N, Hou H Y, Niu X J. Analysis and modeling of inertial sensors using Allan Variance [J]. IEEE Transaction on Instrumentation and Measurement, 2008, 57(1): 140 – 149.

[161] Quinchia A G, Falco G, Falletti E, et al. A comparison between different error modeling of MEMS applied to GPS/INS integrated systems [J]. Sensors, 2013, 13(8): 9549 – 9588.

[162] Brown R G, Hwang P Y C. Introduction to random signals and applied Kalman filtering [M]. 3rd ed. New York: Wiley & Sons, 1997.

[163] Nassar S, Schwarz K P, El-Sheimy N. Modeling inertial sensor errors using autoregressive (AR) models [J]. Navigation, 2004, 51(4): 259 – 268.

[164] Noureldin A, Karamat T B, Eberts M D, et al. Performance enhancement of MEMS-based INS/GPS integration for low-cost navigation applications [J]. IEEE Transactions on Vehicular Technology, 2009, 58(3): 1077 – 1096.

[165] IEEE Std. IEEE Standard specification format guide and test procedure for single-axis interferometric fiber optic gyros: 952 – 1997 (R2008) [S]. 2008: 61 – 73.

[166] Han S L, Wang J L. Quantization and colored noises error modeling for

inertial sensors for GPS/INS integration[J]. IEEE Sensors Journal, 2011, 11(6): 1493 – 1503.

[167] Chen Q J, Niu X J, Zhang Q A, et al. Railway track irregularity measuring by GNSS/INS integration [J]. Navigation, Journal of the Institute of Navigation, 2015, 62(1): 83 – 93.

[168] Zhang X H, Zhu F, Tao X L, et al. New optimal smoothing scheme for improving relative and absolute accuracy of tightly coupled GNSS/SINS integration[J]. GPS Solutions, 2017, 21(3): 861 – 872.

[169] Stebler Y, Guerrier S, Skaloud J, et al. Generalized method of wavelet moments for inertial navigation filter design [J]. IEEE Transactions on Aerospace and Electronic Systems, 2014, 50(3): 2269 – 2283.

[170] Radi A, Li Y, El-Sheimy N. Temperature variation effect on the stochastic performance of smartphone sensors using Allan variance and generalized method of wavelet moments[C]//Proceedings of the International Technical Meeting of the Institute of Navigation (ION-ITM), 2017: 1242 – 1255.

[171] Radi A, Nassar S, El-Sheimy N. Stochastic error modeling of smartphone inertial sensors for navigation in varying dynamic conditions[J]. Gyroscope and Navigation, 2018, 9(1): 76 – 95.

[172] 孙红星. 差分 GPS/INS 组合定位定姿及其在 MMS 中的应用[D]. 武汉: 武汉大学, 2004.

[173] Godha S. Performance evaluation of low-cost MEMS-based IMU integrated with GPS for land vehicle navigation applications[D]. Calgary: University of Calgary, 2006.

[174] Godha S, Cannon M E. GPS/MEMS INS integrated system for navigation in urban areas[J]. GPS Solutions, 2007, 11(3): 193 – 203.

[175] 张全. GNSS/INS 组合导航短期精度的分析方法及应用研究[D]. 武汉: 武汉大学, 2015: 61 – 80.

[176] 吴富梅. GNSS/INS 组合导航误差补偿与自适应滤波理论的拓展[D].

郑州：解放军信息工程大学，2010.

［177］　何正斌. GPS/INS 组合导航数据处理算法拓展研究［D］. 西安：长安大学，2012.

［178］　李增科，王坚，高井祥. 精密单点定位在 GPS/INS 组合导航中的应用［J］. 武汉大学学报（信息科学版），2013，38（1）：48－51.

［179］　Liu S，Sun F P，Zhang L D，et al. Tight integration of ambiguity-fixed PPP and INS：model description and initial results［J］. GPS Solutions，2016，20（1）：39－49.

［180］　Han H，Xu T，Wang J. Tightly coupled integration of GPS ambiguity fixed precise point positioning and MEMS-INS through a troposphere-constrained adaptive Kalman filter［J］. Sensors，2016，16（7）：1057.

［181］　Gao Z Z，Zhang H P，Ge M R，et al. Tightly coupled integration of multi-GNSS PPP and MEMS inertial measurement unit data［J］. GPS Solutions，2017，21（2）：377－391.

［182］　Miller C，O'Keefe H，Gao Y. Time correlation in GNSS positioning overshort baselines［J］. Journal of Survey Engineering，2012（138）：17－24.

［183］　Odolinski R. Temporal correlation for network RTK positioning［J］. GPS Solutions，2012，16（2）：147－155.

［184］　Niu X J，Chen Q J，Zhang Q，et al. Using Allan variance to analyze the error characteristics of GNSS positioning［J］. GPS Solutions，2014，18（2）：231－242.

［185］　Petovello M G，O'Keefe K，Lachapelle G，et al. Consideration of time-correlated errors in a Kalman filter applicable to GNSS［J］. Journal of Geodesy，2009，83（1）：51－56.

［186］　Petovello M G，O'Keefe K，Lachapelle G，et al. Erratum to：consideration of time-correlated errors in a Kalman filter applicable to GNSS［J］. Journal of Geodesy，2011，85（6）：367－368.

[187] Wang K D, LI Y, Rizos C. Practical approaches to Kalman filtering with time-correlated measurement errors[J]. IEEE Transactions on Aerospace and Electronic Systems, 2012, 48(2): 1669 – 1681.

[188] Chang G B. On Kalman filter for linear system with colored measurement noise[J]. Journal of Geodesy, 2014, 88(12): 1163 – 1170.

[189] Bryson A, Johansen D. Linear filtering for time-varying systems using measurements containing colored noise [J]. IEEE Transactions on Automatic Control, 1965, 10(1): 4 – 10.

[190] Bryson A, Henrikson L J. Estimation using sampled data containing sequentially correlated noise[J]. Journal of Spacecraft and Rockets, 1968, 5(6): 662 – 665.

[191] Sage A P, Husa G W. Adaptive filtering with unknown prior statistics [C]//Joint Automatic Control Conference, 1969: 760 – 769.

[192] Mohamed A H, Schwarz K P. Adaptive Kalman filtering for INS/GPS[J]. Journal of Geodesy, 1999, 73(4): 193 – 203.

[193] Ding W D, Wang J L, Rizos C. Improving adaptive Kalman estimation in GPS/INS integration[J]. Journal of Navigation, 2007, 60(3): 517 – 529.

[194] Yang Y X, He H, Xu G. Adaptively robust filtering for kinematic geodetic positioning[J]. Journal of Geodesy, 2001, 75(2): 109 – 116.

[195] Yang Y X, Gao W G. An optimal adaptive Kalman filter[J]. Journal of Geodesy, 2006, 80(4): 177 – 183.

[196] 高为广. GPS/INS 自适应组合导航算法研究[D]. 郑州: 解放军信息工程大学, 2008.

[197] Chang G B. Robust Kalman filtering based on Mahalanobis distance as outlier judging criterion[J]. Journal of Geodesy, 2014, 88(4): 391 – 401.

[198] Wang D J, Dong Y, Li Q S, et al. Using Allan variance to improve stochastic modeling for accurate GNSS/INS integrated navigation[J]. GPS Solutions, 2018, 22(2): 53.

[199] Scherzinger B M. Precise robust positioning with inertially aided RTK[J]. Navigation, 2006, 53(2): 73 - 83.

[200] Falco G, Pini M, Marucco G. Loose and tight GNSS/INS integrations: comparison of performance assessed in real urban scenarios[J]. Sensors, 2017, 17(2): 255.

[201] 李团, 章红平, 牛小骥, 等. 城市环境下 BDS + GPS RTK + INS 紧组合算法性能分析[J]. 测绘通报, 2016(9): 9 - 12.

[202] 李团, 章红平, 牛小骥, 等. RTK/INS 紧组合算法在卫星数不足情况下的性能分析[J]. 武汉大学学报(信息科学版), 2018, 43(3): 478 - 484.

[203] Skaloud J. Optimizing georeferencing of airborne survey systems by INS/DGPS[D]. Calgary: University of Calgary, 1999.

[204] Wu H. On-The-Fly GPS ambiguity resolution with inertial aiding[D]. Calgary: University of Calgary, 2003.

[205] Chen A, Zheng D, Ramanadan A, et al. INS aided GPS integer ambiguity resolution[C]. IEEE International Conference on Control Applications, 2011: 567 - 572.

[206] Li W, Li W Y, Cui X W, et al. A tightly coupled RTK/INS algorithm with ambiguity resolution in the position domain for ground vehicles in harsh urban environments[J]. Sensors, 2018, 18(7): 2160.

[207] Zhang Y F, Gao Y. Integration of INS and un-differenced GPS measurements for precise position and attitude determination[J]. The Journal of Navigation, 2008, 61(1): 87 - 97.

[208] Shin E, Scherzinger B. Inertially aided precise point positioning[C]. Proceedings of the ION GNSS, 2009: 1892 - 1897.

[209] Rabbou M A, El-Rabbany A. Tightly coupled integration of GPS precise point positioning and MEMS-based inertial systems[J]. GPS Solutions, 2015, 19(4): 601 - 609.

［210］ Du S. Integration of precise point positioning and low cost MEMS IMU ［D］. Calgary：University of Calgary，2010.

［211］ Li Z K, Gao J X, Wang J, et al. PPP/INS tightly coupled navigation using adaptive federated filter［J］. GPS Solutions, 2017, 21(1)：137 – 148.

［212］ 王浩源，孙付平，肖凯. PPP/INS 组合系统研究进展与展望［J］. 全球定位系统，2017，42(5)：53 – 58.

［213］ Hatch R. The synergism of GPS code and carrier measurements［C］// Proceedings of 3rd International Geodetic Symposium on Satellite Doppler Positioning, 1982：1213 – 1231.

［214］ Hwang P Y C, Brown R G. GPS navigation：combining pseudorange with continuous carrier phase using a Kalman filter［J］. Navigation, 1990, 37(2)：181 – 296.

［215］ Farrell J L. Carrier phase processing without integers［C］. ION 57th Annual Meeting, 2001：423 – 428.

［216］ Wendel J, Trommer G F. Tightly coupled GPS/INS integration for missile applications［J］. Aerospace Science and Technology, 2004, 8(7)：627 – 634.

［217］ Farrell J L. Velocity and acceleration from unaided carrier phase［C］. IEEE/ION PLANS, 2006：1145 – 1150.

［218］ Wendel J, Meister O, Monikes R, et al. Time-differenced carrier phase measurements for tightly coupled GPS/INS integration［C］//Proceedings of IEEE/ION Position, Location and Navigation Symposium, 2006：54 – 60.

［219］ Michaud S, Santerre R. Time-relative positioning with a single civil GPS receiver［J］. GPS Solutions, 2001, 5(2)：71 – 77.

［220］ Li Z Y, Wang D J, Dong Y, et al. An enhanced tightly-coupled integrated navigation approach using phase-derived position increment（PDPI）measurement［J］. Optik-International Journal for Light and Electon Optics, 2018, 156：135 – 147.

[221] Graas F V, Soloviev A. Precise velocity estimation using a stand-alone GPS receiver[J]. Navigation, 2004, 51(4): 283 – 292.

[222] Ding W, Wang J. Precise velocity estimation with a stand-alone GPS receiver[J]. Journal of Navigation, 2011, 64(2): 311 – 325.

[223] Freda P, Angrisano A, Gaglione S, et al. Time-differenced carrier phases technique for precise GNSS velocity estimation[J]. GPS Solutions, 2015, 19(2): 335 – 341.

[224] 汤勇刚. 载波相位时间差分/捷联惯导组合导航方法研究[D]. 长沙: 国防科技大学, 2007.

[225] Soon B K H, Scheding S, Lee H K, et al. An approach to aid INS using time-differenced GPS carrier phase (TDCP) measurements [J]. GPS Solutions, 2008, 12(4): 261 – 271.

[226] Choi M, Kong S, Song S. In-motion alignment algorithm of the low-grade IMU using inexpensive multisensory measurements[C]//Proceedings of the 27th International Technical Meeting of the Satellite Division of the Institute of Navigation (ION GNSS + 2014), 2014: 177 – 183.

[227] 韩松来. GPS 和捷联惯导组合导航新方法及系统误差补偿方案研究 [D]. 长沙: 国防科学技术大学, 2010.

[228] Han S L, Wang J L. Integrated GPS/INS navigation system with dual-rate Kalman filter[J]. GPS Solutions, 2012, 16(3): 389 – 404.

[229] Zhao Y, Becker M, Becker D, et al. Improving the performance of tightly-coupled GPS/INS navigation by using time-differenced GPS-carrier-phase measurements and low-cost MEMS IMU[J]. Gyroscope and Navigation, 2015, 6(2): 133 – 142.

[230] Zhao Y W. Applying time-differenced carrier phase in non-differential GPS/IMU tightly-coupled navigation systems to improve the positioning performance[J]. IEEE Transactions on Vehicular Technology, 2017, 66 (2): 992 – 1003.

[231] Hu G G, Gao S S, Zhong Y M. A derivative UKF for tightly coupled INS/GPS integrated navigation[J]. ISA Transactions, 2015, 56: 135 – 144.

[232] Wang D J, Lv H F, Wu J. In-flight initial alignment for small UAV MEMS-based navigation via adaptive unscented Kalman filtering approach [J]. Aerospace Science and Technology, 2017, 61: 73 – 84.

[233] Cui B B, Chen X Y, Tang X H, et al. Robust cubature Kalman filter for GNSS/INS with missing observations and colored measurement noise[J]. ISA Transactions, 2018, 72: 138 – 146.

[234] Cui B B, Chen X Y, Xu Y, et al. Performance analysis of improved iteratedcubature Kalman filter and its application to GNSS/INS[J]. ISA Transactions, 2017, 66: 460 – 468.

[235] Wang D J, Lv H F, Wu J. Augmented cubature Kalman filter for nonlinear RTK/MIMU integrated navigation with non-additive noise[J]. Measurement, 2017, 97: 111 – 125.

[236] Rigatos G G. Nonlinear Kalman filters and particle filters for integrated navigation of unmanned aerial vehicles [J]. Robotics and Autonomous Systems, 2012, 60(7): 978 – 995.

[237] Masiero A, Guarnieri A, Pirotti F, et al. A particle filter for smartphone-based indoor pedestrian navigation [J]. Micromachines, 2014, 5(4): 1012 – 1033.

[238] Chiang K W. INS/GPS integration using neural networks for land vehicular navigation applications[D]. Calgary: University of Calgary, 2004: 1 – 18.

[239] El-Sheimy N, Chiang K W, Noureldin A. The utilization of artificial neural networks for multisensor system integration in navigation and positioning instruments[J]. IEEE Transactions on Instrumentation and Measurement, 2006, 55(5): 1606 – 1615.

[240] Chiang K W, Huang Y W. An intelligent navigator for seamless INS/GPS integrated land vehicle navigation applications [J]. Applied Soft

Computing, 2008, 8: 722 – 733.

[241] Chiang K W, Lin Y C, Huang Y W, et al. An ANN-RTS smoother for accurate INS/GPS integrated attitude determination[J]. GPS Solutions, 2009, 13(3): 199 – 208.

[242] Chiang K W, Huang Y W, Li C Y, et al. An ANN embedded RTS smoother for an INS/GPS integrated positioning and orientation system[J]. Applied Soft Computing, 2011, 11: 2633 – 2644.

[243] Sharaf R, Noureldin A, Osman A, et al. Online INS/GPS integration with a radial basis function neural network[J]. IEEE Aerospace and Electronic Systems Magazine, 2005, 20(3): 8 – 14.

[244] Semeniuk L, Noureldin A. Bridging GPS outages using neural network estimates of INS position and velocity errors[J]. Measurement Science and Technology, 2006, 17(10): 2783 – 2798.

[245] Sharaf R, Noureldin A. Sensor integration for satellite-based vehicular navigation using neural networks[J]. IEEE Transactions on Neural Networks, 2007, 18(2): 589 – 594.

[246] Noureldin A, El-Shafie A, Taha M R. Optimizing neuro-fuzzy modules for data fusion of vehicular navigation systems using temporal cross-validation [J]. Engineering Applications of Artificial Intelligence, 2007, 20(1): 49 – 61.

[247] Noureldin A, El-Shafie A, Bayoumi M. GPS/INS integration utilizing dynamic neural networks for vehicular navigation[J]. Information Fusion, 2011, 12(1): 48 – 57.

[248] Zhang T, Xu X S. A new method of seamless land navigation for GPS/INS integrated system[J]. Measurement, 2012, 45(4): 691 – 701.

[249] Chen X Y, Shen C, Zhang W B, et al. Novel hybrid of strong tracking Kalman filter and wavelet neural network for GPS/INS during GPS outages [J]. Measurement, 2013, 46(10): 3847 – 3854.

[250] Saadeddin K, Abdel-Hafez M F, Jaradat M A, et al. Optimization of intelligent approach for low-cost INS/GPS navigation system[J]. Journal of Intelligent and Robotic Systems, 2014, 73: 325 – 348.

[251] Kaygisiz B H. GPS/INS enhancement for land navigation using neural networks[J]. The Journal of Navigation, 2004, 57: 297 – 310.

[252] Tan X L, Wang J A, Jin S G, et al. GA-SVR and Pseudo-position-aided GPS/INS integration during GPS outage[J]. The Journal of Navigation, 2015, 68(4): 678 – 696.

[253] Yao Y Q, Xu X S, Zhu C C, et al. A hybrid fusion algorithm for GPS/INSintegration during GPS outages[J]. Measurement, 2017, 103: 42 – 51.

[254] Lee J K, Jekeli C. Neural network aided adaptive filtering and smoothing for an integrated INS/GPS unexploded ordnance geolocation system[J]. Journal of Navigation, 2010, 63(2): 251 – 267.

[255] Rafatnia S, Nourmohammadi H, Keighobadi J, et al. In-move aligned SINS/GNSS system using recurrent wavelet neural network (RWNN)-based integration scheme[J]. Mechatronics, 2018, 54: 155 – 165.

[256] Arasaratnam I, Haykin S. Cubature Kalman smoothers[J]. Automatica, 2011, 47: 2245 – 2250.

[257] Sarkka S. Unscented Rauch-Tung-Striebel Smoother[J]. IEEE Transactions on Automatic Control, 2008, 53(3): 845 – 849.

[258] Liu H, Nassar S, El-Sheimy N. Two-filter smoothing for accurate INS/GPS land-vehicle navigation in urban centers [J]. IEEE Transactions on Vehicular Technology, 2010, 59(9): 4256 – 4267.

[259] 刘帅, 孙付平, 李海峰, 等. 前后向平滑算法在精密单点定位/INS 紧组合数据后处理中的应用[J]. 中国惯性技术学报, 2015, 23(1): 85 – 91.

[260] 郝万亮, 孙付平, 刘帅. 基于载波相位 DGNSS/INS 紧组合的平滑后处理算法[J]. 大地测量与地球动力学, 2015, 35(6): 1031 – 1035.

[261] 鲍雨波, 宗红, 张春青. RTS 平滑滤波在事后姿态确定中的应用[J]. 空间控制技术与应用, 2015, 41(3): 18 – 22.

[262] 吴杰, 安雪滢, 郑伟. 飞行器定位与导航技术[M]. 北京: 国防工业出版社, 2015.

[263] Savage P G. Strapdown inertial navigation integration algorithm design Part 1: attitude algorithms[J]. Journal of Guidance, Control, and Dynamics, 1998, 21(1): 19 – 28.

[264] Maybeck P S. Stochastic models, Estimation, and Control, Vol. I[M]. Salt Lake: American Academic Press, 1979.

[265] Goshen-Meskin D, Bar-Itzhack I Y. Unified approach to inertial navigation system error modeling[J]. Journal of Guidance, Control, and Dynamics, 1992, 15(3): 648 – 653.

[266] 武元新. 对偶四元数导航算法与非线性高斯滤波研究[D]. 长沙: 国防科学技术大学, 2005.

[267] Savage P G. Strapdown analytics: part 1[M]. Maple Plain, Minnesota: Strapdown Associates, Inc., 2007.

[268] Mumford P. Relative timing characteristics of the one pulse per second (1PPS) output pulse of three GPS Receivers[C]//Proceedings of the 6th International Symposium on Satellite Navigation Technology Including Mobile Positioning & Location Services. Melbourne, Australia, 2003.

[269] Ding W D, Wang J L, Li Y, et al. Time synchronization error and calibration in integrated GPS/INS systems[J]. ETRI Journal, 2008, 30(1): 59 – 67.

[270] Bortz J E. A new mathematical formulation for strapdown inertial navigation [J]. IEEE Transactions on Aerospace and Electronic Systems, 1971, 7(1): 61 – 66.

[271] 董绪荣, 张守信, 华仲春. GPS/INS 组合导航定位及其应用[M]. 长沙: 国防科技大学出版社, 1998: 74 – 88.

[272] 郑伟, 汤国建. 扰动引力场中弹道导弹飞行力学[M]. 北京: 国防工业出版社, 2009: 1-13.

[273] Hirt C, Rexer M, Scheinert M, et al. A new degree-2190 (10km resolution) gravity field model for Antarctica developed from GRACE, GOCE and Bedmap2 data[J]. Journal of Geodesy, 2016, 90(2): 105-127.

[274] Pavlis N K, Holmes S A, Kenyon S C, et al. The development and evaluation of the earth gravitational model 2008 (EGM2008)[J]. Journal of Geophysical Research, 2012, 117. DOI: 10. 1029/2011JB008916.

[275] Grejner-Brzezinska D A, Wang J. Gravity modeling for high-accuracy GPS/INS integration[J]. Navigation: Journal of the Institute of Navigation, 1998, 45(3): 209-220.

[276] Misra P, Enge P. Global positioning system: signals, measurements, and performance[M]. 2nd ed. Lincoln, MA: Ganga-Jamuna Press, 2011.

[277] Xiang Jin X, De Jong C D. Relationship between satellite elevation and precision of GPS code observations[J]. Journal of Navigation, Cambridge University Press, 1996, 49(2): 253-265.

[278] Tiberius C C J M, Kenselaar F. Estimation of the stochastic model for GPS code and phase observables[J]. Survey Review, 2000, 35(277): 441-454.

[279] Saastamoinen J. Contributions to the theory of atmospheric refraction[J]. Bulletin Géodésique, 1972, 105(1): 279-298.

[280] Bona P. Accuracy of GPS phase and code observations in practice[J]. Acta Geodaetica et Geophysica Hungarica, 2000, 35(4): 433-451.

[281] De Bakker P F, Tiberius C C J M, Van der Marel H, et al. Short and zero baseline analysis of GPS L1 C/A, L5Q, GIOVE E1B, and E5aQ signals [J]. GPS Solutions, 2012, 16(1): 53-64.

[282] Cai C, He C, Santerre R, et al. A comparative analysis of measurement noise and multipath for four constellations: GPS, BeiDou, GLONASS and

　　　　Galileo[J]. Survey Review, 2016, 48(349): 287 - 295.

[283]　韩崇昭. 随机系统概论[M]. 北京: 清华大学出版社, 2014.

[284]　刘伟, 董国华. 随机控制与滤波技术[M]. 北京: 国防工业出版社, 2016: 50 - 75.

[285]　陈起金. 基于 A-INS 组合导航的铁路轨道几何状态精密测量技术研究[D]. 武汉: 武汉大学, 2016: 35 - 46.

[286]　严恭敏, 李四海, 秦永元. 惯性仪器测试与数据分析[M]. 北京: 国防工业出版社, 2012.

[287]　杨叔子, 吴雅, 轩建平. 时间序列分析的工程应用[M]. 武汉: 华中科技大学出版社, 2007.

[288]　李鹏波, 胡德文, 张纪阳, 等. 系统辨识[M]. 北京: 中国水利水电出版社, 2010: 147 - 150.

[289]　Polikar R. The wavelet tutorial: the engineer's ultimate guide to wavelet analysis[EB/OL]. (1995 - 06 - 06)[2022 - 11 - 21]. http:∥users. rowan. edu/ - polikar/WTtutorial. html.

[290]　Lv H F, Zhang L, Wang D J, et al. An optimization iterative algorithm based on nonnegative constraint with application to Allan variance analysis technique[J]. Advances in Space Research, 2014, 53(5): 836 - 844.

[291]　Riley W J. Handbook of frequency stability analysis[M]. Beaufort: National Institute of Standards and Technology Special Publication 1065, 2007: 1 - 123.

[292]　Niu X J, Nasser S, Goodall C, et al. A universal approach for processing any MEMS inertial sensor configuration for land-vehicle navigation[J]. Journal of Navigation, 2007, 60(2): 233 - 245.

[293]　Ban Y L, Zhang Q A, Niu X J, et al. How the integral operations in INS algorithms overshadow the contributions of IMU signal de-noising using low-pass filters[J]. Journal of Navigation, 2013, 66(6): 837 - 858.

[294]　张金槐, 蔡洪. 飞行器试验统计学[M]. 长沙: 国防科技大学出版社,

1995：213 −228.

[295]　王鼎杰. GNSS/MIMU 组合导航系统动态初始对准及实时信息融合方法研究[D]. 长沙：国防科学技术大学，2013：89 −97.

[296]　王鼎杰，吕汉峰，吴杰. 北斗/惯性精密盲导系统的车载试验研究[C]//第 7 届中国卫星导航学术年会，2016：435 −447.

[297]　刘帅，孙付平，陈坡，等. GPS/INS 组合导航系统时间同步方法综述[J]. 全球定位系统，2012，37(1)：53 −56.

[298]　丁继成，吴谋炎，赵琳，等. 基于嵌入式平台的 GNSS/INS 组合导航时间同步方法研究[J]. 遥测遥控，2016，37(3)：15 −22.

[299]　Dan S. Optimal state estimation[M]. New Jersey：John Wiley & Sons, Inc., 2006，317 −325.

[300]　Zhang Q, Niu X J, Chen Q J, et al. Using Allan variance to evaluate the relative accuracy on different time scales of GNSS/INS systems[J]. Measurement Science and Technology, 2013, 24：1 −10.

[301]　Kottath R, Poddor S, Das S, et al. Window based multiple model adaptive estimation for navigational framework[J]. Aerospace Science and Technology, 2016(50)：88 −95.

[302]　Angrisano A. GNSS/INS Integration Methods[D]. Calgary：University of Calgary, 2010：97 −101.

[303]　赵兴旺，王胜利，刘超. GNSS 精密单点定位理论与方法[M]. 合肥：中国科学技术大学出版社，2015：19 −24.

[304]　Hou Y, Sandra V, Wu J. An efficient implementation of fixed failure-rate ratio test for GNSS ambiguity resolution[J]. Sensors, 2016, 16(7)：945.

[305]　Song J, Kim Y, Park B, et al. Cycle slip detection algorithm by integrating vehicle and inertial sensors for land vehicle users[C]//International Global Navigation Satellite Systems Society IGNSS Symposium 2011. Sydney, Australia, 2011.

[306]　Hauschild A, Montenbruck O, Steigenberger P. Short-term analysis of

GNSS clocks[J]. GPS Solutions, 2013, 17(3): 295-307.

[307] Blewitt G. An automatic editing algorithm for GPS data[J]. Geophysical Research Letters, 1990, 17(3): 199-202.

[308] 严恭敏, 翁浚. 捷联惯导算法与组合导航原理[M]. 西安: 西北工业大学出版社, 2019.

[309] Aggarwal P, Syed Z, Noureldin A, et al. MEMS-Based inertial navigation [M]. Boston: Artech House Publishers, 2010.

[310] Haykin S S. Neural networks and learning machines[M]. 3rd ed. Upper Saddle River, NJ: Prentice Hall, 2009.

[311] 王小川, 史峰, 郁磊, 等. MATLAB 神经网络43个案例分析[M]. 北京: 北京航空航天大学出版社, 2013: 354-378.

[312] Lu P, Zhao L, Chen Z. Improved Sage-Husa adaptive filtering and its application[J]. Journal of System Simulation, 2007, 19(15): 3503-3505.

[313] 杨亚非, 谭久彬, 邓正隆. 惯导系统初始对准技术综述[J]. 中国惯性技术学报, 2002, 10(2): 68-72.

[314] 帅平, 陈定昌, 江涌. GPS/SINS 组合导航系统状态的可观测度分析方法[J]. 宇航学报, 2004, 25(2): 219-224.

[315] Wu Y X, Hu D W, Wu M P. Unscented Kalman filtering for additive noise case: augmented versus nonaugmented [J]. IEEE Signal Processing Letters, 2005, 12(5): 357-360.

[316] 高伟, 奔粤阳, 李倩, 等. 捷联惯性导航系统初始对准技术[M]. 北京: 国防工业出版社, 2014: 106-123.

[317] Kornfeld R P, Hansman R J, Deyst J J. Single-antenna GPS-based aircraft attitude determination [J]. Navigation, Journal of the Institute of Navigation, 1998, 45(1): 51-60.

[318] 房建成, 韩晓英, 杨凤英. 一种高精度机载 POS 双位置对准方法[J]. 中国惯性技术学报, 2013, 21(3): 318-323.

[319] 钟麦英, 闫东坤. 激光陀螺 POS 惯性数据滤波及时延补偿[J]. 中国惯

性技术学报, 2011, 19(6): 670 - 675.

[320] 李睿佳, 李荣冰, 刘建业, 等. 卫星/惯性组合导航事后高精度融合算法研究[J]. 系统仿真学报, 2010, 22(S1): 75 - 78.

[321] 王林. 航海多惯导协同定位与误差参数估计[D]. 长沙: 国防科技大学, 2018: 117 - 140.

[322] Khaghani M, Skaloud J. VDM-based UAV attitude determination in absence of IMU data [C]//2018 European Navigation Conference. Gothenburg, Sweden, 2018.

[323] Khaghani M, Skaloud J. Autonomous vehicle dynamic model-based navigation for small UAVs[J]. Navigation, 2016, 63(4): 551 - 552.

[324] 董毅. GNSS/INS 组合动对动精密相对定位方法研究[D]. 长沙: 国防科技大学, 2020.

[325] 李青松. 飞机着舰机载端卫星/惯性组合精密相对定位完好性监测方法研究[D]. 长沙: 国防科技大学, 2022: 219 - 224.

[326] Liu W B, Wang Z D, Liu X H, et al. A survey of deep neural network architectures and their applications [J]. Neurocomputing, 2017, 234: 11 - 26.

[327] Xu Z B, Sun J. Model-driven deep-learning[J]. National Science Review, 2017, 5(1): 22 - 24.

[328] Zahran S, El-Sheimy N, Sesay A. Hybrid machine learning VDM for UAVs in GNSS-denied environment[J]. Navigation: Journal of the Institute of Navigation, 2018, 65(3): 477 - 492.